U0596663

系统辨识理论及应用

李言俊　张科　编著

国防工業出版社

·北京·

图书在版编目（CIP）数据

系统辨识理论及应用/李言俊，张科编著．—北京：国防工业出版社，2016.2 重印

ISBN 978-7-118-03065-5

Ⅰ．系… Ⅱ．①李… ②张… Ⅲ．系统辨识 Ⅳ．N945.14

中国版本图书馆 CIP 数据核字（2002）第 105020 号

※

国防工业出版社出版发行

（北京市海淀区紫竹院南路 23 号 邮政编码 100048）

北京京华虎彩印刷有限公司印刷

新华书店经售

*

开本 787×1092 1/16 **印张** 15¾ **字数** 359 千字

2016 年 2 月第 6 次印刷 **印数** 9001—10000 册 **定价** 36.00 元

（本书如有印装错误，我社负责调换）

国防书店：（010）88540777 发行邮购：（010）88540776

发行传真：（010）88540755 发行业务：（010）88540717

前　言

系统辨识、状态估计和控制理论是现代控制理论中相互渗透的3个领域。系统辨识和状态估计离不开控制理论的支持，控制理论的应用又几乎不能没有系统辨识和状态估计技术。

系统辨识主要研究如何确定系统数学模型及其参数的问题，是一门应用范围很广的学科，它的理论正在日趋成熟，其实际应用已遍及许多领域，在航空、航天、海洋工程、工程控制、生物学、医学、水文学及社会经济等方面的应用愈来愈广泛。

本书主要阐述系统辨识的基本原理及应用。全书共分14章。第1章至第4章为绪论、系统辨识常用输入信号、线性系统的经典辨识方法和动态系统的典范表达式，主要是回顾和介绍了与系统辨识有关的一些基础知识。第5章至第12章为最小二乘法辨识、极大似然法辨识、时变参数辨识方法、多输入－多输出系统的辨识、其它一些辨识方法、随机时序列模型的建立、系统结构辨识和闭环系统辨识等，介绍了系统辨识常用基本方法，是系统辨识的主要基本内容。第13章和第14章分别介绍了系统辨识在飞行器参数辨识中的应用和神经网络在系统辨识中的应用。

本书第1章至第12章由李言俊编写，第13章和第14章由张科编写。

西北工业大学研究生院和国防工业出版社对本书的出版给予了热情支持，在此深致谢忱。书中如有不妥之处，敬请读者批评指正。

编　者

2002年7月

目 录

第 1 章　绪　　论

系统辨识、状态估计和控制理论是现代控制论中相互渗透的 3 个领域。系统辨识和状态估计离不开控制理论的支持，控制理论的应用又几乎不能没有系统辨识和状态估计技术。随着控制对象复杂性的提高，控制理论的应用日益广泛。但是，它的实际应用不能脱离被控对象的数学模型。当我们在其它课程中讨论线性系统理论、最优控制理论和最优滤波理论时，都是假定系统的数学模型已经知道。有些控制系统的数学模型可用理论分析的方法推导出来，例如飞机和导弹运动的数学模型，一般可根据力学原理较准确地推导出来。虽然飞机和导弹的数学模型可以较容易地用理论分析方法推导出来，但其模型参数随着飞行高度和飞行速度而变。为了实现自适应控制，在飞机和导弹的飞行过程中，要不断估计其模型参数。对有些控制对象，如化学生产过程等，由于其复杂性，很难用理论分析的方法推导出数学模型，有时只能知道数学模型的一般形式及部分参数，有时甚至连数学模型的一般形式都不知道，因此提出了怎样确定系统的数学模型及其参数的问题，这就是所谓的系统辨识问题。

系统辨识理论是一门应用范围很广的学科，它的理论正在日趋成熟，其实际应用已遍及许多领域。目前不仅工程控制对象需要建立数学模型，而且在其它领域，如生物学、生态学、医学、天文学以及社会经济学等领域也常常需要建立数学模型，并根据数学模型确定最优控制决策。对于上述各领域，由于系统比较复杂，人们对于其结构和支配其运动的机理，往往了解不多，甚至很不了解，因此不可能用理论分析的方法得到数学模型，只能利用观测数据来确定数学模型，所以系统辨识受到了人们的重视。目前，系统辨识理论的研究愈来愈深入，在航空、航天、海洋工程、工程控制、生物学、医学、水文学及社会经济等方面的应用愈来愈广泛。

由于系统辨识是根据系统的试验数据来确定系统的数学模型，所以必须存在实际系统。因此，系统辨识是为已经存在的系统建立数学模型。但是如果在设计系统时，系统还不存在，这样就无法用辨识的方法来确定数学模型。在这种情况下，只好依靠理论分析的方法来建立数学模型，即使是很粗略的数学模型，也是很需要的。根据用理论分析方法所建立的数学模型，在计算机上进行模拟计算，可得到许多有用的结果，为设计系统提供依据。因此，在讨论系统辨识的时候，不能否定理论方法建立数学模型的重要性。

本章主要介绍系统辨识的一些基本概念，包括建模的方法、辨识的定义、误差准则、辨识的内容及分类等。

1.1 系统数学模型的分类及建模方法

1.1.1 模型的含义

所谓模型(model)就是把关于实际系统的本质的部分信息简缩成有用的描述形式。它可以用来描述系统的运动规律,是系统的一种客观写照或缩影,是分析系统和预报、控制系统行为特性的有力工具。但是,实际系统到底哪些部分是本质的,哪些部分是非本质的,这要取决于所研究的问题。例如,在研究导弹飞行过程中的动态特性时,常常忽略导弹系统中的高频环节和非线性因素的影响,而将整个系统简化为一个二阶或三阶系统。而在推导制导律时,为了使制导律便于工程实现,又有可能将导弹看做一个质点。可见,模型所反映的内容将因其使用的目的而不同。

对实际系统而言,模型一般不可能考虑到所有因素。在这种意义上来说,所谓模型是根据使用目的对实际系统所作的一种近似描述。当然,如果要求模型越精确,模型就会变得越复杂。相反,如果适当降低模型的精度要求,只考虑主要因素而忽略次要因素,模型就可以简单一些。因而在建立实际系统的模型时,存在着精确性和复杂性的矛盾,找出这两者的折中解决办法往往是建立实际系统模型的关键。

1.1.2 模型的表现形式

模型通常有如下一些主要表现形式。

(1)直觉模型。它指系统的特性以非解析形式直接储存在人脑中,靠人的直觉控制系统的变化。例如,司机对汽车的驾驶,指挥员对战斗的指挥,依靠的就是这类直接模型。

(2)物理模型。它是根据相似原理把实际系统加以缩小的复制品,或是实际系统的一种物理模拟。例如,风洞、水洞模型,传热学模型,电力系统动态模拟等,均是物理模型。

(3)图表模型。它以图形或表格的形式来表现系统的特性。如阶跃响应、脉冲响应和频率特性等。图表模型也称为非参数模型。

(4)数学模型。它用数学结构的形式来反映实际系统的行为特性。常用的数学模型有代数方程、微分方程、差分方程、状态方程、传递函数、非线性微分方程及分布参数方程等。这些数学模型又称为参数模型。当模型的阶和参数确定之后,数学模型也就确定了。

1.1.3 数学模型的分类

数学模型的分类方法很多,常见的是按连续与离散、定常与时变、集中参数与分布参数来分类,这在线性系统等课程中已介绍得很多,此处不再重述。还可按线性与非线性、动态与静态、确定性与随机性、宏观与微观进行区分。

(1) 线性模型。线性模型用来描述线性系统。它的显著特点是满足叠加原理和均匀性,即满足下列算子运算:

$$(\alpha_1+\alpha_2)x=\alpha_1 x+\alpha_2 x$$

$$\alpha_1(\alpha_2 x)=\alpha_2(\alpha_1 x)$$

$$\alpha_1(x+y)=\alpha_1 x+\alpha_1 y$$

式中:x 和 y 为系统状态变量;α_1 和 α_2 分别为作用于 x 和 y 的算子。

(2) 非线性模型。非线性模型用来描述非线性系统,一般不满足叠加原理。

(3) 动态模型。动态模型用来描述系统处于过渡过程时的各状态变量之间的关系,一般为时间的函数。

(4) 静态模型。静态模型用来描述系统处于稳态时(各状态变量的各阶导数均为零)的各状态变量之间的关系,一般不是时间的函数。

(5) 确定性模型。由确定性模型所描述的系统,当状态确定之后,其输出响应是惟一确定的。

(6) 随机性模型。由随机性模型所描述的系统,当状态确定之后,其输出响应仍然是不确定的。

(7) 宏观模型。宏观模型用来研究事物的宏观现象,一般用联立方程或积分方程描述。

(8) 微观模型。微观模型用来研究事物内部微小单元的运动规律,一般用微分方程或差分方程描述。

另外,在讨论线性和非线性问题时,需要注意以下 2 点区别。

(1) 系统线性与关于参数空间线性的区别:如果模型的输出关于输入变量是线性的,称之为系统线性;如果模型的输出关于参数空间是线性的,称之为关于参数空间线性。例如,对于模型 $y = a + bx + cx^2$ 来说,输出 y 关于输入 x 是非线性的,但关于参数 a, b, c 却是线性的,即模型是系统非线性的,但却是关于参数空间线性的。

(2) 本质线性与非本质线性的区别:如果模型经过适当的数学变换可将本来是非线性的模型转变成线性模型,则原来的模型称作本质线性,否则原来的模型称作本质非线性。

1.1.4 建立数学模型的基本方法

建立数学模型常采用理论分析和测试 2 种基本方法。

1) 理论分析法

理论分析法又称为机理分析法或理论建模。这种方法主要是通过分析系统的运动规律,运用一些已知的定律、定理和原理,例如力学原理、生物学定律、牛顿定理、能量平衡方程、传热传质原理等,利用数学方法进行推导,建立起系统的数学模型。

理论分析法只能用于较简单系统的建模,并且对系统的机理要有较清楚的了解。对于比较复杂的实际系统,这种建模方法有很大的局限性。这是因为在理论建模时,对所研究的对象必须提出合理的简化假定,否则会使问题过于复杂。但是,要使这些简化假设都符合实际情况,往往是相当困难的。

2) 测试法

系统的输入输出信号一般总是可以测量的。由于系统的动态特性必然表现于这些输入输出数据中,故可以利用输入输出数据所提供的信息来建立系统的数学模型。这种建模方法就是系统辨识。

与理论分析法相比,测试法的优点是不需深入了解系统的机理,不足之处是必须设计一个合理的试验以获取所需的最大信息量,而设计合理的试验往往是困难的。因而在具体建模时,常常将理论分析法和测试法 2 种方法结合起来使用,机理已知部分采用理论分析法,机理未知部分采用测试法。

1.1.5 建模时所需遵循的基本原则

(1)建模的目的要明确,因为不同的建模目的可能采用不同的建模方法。

(2)模型的物理概念要明确。

(3)系统具有可辨识性,即模型结构合理,输入信号持续激励,数据量充足。

(4)符合节省原理,即被辨识模型参数的个数要尽量少。

1.2 辨识的定义、内容和步骤

1.2.1 辨识的定义

很多学者都曾给辨识下过定义,下面介绍几个比较典型适用的定义。

(1)L. A. Zadeh 定义(1962 年):辨识就是在输入和输出数据的基础上,从一组给定的模型类中,确定一个与所测系统等价的模型。

(2)P. Eykhoff 定义(1974 年):辨识问题可以归结为用一个模型来表示客观系统(或将要构造的系统)本质特征的一种演算,并用这个模型把对客观系统的理解表示成有用的形式。

V. Strejc 对该定义所做的解释是:"这个辨识定义强调了一个非常重要的概念,最终模型只应表示动态系统的本质特征,并且把它表示成适当的形式。这就意味着,并不期望获得一个物理实际的确切的数学描述,所要的只是一个适合于应用的模型。"

(3)L. Ljung 定义(1978 年):辨识有 3 个要素——数据、模型类和准则。辨识就是按照一个准则在一组模型类中选择一个与数据拟合得最好的模型。

1.2.2 辨识的内容和步骤

由 1.2.1 节定义可以看出,辨识就是利用所观测到的输入和输出数据(往往含有噪声),根据所选择的原则,从一类模型中确定一个与所测系统拟合得最好的模型。下面介绍辨识的步骤和方法。

(1)明确辨识目的。明确模型应用的最终目的十分重要,因为它将决定模型的类型、精度要求及所采用的辨识方法。

(2)掌握先验知识。在进行系统辨识之前,要尽可能多掌握一些系统的先验知识,如系统的非线性程度、时变或非时变、比例或积分特性、时间常数、过渡过程时间、截止频率、时滞特性、静态放大倍数、噪声特性、工作环境条件等,这些先验知识对预选系统数学模型种类和辨识试验设计将起到指导性的作用。

(3)利用先验知识。选定和预测被辨识系统数学模型种类,确定验前假定模型。

(4)试验设计。选择试验信号、采样间隔、数据长度等,记录输入和输出数据。如果系统是连续运行的,并且不允许加入试验信号,则只好用正常的运行数据进行辨识。

(5)数据预处理。输入和输出数据中常含有直流成分或低频成分,用任何辨识方法都难以消除它们对辨识精度的影响。数据中的高频成分对辨识也有不利影响。因此,对输入和输出数据可进行零均值化和剔除高频成分的预处理。处理得好,能显著提高辨识精度。零均值化可采用差分法和平均法等方法,剔除高频成分可采用低通滤波器。

(6)模型结构辨识。在假定模型结构的前提下,利用辨识方法确定模型结构参数,如差分方程中的阶次 n 和纯迟延 d 等。

(7)模型参数辨识。在模型结构确定之后,选择估计方法,利用测量数据估计模型中的未知参数。

(8)模型检验。验证所确定的模型是否恰当地表示了被辨识的系统。

如果所确定的系统模型合适,则辨识到此结束。否则,就必须改变系统的验前模型结构,并且执行第(4)步至第(8)步,直到获得一个满意的模型为止。

1.3 辨识中常用的误差准则

辨识时所选用的误差准则是辨识问题中的 3 个要素之一,是用来衡量模型接近实际系统的标准。因此误差准则也称为等价准则、损失函数、准则函数、误差准则函数等。它通常被表示为误差的泛函数,记作

$$J(\boldsymbol{\theta}) = \sum_{k=1}^{N} f(\varepsilon(k)) \tag{1.3.1}$$

式中:$\boldsymbol{\theta}$ 是参数向量;$f(\cdot)$是 $\varepsilon(k)$的函数;$\varepsilon(k)$是定义在区间$[1, N]$上的误差函数。$\varepsilon(k)$应广义地理解为模型与实际系统的误差,它可以是输出误差或输入误差,也可以是广义误差。选择不同的误差准则可导出不同的辨识算法,应用中用得最多的是平方函数,即

$$f(\varepsilon(k)) = \varepsilon^2(k) \tag{1.3.2}$$

1.3.1 输出误差准则

当实际系统的输出和模型的输出分别为 $y(k)$和 $y_{\mathrm{m}}(k)$时,则

$$\varepsilon(k) = y(k) - y_{\mathrm{m}}(k) \tag{1.3.3}$$

称为输出误差。如果扰动是作用在系统输出端的白噪声,则理所当然地选择这种误差准则。但是,输出误差 $\varepsilon(k)$通常是模型参数的非线性函数,因而在这种误差准则意义下,辨识问题将归结成复杂的非线性最优化问题。例如,若模型取脉冲传递函数形式

$$G(q^{-1}) = \frac{B(q^{-1})}{A(q^{-1})} \tag{1.3.4}$$

式中

$$A(q^{-1}) = 1 + a_1 q^{-1} + \cdots + a_n q^{-n}$$
$$B(q^{-1}) = b_1 q^{-1} + b_2 q^{-2} + \cdots + b_m q^{-m}$$

则输出误差为

$$\varepsilon(k) = y(k) - \frac{B(q^{-1})}{A(q^{-1})} u(k) \tag{1.3.5}$$

误差准则函数为

$$J(\boldsymbol{\theta}) = \sum_{k=1}^{N} \left[y(k) - \frac{B(q^{-1})}{A(q^{-1})} u(k) \right]^2 \tag{1.3.6}$$

显然,误差准则函数 $J(\boldsymbol{\theta})$关于模型参数空间是非线性的。由于在确定这种情况的最优解时,需要用梯度法、牛顿法、共轭梯度法等迭代的最优算法,因而使得辨识算法变得比较复杂。

1.3.2 输入误差准则

定义输入误差为

$$\varepsilon(k)=u(k)-u_{\mathrm{m}}(k)=u(k)-S^{-1}[y_{\mathrm{m}}(k)] \tag{1.3.7}$$

式中:$u_{\mathrm{m}}(k)$表示产生输出 $y_{\mathrm{m}}(k)$的模型输入;符号 S^{-1}表示模型是可逆的。也就是说,总可以找到一个产生给定输出的惟一输入。如果扰动是作用在系统输入端的白噪声,则自然选用这种误差准则。由于输入误差 $\varepsilon(k)$也是模型参数的非线性函数,因此辨识算法也是比较复杂的。因而这种误差仅具有理论意义,实际中几乎不用。

1.3.3 广义误差准则

在更一般的情况下,误差可以定义为

$$\varepsilon(k)=S_2^{-1}[y(k)]-S_1[u(k)] \tag{1.3.8}$$

式中 S_1,S_2^{-1} 称为广义模型,且模型 S_2 是可逆的,这种误差称为广义误差。在广义误差中,最常用的是方程式误差。例如,当模型结构采用差分方程时,式(1.3.8)中的 S_1 和 S_2^{-1} 分别为

$$S_1: \quad B(q^{-1})=b_1q^{-1}+b_2q^{-2}+\cdots+b_mq^{-m}$$

$$S_2^{-1}: \quad A(q^{-1})=1+a_1q^{-1}+\cdots+a_nq^{-n}$$

则方程式误差为

$$\varepsilon(k)=A(q^{-1})y(k)-B(q^{-1})u(k) \tag{1.3.9}$$

并且误差准则函数为

$$J(\boldsymbol{\theta})=\sum_{k=1}^{N}[A(q^{-1})y(k)-B(q^{-1})u(k)]^2 \tag{1.3.10}$$

显然,误差准则函数 $J(\boldsymbol{\theta})$关于模型参数空间是线性的,求它的最优解比较简单,因而许多辨识算法都采用了这种误差准则。

1.4 系统辨识的分类

系统辨识的分类方法很多,根据描述系统数学模型的不同可分为线性系统和非线性系统辨识、集中参数系统和分布参数系统辨识;根据系统的结构可分为开环系统与闭环系统辨识;根据参数估计方法可分为离线辨识和在线辨识等。另外还有经典辨识与近代辨识、系统结构辨识与系统参数辨识等分类。由于离线辨识与在线辨识是系统辨识中常用的 2 个基本概念,本节将对这 2 个基本概念加以解释,其它概念将在后面的有关章节中加以介绍。

1.4.1 离线辨识

如果系统的模型结构已经选好,阶数也已确定,在获得全部记录数据之后,用最小二

乘法、极大似然法或其它估计方法，对数据进行集中处理后，得到模型参数的估值，这种辨识方法称为离线辨识。

离线辨识的优点是参数估值的精度比较高，缺点是需要存储大量数据，要求计算机有较大的存储量，辨识时运算量也比较大。

1.4.2 在线辨识

用在线辨识时，系统的模型结构和阶数是事先确定好的。当获得一部分输入和输出数据后，马上用最小二乘法、极大似然法或其它估计方法进行处理，得到模型参数的不太准确的估值。在获得新的输入和输出数据后，用递推算法对原来的参数估值进行修正，得到参数的新估值。所以在线辨识要用到递推最小二乘法、递推极大似然法或其它递推估计算法。

在线辨识的优点是所要求的计算机存储量较小，辨识计算时运算量较小，适合于进行实时控制，缺点是参数估计的精度差一些。为了实现自适应控制，必须采用在线辨识，要求在很短的时间内把参数辨识出来，参数辨识所需时间只能占 1 个采样周期的一小部分。

在下面各章中将主要讨论线性系统的经典辨识方法、动态系统的典范表达式、离线辨识和在线辨识算法、闭环系统辨识、系统结构和阶的确定，以及系统辨识在一些工程问题中的应用等内容。

思 考 题

1.1 阐述系统模型的分类及各类模型间的关系，并尝试用形象的方法建立各模型间的相互关系图。

1.2 关于线性模型有系统线性和关于参数空间线性及本质线性和非本质线性之分，举例说明之。

1.3 请根据辨识的定义来阐述辨识的基本原理。

1.4 辨识问题中的 3 个要素是什么？为什么说它们是辨识中的重要因素？

1.5 辨识中最常用的误差准则是什么？在自动控制领域中你还了解何种误差准则，它们之间有何异同？

1.6 请结合一个实际控制对象来阐述辨识的步骤。

1.7 在自动控制理论中经常要求系统是因果系统，在系统辨识中是否仍然要求系统是因果系统？

第 2 章　系统辨识常用输入信号

如果系统的模型结构选择正确，辨识的精度将直接通过费希尔(Fisher)信息矩阵依赖于输入信息，关于这一问题后面还要叙述。因此合理选用辨识的输入信号是能否获得好的辨识结果的关键之一。本章将介绍在进行系统辨识时输入信号的选择准则及一些常用的输入信号。

2.1　系统辨识输入信号选择准则

为了使系统是可辨识的，输入信号必须满足一定的条件，其最低要求是在辨识时间内系统的动态必须被输入信号持续激励。也就是说，在试验期间输入信号必须充分激励系统的所有模态。这就引出持续激励输入信号的要求。更进一步的要求是输入信号必须具有较好的“优良性”，即输入信号的选择应能使给定问题的辨识模型精度最高。这就引出了最优输入信号设计问题。例如，当采用极大似然法进行系统辨识时，如果辨识方法使得模型参数的估计值是渐近有效的，则用来度量精度的模型参数误差的协方差矩阵就将近似等于 Fisher 信息矩阵的逆，即达到克兰姆－罗(Cramer－Rao)不等式下界(详见 6.3 节)。因此，最优输入信号就是使 Fisher 信息矩阵的逆达到最小的一个标量函数。这个标量函数可以作为评价模型精度的度量函数，记作

$$J=\Phi(\boldsymbol{M}_{\boldsymbol{\theta}}^{-1}) \tag{2.1.1}$$

式中 $\boldsymbol{M}_{\boldsymbol{\theta}}$ 是 Fisher 信息矩阵，且

$$\boldsymbol{M}_{\boldsymbol{\theta}}=E_{y|\boldsymbol{\theta}}\left\{\left[\frac{\partial \ln L}{\partial \boldsymbol{\theta}}\right]\left[\frac{\partial \ln L}{\partial \boldsymbol{\theta}}\right]^{\mathrm{T}}\right\} \tag{2.1.2}$$

y 表示系统输出观测数据$\{y(k),k=1,2,\cdots,N\}$的集合，L 为所选取的似然函数，Φ 是某种标量函数。常选用的形式有

$$J=\mathrm{tr}(\boldsymbol{M}_{\boldsymbol{\theta}}^{-1}),J=\det(\boldsymbol{M}_{\boldsymbol{\theta}}^{-1}),J=\mathrm{tr}(\boldsymbol{W}\boldsymbol{M}_{\boldsymbol{\theta}}^{-1})$$

式中 $\boldsymbol{W}$ 为非负矩阵。根据所选用的标量函数形式可求出不同的最优输入信号。其中 $J=\mathrm{tr}(\boldsymbol{M}_{\boldsymbol{\theta}}^{-1})$又称为 A－最优准则，$J=\det(\boldsymbol{M}_{\boldsymbol{\theta}}^{-1})$又称为 D－最优准则。

对 D－最优准则有如下结论(Goodwin and Payne, 1977)：如果模型结构是正确的，且参数估计值 $\hat{\boldsymbol{\theta}}$ 是无偏最小方差估计，则参数估计值 $\hat{\boldsymbol{\theta}}$ 的精度通过 Fisher 信息矩阵 $\boldsymbol{M}_{\boldsymbol{\theta}}$ 依赖于输入信号 $u(k)$。

当输入信号的功率约束条件为

$$\frac{1}{N}\sum_{k=1}^{N}u^{2}(k-i)=1,i=1,2,\cdots,n \tag{2.1.3}$$

式中：n 是模型阶次；N 为数据长度。那么使 D－最优准则达到最小值，即

$$J_{\mathrm{D}}=-\ln\det(\boldsymbol{M}_{\boldsymbol{\theta}})=\min \tag{2.1.4}$$

的输入信号称为 D－最优输入信号。

如果系统的输出数据序列是独立同分布的高斯随机序列，则 D－最优输入信号是具有脉冲式自相关函数的信号，即

$$\frac{1}{N}\sum_{k=1}^{N} u(k-i)u(k-j) = \begin{cases} 1, i = j \\ 0, i \neq j \end{cases} \tag{2.1.5}$$

当 N 很大时，白噪声或 M 序列可近似满足这一要求；当 N 不大时，并非对所有的 N 都能找到这种输入信号。

在具体工程应用中，选择输入信号时还应考虑以下因素：

(1)输入信号的功率或幅度不宜过大，以免使系统工作在非线性区，但也不应过小，以致信噪比太小，直接影响辨识精度；

(2)输入信号对系统的“净扰动”要小，即应使正负向扰动机会几乎均等；

(3)工程上要便于实现，成本低。

2.2 白噪声及其产生方法

2.2.1 白噪声过程

白噪声过程是一种最简单的随机过程。严格地说，它是一种均值为 0、谱密度为非 0 常数的平稳随机过程。或者说它是由一系列不相关的随机变量组成的一种理想化随机过程。白噪声过程没有“记忆性”，也就是说，t 时刻的数值与 t 时刻以前的过去值无关，也不影响 t 时刻以后的将来值。

白噪声过程定义：如果随机过程 $w(t)$的均值为 0，自相关函数为

$$R_w(t) = \sigma^2\delta(t) \tag{2.2.1}$$

式中 $\delta(t)$为狄拉克(Dirac)δ 分布函数，即

$$\delta(t) = \begin{cases} \infty, t = 0 \\ 0, t \neq 0 \end{cases} \tag{2.2.2}$$

且

$$\int_{-\infty}^{\infty} \delta(t)\mathrm{d}t = 1 \tag{2.2.3}$$

则称该随机过程为白噪声过程。

由于 $\delta(t)$的傅里叶变换为 1，可知白噪声过程 $w(t)$的平均功率谱密度为常数 σ^2，即

$$S_w(\omega) = \sigma^2, -\infty < \omega < \infty \tag{2.2.4}$$

上式表明，白噪声过程的功率在 $-\infty \sim \infty$的全频段内均匀分布。基于这一特点，人们借用光学中的“白色光”一词，称这种噪声为“白噪声”。

严格符合上述定义的白噪声过程，其方差和平均功率为∞，而且它在任意 2 个瞬间的取值，不管这 2 个瞬间相距多近，都是互不相关的。可见，严格符合这个定义的理想白噪声只是一种理论上的抽象，在物理上是不可能实现的，然而白噪声的概念却具有重要的实际意义。在实际应用中，如果 $R_w(t)$接近 δ 函数，如图 2.1(b)所示，图中 $R_w(t)$从 $t=0$ 时的有限值 σ^2 迅速下降，到$|t| > t_0$ 以后近似为 0，且 t_0 远小于有关过程的时间常数，则

对于该过程而言,可近似认为 $w(t)$是白噪声。在频域上,这相当于在有关过程的有用频带内,$w(t)$的平均功率接近于均匀分布。例如在图 2.2 中有

$$S_w(\omega)=\begin{cases}\sigma^2, |\omega|\leqslant\omega_0\\ 0, |\omega|>\omega_0\end{cases} \tag{2.2.5}$$

式中 ω_0 为一给定频率,它远大于有关过程的截止频率。具有这种平均功率谱密度的白噪声过程称为低通白噪声过程,它的自相关函数为

$$R_w(t) = \frac{1}{2\pi}\int_{-\infty}^{\infty} S_w(\omega)\cos\omega \mathrm{d}\omega = \frac{1}{2\pi}\int_{-\omega_0}^{\omega_0}\sigma^2\cos\omega \mathrm{d}\omega = \frac{\sigma^2\omega_0}{\pi}\frac{\sin\omega_0 t}{\omega_0 t} \tag{2.2.6}$$

图 2.2 给出了相应图线。

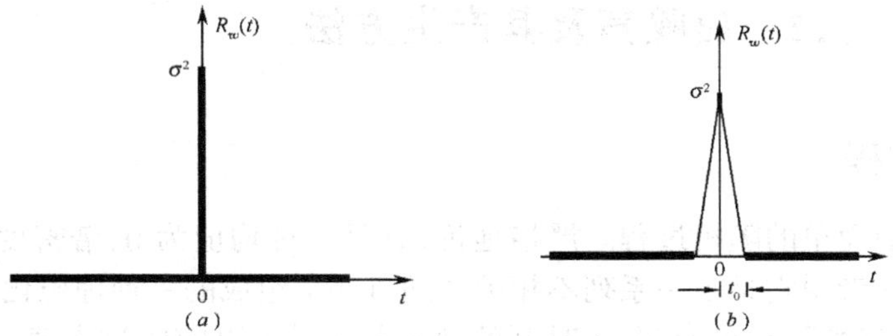

图 2.1　白噪声过程与近似白噪声过程的自相关函数

(a)白噪声过程；(b)近似的白噪声过程。

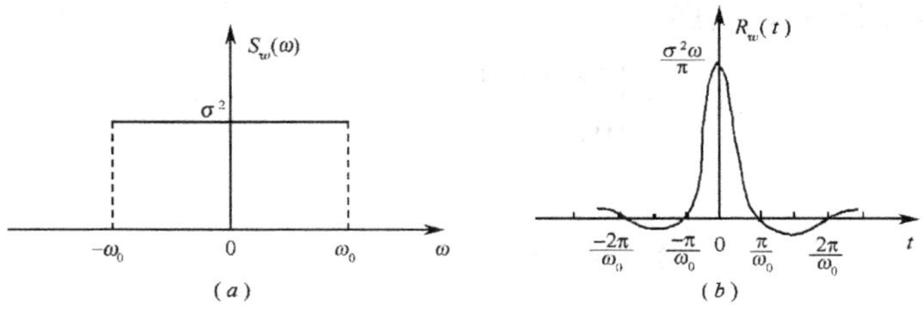

图 2.2　低通白噪声过程的平均功率谱密度和自相关函数

(a)平均功率谱密度；(b)自相关函数。

在上述的讨论中并未涉及白噪声的概率密度问题。服从于正态分布的白噪声过程称为正态分布(高斯分布)白噪声。

以上关于标量白噪声过程的概念可直接推广到向量白噪声。如果一个 n 维向量随机过程 $\boldsymbol{w}(t)$满足

$$E\{\boldsymbol{w}(t)\}=0$$

$$\mathrm{Cov}\{\boldsymbol{w}(t),\boldsymbol{w}(t+\tau)\}=E\{\boldsymbol{w}(t)\boldsymbol{w}^{\mathrm{T}}(t+\tau)\}=\boldsymbol{Q}\delta(\tau)$$

式中：$\boldsymbol{Q}$ 是正定常数矩阵；$\delta(\tau)$是狄拉克 δ 分布函数；$\boldsymbol{w}(t)$称为向量白噪声过程。

2.2.2 白噪声序列

从试验的角度来讲，连续的白噪声不容易产生，而离散的白噪声较容易产生。白噪声序列就是白噪声过程的一种离散形式。如果随机序列$\{w(k)\}$均值为 0，并且是两两不相关的，对应的自相关函数为

$$R_w(l)=\sigma^2\delta_l,\ l=0,\pm1,\pm2,\cdots \tag{2.2.7}$$

式中 δ_l 为克罗内克(kronecker)δ 符号，即

$$\delta_l=\begin{cases}1,\ l=0\\0,\ l\neq0\end{cases} \tag{2.2.8}$$

则称这种随机序列$\{w(k)\}$为白噪声序列。

根据离散傅里叶变换可知白噪声序列的平均功率谱密度为常数 σ^2，即

$$S_w(\omega)=\sum_{l=-\infty}^{\infty}R_w(l)\mathrm{e}^{-\mathrm{j}\omega l}=\sigma^2 \tag{2.2.9}$$

对于向量白噪声序列$\{\boldsymbol{w}(k)\}$有

$$E\{\boldsymbol{w}(k)\}=\boldsymbol{0}$$

$$\mathrm{Cov}\{\boldsymbol{w}(k),\boldsymbol{w}(k+l)\}=E\{\boldsymbol{w}(k)\boldsymbol{w}^{\mathrm{T}}(k+l)\}=\boldsymbol{R}\delta_l$$

式中：$\boldsymbol{R}$ 为正定常数矩阵；δ_l 为克罗内克 δ 符号。

2.2.3 白噪声序列的产生方法

如何在计算机上产生统计上比较理想的各种不同分布的白噪声序列是系统辨识仿真研究中的一个重要问题。目前，已有大量的成熟计算方法和应用程序可供查询或调用，一些成套的计算机软件中也常可查到这类程序，因此对此问题不再详述，只介绍一些最常用方法的基本原理。

在具有连续分布的随机数中，(0,1)均匀分布的随机数是最简单、最基本的一种随机数，有了(0,1)均匀分布的随机数，便可以产生其它任意分布的随机数。正态分布随机数又是最常见的一种随机数，因为根据概率论中的大数定律，当样本数据足够大时，许多其它分布的随机序列常可近似看做正态分布随机序列。下面主要介绍(0,1)均匀分布和正态分布随机数的产生方法。

1) (0,1)均匀分布随机数的产生

在计算机上产生(0,1)均匀分布随机数的方法很多，其中最简单、最方便的是数学方法。用数学方法产生(0,1)均匀分布的随机数，本质上说就是实现递推运算

$$\xi_{i+1}=f(\xi_i,\xi_{i-1},\cdots,\xi_1) \tag{2.2.10}$$

每一个(0,1)均匀分布的随机数总是前面各时刻随机数的函数。但是，由于计算机的字长有限，严格说来，无论式(2.2.10)中的函数取何种形式都不可能产生真正的连续(0,1)均匀分布随机数。因此，通常用数学方法产生的(0,1)均匀分布随机数叫做伪随机数。用数学方法产生伪随机数具有速度快、占用内存小等优点。如果式(2.2.10)中的函数形式选择适当，所产生的伪随机数可以有比较好的统计性质。产生伪随机数的数学方法很多，其中最常用的是乘同余法和混合同余法。

(1) 乘同余法。这种方法先用递推同余式产生正整数序列$\{x_i\}$,即

$$x_i = Ax_{i-1}(\mathrm{mod}M), i=1,2,3\cdots \tag{2.2.11}$$

式中:M 为 2 的方幂,即 $M=2^k$,k 为大于 2 的整数;$A\equiv 3(\mathrm{mod}8)$或 $A\equiv 5(\mathrm{mod}8)$,且 A 不能太小;初值 x_0 取正奇数,例如取 $x_0=1$。

再令

$$\xi_i = \frac{x_i}{M}, i=1,2,\cdots \tag{2.2.12}$$

则$\{\xi_i\}$是伪随机数序列,循环周期可达 2^{k-2}。

(2) 混合同余法。混合同余法产生伪随机数的递推同余式为

$$x_i = Ax_{i-1} + c \quad (\mathrm{mod}M) \tag{2.2.13}$$

式中:$M=2^k$,k 为大于 2 的整数;$A\equiv 1(\mathrm{mod}4)$,即 $A=2^n+1$,其中 n 为满足关系式 $2\leqslant n\leqslant 34$ 的整数;c 为正整数。初值 x_0 为非负整数。令

$$\xi_i = \frac{x_i}{M} \tag{2.2.14}$$

则$\{\xi_i\}$是循环周期为 2^k 的伪随机数序列。

2) 正态分布随机数的产生

由(0,1)均匀分布的随机数可以产生其它任意分布的随机数。下面介绍 2 种实用的产生正态分布随机数的方法。

(1) 统计近似抽样法:设$\{\xi_i\}$是(0,1)均匀分布随机数序列,则有

$$\mu_\xi = E\{\xi_i\} = \int_0^1 \xi_i p(\xi_i)\mathrm{d}\xi_i = \frac{1}{2} \tag{2.2.15}$$

$$\sigma_\xi^2 = \mathrm{Var}\{\xi_i\} = \int_0^1 (\xi_i - \mu_\xi)^2 p(\xi_i)\mathrm{d}\xi_i = \frac{1}{12} \tag{2.2.16}$$

根据中心极限定理,当 $N\to\infty$ 时

$$x = \frac{\sum_{i=1}^{N}\xi_i - N\mu_\xi}{\sqrt{N\sigma_\xi^2}} = \frac{\sum_{i=1}^{N}\xi_i - \frac{N}{2}}{\sqrt{\frac{N}{12}}} \sim N(0,1) \tag{2.2.17}$$

如果 $\eta\sim N(\mu_\eta,\sigma_\eta^2)$是所要产生的正态分布随机变量,经标准化处理,则

$$\frac{\eta-\mu_\eta}{\sqrt{\sigma_\eta^2}} \sim N(0,1) \tag{2.2.18}$$

比较式(2.2.17)和式(2.2.18),则有

$$\frac{\eta-\mu_\eta}{\sqrt{\sigma_\eta^2}} = \frac{\sum_{i=1}^{N}\xi_i - \frac{N}{2}}{\sqrt{\frac{N}{12}}} \tag{2.2.19}$$

$$\eta = \mu_\eta + \sigma_\eta \frac{\sum_{i=1}^{N}\xi_i - \frac{N}{2}}{\sqrt{\frac{N}{12}}} \tag{2.2.20}$$

式中：ξ_i 为(0,1)均匀分布随机数；η 为 $N(\mu_\eta,\sigma_\mu^2)$正态分布随机数。当 $N=12$ 时，η 的统计特性即可比较理想，这时式(2.2.20)可简化为

$$\eta = \mu_\eta + \sigma_\eta\left(\sum_{i=1}^{12}\xi_i - 6\right) \tag{2.2.21}$$

(2)变换抽样法：设 ξ_1 和 ξ_2 是 2 个互相独立的(0,1)均匀分布随机变量，则

$$\begin{cases}\eta_1 = (-2\ln\xi_1)^{\frac{1}{2}}\cos 2\pi\xi_2 \\ \eta_2 = (-2\ln\xi_1)^{\frac{1}{2}}\sin 2\pi\xi_2\end{cases} \tag{2.2.22}$$

是相互独立、服从 $N(0,1)$分布的随机变量。

2.3 伪随机二位式序列——M 序列的产生及其性质

在进行系统辨识时，选用白噪声作为辨识输入信号可以保证获得较好的辨识效果，但在工程上难以实现。M 序列是一种很好的辨识输入信号，它具有近似白噪声的性质，不仅可以保证有较好的辨识效果，而且工程上又易于实现。

M 序列是伪随机二位式序列的一种形式。在介绍 M 序列之前，先介绍一下伪随机噪声的概念。

2.3.1 伪随机噪声

由下面的例子将可看到，用白噪声作为输入信号来求系统的脉冲响应需要很长时间。为了克服这一缺点，可对白噪声的一个样本函数 $w(t)$截取$[0,T]$时间内一段，对其它时间段$[T,2T]$，$[2T,3T]$，…，以周期 T 延拓下去，这样获得的函数如图 2.3(a)所示，仍用$w(t)$表示。于是 $w(t)$是周期 T 的函数，在$[0,T]$时间内是白噪声，在此时间之外是重复的白噪声，显然它的自相关函数 $R_w(\tau)=E[w(t)w(t+\tau)]$的周期也为 T。由于在$[0,T]$时间内自相关函数 $R_w(\tau)$就是白噪声的自相关函数，它具有周期性，如图 2.3(b)所示，所以称 $w(t)$为伪随机噪声。

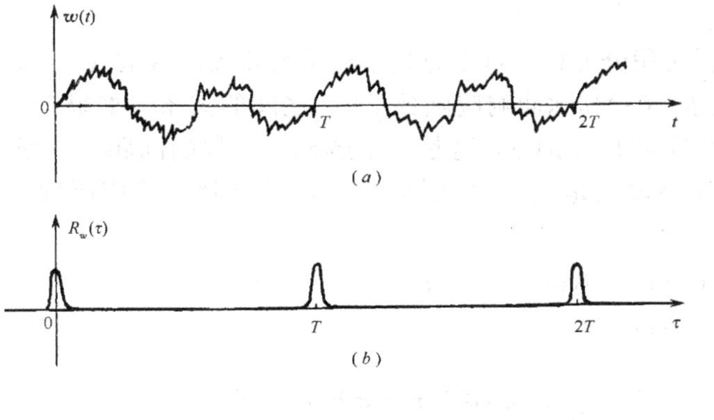

图 2.3 伪随机噪声及自相关函数图

(a)伪随机噪声；(b)伪随机噪声的自相关函数。

用伪随机噪声作为输入信号辨识系统有很大的好处，由下面的例子将可以看到，用伪随机噪声作为输入信号来求系统的脉冲响应时，自相关函数和互相关函数的计算都比采用白噪声时简单。

一个单输入－单输出线性定常系统的动态特性可用它的脉冲响应函数 $g(\tau)$来描述，如图 2.4 所示。设系统的输入为 $x(t)$，输出为 $y(t)$，则 $y(t)$可表示为

$$y(t)=\int_0^{\infty} g(\sigma)x(t-\sigma)\mathrm{d}\sigma \tag{2.3.1}$$

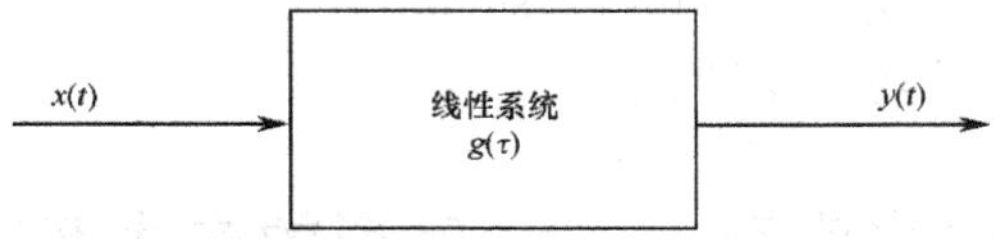

图 2.4 线性系统图

设 $x(t)$是均值为 0 的平稳随机过程，则 $y(t)$也是均值为 0 的平稳随机过程。对于时刻 t_2，系统的输出可记为

$$y(t_2)=\int_0^{\infty} g(\sigma)x(t_2-\sigma)\mathrm{d}\sigma \tag{2.3.2}$$

用 $x(t_1)$乘以式(2.3.2)等号两边得

$$x(t_1)y(t_2)=\int_0^{\infty} g(\sigma)x(t_1)x(t_2-\sigma)\mathrm{d}\sigma \tag{2.3.3}$$

对式(2.3.3)等号两边取数学期望得

$$E[x(t_1)y(t_2)]=\int_0^{\infty} g(\sigma)E[x(t_1)x(t_2-\sigma)]\mathrm{d}\sigma$$

$$E[x(t_1)y(t_2)]=R_{xy}(t_2-t_1)$$

$$E[x(t_1)x(t_2-\sigma)]=R_x(t_2-t_1-\sigma)$$

设 $t_2-t_1=\tau$，则

$$R_{xy}(\tau)=\int_0^{\infty} g(\sigma)R_x(\tau-\sigma)\mathrm{d}\sigma \tag{2.3.4}$$

上式就是著名的维纳－霍夫积分方程。这个方程给出了自相关函数 $R_x(\tau)$、输入 $x(t)$与输出 $y(t)$的互相关函数 $R_{xy}(\tau)$和脉冲响应函数 $g(\tau)$之间的关系。如果知道了 $R_x(\tau)$和 $R_{xy}(\tau)$，就可确定脉冲响应函数 $g(\tau)$，这是一个解积分方程的问题。一般来说，这个积分方程是很难解的。如果输入是白噪声，则可容易地求出脉冲响应函数 $g(\tau)$，这时 $x(t)$的自相关函数为

$$R_x(\tau)=K\delta(\tau),R_x(\tau-\sigma)=K\delta(\tau-\sigma)$$

根据维纳－霍夫积分方程可得

$$R_{xy}(\tau)=\int_0^{\infty} g(\sigma)K\delta(\tau-\sigma)\mathrm{d}\sigma=Kg(\tau) \tag{2.3.5}$$

或者

$$g(\tau)=\frac{R_{xy}(\tau)}{K} \tag{2.3.6}$$

式中 K 为一常数。这说明,对于白噪声输入,$g(\tau)$与 $R_{xy}(\tau)$只差一个常数倍。这样,只要记录 $x(t)$与 $y(t)$的值,并计算它们的互相关函数 $R_{xy}(\tau)$,即可求得脉冲响应函数 $g(\tau)$。

当观测时间长度 T_m 充分大时,$x(t)$和 $y(t)$的互相关函数可由下式求出,即

$$R_{xy}(\tau) = \frac{1}{T_m}\int_0^{T_m} x(t)y(t+\tau)\mathrm{d}t \tag{2.3.7}$$

如果对 $x(t)$和 $y(t)$进行等间隔采样,可得序列 x_i 和 y_i 分别为

$$x_i = x(t_i), y_i = y(t_i), i = 1,2,\cdots,N-1$$

设采样周期为 Δ,则

$$\begin{cases} x_{i+\tau} = x(t_i + \tau\Delta) \\ y_{i+\tau} = y(t_i + \tau\Delta) \\ R_x(\tau) = \dfrac{1}{N}\sum\limits_{i=0}^{N-1} x_i x_{i+\tau} \\ R_{xy}(\tau) = \dfrac{1}{N}\sum\limits_{i=0}^{N-1} x_i y_{i+\tau} \end{cases} \tag{2.3.8}$$

式中 τ 表示 2 个数值间的采样周期个数,$\tau = 0,1,2,\cdots$,而前面连续公式中的 τ 是 2 个数值间的时间间隔。

如果在系统正常运行时进行测试,则系统的输入由正常输入 $\overline{x}(t)$和白噪声 $x(t)$两部分组成,输出由 $\overline{y}(t)$和 $y(t)$组成,其中 $\overline{y}(t)$为由 $\overline{x}(t)$引起的输出,$y(t)$为由 $x(t)$引起的输出,并且

$$\overline{y}(t) = \int_0^{\infty} g(\sigma)\overline{x}(t-\sigma)\mathrm{d}\sigma \tag{2.3.9}$$

系统辨识模拟方块图如图 2.5 所示。由于 $x(t)$和 $\overline{x}(t)$不相关,故 $x(t-\tau)$和 $\overline{y}(t)$不相关,积分器输出为 $Kg(\tau)$。

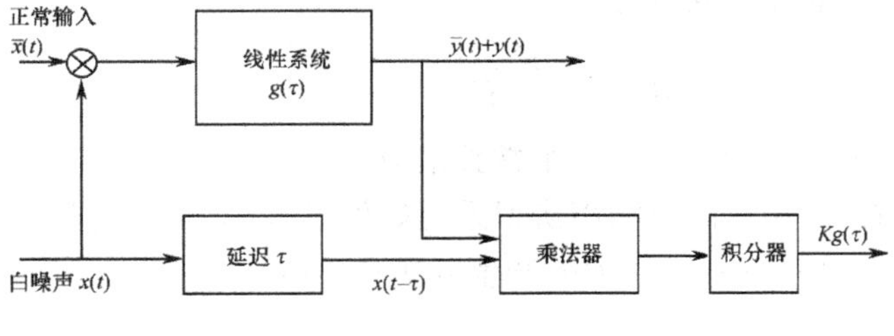

图 2.5　具有正常输入时的系统辨识模拟方块图

上述辨识系统脉冲响应的方法称为相关法。相关法的优点是不要求系统严格地处于稳定状态,输入的白噪声对系统的正常工作影响不大,对系统模型不要求验前知识;缺点是噪声的非平稳性会影响辨识精度,用白噪声作为输入信号时要求较长的观测时间等等。

如果采用周期为 T 的伪随机噪声作为输入,则可使自相关函数和互相关函数的计算

变得简单。

例 2.1 设 $x(t)$为周期为 T 的伪随机噪声,则有

$$R_x(\tau)=\lim_{T_1\to\infty}\frac{1}{T_1}\int_0^{T_1}x(t)x(t+\tau)\mathrm{d}t=\lim_{nT\to\infty}\frac{1}{nT}\int_0^{nT}x(t)x(t+\tau)\mathrm{d}t=$$
$$\lim_{nT\to\infty}\frac{n}{nT}\int_0^{T}x(t)x(t+\tau)\mathrm{d}t=\frac{1}{T}\int_0^{T}x(t)x(t+\tau)\mathrm{d}t \tag{2.3.10}$$

$$R_{xy}(\tau)=\int_0^{\infty}g(\sigma)R_x(\tau-\sigma)\mathrm{d}\sigma=\int_0^{\infty}g(\sigma)\left[\frac{1}{T}\int_0^{T}x(t)x(t+\tau-\sigma)\mathrm{d}t\right]\mathrm{d}\sigma=$$
$$\frac{1}{T}\int_0^{T}\left[\int_0^{\infty}g(\sigma)x(t+\tau-\sigma)\mathrm{d}\sigma\right]x(t)\mathrm{d}t \tag{2.3.11}$$

由于

$$\int_0^{\infty}g(\sigma)x(t+\tau-\sigma)\mathrm{d}\sigma=y(t+\tau)$$

故

$$R_{xy}(\tau)=\frac{1}{T}\int_0^{T}x(t)y(t+\tau)\mathrm{d}t \tag{2.3.12}$$

上式表明,计算互相关函数时,只要算 1 个周期的积分就行了。对于 $\tau<T$ 有

$$R_{xy}(\tau)=\int_0^{\infty}g(\sigma)R_x(\tau-\sigma)\mathrm{d}\sigma=\int_0^{T}g(\sigma)R_x(\tau-\sigma)\mathrm{d}\sigma+$$
$$\int_T^{2T}g(\sigma)R_x(\tau-\sigma)\mathrm{d}\sigma+\int_{2T}^{3T}g(\sigma)R_x(\tau-\sigma)\mathrm{d}\sigma+\cdots=$$
$$\int_0^{T}g(\sigma)K\delta(\tau-\sigma)\mathrm{d}\sigma+\int_T^{2T}g(\sigma)K\delta(\tau-\sigma)\mathrm{d}\sigma+$$
$$\int_{2T}^{3T}g(\sigma)K\delta(\tau-\sigma)\mathrm{d}\sigma+\cdots=$$
$$Kg(\tau)+Kg(T+\tau)+Kg(2T+\tau)+\cdots \tag{2.3.13}$$

适当选择 T,使脉冲响应函数还在 $\tau<T$ 时就已经衰减至 0,则 $g(T+\tau)=0,g(2T+\tau)=0,\cdots$,于是有 $R_{xy}(\tau)=Kg(\tau)$,或写为

$$g(\tau)=\frac{R_{xy}(\tau)}{K} \tag{2.3.14}$$

脉冲响应函数 $g(\tau)$与互相关函数只相差一个常数倍数。

从上面的例子可以看出,用伪随机噪声辨识系统好处很多,下面介绍在经典系统辨识中广泛应用的一种伪随机序列——M 序列的产生方法和性质。

2.3.2 M 序列的产生方法

M 序列是一种离散二位式随机序列,所谓“二位式”是指每个随机变量只有 2 种状态。离散二位式随机序列是按照确定的方式产生的,实际上是一种确定性序列。由于这种序列的概率性质与离散二位式白噪声序列相似,且为周期性序列,故属于二位式伪随机序列。

可用多级线性反馈移位寄存器产生 M 序列。每级移位寄存器由双稳态触发器和门电路组成,称为 1 位,分别以 0 和 1 来表示 2 种状态。当移位脉冲来到时,每位的内容(0

或 1)移到下一位,最后 1 位(即第 n 位)移出的内容即为输出。为了保持连续工作,将最后 2 级寄存器的内容经过适当的逻辑运算后反馈到第 1 级寄存器作为输入。例如,周期为 15 的伪随机序列可以由图 2.6 所示的 4 级移位寄存器产生,它由 4 个两状态移位寄存

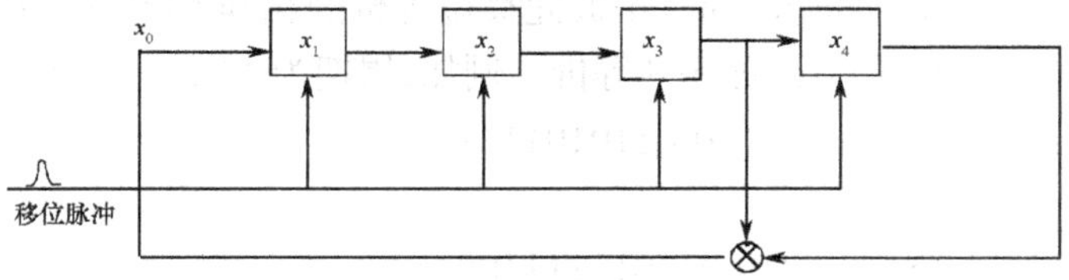

图 2.6　周期为 15 的伪随机序列产生器图

器构成。一个移位脉冲来到后,第 1 级寄存器的内容(0 或 1)送到第 2 级寄存器,第 2 级寄存器的内容送到第 3 级寄存器,第 3 级寄存器的内容送到第 4 级寄存器,而第 3 级和第 4 级寄存器的内容作模 2 相加(又称为半加或按位加,即 $1+0=1, 0+1=1, 1+1=0, 0+0=0$)反馈到第 1 级寄存器。产生伪随机序列时要求寄存器的起始状态不全为 0,因为全 0 初始状态将导致各级寄存器的输出永远是 0。如果寄存器的初始内容都是 1,第 1 个移位脉冲来到后,4 级寄存器的内容变为 0111,一个周期的变化规律为

1111(初态)→0111→0011→0001→1000→0100→0010→1001→1100→
0110→1011→0101→1010→1101→1110→1111

一个周期结束后,产生了 15 种不同的状态。任一级寄存器的输出都可以作为伪随机序列。如果取第 4 级寄存器的输出作为伪随机序列,则这个周期为 15 的伪随机序列为 111100010011010。

如果一个多级移位寄存器的输出序列的周期达到最大,这个序列称为最大长度二位式序列或 M 序列。如果输出序列的周期比最大周期小,就不是 M 序列。n 级移位寄存器产生的序列的最大周期为 $N=2^n-1$。

2.3.3　M 序列的性质

(1) 由 n 级移位寄存器产生的周期为 $N=2^n-1$ 的 M 序列,在一个循环周期内,"0"出现的次数为 $\frac{N-1}{2}$,"1"出现的次数为 $\frac{N+1}{2}$。"0"出现的次数总比"1"出现的次数少 1。当 N 较大时,"0"和"1"出现的概率几乎是相等的,近似为 $\frac{1}{2}$。对于周期为 15 的 M 序列 111100010011010,可以看到,"0"的个数为 7,"1"的个数为 8,几乎各占一半。

(2) M 序列中,状态"0"或"1"连续出现的段称为游程,一个游程中"0"或"1"的个数称为游程长度。由 n 级移位寄存器产生的 M 序列的游程总数等于 2^{n-1},其中"0"的游程和"1"的游程各占一半,并且长度为 1 的游程占总数的 $\frac{1}{2}$,有 2^{n-2} 个;长度为 2 的游程占 $\frac{1}{4}$,有 2^{n-3} 个;长度为 3 的游程占 $\frac{1}{8}$,有 2^{n-4} 个。依此类推,长度为 $i(1 \leqslant i \leqslant n-2)$ 的游程占 $\frac{1}{2^i}$,有 2^{n-i-1} 个,但长度为 $n-1$ 的游程只有 1 个,为"0"的游程。长度为 n 的游程也只有

1 个,为"1"的游程。对于上述周期为 15 的 M 序列,共有 8 个游程,其中"0"的游程和"1"的游程各有 4 个。长度为 1 的游程有 4 个,长度为 2 的游程有 2 个。长度为 3 的游程只有 1 个,为"0"的游程。长度为 4 的游程也只有 1 个,为"1"的游程。

(3) 所有 M 序列均具有移位可加性,即 2 个彼此移位等价的相异 M 序列,按位模 2 相加所得到的和序列仍为 M 序列,并与原 M 序列等价。例如,周期为 15 的一个 M 序列为

…1111000100110101111…

延迟 13bit 的 M 序列为

…1100010011010111100…

按位模 2 相加所得的和序列为

…0011010111100010011…

和序列仍为 M 序列,只是比原 M 序列延迟了 7bit。可见,它们总是移位等价的。

2.3.4 二电平 M 序列的自相关函数

由于 M 序列对时间是离散的,而输入需要对时间连续,所以在实际应用中,总把状态为"0"和"1"的 M 序列变换成幅度为 $+a$ 和 $-a$ 的二电平序列,其中"0"对应高电平 $+a$,"1"对应低电平 $-a$,通常取电压为电平,a 表示幅值。这种对时间连续的序列称为二电平 M 序列。设每个基本电平延迟时间为 Δ,二电平 M 序列的周期是 $N\Delta$。例如,对于 M 序列

111100010011010

相应的二电平 M 序列一个周期的图像如图 2.7 所示。在应用中,脉冲间隔 Δ 和电平幅值 a 均取固定值。如何取值,根据具体试验而定。由于在 M 序列中"1"的数目比"0"的数目多 1 个,因而在 1 个序列周期中电平为 $-a$ 的脉冲数比电平为 $+a$ 的脉冲数多 1 个,所以在 1 个周期内,电平为 $+a$ 的脉冲数为 $(N-1)/2$,电平为 $-a$ 的脉冲数为 $(N+1)/2$。

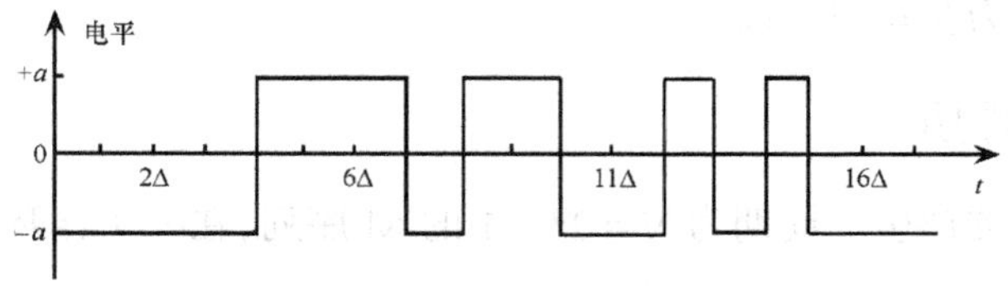

图 2.7 长度为 15 的二电平 M 序列

一个周期序列的数学期望(直流电平)为

$$m_x = \frac{N-1}{2}\frac{a\Delta}{N\Delta} - \frac{N+1}{2}\frac{a\Delta}{N\Delta} = -\frac{a}{N} \tag{2.3.15}$$

现在来计算自相关函数 $R_x(\tau)$,分 3 种不同情况讨论。

(1) $\tau = 0$。在这种情况下,$x(t)$ 和 $x(t+\tau)$ 为同一瞬时的实现值,它们不可能异号,可能同时为 $+a$,也可能同时为 $-a$,而其乘积只能是 a^2,于是

$$R_x(\tau) = \frac{N\Delta a^2}{N\Delta} = a^2 \tag{2.3.16}$$

(2) $|\tau| > \Delta$。在这种情况下,$x(t)$ 与 $x(t+\tau)$ 可能同号,也可能异号。如果 $x(t)$ 为

正，$x(t)$为正的概率为$(N-1)/2N$，则 $x(t+\tau)$为正的概率为$(N-3)/2N$，为负的概率为$(N+1)/2N$；如果 $x(t)$为负，$x(t)$为负的概率为$(N+1)/2N$，则 $x(t+\tau)$为正的概率为$(N-1)/2N$，为负的概率为$(N-1)/2N$。则自相关函数为

$$R_x(\tau)=\frac{N-1}{2N}\left(\frac{N-3}{2N}a^2-\frac{N+1}{2N}a^2\right)+\frac{N+1}{2N}\left(\frac{N-1}{2N}a^2-\frac{N-1}{2N}a^2\right)=$$

$$\frac{a^2}{4N^2}[(N-1)(N-3)-(N-1)(N+1)]=$$

$$\frac{a^2}{4N^2}(-4N+4)=-\frac{a^2}{N}+\frac{a^2}{N^2} \tag{2.3.17}$$

当 N 很大时，则有

$$R_x(\tau)\approx-\frac{a^2}{N} \tag{2.3.18}$$

(3)$0<|\tau|<\Delta$。在这种情况下，$R_x(\tau)$的计算可以从图 2.8 得到帮助。图(a)是二电平 M 序列信号的一个现实 $x(t)$，τ 是选定的时间间隔，$0<|\tau|<\Delta$。图(b)中 $x(t+\tau)$是 $x(t)$曲线向左移 τ 后的信号。图(c)是 $x(t)$和 $x(t+\tau)$的乘积。从图(c)可看出，在 1 个节拍中，即在 Δ 时间内，开始的$(\Delta-\tau)$这一段时间中，$x(t)$和 $x(t+\tau)$总是同号的，这时乘积 $x(t)x(t+\tau)$总是 a^2，而在每个节拍剩下的时间内，$x(t+\tau)$与 $x(t)$可能同号，也可能异号。

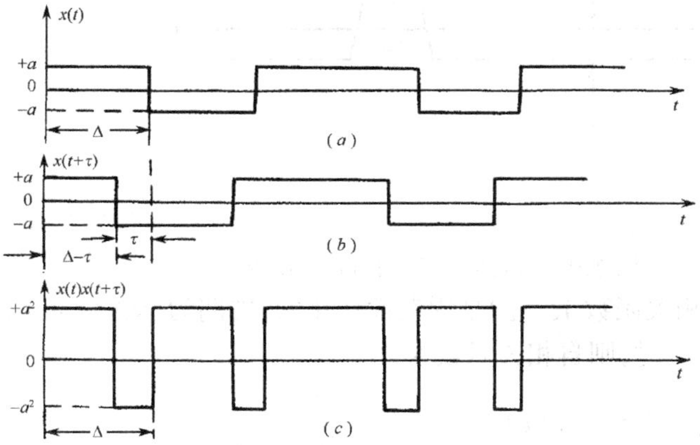

图 2.8　$x(t)$，$x(t+\tau)$及 $x(t)x(t+\tau)$图

(a)二电平 M 序列 $x(t)$；(b)二电平 M 序列 $x(t+\tau)$；(c)$x(t)$与 $x(t+\tau)$的乘积。

如果在时间 τ 内 $x(t)$为正，$x(t)$为正的概率为$(N-1)/2N$，则 $x(t+\tau)$为正的概率为$(N-3)/2N$，为负的概率为$(N+1)/2N$；如果在时间 τ 内 $x(t)$为负，$x(t)$为负的概率为$(N+1)/2N$，则 $x(t+\tau)$为正的概率为$(N-1)/2N$，为负的概率为$(N-1)/2N$。于是

$$R_x(\tau)=\frac{\Delta-|\tau|}{\Delta}a^2+\frac{|\tau|a^2}{\Delta}\left[\frac{N-1}{2N}\frac{N-3}{2N}-\frac{N-1}{2N}\frac{N+1}{2N}+\frac{N+1}{2N}\frac{N-1}{2N}-\frac{N+1}{2N}\frac{N-1}{2N}\right]=$$

$$\frac{\Delta-|\tau|}{\Delta}a^2-\frac{|\tau|a^2}{N\Delta}+\frac{|\tau|a^2}{N^2\Delta} \tag{2.3.19}$$

当 N 很大时，有

$$R_x(\tau)\approx a^2\left(1-\frac{N+1}{N}\frac{|\tau|}{\Delta}\right) \tag{2.3.20}$$

综合上述 3 种情况，可得二电平 M 序列的自相关函数

$$R_x(\tau)=\begin{cases}a^2\left(1-\frac{N+1}{N}\frac{|\tau|}{\Delta}\right), -\Delta<\tau<\Delta\\ -\frac{a^2}{N}, \Delta\leqslant\tau\leqslant(N-1)\Delta\end{cases} \tag{2.3.21}$$

$R_x(\tau)$的图形如图 2.9 所示。如果 $+a=1, -a=-1$，则可得 M 序列的自相关函数

$$R_x(\tau)=\begin{cases}1, \tau=0\\ -\frac{1}{N}, 0<\tau<N-1\end{cases} \tag{2.3.22}$$

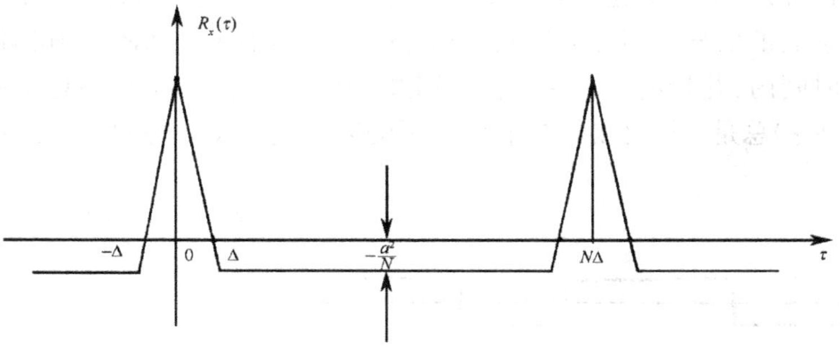

图 2.9　二电平 M 序列自相关函数

二电平 M 序列的自相关函数 $R_x(\tau)$是周期性变化的，周期为 $N\Delta$。当二位式白噪声序列的 2 种状态取 1 和 -1 时，则自相关函数为

$$R_x(\tau)=E[x(i)x(i+\tau)]=\begin{cases}1, \tau=0\\ 0, \tau=1,2,\cdots\end{cases} \tag{2.3.23}$$

其图形如图 2.10 所示。可见，二电平 M 序列的自相关函数与二位式白噪声序列的自相关函数的形状是不相同的，但可把二电平 M 序列近似地看做二电平白噪声序列。

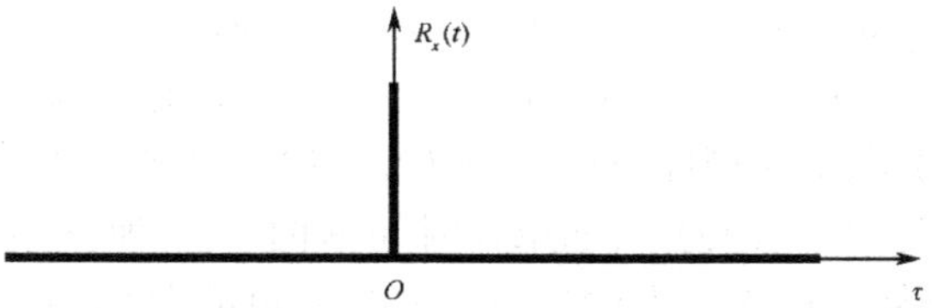

图 2.10　二位式白噪声序列自相关函数

二电平 M 序列的自相关函数可分成两部分，第一部分是周期为 $N\Delta$ 的周期性三角形脉冲，它的一个周期的表达式为

$$R_x^{(1)}(\tau)=\begin{cases}a^2\left(1+\frac{1}{N}\right)\left(1-\frac{|\tau|}{\Delta}\right), -\Delta<\tau<\Delta \\ 0, \Delta\leqslant\tau\leqslant(N-1)\Delta\end{cases} \tag{2.3.24}$$

第二部分为直流分量

$$R_x^{(2)}(\tau)=-\frac{a^2}{N} \tag{2.3.25}$$

其图形如图 2.11 所示。

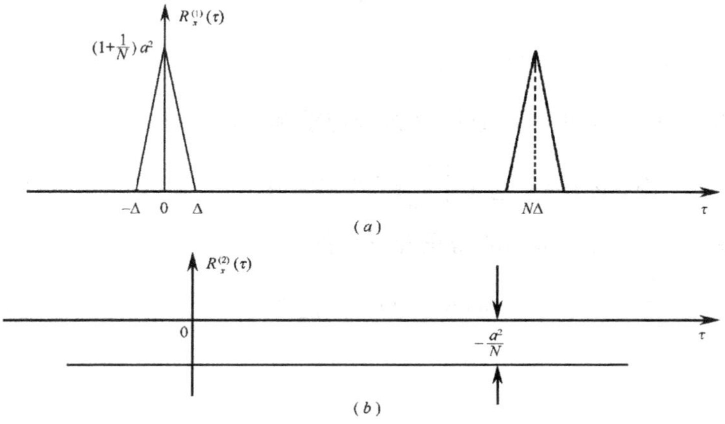

图 2.11　二电平 M 序列自相关函数的分解

(a)周期性三角形脉冲;(b)直流分量。

周期性三角形脉冲部分虽然与理想的脉冲函数是有区别的,但是当 Δ 很小时,可以看成强度为 $\left(1+\frac{1}{N}\right)a^2$ 的脉冲函数,即

$$R_x(\tau)=\left(1+\frac{1}{N}\right)a^2\Delta\delta(\tau)-\frac{a^2}{N} \tag{2.3.26}$$

2.3.5　二电平 M 序列的功率谱密度

二电平 M 序列的功率谱密度是一个离散的线条频谱。由于 $R_x(\tau)$的重复周期是 $T=N\Delta$,并且是有界的,故可将其表示为复数形式的傅里叶级数,即

$$R_x(\tau) = \sum_{r=-\infty}^{\infty} c_r e^{jr\omega_0\tau} \tag{2.3.27}$$

式中基波角频率 $\omega_0=\frac{2\pi}{T}$,而

$$c_r = \frac{1}{T}\int_{-\frac{T}{2}}^{\frac{T}{2}} R_x(\tau)e^{-jr\omega_0\tau}d\tau \tag{2.3.28}$$

按照维纳－辛钦(Wiener－Khintchine)公式,随机函数 $x(t)$的功率谱密度 $S_x(\omega)$是自相关函数 $R_x(\tau)$的傅里叶变换,即

$$S_x(\omega) = \int_{-\infty}^{\infty} R_x(\tau)\mathrm{e}^{-\mathrm{j}\omega\tau}\mathrm{d}\tau \tag{2.3.29}$$

而自相关函数 $R_x(\tau)$是 $S_x(\omega)$的傅里叶反变换,即

$$R_x(\tau) = \frac{1}{2\pi}\int_{-\infty}^{\infty} S_x(\omega)\mathrm{e}^{\mathrm{j}\omega\tau}\mathrm{d}\omega \tag{2.3.30}$$

由式(2.3.27)和式(2.3.29)可得二电平 M 序列的功率谱密度

$$S_x(\omega) = \int_{-\infty}^{\infty} R_x(\tau)\mathrm{e}^{-\mathrm{j}\omega\tau}\mathrm{d}\tau = \int_{-\infty}^{\infty}\left(\sum_{r=-\infty}^{\infty} c_r\mathrm{e}^{\mathrm{j}r\omega_0\tau}\right)\mathrm{e}^{-\mathrm{j}\omega\tau}\mathrm{d}\tau =$$
$$\int_{-\infty}^{\infty}\left(\sum_{r=-\infty}^{\infty} c_r\mathrm{e}^{-\mathrm{j}(\omega-r\omega_0)\tau}\right)\mathrm{d}\tau \tag{2.3.31}$$

因为 $R_x(\tau)$的傅里叶级数是均匀收敛的,其积分与求和可以交换,故

$$S_x(\omega) = \sum_{r=-\infty}^{\infty} c_r\int_{-\infty}^{\infty}\mathrm{e}^{-\mathrm{j}(\omega-r\omega_0)\tau}\mathrm{d}\tau \tag{2.3.32}$$

根据 δ 函数的定义可知,$\delta(\omega - r\omega_0)$的傅里叶反变换为

$$\frac{1}{2\pi}\int_{-\infty}^{\infty}\delta(\omega - r\omega_0)\mathrm{e}^{\mathrm{j}\omega\tau}\mathrm{d}\omega = \frac{1}{2\pi}\mathrm{e}^{\mathrm{j}r\omega_0\tau} \tag{2.3.33}$$

则$\frac{1}{2\pi}\mathrm{e}^{\mathrm{j}r\omega_0\tau}$的傅里叶变换为

$$\int_{-\infty}^{\infty}\frac{1}{2\pi}\mathrm{e}^{\mathrm{j}r\omega_0\tau}\mathrm{e}^{-\mathrm{j}\omega\tau}\mathrm{d}\tau = \frac{1}{2\pi}\int_{-\infty}^{\infty}\mathrm{e}^{-\mathrm{j}(\omega-r\omega_0)\tau}\mathrm{d}\tau = \delta(\omega - r\omega_0) \tag{2.3.34}$$

因而 $\mathrm{e}^{\mathrm{j}r\omega_0\tau}$的傅里叶变换为

$$\int_{-\infty}^{\infty}\mathrm{e}^{\mathrm{j}r\omega_0\tau}\mathrm{e}^{-\mathrm{j}\omega\tau}\mathrm{d}\tau = \int_{-\infty}^{\infty}\mathrm{e}^{-\mathrm{j}(\omega-r\omega_0)\tau}\mathrm{d}\tau = 2\pi\delta(\omega - r\omega_0) \tag{2.3.35}$$

于是

$$S_x(\omega) = \sum_{r=-\infty}^{\infty} 2\pi c_r\delta(\omega - r\omega_0) =$$
$$\sum_{r=-\infty}^{\infty}\left[\frac{2\pi}{T}\int_{-\frac{T}{2}}^{\frac{T}{2}} R_x(\tau)\mathrm{e}^{-\mathrm{j}r\omega_0\tau}\mathrm{d}\tau\right]\delta(\omega - r\omega_0) \tag{2.3.36}$$

考虑到当 $\omega \neq r\omega_0$ 时 $\delta(\omega - r\omega_0) = 0$,则上式可写为

$$S_x(\omega) = \frac{2\pi}{T}\int_{-\frac{T}{2}}^{\frac{T}{2}} R_x(\tau)\mathrm{e}^{-\mathrm{j}\omega\tau}\mathrm{d}\tau \sum_{r=-\infty}^{\infty}\delta(\omega - r\omega_0) \tag{2.3.37}$$

注意到 $R_x(\tau)$是 τ 的偶函数,则

$$\int_{-\frac{T}{2}}^{\frac{T}{2}} R_x(\tau)\mathrm{e}^{-\mathrm{j}\omega\tau}\mathrm{d}\tau = 2\int_{0}^{\frac{T}{2}} R_x(\tau)\cos(\omega\tau)\mathrm{d}\tau \tag{2.3.38}$$

将 $R_x(\tau)$代入上式得

$$\int_{-\frac{T}{2}}^{\frac{T}{2}} R_x(\tau)\mathrm{e}^{-\mathrm{j}\omega\tau}\mathrm{d}\tau = 2\int_{0}^{\Delta} a^2\left[1 - \frac{(N+1)\tau}{N\Delta}\right]\cos(\omega\tau)\mathrm{d}\tau + 2\int_{\Delta}^{\frac{N\Delta}{2}}\left(-\frac{a^2}{N}\right)\cos(\omega\tau)\mathrm{d}\tau =$$

$$2a^2\left\{\frac{1}{\omega}\sin(\omega\Delta) - \frac{N+1}{\omega^2 N\Delta}[\cos(\omega\Delta) - 1 + \omega\Delta\sin(\omega\Delta)] - \frac{1}{N\omega}\left[\sin\frac{\omega N\Delta}{2} - \sin(\omega\Delta)\right]\right\} =$$

$$2a^2\left\{\frac{N+1}{N\Delta\omega^2}[1-\cos(\omega\Delta)]-\frac{1}{N\omega}\sin\frac{\omega N\Delta}{2}=a^2\Delta\left[\frac{N+1}{N}\left(\frac{\sin\frac{\omega\Delta}{2}}{\frac{\omega\Delta}{2}}\right)^2-\frac{\sin\frac{\omega N\Delta}{2}}{\frac{\omega N\Delta}{2}}\right]\right\} \tag{2.3.39}$$

将式(2.3.39)代入式(2.3.37)得

$$S_x(\omega)=\frac{2\pi a^2\Delta}{T}\left[\frac{N+1}{N}\left(\frac{\sin\frac{\omega\Delta}{2}}{\frac{\omega\Delta}{2}}\right)^2-\frac{\sin\frac{\omega N\Delta}{2}}{\frac{\omega N\Delta}{2}}\right]\sum_{r=-\infty}^{\infty}\delta(\omega-r\omega_0) \tag{2.3.40}$$

由于基波频率 $\omega_0=\frac{2\pi}{T}=\frac{2\pi}{N\Delta}$,并且频谱只在 $\omega=r\,\omega_0(r=-\infty,\cdots,-1,0,1,\cdots,\infty)$ 上取值,注意到

$$\lim_{a\to 0}\frac{\sin a}{a}=1$$

当 $\omega\geqslant\omega_0$ 时,$\frac{\omega N\Delta}{2}=\frac{r2\pi}{N\Delta}\frac{N\Delta}{2}=r\pi(r=1,2,\cdots)$,则 $\frac{\sin\frac{\omega N\Delta}{2}}{\frac{\omega N\Delta}{2}}=0$,最后可得

$$S_x(\omega)=\frac{2\pi a^2}{N^2}\delta(\omega)+\frac{2\pi a^2(N+1)}{N^2}\left(\frac{\sin\frac{\omega\Delta}{2}}{\frac{\omega\Delta}{2}}\right)^2\sum_{r=-\infty}^{\infty}\delta(\omega-r\omega_0)\big|_{r\neq 0} \tag{2.3.41}$$

功率谱密度 $S_x(\omega)$关于纵坐标是对称的,作出 $\omega\geqslant 0$ 部分的 $S_x(\omega)$的谱线图($N=15$)如图 2.12 所示。

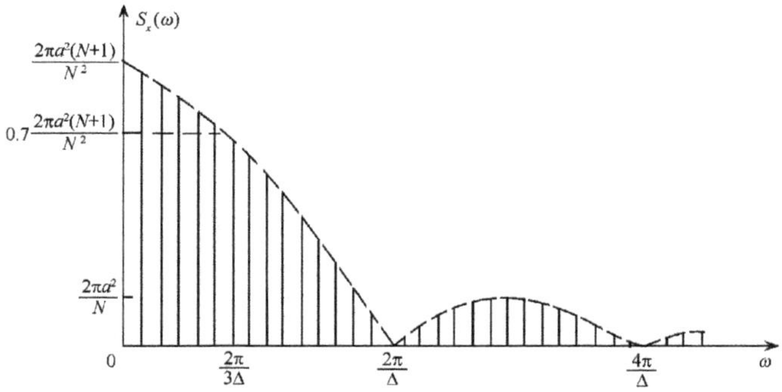

图 2.12 二电平 M 序列的谱线图($N=15$)

当 $S_x(\omega)=0.707\,\frac{2\pi a^2(N+1)}{N^2}$时,必有

$$\left(\frac{\sin\frac{r\omega_0\Delta}{2}}{r\omega_0\Delta}\right)^2=\left(\frac{\sin\frac{r\pi}{N}}{\frac{r\pi}{N}}\right)^2=0.707$$

由此可求出 r 的近似值为$\frac{N}{3}$,因而M序列的频带宽度为

$$\omega_m = r\omega_0 \approx \frac{N}{3}\frac{2\pi}{N\Delta} = \frac{2\pi}{3\Delta} = 2\pi f_m \tag{2.3.42}$$

$$f_m \approx \frac{1}{3\Delta} = \frac{1}{3} f_0$$

式中 $f_0 = \frac{1}{\Delta}$是时钟脉冲的频率。

思 考 题

2.1 作出白噪声过程和M序列的自相关函数及平均功率谱密度图形。

2.2 低通白噪声过程是一种什么样的白噪声过程,它与真正的白噪声过程有何不同?用计算机能否产生真正的白噪声过程?

2.3 二位式白噪声序列是一种什么样的序列,它的概率性质与M序列有何异同?

2.4 取 $A = 179, M = 2^{35}, x_0 = 11$,请在计算机上用乘同余法和混合同余法产生100个服从(0,1)均匀分布的随机数(未给参数自由选定)。

2.5 请在计算机上用2种不同方法产生100个服从正态分布的随机数。

2.6 用伪随机序列作为系统辨识时的测试信号有何优缺点?M序列是否属于伪随机序列?

第3章 线性系统的经典辨识方法

在“自动控制原理”课程中已经讲过,如果在系统的输入端分别加进正弦信号、单位阶跃信号和单位脉冲信号,则在输出端可分别得到频率响应、阶跃响应和脉冲响应。由于单位脉冲信号不容易产生,辨识中常用与白噪声特性相近的M序列作为测试信号,再用相关法处理,可很方便地得到系统的脉冲响应。用这些方法得到的频率响应、阶跃响应和脉冲响应都是非参数模型,可从这些非参数模型得到参数模型。辨识中常用的参数模型为传递函数或差分方程。用正弦信号、单位阶跃信号和M序列辨识系统的方法都称为经典辨识方法。

在自动控制中,正弦信号和单位阶跃信号虽然用得很多,但对系统辨识来说,它们都有很大的缺点。用正弦信号测试系统频率特性的主要缺点是试验手续比较复杂,必须有专用设备,不便于在数控系统上做试验。用单位阶跃信号作测试信号时,在系统的输入端叠加了一个恒值输入,从而破坏了系统的正常运行。而叠加的信号太小,又不能获得具有一定精度的有用数据。另外,这种辨识方法对试验环境的要求也比较严格,在单位阶跃输入瞬间,系统必须保持严格稳定,在信号输入以后,又不允许受到其它干扰,这些条件对过渡过程较长的系统很难保证。所以频率响应和单位阶跃响应在系统辨识中较少应用。

在经典辨识方法中,用得最多的是脉冲响应,主要是因为脉冲响应容易获得,而且不影响系统正常工作。脉冲响应的定义是:如果在系统的输入端输入单位脉冲信号,则在输出端可得到脉冲响应。单位脉冲试验信号的物理含义是在充分短的时间里对系统输入一个充分大的信号,这种信号近似于一个理想的脉冲函数。为了使试验结果准确,必须积累足够大的能量,在瞬间激发系统,这种作法对许多实际系统是难以实现的。所以在辨识中一般不用这种方法获取脉冲响应,而是用M序列作为输入信号,再用相关法处理测试结果,可很方便地得到系统的脉冲响应,因此脉冲响应法得到了广泛的应用。

由于频率响应法和单位阶跃响应法在系统辨识中用得较少,并且已在“自动控制原理”课程中讲过,本章只介绍经典辨识方法中用M序列作为试验信号的脉冲响应法。

3.1 用M序列辨识线性系统的脉冲响应

在2.3节中,曾介绍过用白噪声作为输入信号确定系统脉冲响应的方法,这种方法称为相关法。所谓相关法,就是根据维纳－霍夫积分方程,利用输入信号的自相关函数和输入与输出的互相关函数确定系统脉冲响应的方法。在2.3节可以看到,采用白噪声作为试验信号,利用相关法可以很容易地确定系统的脉冲响应。由于理想的白噪声难以获取,从2.3节的讨论又可以看出,采用周期性的伪随机信号作为输入信号可以使计算变得简单,所以用M序列辨识系统脉冲响应是用得最广泛的一种方法。

利用M序列,由维纳－霍夫积分方程可得

$$R_{xy}(\tau)=\int_0^{\infty}g(\sigma)R_x(\tau-\sigma)\mathrm{d}\sigma=\int_0^{N\Delta}g(\sigma)R_x(\tau-\sigma)\mathrm{d}\sigma=$$
$$\int_0^{N\Delta}\left[\frac{N+1}{N}a^2\Delta\delta(\tau-\sigma)-\frac{a^2}{N}\right]g(\sigma)\mathrm{d}\sigma$$
$$R_{xy}(\tau)=\frac{N+1}{N}a^2\Delta g(\tau)-\frac{a^2}{N}\int_0^{N\Delta}g(\sigma)\mathrm{d}\sigma \tag{3.1.1}$$

由式(3.1.1)可见,输入二电平 M 序列时,输入与输出的互相关函数 $R_{xy}(\tau)$与脉冲响应函数 $g(\tau)$不是相差常数倍。式(3.1.1)右边第 2 项不随 τ 而改变,记为常值

$$A=\frac{a^2}{N}\int_0^{N\Delta}g(\sigma)\mathrm{d}\sigma \tag{3.1.2}$$

则

$$R_{xy}(\tau)=\frac{N+1}{N}a^2\Delta g(\tau)-A \tag{3.1.3}$$

互相关函数 $R_{xy}(\tau)$的图形,如图 3.1 所示,表明用作图的方法可以求得 A 和 $g(\tau)$。

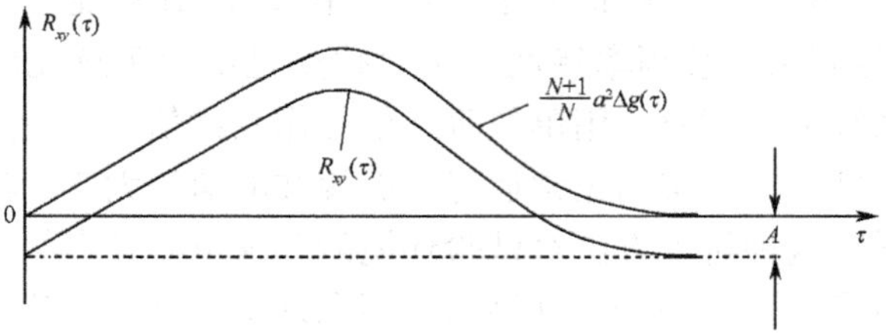

图 3.1　互相关函数 $R_{xy}(\tau)$图形

当 τ 很大时,因 $g(\tau)\to 0$,则 $R_{xy}(\tau)\to -A$。如果由测试计算已画出互相关函数 $R_{xy}(\tau)$的图形,只要向上移动距离 A,就得到了$\frac{N+1}{N}a^2\Delta g(\tau)$的图形。还可用计算方法求得 $g(\tau)$。对式(3.1.1)两端进行积分可得

$$\int_0^{N\Delta}R_{xy}(\tau)\mathrm{d}\tau=\frac{N+1}{N}a^2\Delta\int_0^{N\Delta}g(\tau)\mathrm{d}\tau-\frac{a^2}{N}N\Delta\int_0^{N\Delta}g(\tau)\mathrm{d}\tau=$$
$$\frac{1}{N}a^2\Delta\int_0^{N\Delta}g(\tau)\mathrm{d}\tau \tag{3.1.4}$$

即

$$\frac{a^2}{N}\int_0^{N\Delta}g(\tau)\mathrm{d}\tau=\frac{1}{\Delta}\int_0^{N\Delta}R_{xy}(\tau)\mathrm{d}\tau \tag{3.1.5}$$

$$R_{xy}(\tau)=\frac{N+1}{N}a^2\Delta g(\tau)-\frac{1}{\Delta}\int_0^{N\Delta}R_{xy}(\tau)\mathrm{d}\tau \tag{3.1.6}$$

解出 $g(\tau)$为

$$g(\tau)=\frac{N}{N+1}\frac{1}{a^2\Delta}\left[R_{xy}(\tau)+\frac{1}{\Delta}\int_0^{N\Delta}R_{xy}(\tau)\mathrm{d}\tau\right] \tag{3.1.7}$$

或写成

$$g(\tau)=\frac{N}{N+1}\frac{1}{a^2\Delta}R_{xy}(\tau)+g_0 \tag{3.1.8}$$

式中

$$g_0 = \frac{N}{N+1}\frac{1}{a^2\Delta^2}\int_0^{N\Delta}R_{xy}(\tau)\mathrm{d}\tau \tag{3.1.9}$$

上述积分可用近似方法计算,例如

$$\int_0^{N\Delta}R_{xy}(\tau)\mathrm{d}\tau \approx \Delta\sum_{i=1}^{N-1}R_{xy}(i\Delta) \tag{3.1.10}$$

在线性系统中输入二电平 M 序列时,输入与输出的互相关函数 $R_{xy}(\tau)$怎样计算呢?假设系统的采样周期与 M 序列的时钟脉冲间隔 Δ 相同,τ 为 Δ 的整数倍,则有

$$\begin{aligned}R_{xy}(\tau) &= \frac{1}{T}\int_0^T x(t)y(t+\tau)\mathrm{d}t = \frac{1}{N\Delta}\int_0^T x(t)y(t+\tau)\mathrm{d}t = \\ &\frac{1}{N\Delta}\Big[\int_0^{\Delta}x(t)y(t+\tau)\mathrm{d}t + \int_{\Delta}^{2\Delta}x(t)y(t+\tau)\mathrm{d}t + \cdots + \\ &\int_{(N-1)\Delta}^{N\Delta}x(t)y(t+\tau)\mathrm{d}t\Big]\end{aligned} \tag{3.1.11}$$

$$R_{xy}(\tau) = \frac{1}{N}\sum_{i=1}^{N-1}x(i\Delta)y(i\Delta+\tau) \tag{3.1.12}$$

式中 τ 取 $0,\Delta,2\Delta,\cdots,(N-1)\Delta$。需要注意,上式中输出量的坐标不仅在$(0,T)$范围内,而且经常要进入下一个周期$(T,2T)$,例如 $\tau=(N-1)\Delta$ 时,t 取$(N-1)\Delta,\cdots,(2N-2)\Delta$,因此需要 2 个周期的二电平 M 序列。而输出也要用到从 $y(0)\sim y[(2N-1)\Delta]$的值,才能计算 $R_{xy}(\tau)$。计算 $R_{xy}(\tau)$时,可按式(3.1.12)计算,也可把 $x(i\Delta)$改写成

$$x(i\Delta)=a\,\mathrm{sgn}[x(i\Delta)] \tag{3.1.13}$$

式中 sgn 表示符号函数,于是

$$R_{xy}(\tau) = \frac{a}{N}\sum_{i=0}^{N-1}\mathrm{sgn}[x(i\Delta)]y(i\Delta+\tau) \tag{3.1.14}$$

如不计$\frac{a}{N}$,求和式的计算相当于一个“门”:当 $x(i\Delta)$的符号为正时,将 $y(i\Delta+\tau)$放到正的地方进行累加;当 $x(i\Delta)$为负时,将 $y(i\Delta+\tau)$放到负的地方进行累加。对每个 τ 值,把 N 个$y(i\Delta+\tau)$分别在正负 2 个地方累加,最后两者相减,乘以$\frac{a}{N}$,就可得到 $R_{xy}(\tau)$。

为了提高计算互相关函数的准确度,可以多输入几个二电平 M 序列,利用较多的输出值计算互相关函数。一般地,输入 $r+1$ 个周期二电平 M 序列,记录 $r+1$ 个周期输出的采样值,则

$$R_{xy}(\tau) = \frac{1}{rN}\sum_{i=0}^{rN-1}x(i\Delta)y(i\Delta+\tau) \tag{3.1.15}$$

按照上面的算法,对应于不同的 τ 值,每次只能计算出脉冲响应 $g(\tau)$的 1 个离散值。要想获得 $g(\tau)$的 N 个离散值,则需要计算 N 次。下面推导能够 1 次计算 $g(\tau)$的 N 个离散值的计算公式。

由连续的维纳-霍夫积分方程

$$R_{xy}(\tau) = \int_0^{\infty}g(\sigma)R_x(\tau-\sigma)\mathrm{d}\sigma \tag{3.1.16}$$

可得离散的维纳－霍夫方程

$$R_{xy}(\tau) = R_{xy}(\mu\Delta) = \sum_{k=0}^{N-1}\Delta g(k\Delta)R_x(\mu\Delta - k\Delta) \tag{3.1.17}$$

式中 $\tau=\mu\Delta$。为了书写方便，用 μ 表示 $\mu\Delta$，k 表示 $k\Delta$，则式(3.1.17)可写为

$$R_{xy}(\mu) = \sum_{k=0}^{N-1}\Delta g(k)R_x(\mu - k) \tag{3.1.18}$$

设

$$\begin{cases} \boldsymbol{g} = \begin{bmatrix} g(0) \\ g(1) \\ \vdots \\ g(N-1) \end{bmatrix} \\ \boldsymbol{R}_{xy} = \begin{bmatrix} R_{xy}(0) \\ R_{xy}(1) \\ \vdots \\ R_{xy}(N-1) \end{bmatrix} \end{cases} \tag{3.1.19}$$

$$\boldsymbol{R} = \begin{bmatrix} R_x(0) & R_x(-1) & \cdots & R_x(-N+1) \\ R_x(1) & R_x(0) & \cdots & R_x(-N+2) \\ \vdots & \vdots & & \vdots \\ R_x(N-1) & R_x(N-2) & \cdots & R_x(0) \end{bmatrix} \tag{3.1.20}$$

则根据式(3.1.18)可得

$$\begin{cases} \boldsymbol{R}_{xy} = \boldsymbol{R}\boldsymbol{g}\Delta \\ \boldsymbol{g} = \dfrac{1}{\Delta}\boldsymbol{R}^{-1}\boldsymbol{R}_{xy} \end{cases} \tag{3.1.21}$$

在一般情况下，求逆阵很麻烦，但对于 M 序列来说，计算 $\boldsymbol{R}^{-1}$ 比较容易。由于 τ 值为 0，Δ，2Δ，…，根据式(2.3.21)可得二电平 M 序列的自相关函数为

$$R_x(k) = \begin{cases} a^2, k=0 \\ -\dfrac{a^2}{N}, 1 \leqslant k \leqslant N-1 \end{cases} \tag{3.1.22}$$

由式(3.1.22)和式(3.1.20)可得

$$\boldsymbol{R} = a^2\begin{bmatrix} 1 & -\dfrac{1}{N} & \cdots & -\dfrac{1}{N} \\ -\dfrac{1}{N} & 1 & \cdots & -\dfrac{1}{N} \\ \vdots & \vdots & & \vdots \\ -\dfrac{1}{N} & -\dfrac{1}{N} & \cdots & 1 \end{bmatrix} \tag{3.1.23}$$

这是一个 N 阶方阵，容易验证其逆阵为

$$\boldsymbol{R}^{-1} = \frac{N}{a^2(N+1)}\begin{bmatrix} 2 & 1 & \cdots & 1 \\ 1 & 2 & \cdots & 1 \\ \vdots & \vdots & & \vdots \\ 1 & 1 & \cdots & 2 \end{bmatrix} \tag{3.1.24}$$

把式(3.1.24)代入式(3.1.21)可得

$$\boldsymbol{g}=\frac{N}{a^2(N+1)\Delta}\begin{bmatrix}2&1&\cdots&1\\1&2&\cdots&1\\\vdots&\vdots&&\vdots\\1&1&\cdots&2\end{bmatrix}\boldsymbol{R}_{xy} \tag{3.1.25}$$

$\boldsymbol{R}_{xy}(\mu)$可以表示为

$$\boldsymbol{R}_{xy}(\mu)=\frac{1}{rN}[x(-\mu)\quad x(1-\mu)\cdots x(rN-1-\mu)]\begin{bmatrix}y(0)\\y(1)\\\vdots\\y(rN-1)\end{bmatrix} \tag{3.1.26}$$

式中 $\mu=0,1,\cdots,N-1$。设

$$\begin{cases}\boldsymbol{Y}=\begin{bmatrix}y(0)\\y(1)\\\vdots\\y(rN-1)\end{bmatrix}\\\boldsymbol{R}_{xy}=\begin{bmatrix}R_{xy}(0)\\R_{xy}(1)\\\vdots\\R_{xy}(N-1)\end{bmatrix}\\\boldsymbol{X}=\begin{bmatrix}x(0)&x(1)&\cdots&x(rN-1)\\x(-1)&x(0)&\cdots&x(rN-2)\\\vdots&\vdots&&\vdots\\x(-N+1)&x(-N+2)&\cdots&x(rN-N)\end{bmatrix}\end{cases} \tag{3.1.27}$$

则根据式(3.1.26)可得

$$\boldsymbol{R}_{xy}=\frac{1}{rN}\boldsymbol{XY} \tag{3.1.28}$$

于是有

$$\boldsymbol{g}=\frac{1}{a^2r(N+1)\Delta}\begin{bmatrix}2&1&\cdots&1\\1&2&\cdots&1\\\vdots&\vdots&&\vdots\\1&1&\cdots&2\end{bmatrix}\boldsymbol{XY} \tag{3.1.29}$$

用M序列做试验时,利用式(3.1.29)在计算机上离线计算,一次可求出系统脉冲响应的 N 个离散值 $g(0),g(1),\cdots,g(N-1)$。这种算法的缺点是数据的存储量大。为了减少数据的存储量,可采用递推算法。

设进行了 m 次观测,$m\geqslant\mu$。由 m 次观测值得到的 $R_{xy}(\mu)$用 $R_{xy}(\mu,m)$来表示,则

$$R_{xy}(\mu,m)=\frac{1}{m+1}\sum_{k=0}^{m}y(k)x(k-\mu)=$$

$$\frac{1}{m+1}\left[\sum_{k=0}^{m-1}y(k)x(k-\mu)+y(m)x(m-\mu)\right]=$$

$$\frac{1}{m+1}[mR_{xy}(\mu,m-1)+y(m)x(m-\mu)]=$$

$$\frac{1}{m+1}[(m+1)R_{xy}(\mu,m-1)-R_{xy}(\mu,m-1)+y(m)x(m-\mu)]=$$

$$R_{xy}(\mu,m-1)+\frac{1}{m+1}[y(m)x(m-\mu)-R_{xy}(\mu,m-1)] \tag{3.1.30}$$

上式为互相关函数的递推公式,可根据 $m-1$ 次观测所求得的 $R_{xy}(\mu,m-1)$及新的观测数据 $y(m)$和 $x(m-\mu)$,按式(3.1.30)递推地计算出 $R_{xy}(\mu,m)$。由式(3.1.25)得

$$\boldsymbol{g}_m=\frac{N}{a^2(N+1)\Delta}\begin{bmatrix}2 & 1 & \cdots & 1\\ 1 & 2 & \cdots & 1\\ \vdots & \vdots & & \vdots\\ 1 & 1 & \cdots & 2\end{bmatrix}\begin{bmatrix}R_{xy}(0,m)\\ R_{xy}(1,m)\\ \vdots\\ R_{xy}(N-1,m)\end{bmatrix} \tag{3.1.31}$$

考虑到式(3.1.30),则有

$$\boldsymbol{g}_m=\frac{N}{a^2(N+1)\Delta}\begin{bmatrix}2 & 1 & \cdots & 1\\ 1 & 2 & \cdots & 1\\ \vdots & \vdots & & \vdots\\ 1 & 1 & \cdots & 2\end{bmatrix}\left\{\begin{bmatrix}R_{xy}(0,m-1)\\ R_{xy}(1,m-1)\\ \vdots\\ R_{xy}(N-1,m-1)\end{bmatrix}+\right.$$

$$\left.\frac{1}{m+1}\left\{y(m)\begin{bmatrix}x(m)\\ x(m-1)\\ \vdots\\ x(m-N+1)\end{bmatrix}-\begin{bmatrix}R_{xy}(0,m-1)\\ R_{xy}(1,m-1)\\ \vdots\\ R_{xy}(N-1,m-1)\end{bmatrix}\right\}\right\} \tag{3.1.32}$$

$$\boldsymbol{g}_m=\boldsymbol{g}_{m-1}+\frac{1}{m+1}\left\{\frac{N}{a^2(N+1)\Delta}\begin{bmatrix}2 & 1 & \cdots & 1\\ 1 & 2 & \cdots & 1\\ \vdots & \vdots & & \vdots\\ 1 & 1 & \cdots & 2\end{bmatrix}y(m)\begin{bmatrix}x(m)\\ x(m-1)\\ \vdots\\ x(m-N+1)\end{bmatrix}-\boldsymbol{g}_{m-1}\right\} \tag{3.1.33}$$

按递推公式(3.1.33),可从 $\boldsymbol{g}_{m-1}$及新的观测数据得到 $\boldsymbol{g}_m$,随着观测数据的增加,$\boldsymbol{g}_m$的精确度不断提高。所以可利用式(3.1.33)对脉冲响应进行在线辨识。

3.2 用脉冲响应求传递函数

利用脉冲响应可以求连续系统的传递函数和离散系统的脉冲传递函数。

3.2.1 连续系统的传递函数 $G(s)$

任何一个单输入－单输出系统都可以用差分方程来表示。若系统的输入为 $\delta(t)$函数,则输出为脉冲响应函数 $g(t)$,$g(t)$的变化趋势如图 3.2 所示。

因 $\delta(t)$函数只作用于 $t=0$ 时刻,而在其它时刻系统的输入为 0,故系统的输出是从 $t=0$ 开始的脉冲响应函数 $g(t)$。如果采样间隔为 Δ,并设系统可用 n 阶差分方程表示,则

$$g(t_0)+a_1g(t_0+\Delta)+\cdots+a_ng(t_0+n\Delta)=0 \tag{3.2.1}$$

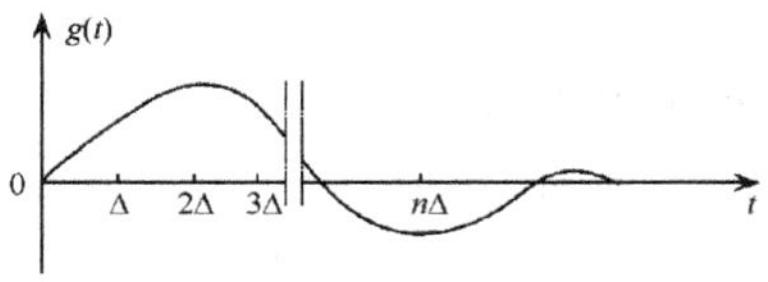

图 3.2　$g(t)$曲线图

式中 $a_1,a_2,\cdots,a_n$ 为待定的 n 个常数。

根据式(3.2.1),将时间依次延迟 Δ,可写出 n 个方程,即

$$a_1g(t_0+\Delta)+a_2g(t_0+2\Delta)+\cdots+a_ng(t_0+n\Delta)=-g(t_0)$$

$$a_1g(t_0+2\Delta)+a_2g(t_0+3\Delta)+\cdots+a_ng(t_0+(n+1)\Delta)=-g(t_0+\Delta)$$

$$\vdots$$

$$a_1g(t_0+n\Delta)+a_2g(t_0+(n+1)\Delta)+\cdots+a_ng(t_0+2n\Delta)=-g(t_0+(n-1)\Delta)$$

联立求解上述 n 个方程,可得差分方程的 n 个系数 $a_1,a_2,\cdots,a_n$。

任何一个线性定常系统,如果其传递函数 $G(s)$的特征方程的根为 $s_1,s_2,\cdots,s_n$,则其传递函数可表示为

$$G(s)=\frac{c_1}{s-s_1}+\frac{c_2}{s-s_2}+\cdots+\frac{c_n}{s-s_n} \tag{3.2.2}$$

式中 $s_1,s_2,\cdots,s_n$ 和 $c_1,c_2,\cdots,c_n$ 为待求的 $2n$ 个未知数。对式(3.2.2)求拉普拉斯反变换,可得系统的脉冲响应函数

$$g(t)=c_1e^{s_1t}+c_2e^{s_2t}+\cdots+c_ne^{s_nt} \tag{3.2.3}$$

则 $t+\Delta,t+2\Delta,\cdots,t+n\Delta$ 时刻的脉冲响应函数分别为

$$\begin{cases}g(t+\Delta)=c_1e^{s_1(t+\Delta)}+c_2e^{s_2(t+\Delta)}+\cdots+c_ne^{s_n(t+\Delta)}\\ g(t+2\Delta)=c_1e^{s_1(t+2\Delta)}+c_2e^{s_2(t+2\Delta)}+\cdots+c_ne^{s_n(t+2\Delta)}\\ \vdots\\ g(t+n\Delta)=c_1e^{s_1(t+n\Delta)}+c_2e^{s_2(t+n\Delta)}+\cdots+c_ne^{s_n(t+n\Delta)}\end{cases} \tag{3.2.4}$$

将式(3.2.1)中的 t_0 换成 t,并将式(3.2.3)和式(3.2.4)代入其中,可得

$$c_1e^{s_1t}[1+a_1e^{s_1\Delta}+\cdots+a_n(e^{s_1\Delta})^n]+c_2e^{s_2t}[1+a_1e^{s_2\Delta}+\cdots+a_n(e^{s_2\Delta})^n]+\cdots+c_ne^{s_nt}[1+a_1e^{s_n\Delta}+\cdots+a_n(e^{s_n\Delta})^n]=0 \tag{3.2.5}$$

欲使式(3.2.5)成立,应令各方括号内的值为 0,即

$$1+a_1e^{s_i\Delta}+\cdots+a_n(e^{s_i\Delta})^n=0,i=1,2,\cdots,n \tag{3.2.6}$$

令 $e^{s_i\Delta}=x$,则式(3.2.6)可以写为

$$1+a_1x+\cdots+a_nx^n=0 \tag{3.2.7}$$

解式(3.2.7),可得 x 的 n 个解 $x_1,x_2,\cdots,x_n$。设

$$e^{s_1\Delta}=x_1,e^{s_2\Delta}=x_2,\cdots,e^{s_n\Delta}=x_n \tag{3.2.8}$$

则有

$$s_1=\frac{\ln x_1}{\Delta},s_2=\frac{\ln x_2}{\Delta},\cdots,s_n=\frac{\ln x_n}{\Delta} \tag{3.2.9}$$

至此,已将 $s_1,s_2,\cdots,s_n$ 求出,下面求 $c_1,c_2,\cdots,c_n$。根据式(3.2.3)、式(3.2.4)和式

(3.2.8)可得

$$\begin{cases} g(0)=c_1+c_2+\cdots+c_n \\ g(\Delta)=c_1x_1+c_2x_2+\cdots+c_nx_n \\ g(2\Delta)=c_1x_1^2+c_2x_2^2+\cdots+c_nx_n^2 \\ \vdots \\ g((n-1)\Delta)=c_1x_1^{n-1}+c_2x_2^{n-1}+\cdots+c_nx_n^{n-1} \end{cases} \tag{3.2.10}$$

解上述方程组可得 $c_1,c_2,\cdots,c_n$。把求得的 $s_1,s_2,\cdots,s_n$ 和 $c_1,c_2,\cdots,c_n$ 代入所假定的传递函数式(3.2.2)中,即得所求的传递函数 $G(s)$。

例 3.1 设原系统具有二阶传递函数

$$G(s)=\frac{0.35}{(s+0.5)(s+0.7)}$$

其脉冲响应为

$$g(t)=1.75(e^{-0.5t}-e^{-0.7t})$$

设采样间隔 $\Delta=1s$, $g(t)$的前 4 个值如表 3.1 所列,试用辨识方法求系统传递函数。

表 3.1 采样间隔 $\Delta=1s$ 时的 $g(t)$值

t/s	0	1.0	2.0	3.0
$g(t)$	0	0.1924	0.2122	0.1762

解 根据已知条件得到

$$0.1924a_1+0.2122a_2=0$$

$$0.2122a_1+0.1762a_2=-0.1924$$

解之得

$$a_1=-3.66889, a_2=3.32655$$

由式(3.2.7)得

$$1-3.66889x+3.32655x^2=0$$

解之得

$$x_1=0.61055, x_2=0.49237$$

相应的系统极点为

$$s_1=\ln(0.61055)=-0.49340$$

$$s_2=\ln(0.49237)=-0.70852$$

因此脉冲响应可写成

$$g(k\Delta)=c_1e^{-0.49340k\Delta}+c_2e^{-0.70852k\Delta}$$

令 $k=0,1$,可得方程组

$$c_1+c_2=0$$

$$0.61055c_1+0.49237c_2=0.1924$$

解之得

$$c_1=1.62803, c_2=-1.62803$$

因而所求的传递函数为

$$\hat{G}(s)=\frac{1.62803}{s+0.49340}-\frac{1.62803}{s+0.70852}=\frac{0.35022}{(s+0.49340)(s+0.70852)}$$

所求得的传递函数与真实的传递函数非常接近。

3.2.2 离散系统传递函数——脉冲传递函数 $G(z^{-1})$

设系统脉冲传递函数形式为

$$G(z^{-1})=\frac{b_0+b_1z^{-1}+\cdots+b_nz^{-n}}{1+a_1z^{-1}+\cdots+a_nz^{-n}} \tag{3.2.11}$$

根据脉冲传递函数的定义可得

$$G(z^{-1})=g(0)+g(1)z^{-1}+g(2)z^{-2}+\cdots \tag{3.2.12}$$

式中 $g(i)=g(i\Delta),i=0,1,2,\cdots,\Delta$ 为采样间隔。因而有

$$\frac{b_0+b_1z^{-1}+\cdots+b_nz^{-n}}{1+a_1z^{-1}+\cdots+a_nz^{-n}}=g(0)+g(1)z^{-1}+g(2)z^{-2}+\cdots \tag{3.2.13}$$

用上式左边的分母分别乘其等号两边得

$$b_0+b_1z^{-1}+b_2z^{-2}+\cdots+b_nz^{-n}=g(0)+[g(1)+a_1g(0)]z^{-1}+\cdots+$$
$$\left[g(n)+\sum_{i=1}^{n-1}a_ig(n-i)\right]z^{-n}+\cdots+\left[g(n+1)+\sum_{i=1}^{n}a_ig(n+1-i)\right]z^{-(n+1)}+\cdots+$$
$$\left[g(2n)+\sum_{i=1}^{n}a_ig(2n-i)\right]z^{-2n}+\cdots \tag{3.2.14}$$

令上式等号两边 z^{-1}同次项的系数相等,当 z^{-1}的次数从 0 到 n 时可得向量－矩阵方程

$$\begin{bmatrix}b_0\\b_1\\b_2\\\vdots\\b_n\end{bmatrix}=\begin{bmatrix}1&0&0&\cdots&0&0\\a_1&1&0&\cdots&0&0\\a_2&a_1&1&\cdots&0&0\\\vdots&\vdots&\vdots&&\vdots&\vdots\\a_n&a_{n-1}&a_{n-2}&\cdots&a_1&1\end{bmatrix}\begin{bmatrix}g(0)\\g(1)\\g(2)\\\vdots\\g(n)\end{bmatrix} \tag{3.2.15}$$

当 z^{-1}的次数从 $n+1$ 到 $2n$ 时可得

$$\begin{bmatrix}g(1)&g(2)&\cdots&g(n)\\g(2)&g(3)&\cdots&g(n+1)\\\vdots&\vdots&&\vdots\\g(n)&g(n+1)&\cdots&g(2n-1)\end{bmatrix}\begin{bmatrix}a_n\\a_{n-1}\\\vdots\\a_1\end{bmatrix}=\begin{bmatrix}-g(n+1)\\-g(n+2)\\\vdots\\-g(2n)\end{bmatrix} \tag{3.2.16}$$

上式等号左边的矩阵称为汉克(Hankel)矩阵。因为式(3.2.16)中 Hankel 矩阵的秩为 n,故方程有解,可求得脉冲传递函数中分母的各未知系数 $a_1,a_2,\cdots,a_n$。把求得的 $a_1,a_2,\cdots,a_n$ 代入式(3.2.15),可求得脉冲传递函数分子中的各未知系数 $b_0,b_1,\cdots,b_n$。如果求得的脉冲响应序列 $g(i)$不是很准确,则可用更多的 $g(i)$序列,用最小二乘法来求 $a_1,a_2,\cdots,a_n$。

例 3.2 设采样间隔 $\Delta=0.05$s,系统的脉冲响应 $g(i)$如表 3.2 所列,求系统的脉冲传递函数。

表 3.2 系统脉冲响应

t/s	0	0.05	0.10	0.15	0.20	0.25	0.30
i	0	1	2	3	4	5	6
$g(i)$	0	7.157039	9.491077	8.563839	5.930506	2.845972	0.144611

解 设系统的脉冲传递函数形式为

$$G(z^{-1})=\frac{b_0+b_1z^{-1}+b_2z^{-2}+b_3z^{-3}}{1+a_1z^{-1}+a_2z^{-2}+a_3z^{-3}}$$

将 $g(1),g(2),\cdots,g(6)$代入式(3.2.16)得

$$\begin{bmatrix}7.157039 & 9.491077 & 8.563839\\9.491077 & 8.563839 & 5.930506\\8.563839 & 5.930506 & 2.845972\end{bmatrix}\begin{bmatrix}a_3\\a_2\\a_1\end{bmatrix}=\begin{bmatrix}-5.930506\\-2.845972\\-0.144611\end{bmatrix}$$

解上式得

$$a_1=-2.232576,a_2=1.764088,a_3=-0.496585$$

将 $g(0)$至 $g(3)$及 a_1,a_2,a_3 代入式(3.2.15)并解之,可得

$$b_0=0,b_1=7.157309,b_2=-6.487547,b_3=0$$

于是得脉冲传递函数

$$G(z^{-1})=\frac{7.157309z^{-1}-6.487547z^{-2}}{1-2.232576z^{-1}+1.764088z^{-2}-0.496585z^{-3}}$$

思 考 题

3.1 叙述用相关法求系统脉冲响应的基本原理。

3.2 已知一个三阶系统的脉冲响应如 3.3 表所列,采样间隔 $\Delta=0.2$s,求系统的传递函数 $G(s)$。

表 3.3 三阶系统脉冲响应

k	0	1	2	3	4	5
$g(k)$	0	0.196	0.443	0.624	0.748	0.831

3.3 已知一个三阶系统的脉冲响应如 3.4 表所列,采样间隔 $\Delta=0.1$s,求系统的脉冲传递函数 $G(z^{-1})$。

表 3.4 三阶系统脉冲响应

k	0	1	2	3	4	5	6	7	8	9	10
$g(k)$	10	6.989	4.711	3.136	2.137	1.559	1.252	1.096	1.009	0.938	0.860

3.4 已知系统传递函数为

$$G(s)=\frac{s^2+5s+6}{s^3+8s^2+19s+12}$$

试用 M 序列作为输入信号,用计算机仿真其输出并取得测量值,进而确定系统的脉冲响应函数和传递函数。(此思考题为第 2 章和第 3 章的综合大作业题。)

第 4 章　动态系统的典范表达式

在系统辨识中能利用的信息是系统的输入量和输出量,因此必须给出系统输出与输入之间的关系表达式,被估的系统参数都包含在这一表达式中。经典控制理论中常用的描述系统输出与输入关系的参数模型有传递函数和差分方程。传递函数和差分方程中的系数是需要估计的参数。传递函数和差分方程中的阶次,也是一个待估的参数,称之为结构参数。一般系统的结构参数可根据已有的理论推导或试验结果大致确定下来,有些系统的结构参数则需要用系统辨识方法进行估计。

在现代控制理论中,用状态方程和输出方程来描述系统,还必须从状态方程中找出系统输出与输入之间的表达式。对于同一个系统,由于状态变量选得不同,可有不同的状态方程,有的状态方程包含的未知参数多一些,有的少一些。根据节省原理可知,在可辨识的模型结构中,未知参数较少的模型结构将有较高的模型精度。同时,未知参数愈少,进行参数估计时运算就愈简单。因此,为了进行参数估计,所选择的状态方程和差分方程中的未知参数应尽可能得少,这就提出了典范状态方程和典范差分方程的问题。典范方程与非典范方程相比,典范方程可用较少的或最少的参数数目表征系统的动态特性,所以在辨识中要采用典范方程,使被估参数数目最少。

本章先介绍建模时常用的节省原理,然后介绍单输入-单输出和多输入-多输出系统的典范方程,其中包括确定性典范状态方程和差分方程及随机典范状态方程和差分方程。

4.1　节 省 原 理

很长时间以来,人们在建模时就利用了节省原理。节省原理亦称简练原则,简单地说,就是在 2 个可辨识的模型结构中,较简单的模型结构,也就是参数数量较少的模型结构,将给出较好的模型精度。也就是说,对于一个合适的模型表达式,应当采用尽可能少的参数。

表面看来,节省原理似乎十分简单,以致使许多人错误地认为无论采用何种模型精度判据均可以利用节省原理。其实不然,利用节省原理有其重要条件。

设 $y(k)$和 $u(k)$分别为离散动态随机系统 S 在时刻 t_k 的输出和输入,并假定系统 S 由下列普通的新息表达式表示,即

$$\text{S:}\quad y(k)=e(k)+E[y(k)\mid y(k-1),u(k-1),\cdots]\tag{4.1.1}$$

预测误差(或新息)$\{e(k)\}$满足方程

$$[e(k)\mid e(k-1),e(k-2),\cdots]=0\tag{4.1.2}$$

假定系统 S 是渐近稳定的，并且假定如果存在反馈的话，则是由输出进行无源反馈。

为了进行辨识，引入 S 的模型 $M(\hat{\boldsymbol{\theta}}_m)$

$$M(\hat{\boldsymbol{\theta}}_m):\qquad y(k)=g_m[y(k-1),u(k-1),\cdots,\hat{\boldsymbol{\theta}}_m)]+\in_m(k,\hat{\boldsymbol{\theta}}_m) \quad (4.1.3)$$

式中：$\in_m(k,\hat{\boldsymbol{\theta}}_m)$为残差；$\hat{\boldsymbol{\theta}}_m$ 为描述模型的有限维参数向量。

假定预测函数 $g_m(\cdot,\hat{\boldsymbol{\theta}}_m)$对属于参数集 D_m 的所有 $\hat{\boldsymbol{\theta}}_m$ 都是可微的。当 $\hat{\boldsymbol{\theta}}_m$ 在 D_m 上变化时，式(4.1.3)表示一个模型集或模型结构。现用 M 表示模型结构，并且假定是可辨识的。这就意味着在 D_m 中存在着惟一的参数向量 $\boldsymbol{\theta}_m^*$，使得

$$\in_m(k,\boldsymbol{\theta}_m^*)=e(k) \quad (4.1.4)$$

模型 $M(\hat{\boldsymbol{\theta}}_m)$的精度可用不同的方法表示。例如，可用参数估计的协方差矩阵作为模型精度的量度。为了进行比较，常采用标量精度量度。所采用的标量可微函数 $V_m(\hat{\boldsymbol{\theta}}_m)$ 应该能够相对于其意图表示出模型 $M(\hat{\boldsymbol{\theta}}_m)$的适度。例如，$V_m(\hat{\boldsymbol{\theta}}_m)$可以是预测误差 $\{\in_m(k,\hat{\boldsymbol{\theta}}_m)\}$的函数，也可以定义为给定输入信号下的输出误差的方差等。显然，任何一个有意义的有效函数 $V_m(\hat{\boldsymbol{\theta}}_m)$应当满足方程

$$V_m(\boldsymbol{\theta}_m^*)=\inf_{\hat{\boldsymbol{\theta}}_m\in D_m} V_m(\hat{\boldsymbol{\theta}}_m) \quad (4.1.5)$$

注意到 $V_m(\hat{\boldsymbol{\theta}}_m)$表示模型 $M(\hat{\boldsymbol{\theta}}_m)$的适度，而大家感兴趣的是模型结构 M 适度的量度，因而引入

$$E[V_m(\hat{\boldsymbol{\theta}}_m)] \quad (4.1.6)$$

式中 $E[\cdot]$表示相对于 $\hat{\boldsymbol{\theta}}_m$ 求均值。一般地，要计算出式(4.1.6)的精度判据是不容易的。然而，当所采用的估计方法是一致估计时，容易得出式(4.1.6)的渐近有效近似式。比较简单的一种方法是将式(4.1.6)展开为泰勒(Taylor)级数

$$V_m(\hat{\boldsymbol{\theta}}_m)=V_m(\boldsymbol{\theta}_m^*)+\dot{V}_m(\boldsymbol{\theta}_m^*)(\hat{\boldsymbol{\theta}}_m-\boldsymbol{\theta}_m^*)+$$
$$\frac{1}{2}(\hat{\boldsymbol{\theta}}_m-\boldsymbol{\theta}_m^*)^{\mathrm{T}}\ddot{V}_m(\boldsymbol{\theta}_m^*)(\hat{\boldsymbol{\theta}}_m-\boldsymbol{\theta}_m^*)+O(\|\hat{\boldsymbol{\theta}}_m-\boldsymbol{\theta}_m^*\|^2) \quad (4.1.7)$$

根据式(4.1.5)知，式(4.1.7)等号右边第 2 项为 0。当所采集数据的数目充分大时，由于 $\hat{\boldsymbol{\theta}}_m$ 是一致性估计，与第 3 项相比，等号右边最后 1 项可忽略不计。设 $\boldsymbol{P}_m$ 表示估计误差$\sqrt{N}(\hat{\boldsymbol{\theta}}_m-\boldsymbol{\theta}_m^*)$的渐近协方差矩阵，其中 N 为参数数目，则对于充分大的 N 值，由式(4.1.7)可得

$$E[V_m(\hat{\boldsymbol{\theta}}_m)]\approx V_m(\boldsymbol{\theta}_m^*)+\frac{1}{2N}\mathrm{tr}\,\ddot{V}_m(\boldsymbol{\theta}_m^*)\boldsymbol{P}_m \quad (4.1.8)$$

因此，当研究不同的模型结构时，可以取表达式

$$W_m=\frac{1}{2}\mathrm{tr}\,\ddot{V}_m(\boldsymbol{\theta}_m^*)\boldsymbol{P}_m \quad (4.1.9)$$

作为建模精度的量度。W_m 的值较小，说明模型的结构比较合适。下面叙述关于节省模型的一些问题。

设 $M_i(i=1,2)$是适合于

$$S \in M_1 \in M_2 \tag{4.1.10}$$

的 2 个模型集。一个模型结构可以被认为是由式(4.1.10)定义的一个参数集,并且式(4.1.10)表明,较小的模型结构 M_1 可以从较大的模型结构 M_2 中得到(例如令 M_2 中的某些参数为 0)。这些适合于式(4.1.10)的模型结构 M_1 和 M_2 被称为是同体系的。

假定估计方法可使相应的协方差矩阵 $\boldsymbol{P}_m$ 由下式给出,即

$$\boldsymbol{P}_m = \left\{ E\left[\frac{\partial \in_m^{\mathrm{T}}(k, \hat{\boldsymbol{\theta}})}{\partial \hat{\boldsymbol{\theta}}} \boldsymbol{\Lambda}^{-1} \frac{\partial \in_m(k, \hat{\boldsymbol{\theta}})}{\partial \hat{\boldsymbol{\theta}}} \right] \right\}_{\hat{\boldsymbol{\theta}} = \boldsymbol{\theta}_m^*}^{-1} \tag{4.1.11}$$

式中 $\boldsymbol{\Lambda} = E[\boldsymbol{e}(k)\boldsymbol{e}^{\mathrm{T}}(k)]$。例如,利用预测误差法就可以得到上述协方差矩阵。

可以证明,对于任何精度判据 $V_m(\cdot)$均有

$$W_{m1} \leqslant W_{m2} \tag{4.1.12}$$

如果令式(4.1.11)中的 $\boldsymbol{P}_m$ 等于 Cramer－Rao 下界 $\boldsymbol{P}_{\mathrm{C-R}}$,则式(4.1.12)中的结果仍然是成立的。对于高斯分布的数据来说,由于式(4.1.11)中的协方差矩阵等于 $\boldsymbol{P}_{\mathrm{C-R}}$,显然式(4.1.12)成立。但是,对于其它分布的数据,由于式(4.1.11)中的 $\boldsymbol{P}_m$ 在一般情况下与$\boldsymbol{P}_{\mathrm{C-R}}$不同,因而式(4.1.11)所包含的范围更广。也就是说,式(4.1.12)中的结果对于下列 2 种情况都是成立的。

(1)所采用的估计方法是渐近有效的,即 $\boldsymbol{P}_m = \boldsymbol{P}_{\mathrm{C-R}}$。

(2)所采用的估计方法的协方差矩阵可由式(4.1.11)给出,例如采用预测误差法(PEM)。

上述节省原理的适用范围是相当广泛的,它适合于式(4.1.3)所示的一大类模型以及式(4.1.6)所示的多种模型适度判据,而所受的条件约束又是最少的。

上述节省原理的应用受 2 个条件约束:

(1)所比较的系统必须是同体系的,即满足式(4.1.10);

(2)所采用的估计方法必须是有效的,即协方差矩阵可以用式(4.1.11)表示。

上述 2 个条件的约束只有在附加一定的假设条件之后才能放松,否则节省原理则不适用。这些附加条件为:

(1)所用辨识方法的参数估计协方差矩阵可由式(4.1.11)给出;

(2)隐含在 $\boldsymbol{P}_m$ 和 $V_m(\cdot)$中的试验条件是等价的,并且有效函数由

$$V_m(\hat{\boldsymbol{\theta}}_m) = \det\{E[\in_m(k, \hat{\boldsymbol{\theta}}_m) \in_m^{\mathrm{T}}(k, \hat{\boldsymbol{\theta}}_m)]\} \tag{4.1.13}$$

给出。

在这种情况下可以证明 $\ddot{V}_m(\boldsymbol{\theta}_m^*) = 2|\boldsymbol{\Lambda}|\boldsymbol{P}_m^{-1}$,其中 $\boldsymbol{P}_m$ 由式(4.1.11)给出,因而在这种情况下有

$$W_m = |\boldsymbol{\Lambda}| \dim \hat{\boldsymbol{\theta}}_m \tag{4.1.14}$$

当上述的 2 个约束条件不满足时,则不能保证节省原理总是成立,这一点可用反例加以证明,受篇幅限制,此处不再详述。

4.2 线性系统的差分方程和状态方程表示法

4.2.1 线性定常系统的差分方程表示法

1)单输入-单输出系统

线性定常单输入-单输出系统可用下列 n 阶差分方程表示为

$$y(k)+a_1y(k-1)+\cdots+a_ny(k-n)=b_0u(k)+b_1u(k-1)+\cdots+b_nu(k-n) \tag{4.2.1}$$

或写成

$$y(k)+\sum_{i=1}^{n}a_iy(k-i)=\sum_{i=0}^{n}b_iu(k-i) \tag{4.2.2}$$

式中:k 表示第 k 个时刻 t_k;$a_i(i=1,2,\cdots,n)$和 $b_i(i=0,1,\cdots,n)$都是常系数。为了简化式(4.2.1)和式(4.2.2)的表示法,引入单位时延算子 z^{-1},其定义为

$$z^{-1}y(k)=y(k-1) \tag{4.2.3}$$

设多项式

$$1+a_1z^{-1}+\cdots+a_nz^{-n}=a(z^{-1}) \tag{4.2.4}$$

$$b_0+b_1z^{-1}+\cdots+b_nz^{-n}=b(z^{-1}) \tag{4.2.5}$$

则方程式(4.2.1)或式(4.2.2)可表示为

$$a(z^{-1})y(k)=b(z^{-1})u(k) \tag{4.2.6}$$

上式就是在系统辨识中经常采用的基本方程。在单输入-单输出系统的方程中,需要辨识的参数数目 $N=2n+1$。

2)多输入-多输出系统

设系统有 r 个输入和 m 个输出,定义向量

$$\boldsymbol{u}(k)=\begin{bmatrix}u_1(k)\\u_2(k)\\\vdots\\u_r(k)\end{bmatrix},\qquad \boldsymbol{y}(k)=\begin{bmatrix}y_1(k)\\y_2(k)\\\vdots\\y_m(k)\end{bmatrix}$$

分别为系统的输入和输出向量,则系统可用差分方程表示为

$$\boldsymbol{y}(k)+\sum_{i=1}^{n}\boldsymbol{A}_i\boldsymbol{y}(k-i)=\sum_{i=0}^{n}\boldsymbol{B}_i\boldsymbol{u}(k-i) \tag{4.2.7}$$

式中:$\boldsymbol{A}_i$ 为 $m\times m$ 矩阵;$\boldsymbol{B}_i$ 为 $m\times r$ 矩阵。引入单位时延算子 z^{-1},则式(4.2.7)可表示为

$$\boldsymbol{A}(z^{-1})\boldsymbol{y}(k)=\boldsymbol{B}(z^{-1})\boldsymbol{u}(k) \tag{4.2.8}$$

式中

$$A(z^{-1}) = I + A_1 z^{-1} + \cdots + A_n z^{-n} \tag{4.2.9}$$

$$B(z^{-1}) = B_0 + B_1 z^{-1} + \cdots + B_n z^{-n} \tag{4.2.10}$$

式(4.2.7)或式(4.2.8)需要辨识的参数数目为

$$N = n \times m \times m + (n+1) \times m \times r = nm^2 + (n+1)mr \tag{4.2.11}$$

在 4.4 节将会看到,若采用典范差分方程,需要辨识的参数数目将比上述数目少得多。

4.2.2 线性系统的状态方程表示法

一个线性定常确定性离散系统的状态方程为

$$x(k) = Ax(k) + Bu(k) \tag{4.2.12}$$

$$y(k) = Cx(k) + Du(k) \tag{4.2.13}$$

式中:$\boldsymbol{x}(k)$为 n 维状态向量;$\boldsymbol{u}(k)$为 r 维输入向量或控制向量;$\boldsymbol{y}(k)$为 m 维输出向量或观测向量;$\boldsymbol{A}$ 为$n \times n$ 系统矩阵;$\boldsymbol{B}$ 为$n \times r$ 输入矩阵或控制矩阵;$\boldsymbol{C}$ 为$m \times n$ 观测矩阵或输出矩阵;$\boldsymbol{D}$ 为$m \times r$ 输入-输出矩阵。通常,系统方程式(4.2.12)和式(4.2.13)用$S(\boldsymbol{A},\boldsymbol{B},\boldsymbol{C},\boldsymbol{D})$来表示。系统需要辨识的参数数目为

$$N = n^2 + nr + mn + mr = (n+m)(n+r) \tag{4.2.14}$$

在 4.3 节将会看到,如果用典范状态方程描述系统,需要辨识的参数数目将减少许多。

4.3 确定性典范状态方程

根据线性系统理论,如果系统 $S(\boldsymbol{A},\boldsymbol{B},\boldsymbol{C},\boldsymbol{D})$是完全可控和完全可观测的,并且 $m < n$,则可将系统 $S(\boldsymbol{A},\boldsymbol{B},\boldsymbol{C},\boldsymbol{D})$的状态变量经过非奇异线性变换 $\boldsymbol{T}$ 映射到一个新的坐标系中去。在这个新坐标系中,此系统可用$\overline{S}(\overline{\boldsymbol{A}},\overline{\boldsymbol{B}},\overline{\boldsymbol{C}},\overline{\boldsymbol{D}})$来表示。二者之间的关系为

$$\begin{cases} \overline{A} = TAT^{-1} \\ \overline{B} = TB \\ \overline{C} = CT^{-1} \\ \overline{D} = D \end{cases} \tag{4.3.1}$$

系统 $S(\boldsymbol{A},\boldsymbol{B},\boldsymbol{C},\boldsymbol{D})$与$\overline{S}(\overline{\boldsymbol{A}},\overline{\boldsymbol{B}},\overline{\boldsymbol{C}},\overline{\boldsymbol{D}})$是代数等价的。

2 个代数等价的系统称为同构系统。即它们的结构相同,也就是系统矩阵的阶相同。因为 $\boldsymbol{T}$ 是非奇异矩阵,由相似变换 $\overline{\boldsymbol{A}} = \boldsymbol{TAT}^{-1}$可知,$\mathrm{rank}\overline{\boldsymbol{A}} = \mathrm{rank}\boldsymbol{A} = n$。如果原系统 S 是最小实现,则 $\overline{S}$ 也是最小实现。2 个代数等价的系统,其脉冲传递函数必然等价,反之则不一定成立。如果原系统 S 是完全可控和完全可观测的,其系统矩阵 $\boldsymbol{A}$ 的阶n 是最小的,但与其脉冲传递函数等价的系统 S^* 的矩阵 $\boldsymbol{A}^*$ 的阶 n^*不一定是最小的,即可能 $n^* \geqslant n$。根据线性系统理论,脉冲传递函数所描述的是系统完全可控和完全可观测部分。

之所以 S^* 系统矩阵 $\boldsymbol{A}^*$ 的阶数高,是因为其中引入了不可控部分或不可观测部分,或者同时引入了这两部分,但 S 与 S^* 的外部特性是相同的,即在相同的输入下,输出是相同的。2 个代数等价的系统具有等价的输入-输出关系。

下面讨论确定性系统的典范状态方程。典范状态方程也称为规范型状态方程或标准型状态方程。典范状态方程可分为可控型典范状态方程和可观测型典范状态方程两大类。

对于系统 $S(\boldsymbol{A},\boldsymbol{B},\boldsymbol{C},\boldsymbol{D})$来说,系统完全可控的充分必要条件是系统的可控矩阵

$$\boldsymbol{P}_{\mathrm{c}}=[\boldsymbol{B} \quad \boldsymbol{AB} \ \cdots \ \boldsymbol{A}^{n-1}\boldsymbol{B}] \tag{4.3.2}$$

的秩等于 n,即 $\mathrm{rank}\boldsymbol{P}_{\mathrm{c}}=n$。系统完全可观测的充分必要条件是系统的可观测矩阵

$$\boldsymbol{P}_{\mathrm{o}}=[\boldsymbol{C}^{\mathrm{T}} \quad \boldsymbol{A}^{\mathrm{T}}\boldsymbol{C}^{\mathrm{T}} \quad \cdots \quad (\boldsymbol{A}^{\mathrm{T}})^{n-1}\boldsymbol{C}^{\mathrm{T}}] \tag{4.3.3}$$

的秩等于 n,即 $\mathrm{rank}\boldsymbol{P}_{\mathrm{o}}=n$。如果系统是完全可控和完全可观测的,则可适当选择变换矩阵 $\boldsymbol{T}$,将非典范状态方程化为典范状态方程。

对于单输入-单输出系统,常用的典范状态方程有下述几种。

4.3.1 可控型典范状态方程Ⅰ

变换矩阵取 $\boldsymbol{T}=\boldsymbol{P}_{\mathrm{c}}\boldsymbol{L}$,其中 $\boldsymbol{P}_{\mathrm{c}}$ 为可控矩阵,而

$$\boldsymbol{L}=\begin{bmatrix} a_{n-1} & a_{n-2} & \cdots & a_1 & 1 \\ a_{n-2} & a_{n-3} & \cdots & 1 & \\ \vdots & \vdots & \iddots & & \\ a_1 & 1 & & & \\ 1 & & & & \end{bmatrix} \tag{4.3.4}$$

则可控型典范状态方程Ⅰ的系统矩阵 $\overline{\boldsymbol{A}}_{\mathrm{c}1}$、输入矩阵 $\overline{\boldsymbol{b}}_{\mathrm{c}1}$和观测矩阵 $\overline{\boldsymbol{c}}_{\mathrm{c}1}$分别为

$$\begin{cases} \overline{\boldsymbol{A}}_{\mathrm{c}1}=\left[\begin{array}{c|ccc} \boldsymbol{0} & & \boldsymbol{I}_{n-1} & \\ \hline -a_n & -a_{n-1} & \cdots & -a_1 \end{array}\right] \\ \overline{\boldsymbol{b}}_{\mathrm{c}1}=[0 \quad \cdots \quad 0 \quad 1]^{\mathrm{T}} \\ \overline{\boldsymbol{c}}_{\mathrm{c}1}=[\overline{c}_{11} \quad \overline{c}_{21} \quad \cdots \quad \overline{c}_{n1}] \end{cases} \tag{4.3.5}$$

4.3.2 可控型典范状态方程Ⅱ

变换矩阵取 $\boldsymbol{T}=\boldsymbol{P}_{\mathrm{c}}$,则可控型典范状态方程Ⅱ的系统矩阵 $\overline{\boldsymbol{A}}_{\mathrm{c}2}$、输入矩阵 $\overline{\boldsymbol{b}}_{\mathrm{c}2}$和观测矩阵 $\overline{\boldsymbol{c}}_{\mathrm{c}2}$分别为

$$\begin{cases} \overline{\boldsymbol{A}}_{\mathrm{c}2}=\left[\begin{array}{c|c} \boldsymbol{0} & -a_n \\ \hline & -a_{n-1} \\ \boldsymbol{I}_{n-1} & \vdots \\ & -a_1 \end{array}\right] \\ \overline{\boldsymbol{b}}_{\mathrm{c}2}=[1 \quad 0 \quad \cdots \quad 0]^{\mathrm{T}} \\ \overline{\boldsymbol{c}}_{\mathrm{c}2}=[\overline{c}_{12} \quad \overline{c}_{22} \quad \cdots \quad \overline{c}_{n2}] \end{cases} \tag{4.3.6}$$

4.3.3 可观测型典范状态方程 Ⅰ

变换矩阵取 $T=P_o$,其中 P_o 为可观测矩阵,则可观测型典范状态方程 Ⅰ 的系统矩阵 $\overline{A}_{o1}$、输入矩阵 $\overline{b}_{o1}$ 和观测矩阵 $\overline{c}_{o1}$ 分别为

$$\begin{cases}\overline{A}_{o1}=\left[\begin{array}{c:ccc}\mathbf{0} & & I_{n-1} & \\ \hdashline -a_n & -a_{n-1} & \cdots & -a_1\end{array}\right]\\ \overline{b}_{o1}=[\overline{b}_{11} \quad \overline{b}_{21} \quad \cdots \quad \overline{b}_{n1}]^T\\ \overline{c}_{o1}=[1 \quad 0 \quad \cdots \quad 0]\end{cases} \tag{4.3.7}$$

4.3.4 可观测型典范状态方程 Ⅱ

变换矩阵取 $T=LP_o$,则可观测型典范状态方程 Ⅱ 的系统矩阵 $\overline{A}_{o2}$、输入矩阵 $\overline{b}_{o2}$ 和观测矩阵 $\overline{c}_{o2}$ 分别为

$$\begin{cases}\overline{A}_{o2}=\left[\begin{array}{c:c}\mathbf{0} & -a_n\\ \hdashline & -a_{n-1}\\ I_{n-1} & \vdots\\ & -a_1\end{array}\right]\\ \overline{b}_{o2}=[\overline{b}_{12} \quad \overline{b}_{22} \quad \cdots \quad \overline{b}_{n2}]^T\\ \overline{c}_{o2}=[0 \quad \cdots \quad 0 \quad 1]\end{cases} \tag{4.3.8}$$

以上各典范状态方程系数矩阵中的元素 $a_1,a_2,\cdots,a_n$ 均为原状态方程系统矩阵 A 的特征多项式的系数,即

$$\det(sI-A)=s^n+a_1s^{n-1}+\cdots+a_{n-1}s+a_n \tag{4.3.9}$$

可以看到,典范状态方程所含的参数数目远少于非典范状态方程。对于单输入－单输出系统来说,非典范状态方程的参数可达 n^2+2n 个,而典范状态方程的参数仅为 $2n$ 个。

多输入－多输出系统的变换比较复杂,下面仅给出多输入－多输出系统可观测型典范状态方程的 2 种形式。

4.3.5 多输入－多输出系统可观测型典范状态方程 Ⅰ

多输入－多输出系统可观测型典范状态方程 Ⅰ 的系统矩阵 $\overline{A}_{o1}$、输入矩阵 $\overline{B}_{o1}$、观测矩阵 $\overline{C}_{o1}$ 和输入－输出矩阵 $\overline{D}_{o1}$ 分别为

$$
\left\{
\begin{aligned}
&\overline{A}_{o1}=\left[\begin{array}{ccc:ccc:c:ccc}
0 & & & 0 & \cdots & 0 & & 0 & \cdots & 0\\
\vdots & I_{V_1-1} & & \vdots & & \vdots & \cdots & \vdots & & \vdots\\
0 & & & 0 & \cdots & 0 & & 0 & \cdots & 0\\
* & \cdots & * & * & \cdots & * & & * & \cdots & *\\
\hdashline
 & \vdots & & & \vdots & & & & \vdots & \\
\hdashline
0 & \cdots & 0 & 0 & \cdots & 0 & & 0 & & \\
\vdots & & \vdots & \vdots & & \vdots & \cdots & \vdots & I_{V_m-1} & \\
0 & \cdots & 0 & 0 & \cdots & 0 & & 0 & & \\
* & \cdots & * & * & \cdots & * & & * & \cdots & *
\end{array}\right]
\begin{array}{l}
\left.\vphantom{\begin{array}{c}0\\0\\0\\0\end{array}}\right\}V_1\\
\;\vdots\\
\left.\vphantom{\begin{array}{c}0\\0\\0\\0\end{array}}\right\}V_m
\end{array}\\
&\qquad\quad \longleftarrow V_1 \longrightarrow\;\longleftarrow V_2 \longrightarrow\;\cdots\;\longleftarrow V_m \longrightarrow\\
&\overline{B}_{o1}=T_{o1}B\\
&\overline{C}_{o1}=\left[\begin{array}{cccc:cccc:c:cccc}
1 & 0 & \cdots & 0 & 0 & 0 & \cdots & 0 & \cdots & 0 & 0 & \cdots & 0\\
0 & 0 & \cdots & 0 & 1 & 0 & \cdots & 0 & \cdots & 0 & 0 & \cdots & 0\\
\vdots & \vdots & & \vdots & \vdots & \vdots & & \vdots & & \vdots & \vdots & & \vdots\\
0 & 0 & \cdots & 0 & 0 & 0 & \cdots & 0 & \cdots & 1 & 0 & \cdots & 0
\end{array}\right]\\
&\qquad\quad \longleftarrow V_1 \longrightarrow\;\longleftarrow V_2 \longrightarrow\;\cdots\;\longleftarrow V_m \longrightarrow\\
&\overline{D}_{o1}=D
\end{aligned}
\right.
\tag{4.3.10}
$$

式中的 T_{o1}将在下一节给出,符号“$*$”表示参数。

4.3.6 多输入－多输出系统可观测型典范状态方程Ⅱ

这种典范状态方程的系统矩阵 $\overline{A}_{o2}$、输入矩阵 $\overline{B}_{o2}$、观测矩阵 $\overline{C}_{o2}$和输入－输出矩阵 $\overline{D}_{o2}$分别为

$$
\left\{
\begin{aligned}
&\overline{A}_{o2}=\left[\begin{array}{ccc:ccc:c:ccc}
0 & \cdots & 0 & & & & & & & \\
\vdots & & \vdots & & & & & & & \\
0 & \cdots & 0 & & & & & & & \\
* & \cdots & * & & & & & & & \\
\hdashline
0 & \cdots & 0 & 0 & \cdots & 0 & & & & \\
\vdots & & \vdots & \vdots & & \vdots & & & & \\
0 & \cdots & 0 & 0 & \cdots & 0 & & & & \\
* & \cdots & * & * & \cdots & * & & & & \\
\hdashline
 & \vdots & & & \vdots & & & & & \\
\hdashline
0 & \cdots & 0 & 0 & \cdots & 0 & & 0 & \cdots & 0\\
\vdots & & \vdots & \vdots & & \vdots & \cdots & \vdots & & \vdots\\
0 & \cdots & 0 & 0 & \cdots & 0 & & 0 & \cdots & 0\\
* & \cdots & * & * & \cdots & * & & * & \cdots & *
\end{array}\right]
\begin{array}{l}
\left.\vphantom{\begin{array}{c}0\\0\\0\\0\end{array}}\right\}\lambda_1\\
\left.\vphantom{\begin{array}{c}0\\0\\0\\0\end{array}}\right\}\lambda_2\\
\;\vdots\\
\left.\vphantom{\begin{array}{c}0\\0\\0\\0\end{array}}\right\}\lambda_m
\end{array}\\
&\qquad\quad \longleftarrow \lambda_1 \longrightarrow\;\longleftarrow \lambda_2 \longrightarrow\;\cdots\;\longleftarrow \lambda_m \longrightarrow\\
&\overline{B}_{o2}=T_{o2}B\\
&\overline{C}_{o2}=\left[\begin{array}{cccc:cccc:c:cccc}
1 & 0 & \cdots & 0 & 0 & 0 & \cdots & 0 & \cdots & 0 & 0 & \cdots & 0\\
0 & 0 & \cdots & 0 & 1 & 0 & \cdots & 0 & \cdots & 0 & 0 & \cdots & 0\\
\vdots & \vdots & & \vdots & \vdots & \vdots & & \vdots & & \vdots & \vdots & & \vdots\\
0 & 0 & \cdots & 0 & 0 & 0 & \cdots & 0 & \cdots & 1 & 0 & \cdots & 0
\end{array}\right]\\
&\qquad\quad \longleftarrow \lambda_1 \longrightarrow\;\longleftarrow \lambda_2 \longrightarrow\;\cdots\;\longleftarrow \lambda_m \longrightarrow\\
&\overline{D}_{o2}=D
\end{aligned}
\right.
\tag{4.3.11}
$$

式中的 $\boldsymbol{T}_{o2}$将在下面给出。

设

$$\begin{cases} \boldsymbol{P} = \begin{bmatrix} \boldsymbol{C} \\ \boldsymbol{CA} \\ \vdots \\ \boldsymbol{CA}^{n-1} \end{bmatrix} \\ \boldsymbol{C} = \begin{bmatrix} \boldsymbol{c}_1^{\mathrm{T}} \\ \boldsymbol{c}_2^{\mathrm{T}} \\ \vdots \\ \boldsymbol{c}_m^{\mathrm{T}} \end{bmatrix} \end{cases} \tag{4.3.12}$$

式中 $\boldsymbol{c}_i^{\mathrm{T}}(i=1,2,\cdots,m)$是矩阵 $\boldsymbol{C}$ 的第 i 个行向量。

由于假定系统是完全可观测的,矩阵 $\boldsymbol{P}$ 的秩为 n,因此从矩阵 $\boldsymbol{P}$ 的 nm 行中一定能找出 n 个线性无关行。现在把矩阵 $\boldsymbol{P}$ 的 nm 行排列如下:

$$\boldsymbol{c}_1^{\mathrm{T}},\boldsymbol{c}_2^{\mathrm{T}},\cdots,\boldsymbol{c}_m^{\mathrm{T}},\boldsymbol{c}_1^{\mathrm{T}}\boldsymbol{A},\boldsymbol{c}_2^{\mathrm{T}}\boldsymbol{A},\cdots,\boldsymbol{c}_m^{\mathrm{T}}\boldsymbol{A},\cdots,\boldsymbol{c}_1^{\mathrm{T}}\boldsymbol{A}^{n-1},\boldsymbol{c}_2^{\mathrm{T}}\boldsymbol{A}^{n-1},\cdots,\boldsymbol{c}_m^{\mathrm{T}}\boldsymbol{A}^{n-1}$$

按照从左到右的顺序,从上面的排列中寻找矩阵 $\boldsymbol{P}$ 的线性无关行,把找到的 n 个线性无关行重新排列,就能构成满秩的 n 阶方阵

$$\boldsymbol{T}_{o1} = \begin{bmatrix} \boldsymbol{c}_1^{\mathrm{T}} \\ \vdots \\ \boldsymbol{c}_{V_1}^{\mathrm{T}} \\ \boldsymbol{c}_1^{\mathrm{T}}\boldsymbol{A} \\ \vdots \\ \boldsymbol{c}_{V_2}^{\mathrm{T}}\boldsymbol{A} \\ \vdots \\ \boldsymbol{c}_1^{\mathrm{T}}\boldsymbol{A}^{n-1} \\ \vdots \\ \boldsymbol{c}_{V_m}^{\mathrm{T}}\boldsymbol{A}^{n-1} \end{bmatrix} \tag{4.3.13}$$

式中 $V_1+V_2+\cdots+V_m=n$。

如果按照从左至右的顺序从排列

$$\boldsymbol{c}_1^{\mathrm{T}},\boldsymbol{c}_1^{\mathrm{T}}\boldsymbol{A},\cdots,\boldsymbol{c}_1^{\mathrm{T}}\boldsymbol{A}^{n-1},\boldsymbol{c}_2^{\mathrm{T}},\boldsymbol{c}_2^{\mathrm{T}}\boldsymbol{A},\cdots,\boldsymbol{c}_2^{\mathrm{T}}\boldsymbol{A}^{n-1},\cdots,\boldsymbol{c}_m^{\mathrm{T}},\boldsymbol{c}_m^{\mathrm{T}}\boldsymbol{A},\cdots,\boldsymbol{c}_m^{\mathrm{T}}\boldsymbol{A}^{n-1}$$

中寻找矩阵 $\boldsymbol{P}$ 的线性无关行,则可构成满秩的 n 阶方阵

$$\boldsymbol{T}_{o2} = \begin{bmatrix} \boldsymbol{c}_1^{\mathrm{T}} \\ \boldsymbol{c}_1^{\mathrm{T}}\boldsymbol{A} \\ \vdots \\ \boldsymbol{c}_1^{\mathrm{T}}\boldsymbol{A}^{\lambda_1-1} \\ \boldsymbol{c}_2^{\mathrm{T}} \\ \vdots \\ \boldsymbol{c}_2^{\mathrm{T}}\boldsymbol{A}^{\lambda_2-1} \\ \vdots \\ \boldsymbol{c}_m^{\mathrm{T}} \\ \vdots \\ \boldsymbol{c}_m^{\mathrm{T}}\boldsymbol{A}^{\lambda_m-1} \end{bmatrix} \tag{4.3.14}$$

式中 $\lambda_1+\lambda_2+\cdots+\lambda_m=n$。

典范状态方程Ⅰ需要辨识的参数数目 $N_1=n(m+r)+mr$,典范状态方程Ⅱ需要辨识的参数数目 $N_2=n(m+r)+mr-[\lambda_2+2\lambda_3+\cdots+(m-1)\lambda_m]$,而非典范状态方程需要辨识的参数数目 $N=(n+m)(n+r)$。很明显,使用典范状态方程所需辨识的参数数目比使用非典范状态方程要少得多,特别是当 n 和 m 很大时,典范状态方程的这一优点更突出。

4.4 确定性典范差分方程

设线性定常确定性离散系统的状态方程为

$$\boldsymbol{x}(k+1)=\boldsymbol{A}\boldsymbol{x}(k)+\boldsymbol{B}\boldsymbol{u}(k) \tag{4.4.1}$$

$$\boldsymbol{y}(k)=\boldsymbol{C}\boldsymbol{x}(k)+\boldsymbol{D}\boldsymbol{u}(k) \tag{4.4.2}$$

式中:$\boldsymbol{x}(k)$为 n 维状态向量;$\boldsymbol{u}(k)$为 r 维输入向量;$\boldsymbol{y}(k)$为 m 维输出向量;$\boldsymbol{A}$ 为 $n\times n$ 矩阵;$\boldsymbol{B}$ 为 $n\times r$ 矩阵;$\boldsymbol{C}$ 为 $m\times n$ 矩阵;$\boldsymbol{D}$ 为 $m\times r$ 矩阵。

为了获得在输入-输出关系等价条件下式(4.4.1)和式(4.4.2)的典范差分方程,需要先把式(4.4.1)和式(4.4.2)变换成扩展状态方程,然后再将扩展状态方程转换成典范差分方程。

如果状态方程 $S(\boldsymbol{A},\boldsymbol{B},\boldsymbol{C},\boldsymbol{D})$是完全可观测的,则在脉冲传递函数阵等价的条件下,能把 $S(\boldsymbol{A},\boldsymbol{B},\boldsymbol{C},\boldsymbol{D})$扩展为状态方程 $\overline{S}(\overline{\boldsymbol{A}},\overline{\boldsymbol{B}},\overline{\boldsymbol{C}},\overline{\boldsymbol{D}})$,即

$$\boldsymbol{z}(k+1)=\overline{\boldsymbol{A}}\boldsymbol{z}(k)+\overline{\boldsymbol{B}}\boldsymbol{u}(k) \tag{4.4.3}$$

$$\boldsymbol{y}(k)=\overline{\boldsymbol{C}}\boldsymbol{z}(k)+\overline{\boldsymbol{D}}\boldsymbol{u}(k) \tag{4.4.4}$$

式中 $\boldsymbol{z}$ 为 nm 维状态向量,且

$$\begin{cases}\overline{\boldsymbol{A}}=\begin{bmatrix}\boldsymbol{0}_m & \boldsymbol{I}_m & \boldsymbol{0}_m & \cdots & \boldsymbol{0}_m\\ \boldsymbol{0}_m & \boldsymbol{0}_m & \boldsymbol{I}_m & \cdots & \boldsymbol{0}_m\\ \vdots & \vdots & \vdots & & \vdots\\ \boldsymbol{0}_m & \boldsymbol{0}_m & \boldsymbol{0}_m & \cdots & \boldsymbol{I}_m\\ -a_n\boldsymbol{I}_m & -a_{n-1}\boldsymbol{I}_m & -a_{n-2}\boldsymbol{I}_m & \cdots & -a_1\boldsymbol{I}_m\end{bmatrix}\\ \overline{\boldsymbol{B}}=\begin{bmatrix}\boldsymbol{CB}\\ \boldsymbol{CAB}\\ \vdots\\ \boldsymbol{CA}^{n-1}\boldsymbol{B}\end{bmatrix}\\ \overline{\boldsymbol{C}}=\begin{bmatrix}\boldsymbol{I}_m & \boldsymbol{0}_m & \cdots & \boldsymbol{0}_m\end{bmatrix}\\ \overline{\boldsymbol{D}}=\boldsymbol{D}\end{cases} \tag{4.4.5}$$

式中:$\boldsymbol{I}_m$ 和 $\boldsymbol{0}_m$ 分别为 m 阶单位矩阵和零矩阵;$a_1,a_2,\cdots,a_n$ 为矩阵 $\boldsymbol{A}$ 的特征多项式的系数,且

$$|\lambda\boldsymbol{I}_n-\boldsymbol{A}|=a_n+a_{n-1}\lambda+\cdots+a_1\lambda^{n-1}+\lambda^n \tag{4.4.6}$$

由于 $\boldsymbol{z}$ 相对于 $\boldsymbol{x}$ 扩展了 m 倍,故称式(4.4.3)和式(4.4.4)为扩展状态方程。

根据扩展状态方程 $\overline{S}(\overline{\boldsymbol{A}},\overline{\boldsymbol{B}},\overline{\boldsymbol{C}},\overline{\boldsymbol{D}})$可写出典范差分方程

$$\boldsymbol{y}(k)+a_1\boldsymbol{y}(k-1)+\cdots+a_n\boldsymbol{y}(k-n)=$$
$$\boldsymbol{B}_0\boldsymbol{u}(k)+\boldsymbol{B}_1\boldsymbol{u}(k-1)+\cdots+\boldsymbol{B}_n\boldsymbol{u}(k-n) \tag{4.4.7}$$

式中

$$\begin{bmatrix}\boldsymbol{B}_0\\ \boldsymbol{B}_1\\ \boldsymbol{B}_2\\ \vdots\\ \boldsymbol{B}_n\end{bmatrix}=\begin{bmatrix}\boldsymbol{I}_m & \boldsymbol{0}_m & \cdots & \boldsymbol{0}_m & \boldsymbol{0}_m\\ a_1\boldsymbol{I}_m & \boldsymbol{I}_m & \cdots & \boldsymbol{0}_m & \boldsymbol{0}_m\\ a_2\boldsymbol{I}_m & a_1\boldsymbol{I}_m & \cdots & \boldsymbol{0}_m & \boldsymbol{0}_m\\ \vdots & \vdots & & \vdots & \vdots\\ a_n\boldsymbol{I}_m & a_{n-1}\boldsymbol{I}_m & \cdots & a_1\boldsymbol{I}_m & \boldsymbol{I}_m\end{bmatrix}\begin{bmatrix}\boldsymbol{D}\\ \boldsymbol{CB}\\ \boldsymbol{CAB}\\ \vdots\\ \boldsymbol{CA}^{n-1}\boldsymbol{B}\end{bmatrix} \tag{4.4.8}$$

当 $\boldsymbol{D}=0$ 时，$\boldsymbol{B}_0=\boldsymbol{0}$，则有

$$\boldsymbol{y}(k)+a_1\boldsymbol{y}(k-1)+\cdots+a_n\boldsymbol{y}(k-n)=$$
$$\overline{\boldsymbol{B}}_1\boldsymbol{u}(k-1)+\overline{\boldsymbol{B}}_2\boldsymbol{u}(k-2)+\cdots+\overline{\boldsymbol{B}}_n\boldsymbol{u}(k-n) \tag{4.4.9}$$

式中的 $\overline{\boldsymbol{B}}_i(i=1,2,\cdots,n)$按下式确定，即

$$\begin{bmatrix}\overline{\boldsymbol{B}}_1\\ \overline{\boldsymbol{B}}_2\\ \overline{\boldsymbol{B}}_3\\ \vdots\\ \overline{\boldsymbol{B}}_n\end{bmatrix}=\begin{bmatrix}\boldsymbol{I}_m & \boldsymbol{0}_m & \cdots & \boldsymbol{0}_m & \boldsymbol{0}_m\\ a_1\boldsymbol{I}_m & \boldsymbol{I}_m & \cdots & \boldsymbol{0}_m & \boldsymbol{0}_m\\ a_2\boldsymbol{I}_m & a_1\boldsymbol{I}_m & \cdots & \boldsymbol{0}_m & \boldsymbol{0}_m\\ \vdots & \vdots & & \vdots & \vdots\\ a_{n-1}\boldsymbol{I}_m & a_{n-2}\boldsymbol{I}_m & \cdots & a_1\boldsymbol{I}_m & \boldsymbol{I}_m\end{bmatrix}\begin{bmatrix}\boldsymbol{CB}\\ \boldsymbol{CAB}\\ \boldsymbol{CA}^2\boldsymbol{B}\\ \vdots\\ \boldsymbol{CA}^{n-1}\boldsymbol{B}\end{bmatrix}=$$
$$\begin{bmatrix}\boldsymbol{I}_m & \boldsymbol{0}_m & \cdots & \boldsymbol{0}_m & \boldsymbol{0}_m\\ a_1\boldsymbol{I}_m & \boldsymbol{I}_m & \cdots & \boldsymbol{0}_m & \boldsymbol{0}_m\\ a_2\boldsymbol{I}_m & a_1\boldsymbol{I}_m & \cdots & \boldsymbol{0}_m & \boldsymbol{0}_m\\ \vdots & \vdots & & \vdots & \vdots\\ a_{n-1}\boldsymbol{I}_m & a_{n-2}\boldsymbol{I}_m & \cdots & a_1\boldsymbol{I}_m & \boldsymbol{I}_m\end{bmatrix}\overline{\boldsymbol{B}} \tag{4.4.10}$$

通常描述多变量系统的差分方程为

$$\boldsymbol{y}(k)+\boldsymbol{A}_1\boldsymbol{y}(k-1)+\cdots+\boldsymbol{A}_n\boldsymbol{y}(k-n)=$$
$$\boldsymbol{B}_0\boldsymbol{u}(k)+\boldsymbol{B}_1\boldsymbol{u}(k-1)+\cdots+\boldsymbol{B}_n\boldsymbol{u}(k-n) \tag{4.4.11}$$

需要辨识的参数数目 $N_1=nm^2+(n+1)mr$，而对于典范差分方程式(4.4.7)，需要辨识的参数数目 $N_2=n+(n+1)mr$，二者相差 $N=N_1-N_2=n(m^2-1)$。显然，采用典范差分方程作为系统辨识模型可使辨识的参数数目大大减少。

4.5 随机性典范状态方程

一个受到随机干扰的系统，可用下列状态方程和观测方程来描述，即

$$\boldsymbol{x}(k+1)=\boldsymbol{Ax}(k)+\boldsymbol{Bu}(k)+\boldsymbol{w}(k) \tag{4.5.1}$$
$$\boldsymbol{y}(k)=\boldsymbol{Cx}(k)+\boldsymbol{Du}(k)+\boldsymbol{v}(k) \tag{4.5.2}$$

式中：$\boldsymbol{x}(k)$为 n 维状态向量；$\boldsymbol{u}(k)$为 r 维输入向量；$\boldsymbol{y}(k)$为 m 维观测向量；$\boldsymbol{A}$，$\boldsymbol{B}$，$\boldsymbol{C}$，$\boldsymbol{D}$ 为具有相应维数的矩阵。设 $\boldsymbol{w}(k)$和 $\boldsymbol{v}(k)$都是均值为 $\boldsymbol{0}$ 的高斯白噪声序列，其协方差矩阵为

$$\begin{cases} E[\boldsymbol{w}(k)\boldsymbol{w}^{\mathrm{T}}(j)] = \boldsymbol{Q}\delta_{kj} \\ E[\boldsymbol{v}(k)\boldsymbol{v}^{\mathrm{T}}(j)] = \boldsymbol{R}\delta_{kj} \end{cases} \tag{4.5.3}$$

式中 δ_{kj} 是克罗内克 δ 符号,即

$$\delta_{kj} = \begin{cases} 1 \quad , \quad k = j \\ 0 \quad , \quad k \neq j \end{cases} \tag{4.5.4}$$

在式(4.5.1)和式(4.5.2)中,需要辨识的参数是矩阵 $\boldsymbol{A}, \boldsymbol{B}, \boldsymbol{C}, \boldsymbol{D}, \boldsymbol{Q}$ 和 $\boldsymbol{R}$ 的元素。要在一组观测数据序列中辨识 2 个不同噪声的协方差矩阵 $\boldsymbol{Q}$ 和 $\boldsymbol{R}$,在一般情况下是困难的。为了解决这一问题,可以将式(4.5.1)和式(4.5.2)用只有一个等值噪声的新息状态方程 $S(\boldsymbol{A}, \boldsymbol{B}, \boldsymbol{C}, \boldsymbol{D}, \boldsymbol{K})$ 表示,即

$$\hat{\boldsymbol{z}}(k+1|k) = \boldsymbol{A}\hat{\boldsymbol{z}}(k|k-1) + \boldsymbol{B}\boldsymbol{u}(k) + \boldsymbol{K}\boldsymbol{\varepsilon}(k) \tag{4.5.5}$$

$$\boldsymbol{y}(k) = \boldsymbol{C}\hat{\boldsymbol{z}}(k|k-1) + \boldsymbol{D}\boldsymbol{u}(k) + \boldsymbol{\varepsilon}(k) \tag{4.5.6}$$

式中:$\hat{\boldsymbol{z}}(k+1|k)$ 是 $\boldsymbol{x}(k+1)$ 的线性最小方差预测估计;$\boldsymbol{\varepsilon}(k)$ 是新息序列;$\boldsymbol{K}$ 是稳态增益矩阵。

如果新息状态方程 $S(\boldsymbol{A}, \boldsymbol{B}, \boldsymbol{C}, \boldsymbol{D}, \boldsymbol{K})$ 满足可观测条件,则在代数等价的条件下,能变换成下列 2 种可观测型典范随机状态方程。

(1)$S(\boldsymbol{A}_{o1}, \boldsymbol{B}_{o1}, \boldsymbol{C}_{o1}, \boldsymbol{D}_{o1}, \boldsymbol{K}_{o1})$ 型

$$\hat{\boldsymbol{z}}_1(k+1|k) = \boldsymbol{A}_{o1}\hat{\boldsymbol{z}}_1(k|k-1) + \boldsymbol{B}_{o1}\boldsymbol{u}(k) + \boldsymbol{K}_{o1}\boldsymbol{\varepsilon}(k) \tag{4.5.7}$$

$$\boldsymbol{y}(k) = \boldsymbol{C}_{o1}\hat{\boldsymbol{z}}_1(k|k-1) + \boldsymbol{D}_{o1}\boldsymbol{u}(k) + \boldsymbol{\varepsilon}(k) \tag{4.5.8}$$

$$\boldsymbol{K}_{o1} = \boldsymbol{T}_{o1}\boldsymbol{K} \tag{4.5.9}$$

(2)$S(\boldsymbol{A}_{o2}, \boldsymbol{B}_{o2}, \boldsymbol{C}_{o2}, \boldsymbol{D}_{o2}, \boldsymbol{K}_{o2})$ 型

$$\hat{\boldsymbol{z}}_2(k+1|k) = \boldsymbol{A}_{o2}\hat{\boldsymbol{z}}_2(k|k-1) + \boldsymbol{B}_{o2}\boldsymbol{u}(k) + \boldsymbol{K}_{o2}\boldsymbol{\varepsilon}(k) \tag{4.5.10}$$

$$\boldsymbol{y}(k) = \boldsymbol{C}_{o2}\hat{\boldsymbol{z}}(k|k-1) + \boldsymbol{D}_{o2}\boldsymbol{u}(k) + \boldsymbol{\varepsilon}(k) \tag{4.5.11}$$

$$\boldsymbol{K}_{o2} = \boldsymbol{T}_{o2}\boldsymbol{K} \tag{4.5.12}$$

式中 $\boldsymbol{A}_{o1}, \boldsymbol{B}_{o1}, \boldsymbol{C}_{o1}, \boldsymbol{D}_{o1}, \boldsymbol{A}_{o2}, \boldsymbol{B}_{o2}, \boldsymbol{C}_{o2}, \boldsymbol{D}_{o2}, \boldsymbol{T}_{o1}, \boldsymbol{T}_{o2}$ 的定义均与 4.3 节中相应矩阵的定义相同。

4.6 随机性典范差分方程

在 4.5 节中已给出了随机系统的新息状态方程

$$\hat{\boldsymbol{z}}(k+1|k) = \boldsymbol{A}\hat{\boldsymbol{z}}(k|k-1) + \boldsymbol{B}\boldsymbol{u}(k) + \boldsymbol{K}\boldsymbol{\varepsilon}(k) \tag{4.6.1}$$

$$\boldsymbol{y}(k) = \boldsymbol{C}\hat{\boldsymbol{z}}(k|k-1) + \boldsymbol{D}\boldsymbol{u}(k) + \boldsymbol{\varepsilon}(k) \tag{4.6.2}$$

将 $\boldsymbol{y}(k)$ 表示成

$$\boldsymbol{y}(k) = \boldsymbol{y}_1(k) + \boldsymbol{y}_2(k) \tag{4.6.3}$$

则 $\boldsymbol{y}_1(k)$ 和 $\boldsymbol{y}_2(k)$ 分别满足下列 2 组方程:

$$\begin{cases} \boldsymbol{x}_1(k+1) = \boldsymbol{A}\boldsymbol{x}_1(k) + \boldsymbol{B}\boldsymbol{u}(k) \\ \boldsymbol{y}_1(k) = \boldsymbol{C}\boldsymbol{x}_1(k) + \boldsymbol{D}\boldsymbol{u}(k) \end{cases} \tag{4.6.4}$$

$$\begin{cases} \hat{\boldsymbol{x}}_2(k+1|k) = \boldsymbol{A}\hat{\boldsymbol{x}}_2(k|k-1) + \boldsymbol{K}\boldsymbol{\varepsilon}(k) \\ \boldsymbol{y}_2(k) = \boldsymbol{C}\hat{\boldsymbol{x}}_2(k|k-1) + \boldsymbol{\varepsilon}(k) \end{cases} \tag{4.6.5}$$

如果方程(4.6.4)和(4.6.5)都是完全可观测的,根据 4.4 节的论述,可得这 2 组方程的输入 – 输出随机典范差分方程分别为

$$\boldsymbol{y}_1(k)+a_1\boldsymbol{y}_1(k-1)+\cdots+a_n\boldsymbol{y}_1(k-n)=\boldsymbol{B}_0\boldsymbol{u}(k)+\boldsymbol{B}_1\boldsymbol{u}(k-1)+\cdots+\boldsymbol{B}_n\boldsymbol{u}(k-n) \tag{4.6.6}$$

$$\boldsymbol{y}_2(k)+a_1\boldsymbol{y}_2(k-1)+\cdots+a_n\boldsymbol{y}_2(k-n)=\boldsymbol{\varepsilon}(k)+\boldsymbol{\Gamma}_1\boldsymbol{\varepsilon}(k)+\cdots+\boldsymbol{\Gamma}_n\boldsymbol{\varepsilon}(k-n) \tag{4.6.7}$$

式中:$a_i(i=1,2,\cdots,n)$为矩阵 $\boldsymbol{A}$ 的特征多项式的系数;矩阵 $\boldsymbol{B}_i(i=1,2,\cdots,n)$如 4.4 节中的式(4.4.8)所示;矩阵 $\boldsymbol{\Gamma}_i(i=1,2,\cdots,n)$可用下式求出,即

$$\begin{bmatrix}\boldsymbol{\Gamma}_1\\ \boldsymbol{\Gamma}_2\\ \boldsymbol{\Gamma}_3\\ \vdots\\ \boldsymbol{\Gamma}_n\end{bmatrix}=\begin{bmatrix}a_1\boldsymbol{I}_m & \boldsymbol{I}_m & \boldsymbol{0}_m & \cdots & \boldsymbol{0}_m\\ a_2\boldsymbol{I}_m & a_1\boldsymbol{I}_m & \boldsymbol{I}_m & \cdots & \boldsymbol{0}_m\\ a_3\boldsymbol{I}_m & a_2\boldsymbol{I}_m & a_1\boldsymbol{I}_m & \cdots & \boldsymbol{0}_m\\ \vdots & \vdots & \vdots & & \vdots\\ a_n\boldsymbol{I}_m & a_{n-1}\boldsymbol{I}_m & a_{n-2}\boldsymbol{I}_m & \cdots & \boldsymbol{I}_m\end{bmatrix}\begin{bmatrix}\boldsymbol{I}_m\\ \boldsymbol{CK}\\ \boldsymbol{CAK}\\ \vdots\\ \boldsymbol{CA}^{n-1}\boldsymbol{K}\end{bmatrix} \tag{4.6.8}$$

将式(4.6.6)和式(4.6.7)相加考虑到式(4.6.3),可得

$$\begin{aligned}\boldsymbol{y}(k)+a_1\boldsymbol{y}(k-1)+\cdots+a_n\boldsymbol{y}(k-n)=&\boldsymbol{B}_0\boldsymbol{u}(k)+\boldsymbol{B}_1\boldsymbol{u}(k-1)+\cdots+\\ &\boldsymbol{B}_n\boldsymbol{u}(k-n)+\boldsymbol{\varepsilon}(k)+\boldsymbol{\Gamma}_1\boldsymbol{\varepsilon}(k-1)+\cdots+\boldsymbol{\Gamma}_n\boldsymbol{\varepsilon}(k-n)\end{aligned} \tag{4.6.9}$$

如果引进时延算子 z^{-1},则式(4.6.9)可写成

$$a(z^{-1})\boldsymbol{y}(k)=\boldsymbol{B}(z^{-1})\boldsymbol{u}(k)+\boldsymbol{\Gamma}(z^{-1})\boldsymbol{\varepsilon}(k) \tag{4.6.10}$$

式中

$$\begin{cases}a(z^{-1})=1+\sum\limits_{i=1}^{n}a_iz^{-i}\\ \boldsymbol{B}(z^{-1})=\sum\limits_{i=0}^{n}\boldsymbol{B}_iz^{-i}\\ \boldsymbol{\Gamma}(z^{-1})=1+\sum\limits_{i=1}^{n}\boldsymbol{\Gamma}_iz^{-i}\end{cases} \tag{4.6.11}$$

在许多情况下,可把式(4.6.10)写成

$$a(z^{-1})\boldsymbol{y}(k)=\boldsymbol{B}(z^{-1})\boldsymbol{u}(k)+\boldsymbol{\xi}(k) \tag{4.6.12}$$

随机序列 $\boldsymbol{\xi}(k)$可概括为环境对系统的总随机干扰。虽然假定新息序列 $\boldsymbol{\varepsilon}(k)$是均值为 $\boldsymbol{0}$ 的白噪声序列,但一般说来 $\boldsymbol{\xi}(k)$已不再是白噪声序列,而是有色噪声序列了。

4.7 预测误差方程

现在讨论线性系统的更一般的数学表达式,这种表达式称为预测误差方程,其形式为

$$\boldsymbol{y}(k)=f[\boldsymbol{y}(k-1),\boldsymbol{u}(k),k]+\boldsymbol{\varepsilon}(k) \tag{4.7.1}$$

式中:$\boldsymbol{y}(k-1)$表示集合$\{\boldsymbol{y}(k-1),\boldsymbol{y}(k-2),\cdots\}$;$\boldsymbol{u}(k)$表示集合$\{\boldsymbol{u}(k),\boldsymbol{u}(k-1),\cdots\}$;$\boldsymbol{\varepsilon}(k)$表示具有零均值的新息序列。

将预测误差方程作为系统的数学模型,便于用极大似然法来估计参数。下面讨论如何把随机典范差分方程转换成预测误差方程的问题。

设随机典范差分方程为

$$a(z^{-1})\boldsymbol{y}(k)=\boldsymbol{B}(z^{-1})\boldsymbol{u}(k)+\boldsymbol{\Gamma}(z^{-1})\boldsymbol{\varepsilon}(k) \tag{4.7.2}$$

或写成

$$\boldsymbol{y}(k)=\boldsymbol{H}_1(z^{-1})\boldsymbol{u}(k)+\boldsymbol{H}_2(z^{-1})\boldsymbol{\varepsilon}(k) \tag{4.7.3}$$

式中

$$\begin{cases}\boldsymbol{H}_1(z^{-1})=\boldsymbol{B}(z^{-1})/a(z^{-1})\\ \boldsymbol{H}_2(z^{-1})=\boldsymbol{\Gamma}(z^{-1})/a(z^{-1})\end{cases} \tag{4.7.4}$$

多项式 $a(z^{-1})$,$\boldsymbol{B}(z^{-1})$和 $\boldsymbol{\Gamma}(z^{-1})$如式(4.6.11)所示。当系统完全可控和完全可观测时,$a(z^{-1})$是稳定多项式,$\boldsymbol{H}_1(z^{-1})$和 $\boldsymbol{H}_2(z^{-1})$是稳定的有理脉冲传递函数矩阵。从 $a(z^{-1})$和 $\boldsymbol{\Gamma}(z^{-1})$的表达式(4.6.11)可以看出

$$\lim_{z\to\infty}\boldsymbol{H}_2(z^{-1})=1 \tag{4.7.5}$$

根据 $\boldsymbol{H}_1(z^{-1})$的上述性质,可把式(4.7.3)写成

$$\begin{aligned}\boldsymbol{H}_2^{-1}(z^{-1})\boldsymbol{H}_1(z^{-1})\boldsymbol{u}(k)+\boldsymbol{\varepsilon}(k)=\boldsymbol{H}_2^{-1}(z^{-1})\boldsymbol{y}(k)=\\ \boldsymbol{y}(k)-[\boldsymbol{I}-\boldsymbol{H}_2^{-1}(z^{-1})]\boldsymbol{y}(k)=\\ \boldsymbol{y}(k)-z[\boldsymbol{I}-\boldsymbol{H}_2^{-1}(z^{-1})]\boldsymbol{y}(k-1)\end{aligned} \tag{4.7.6}$$

或

$$\boldsymbol{y}(k)=\boldsymbol{L}_1(z^{-1})\boldsymbol{y}(k-1)+\boldsymbol{L}_2(z^{-1})\boldsymbol{u}(k)+\boldsymbol{\varepsilon}(k) \tag{4.7.7}$$

式中 $\boldsymbol{L}_1(z^{-1})$和 $\boldsymbol{L}_2(z^{-1})$为脉冲传递函数矩阵,且

$$\begin{cases}\boldsymbol{L}_1(z^{-1})=z[\boldsymbol{I}-\boldsymbol{H}_2^{-1}(z^{-1})]\\ \boldsymbol{L}_2(z^{-1})=\boldsymbol{H}_2^{-1}(z^{-1})\boldsymbol{H}_1(z^{-1})\end{cases} \tag{4.7.8}$$

将式(4.7.7)与式(4.7.1)相比较知式(4.7.7)为预测误差方程。

思　考　题

4.1　什么是节省原理?节省原理应用时的约束条件是什么?

4.2　已知离散时间系统状态方程为

$$\boldsymbol{x}(k+1)=\begin{bmatrix}0.1 & -0.1 & 1\\ 0 & 0.2 & -1\\ -1 & 1 & 0.3\end{bmatrix}\boldsymbol{x}(k)+\begin{bmatrix}0\\1\\1\end{bmatrix}u(k)$$

$$u(k)=[1\quad 0\quad 1]\boldsymbol{x}(k)$$

求在输入-输出关系等价下的典范差分方程,并检验它们的脉冲传递函数是否等价。

4.3　已知离散时间系统状态方程为

$$\boldsymbol{x}(k+1)=\begin{bmatrix}0.1 & 0 & -1\\ 0 & 0.1 & 1\\ -1 & -1 & -0.2\end{bmatrix}\boldsymbol{x}(k)+\begin{bmatrix}1\\0\\1\end{bmatrix}u(k)+\begin{bmatrix}1\\1\\0\end{bmatrix}w(k)$$

$$y(k)=[1\quad 1\quad 0]\boldsymbol{x}(k)+v(k)$$

求在输入输出等价下的典范差分方程。

第5章　最小二乘法辨识

从本章开始，将介绍常用的一些近代系统辨识方法。在研究系统辨识问题时，将把待辨识的系统看做“黑箱”，只考虑系统的输入–输出特性，而不强调系统的内部机理。

现在讨论以单输入–单输出系统的差分方程作为模型的系统辨识问题。差分方程模型的辨识问题包括阶的确定和参数估计2个方面。本章只讨论参数估计问题，即假定差分方程的阶是已知的，至于差分方程阶的确定问题将在11.1节讨论。

在系统辨识中用得最广泛的估计方法是最小二乘法（LS）和极大似然法。本章主要讨论最小二乘法，以及以最小二乘法为基础的辅助变量法、广义最小二乘法、增广矩阵法和多级最小二乘法等估计方法。

5.1　最小二乘法

设单输入–单输出线性定常系统的差分方程为

$$x(k)+a_1x(k-1)+\cdots+a_nx(k-n)=b_0u(k)+\cdots+b_nu(k-n),k=1,2,3,\cdots \tag{5.1.1}$$

式中：$u(k)$为输入信号；$x(k)$为理论上的输出值。$x(k)$只有通过观测才能得到，在观测过程中往往附加有随机干扰。$x(k)$的观测值$y(k)$可表示为

$$y(k)=x(k)+n(k) \tag{5.1.2}$$

式中$n(k)$为随机干扰。由式(5.1.2)得

$$x(k)=y(k)-n(k) \tag{5.1.3}$$

将式(5.1.3)代入式(5.1.1)得

$$y(k)+a_1y(k-1)+\cdots+a_ny(k-n)=b_0u(k)+b_1u(k-1)+\cdots+$$
$$b_nu(k-n)+n(k)+\sum_{i=1}^{n}a_in(k-i) \tag{5.1.4}$$

我们可能不知道$n(k)$的统计特性，在这种情况下，往往把$n(k)$看做均值为0的白噪声。

设

$$\xi(k)=n(k)+\sum_{i=1}^{n}a_in(k-i) \tag{5.1.5}$$

则式(5.1.4)可写成

$$y(k)=-a_1y(k-1)-a_2y(k-2)-\cdots-a_ny(k-n)+$$
$$b_0u(k)+b_1u(k-1)+\cdots+b_nu(k-n)+\xi(k) \tag{5.1.6}$$

在测量$u(k)$时也有测量误差，系统内部也可能有噪声，应当考虑它们的影响。因此假定$\xi(k)$不仅包含了$x(k)$的测量误差，而且还包含了$u(k)$的测量误差和系统内部噪声。假定$\xi(k)$是不相关随机序列（实际上$\xi(k)$是相关随机序列）。

现分别测出 $n+N$ 个输出输入值 $y(1),y(2),\cdots,y(n+N),u(1),u(2),\cdots,u(n+N)$,则可写出 N 个方程,即

$$
\begin{aligned}
y(n+1)= & -a_1y(n)-a_2y(n-1)-\cdots-a_ny(1)+\\
& b_0u(n+1)+b_1u(n)+\cdots+b_nu(1)+\xi(n+1)\\
y(n+2)= & -a_1y(n+1)-a_2y(n)-\cdots-a_ny(2)+\\
& b_0u(n+2)+b_1u(n+1)+\cdots+b_nu(2)+\xi(n+2)\\
& \vdots\\
y(n+N)= & -a_1y(n+N-1)-a_2y(n+N-2)-\cdots-a_ny(N)+\\
& b_0u(n+N)+b_1u(n+N-1)+\cdots+b_nu(N)+\xi(n+N)
\end{aligned}
$$

上述 N 个方程可写成向量-矩阵形式

$$
\begin{bmatrix} y(n+1)\\ y(n+2)\\ \vdots\\ y(n+N)\end{bmatrix}=\begin{bmatrix} -y(n) & \cdots & -y(1) & u(n+1) & \cdots & u(1)\\ -y(n+1) & \cdots & -y(2) & u(n+2) & \cdots & u(2)\\ \vdots & & \vdots & \vdots & \vdots & \vdots\\ -y(n+N-1) & \cdots & -y(N) & u(n+N) & \cdots & u(N)\end{bmatrix}\times
\begin{bmatrix} a_1\\ \vdots\\ a_n\\ b_0\\ \vdots\\ b_n\end{bmatrix}+\begin{bmatrix} \xi(n+1)\\ \xi(n+2)\\ \vdots\\ \xi(n+N)\end{bmatrix} \tag{5.1.7}
$$

设

$$
\boldsymbol{y}=\begin{bmatrix} y(n+1)\\ y(n+2)\\ \vdots\\ y(n+N)\end{bmatrix},\boldsymbol{\theta}=\begin{bmatrix} a_1\\ \vdots\\ a_n\\ b_0\\ \vdots\\ b_n\end{bmatrix},\boldsymbol{\xi}=\begin{bmatrix} \xi(n+1)\\ \xi(n+2)\\ \vdots\\ \xi(n+N)\end{bmatrix}
$$

$$
\boldsymbol{\Phi}=\begin{bmatrix} -y(n) & \cdots & -y(1) & u(n+1) & \cdots & u(1)\\ -y(n+1) & \cdots & -y(2) & u(n+2) & \cdots & u(2)\\ \vdots & & \vdots & \vdots & & \vdots\\ -y(n+N-1) & \cdots & -y(N) & u(n+N) & \cdots & u(N)\end{bmatrix}
$$

则式(5.1.7)可写为

$$
\boldsymbol{y}=\boldsymbol{\Phi}\,\boldsymbol{\theta}+\boldsymbol{\xi} \tag{5.1.8}
$$

式中:$\boldsymbol{y}$ 为 N 维输出向量;$\boldsymbol{\xi}$ 为 N 维噪声向量;$\boldsymbol{\theta}$ 为$(2n+1)$维参数向量;$\boldsymbol{\Phi}$ 为 $N\times(2n+1)$测量矩阵。因此式(5.1.8)是一个含有$(2n+1)$个未知参数,由 N 个方程组成的联立方程组。如果 $N<2n+1$,方程数少于未知数数目,则方程组的解是不定的,不能惟一地确定参数向量。如果 $N=2n+1$,方程数正好与未知数数目相等,当噪声 $\boldsymbol{\xi}=\boldsymbol{0}$时,就能准确地解出

$$\boldsymbol{\theta}=\boldsymbol{\Phi}^{-1}\boldsymbol{y} \tag{5.1.9}$$

如果噪声 $\boldsymbol{\xi}\neq\mathbf{0}$,则

$$\boldsymbol{\theta}=\boldsymbol{\Phi}^{-1}\boldsymbol{y}-\boldsymbol{\Phi}^{-1}\boldsymbol{\xi} \tag{5.1.10}$$

从上式可以看出噪声 $\boldsymbol{\xi}$ 对参数估计有影响,为了尽量减小噪声 $\boldsymbol{\xi}$ 对 $\boldsymbol{\theta}$ 估值的影响,应取 $N>(2n+1)$,即方程数目大于未知数数目。在这种情况下,不能用解方程的办法来求 $\boldsymbol{\theta}$,而要采用数理统计的办法,以便减小噪声对 $\boldsymbol{\theta}$ 估值的影响。在给定输出向量 $\boldsymbol{y}$ 和测量矩阵 $\boldsymbol{\Phi}$ 的条件下求系统参数 $\boldsymbol{\theta}$ 的估值,这就是系统辨识问题。可用最小二乘法或极大似然法来求 $\boldsymbol{\theta}$ 的估值,在这里先讨论最小二乘法估计。

5.1.1 最小二乘估计算法

设 $\hat{\boldsymbol{\theta}}$表示 $\boldsymbol{\theta}$ 的最优估值,$\hat{\boldsymbol{y}}$表示 $\boldsymbol{y}$ 的最优估值,则有

$$\hat{\boldsymbol{y}}=\boldsymbol{\Phi}\hat{\boldsymbol{\theta}} \tag{5.1.11}$$

式中

$$\hat{\boldsymbol{y}}=\begin{bmatrix}\hat{y}(n+1)\\ \hat{y}(n+2)\\ \vdots\\ \hat{y}(n+N)\end{bmatrix},\hat{\boldsymbol{\theta}}=\begin{bmatrix}\hat{a}_1\\ \vdots\\ \hat{a}_n\\ \hat{b}_0\\ \vdots\\ \hat{b}_n\end{bmatrix}$$

写出式(5.1.11)的某一行,则有

$$\begin{aligned}\hat{y}(k)=&-\hat{a}_1y(k-1)-\hat{a}_2y(k-2)-\cdots-\hat{a}_ny(k-n)+\\ &\hat{b}_0u(k)+\cdots+\hat{b}_nu(k-n)=\\ &-\sum_{i=1}^{n}\hat{a}_iy(k-i)+\sum_{i=0}^{n}\hat{b}_iu(k-i),k=n+1,n+2,\cdots,n+N\end{aligned} \tag{5.1.12}$$

设 $e(k)$表示 $y(k)$与 $\hat{y}(k)$之差,即

$$\begin{aligned}e(k)=&\ y(k)-\hat{y}(k)=\\ &y(k)-\left[-\sum_{i=1}^{n}\hat{a}_iy(k-i)+\sum_{i=0}^{n}\hat{b}_iu(k-i)\right]=\\ &(1+\hat{a}_1z^{-1}+\cdots+\hat{a}_nz^{-n})y(k)-(\hat{b}_0+\hat{b}_1z^{-1}+\cdots+\hat{b}_nz^{-n})u(k)=\\ &\hat{a}(z^{-1})y(k)-\hat{b}(z^{-1})u(k),k=n+1,n+2,\cdots,n+N\end{aligned} \tag{5.1.13}$$

式中

$$\hat{a}(z^{-1})=1+\hat{a}_1z^{-1}+\cdots+\hat{a}_nz^{-n}$$
$$\hat{b}(z^{-1})=\hat{b}_0+\hat{b}_1z^{-1}+\cdots+\hat{b}_nz^{-n}$$

$e(k)$称为残差。把 $k=n+1,n+2,\cdots,n+N$ 分别代入式(5.1.13)可得残差 $e(n+1)$,$e(n+2)$,$\cdots$,$e(n+N)$。设

$$\boldsymbol{e}=[e(n+1)\ e(n+2)\ \cdots\ e(n+N)]^{\mathrm{T}}$$

则有

$$e = y - \hat{y} = y - \Phi\theta \tag{5.1.14}$$

最小二乘估计要求残差的平方和为最小，即按照指数函数

$$J = e^{\mathrm{T}}e = (y - \Phi\hat{\theta})^{\mathrm{T}}(y - \Phi\hat{\theta}) \tag{5.1.15}$$

为最小来确定估值 $\hat{\theta}$。求 J 对 $\hat{\theta}$ 的偏导数并令其等于 $\mathbf{0}$ 可得

$$\frac{\partial J}{\partial \hat{\theta}} = -2\Phi^{\mathrm{T}}(y - \Phi\hat{\theta}) = \mathbf{0} \tag{5.1.16}$$

$$\Phi^{\mathrm{T}}\Phi\hat{\theta} = \Phi^{\mathrm{T}}y \tag{5.1.17}$$

由式(5.1.17)可得 θ 的最小二乘估计

$$\hat{\theta} = (\Phi^{\mathrm{T}}\Phi)^{-1}\Phi^{\mathrm{T}}y \tag{5.1.18}$$

J 为极小值的充分条件是

$$\frac{\partial^2 J}{\partial \hat{\theta}^2} = \Phi^{\mathrm{T}}\Phi > 0 \tag{5.1.19}$$

即矩阵 $\Phi^{\mathrm{T}}\Phi$ 为正定矩阵，或者说矩阵 $\Phi^{\mathrm{T}}\Phi$ 是非奇异的。

5.1.2 最小二乘估计中的输入信号问题

当矩阵 $\Phi^{\mathrm{T}}\Phi$ 的逆阵存在时，式(5.1.18)才有解。一般地，如果 $u(k)$是随机序列或伪随机二位式序列，则矩阵 $\Phi^{\mathrm{T}}\Phi$ 是非奇异的，即$(\Phi^{\mathrm{T}}\Phi)^{-1}$存在，式(5.1.18)有解。现在从矩阵 $\Phi^{\mathrm{T}}\Phi$ 必须是正定的这一要求出发，来讨论对 $u(k)$的要求。在这里为了方便起见，假定 $u(k)$是均值为 0 的随机过程。

$$\Phi^{\mathrm{T}}\Phi = \begin{bmatrix} -y(n) & -y(n+1) & \cdots & -y(n+N-1) \\ \vdots & \vdots & & \vdots \\ -y(1) & -y(2) & \cdots & -y(N) \\ \hdashline u(n+1) & u(n+2) & \cdots & u(n+N) \\ \vdots & \vdots & & \vdots \\ u(1) & u(2) & \cdots & u(N) \end{bmatrix} \times$$

$$\begin{bmatrix} -y(n) & \cdots & -y(1) & u(n+1) & \cdots & u(1) \\ -y(n+1) & \cdots & -y(2) & u(n+2) & \cdots & u(2) \\ \vdots & & \vdots & \vdots & & \vdots \\ -y(n+N-1) & \cdots & -y(N) & u(n+N) & \cdots & u(N) \end{bmatrix} =$$

$$\sum_{k=n}^{n+N-1} \begin{bmatrix} \Phi_{yy} & \Phi_{yu} \\ \Phi_{uy} & \Phi_{uu} \end{bmatrix} \tag{5.1.20}$$

式中

$$\Phi_{yy} = \begin{bmatrix} y^2(k) & y(k)y(k-1) & \cdots & y(k)y(k-n+1) \\ y(k-1)y(k) & y^2(k-1) & \cdots & y(k-1)y(k-n+1) \\ \vdots & \vdots & & \vdots \\ y(k-n+1)y(k) & y(k-n+1)y(k-1) & \cdots & y^2(k-n+1) \end{bmatrix}$$

$$\boldsymbol{\Phi}_{yu}=\begin{bmatrix} -y(k)u(k+1) & -y(k)u(k) & \cdots & -y(k)u(k-n+1) \\ -y(k-1)u(k+1) & -y(k-1)u(k) & \cdots & -y(k-1)u(k-n+1) \\ \vdots & \vdots & & \vdots \\ -y(k-n+1)u(k+1) & -y(k-n+1)u(k) & \cdots & -y(k-n+1)u(k-n+1) \end{bmatrix}$$

$$\boldsymbol{\Phi}_{uy}=\begin{bmatrix} -y(k)u(k+1) & -y(k-1)u(k+1) & \cdots & -y(k-n+1)u(k+1) \\ -y(k)u(k) & -y(k-1)u(k) & \cdots & -y(k-n+1)u(k) \\ \vdots & \vdots & & \vdots \\ -y(k)u(k-n+1) & -y(k-1)u(k-n+1) & \cdots & -y(k-n+1)u(k-n+1) \end{bmatrix}$$

$$\boldsymbol{\Phi}_{uu}=\begin{bmatrix} u^2(k+1) & u(k+1)u(k) & \cdots & u(k+1)u(k-n+1) \\ u(k)u(k+1) & u^2(k) & \cdots & u(k)u(k-n+1) \\ \vdots & \vdots & & \vdots \\ u(k-n+1)u(k+1) & u(k-n+1)u(k) & \cdots & u^2(k-n+1) \end{bmatrix}$$

当 N 足够大时有

$$\frac{1}{N}\boldsymbol{\Phi}^{\mathrm{T}}\boldsymbol{\Phi}\xrightarrow{\text{w.p.1}}\begin{bmatrix} \boldsymbol{R}_y & \boldsymbol{R}_{uy} \\ \boldsymbol{R}_{yu} & \boldsymbol{R}_u \end{bmatrix}=\boldsymbol{R} \tag{5.1.21}$$

式中

$$\boldsymbol{R}_y=\begin{bmatrix} R_y(0) & R_y(1) & \cdots & R_y(n-1) \\ R_y(1) & R_y(0) & \cdots & R_y(n-2) \\ \vdots & \vdots & & \vdots \\ R_y(n-1) & R_y(n-2) & \cdots & R_y(0) \end{bmatrix}$$

$$\boldsymbol{R}_u=\begin{bmatrix} R_u(0) & R_u(1) & \cdots & R_u(n) \\ R_u(1) & R_u(0) & \cdots & R_u(n-1) \\ \vdots & \vdots & & \vdots \\ R_u(n) & R_u(n-1) & \cdots & R_u(0) \end{bmatrix}$$

$$\boldsymbol{R}_{uy}=\boldsymbol{R}_{yu}^{\mathrm{T}}=\begin{bmatrix} -R_{uy}(-1) & -R_{uy}(0) & \cdots & -R_{uy}(-n) \\ -R_{uy}(-2) & -R_{uy}(-1) & \cdots & -R_{uy}(-n+1) \\ \vdots & \vdots & & \vdots \\ -R_{uy}(-n) & -R_{uy}(-n+1) & \cdots & -R_{uy}(0) \end{bmatrix}$$

符号“w.p.1”为英文“with probability 1”(以概率 1)的缩写。

根据塞尔外斯塔(Sylverster)判别法,一个 $n\times n$ 实对称矩阵 $\boldsymbol{A}$ 为正定的充分条件是

$$a_{11}>0,\begin{vmatrix} a_{11} & a_{12} \\ a_{21} & a_{22} \end{vmatrix}>0,\cdots,\det\boldsymbol{A}=\begin{vmatrix} a_{11} & a_{12} & \cdots & a_{1n} \\ a_{21} & a_{22} & \cdots & a_{2n} \\ \vdots & \vdots & & \vdots \\ a_{n1} & a_{n2} & \cdots & a_{nn} \end{vmatrix}>0$$

我们可从矩阵 $\boldsymbol{\Phi}^{\mathrm{T}}\boldsymbol{\Phi}$(即 $\boldsymbol{R}$)的正定性要求来提出对 $u(k)$ 的要求。如果从矩阵 $\boldsymbol{R}$ 的右下角开始检验 $\boldsymbol{\Phi}^{\mathrm{T}}\boldsymbol{\Phi}$ 的正定性,则首先要求 $\boldsymbol{R}_u$ 是实对称矩阵,并且各阶主子式的行列式为正,即

$$\begin{cases} R_u(0)>0 \\ \begin{vmatrix} R_u(0) & R_u(1) \\ R_u(1) & R_u(0) \end{vmatrix}>0 \\ \quad\vdots \\ \det \boldsymbol{R}_u>0 \end{cases} \tag{5.1.22}$$

当 N 足够大时,矩阵 $\boldsymbol{R}_u$ 才是实对称的,即其元素满足 $R_u(\mu)=R_u(-\mu)$。由此便能引出矩阵 $\boldsymbol{\Phi}^{\mathrm{T}}\boldsymbol{\Phi}$ 为正定的必要条件是 $u(k)$ 为持续激励信号。如果序列 $\{u(k)\}$ 的 $n+1$ 阶方阵 $\boldsymbol{R}_u$ 是正定的,则称 $\{u(k)\}$ 为 $n+1$ 阶持续激励信号。

下列随机信号都能满足 $\boldsymbol{R}_u$ 为正定的要求。

1）有色随机信号

如果当 $n\to\infty$ 时有

$$R_u(0)>R_u(1)>R_u(2)>\cdots>R_u(n+1) \tag{5.1.23}$$

则可保证 $\boldsymbol{R}_u$ 是正定的。

2）伪随机二位式噪声

$$\begin{cases} R_u(0)=a^2 \\ R_u(1)=R_u(2)=\cdots=R_u(n)=\dfrac{1}{N_{\mathrm{p}}} \end{cases} \tag{5.1.24}$$

式中 N_{p} 是伪随机二位式序列长度,当 N_{p} 足够大时,可保证 $\boldsymbol{R}_u$ 是正定的。

3）白噪声序列

$$R_u(0)\neq 0, R_u(1)=R_u(2)=\cdots=R_u(n)=0, n\to\infty$$

显然白噪声序列可保证 $\boldsymbol{R}_u$ 是正定的。

因此,随机序列或伪随机二位式序列都可以作为测试信号 $u(k)$。

5.1.3 最小二乘估计的概率性质

下面讨论最小二乘估计的概率性质——估计的无偏性、一致性、有效性和渐近正态性问题。

1）无偏性

由于输出值 $\boldsymbol{y}$ 是随机的,所以 $\hat{\boldsymbol{\theta}}$ 是随机的,但要注意到 $\boldsymbol{\theta}$ 不是随机值。如果

$$E\{\hat{\boldsymbol{\theta}}\}=E\{\boldsymbol{\theta}\}=\boldsymbol{\theta} \tag{5.1.25}$$

则称 $\hat{\boldsymbol{\theta}}$ 是 $\boldsymbol{\theta}$ 的无偏估计。

如果式(5.1.6)中的 $\xi(k)$ 是不相关随机序列且其均值为 0(实际上 $\xi(k)$ 往往是相关随机序列,对这种情况将利用例 5.2 进行讨论),并假定序列 $\xi(k)$ 与 $u(k)$ 不相关。当 $\xi(k)$ 为不相关随机序列时,$y(k)$ 只与 $\xi(k)$ 及其以前的 $\xi(k-1),\xi(k-2),\cdots$ 有关,而与 $\xi(k+1)$ 及其以后的 $\xi(k+2),\xi(k+3),\cdots$ 无关。从下列关系式也可看出 $\boldsymbol{\Phi}$ 与 $\boldsymbol{\xi}$ 不相关且相互独立,即

$$\boldsymbol{\Phi}^{\mathrm{T}}\boldsymbol{\xi}=\begin{bmatrix}-y(n) & -y(n+1) & \cdots & -y(n+N-1)\\ \vdots & \vdots & & \vdots\\ -y(1) & -y(2) & \cdots & -y(N)\\ u(n+1) & u(n+2) & \cdots & u(n+N)\\ \vdots & \vdots & & \vdots\\ u(1) & u(2) & \cdots & u(N)\end{bmatrix}\begin{bmatrix}\xi(n+1)\\ \xi(n+2)\\ \vdots\\ \xi(n+N)\end{bmatrix} \tag{5.1.26}$$

由于 $\boldsymbol{\Phi}$ 与 $\boldsymbol{\xi}$ 相互独立,则式(5.1.18)给出的 $\hat{\boldsymbol{\theta}}$ 是 $\boldsymbol{\theta}$ 的无偏估计。把式(5.1.8)代入式(5.1.18)得

$$\hat{\boldsymbol{\theta}}=(\boldsymbol{\Phi}^{\mathrm{T}}\boldsymbol{\Phi})^{-1}\boldsymbol{\Phi}^{\mathrm{T}}(\boldsymbol{\Phi}\boldsymbol{\theta}+\boldsymbol{\xi})=\boldsymbol{\theta}+(\boldsymbol{\Phi}^{\mathrm{T}}\boldsymbol{\Phi})^{-1}\boldsymbol{\Phi}^{\mathrm{T}}\boldsymbol{\xi} \tag{5.1.27}$$

对上式等号两边取数学期望得

$$E\{\hat{\boldsymbol{\theta}}\}=E\{\boldsymbol{\theta}\}+E\{(\boldsymbol{\Phi}^{\mathrm{T}}\boldsymbol{\Phi})^{-1}\boldsymbol{\Phi}^{\mathrm{T}}\boldsymbol{\xi}\}=\boldsymbol{\theta}+E\{(\boldsymbol{\Phi}^{\mathrm{T}}\boldsymbol{\Phi})^{-1}\boldsymbol{\Phi}^{\mathrm{T}}\}E\{\boldsymbol{\xi}\}=\boldsymbol{\theta} \tag{5.1.28}$$

上式表明,$\hat{\boldsymbol{\theta}}$ 是 $\boldsymbol{\theta}$ 的无偏估计。

2) 一致性

如果估计值具有一致性,表明估计值将以概率 1 收敛于真值,它是人们最关心的一种概率性质。

由式(5.1.27)得估计误差为

$$\tilde{\boldsymbol{\theta}}=\boldsymbol{\theta}-\hat{\boldsymbol{\theta}}=-(\boldsymbol{\Phi}^{\mathrm{T}}\boldsymbol{\Phi})^{-1}\boldsymbol{\Phi}^{\mathrm{T}}\boldsymbol{\xi} \tag{5.1.29}$$

前面已假定 $\xi(k)$是不相关随机序列,设

$$E\{\boldsymbol{\xi}\,\boldsymbol{\xi}^{\mathrm{T}}\}=\sigma^2\boldsymbol{I}_N \tag{5.1.30}$$

式中 $\boldsymbol{I}_N$ 为 $N\times N$ 单位矩阵,则估计误差 $\tilde{\boldsymbol{\theta}}$ 的方差矩阵为

$$\mathrm{Var}\tilde{\boldsymbol{\theta}}=\boldsymbol{E}\{\tilde{\boldsymbol{\theta}}\,\tilde{\boldsymbol{\theta}}^{\mathrm{T}}\}=E\{(\boldsymbol{\Phi}^{\mathrm{T}}\boldsymbol{\Phi})^{-1}\boldsymbol{\Phi}^{\mathrm{T}}(\boldsymbol{\xi}\,\boldsymbol{\xi}^{\mathrm{T}})\boldsymbol{\Phi}(\boldsymbol{\Phi}^{\mathrm{T}}\boldsymbol{\Phi})^{-1}\} \tag{5.1.31}$$

由于当 $\xi(k)$为不相关随机序列时,$\boldsymbol{\Phi}$ 与 $\boldsymbol{\xi}$ 相互独立,因而有

$$\mathrm{Var}\tilde{\boldsymbol{\theta}}=E\{(\boldsymbol{\Phi}^{\mathrm{T}}\boldsymbol{\Phi})^{-1}\boldsymbol{\Phi}^{\mathrm{T}}\sigma^2\boldsymbol{I}_N\boldsymbol{\Phi}(\boldsymbol{\Phi}^{\mathrm{T}}\boldsymbol{\Phi})^{-1}\}=\sigma^2E\{(\boldsymbol{\Phi}^{\mathrm{T}}\boldsymbol{\Phi})^{-1}\} \tag{5.1.32}$$

上式可以写为

$$\mathrm{Var}\tilde{\boldsymbol{\theta}}=\frac{\sigma^2}{N}E\left\{\left(\frac{1}{N}\boldsymbol{\Phi}^{\mathrm{T}}\boldsymbol{\Phi}\right)^{-1}\right\} \tag{5.1.33}$$

考虑到式(5.1.21)可得

$$\lim_{N\to\infty}\mathrm{Var}\tilde{\boldsymbol{\theta}}=\lim_{N\to\infty}\frac{\sigma^2}{N}\boldsymbol{R}^{-1}=\boldsymbol{0},\quad \mathrm{w.p.1} \tag{5.1.34}$$

式(5.1.34)表明,当 $N\to\infty$时,$\hat{\boldsymbol{\theta}}$ 以概率 1 趋近于 $\boldsymbol{\theta}$。因此当 $\xi(k)$为不相关随机序列时,最小二乘估计具有无偏性和一致性。如果系统的参数估值具有这种特性,就称系统具有可辨识性。

现举例说明最小二乘法的估计精度。

例 5.1 设单输入-单输出系统的差分方程为

$$y(k)=-a_1y(k-1)-a_2y(k-2)+b_1u(k-1)+b_2u(k-2)+\xi(k)$$

设 $u(k)$是幅值为 1 的伪随机二位式序列,噪声 $\xi(k)$是一个方差 σ^2 可调的正态分布 $N(0,\sigma^2)$随机序列。

从方程中可看到 $b_0=0$,因此

$$\boldsymbol{\theta}=[a_1\quad a_2\quad b_1\quad b_2]^{\mathrm{T}}$$

真实的 $\boldsymbol{\theta}$ 为

$$\boldsymbol{\theta}=[-1.5\quad 0.7\quad 1.0\quad 0.5]^{\mathrm{T}}$$

取观测数据长度 $N=100$，当噪声均方差 σ 取不同值时，系统参数的最小二乘估值如表5.1所列。

表 5.1 参数估值 $\hat{\boldsymbol{\theta}}$ 表

σ	$\hat{a}_1$	$\hat{a}_2$	$\hat{b}_1$	$\hat{b}_2$
0.0	-1.50 ± 0.00	0.70 ± 0.00	1.00 ± 0.00	0.50 ± 0.00
0.1	-1.50 ± 0.01	0.69 ± 0.01	0.99 ± 0.01	0.49 ± 0.02
0.5	-1.48 ± 0.04	0.67 ± 0.08	0.96 ± 0.06	0.48 ± 0.07
1.0	-1.47 ± 0.06	0.66 ± 0.06	0.95 ± 0.12	0.46 ± 0.14
5.0	-1.48 ± 0.07	0.74 ± 0.08	0.98 ± 0.61	0.41 ± 0.61
参数真值	-1.50	0.70	1.00	0.50

计算结果表明，当不存在噪声时，可以获得精确的估值 $\hat{\boldsymbol{\theta}}$。估值 $\hat{\boldsymbol{\theta}}$的均方差随着噪声均方差 σ 的增大而增大。

在上面我们要求 $\xi(k)$是均值为 0 的不相关随机序列，并要求$\{\xi(k)\}$与$\{u(k)\}$无关，则 $\boldsymbol{\xi}$ 与 $\boldsymbol{\Phi}$ 相互独立。这是最小二乘估计为无偏估计的充分条件，但不是必要条件，必要条件为

$$E\{(\boldsymbol{\Phi}^{\mathrm{T}}\boldsymbol{\Phi})^{-1}\boldsymbol{\Phi}^{\mathrm{T}}\boldsymbol{\xi}\}=\mathbf{0} \tag{5.1.35}$$

根据这一条件，可引出 5.4 节和 5.5 节所讨论的辅助变量法。

在实际问题中，$\xi(k)$往往是相关随机序列，可用一简单例子来说明这一问题。

例 5.2 设系统的差分方程为

$$x(k)=-ax(k-1)+bu(k-1)$$
$$y(k)=x(k)+n(k)$$

式中 $n(k)$为白噪声序列，设其均值为 0，且

$$E[n^2(k)]=\sigma^2(k)$$

由系统差分方程可写出

$$x(k-1)=y(k-1)-n(k-1)$$
$$x(k)=y(k)-n(k)$$
$$x(k+1)=y(k+1)-n(k+1)$$

则有

$$\begin{aligned}y(k)=x(k)+n(k)=&-ax(k-1)+bu(k-1)+n(k)=\\&-a[y(k-1)-n(k-1)]+bu(k-1)+n(k)=\\&-ay(k-1)+bu(k-1)+n(k)+an(k-1)=\\&-ay(k-1)+bu(k-1)+\xi(k)\end{aligned} \tag{5.1.36}$$

式中

$$\xi(k)=n(k)+an(k-1)$$
$$\xi(k+1)=n(k+1)+an(k)$$

虽然 $n(k+1)$与 $n(k)$不相关,但 $\xi(k+1)$与 $\xi(k)$是相关的,其相关函数为

$$E\{\xi(k+1)\xi(k)\}=R_\xi(1)=E\{[n(k+1)+an(k)]\times [n(k)+an(k-1)]\}=aE\{n^2(k)\}=a\sigma^2(k)$$

本例中,$y(k)$与 $\xi(k+1)$是相关的,即

$$E\{y(k)\xi(k+1)\}=E\{[-ay(k-1)+bu(k-1)+n(k)+an(k-1)]\times [n(k+1)+an(k)]\}=aE\{n^2(k)\}=a\sigma^2(k)$$

由于 $y(k)$与 $\xi(k+1)$相关,由式(5.1.26)可看出,$\boldsymbol{\Phi}$ 与$\boldsymbol{\xi}$ 相关。在这种情况下,最小二乘估计不是无偏估计,而是有偏估计。下面来求 a 和b 的最小二乘估计,看估计是否有偏。

$$\begin{bmatrix} y(n+1) \\ y(n+2) \\ \vdots \\ y(n+N) \end{bmatrix} = \begin{bmatrix} -y(n) & u(n) \\ -y(n+1) & u(n+1) \\ \vdots & \vdots \\ -y(n+N-1) & u(n+N-1) \end{bmatrix} \begin{bmatrix} a \\ \\ b \end{bmatrix} + \begin{bmatrix} \xi(n+1) \\ \xi(n+2) \\ \vdots \\ \xi(n+N) \end{bmatrix} \tag{5.1.37}$$

$$\begin{bmatrix} \hat{a} \\ \hat{b} \end{bmatrix} = \left\{ \begin{bmatrix} -y(n) & -y(n+1) & \cdots & -y(n+N-1) \\ u(n) & u(n+1) & \cdots & u(n+N-1) \end{bmatrix} \begin{bmatrix} -y(n) & u(n) \\ -y(n+1) & u(n+1) \\ \vdots & \vdots \\ -y(n+N-1) & u(n+N-1) \end{bmatrix} \right\}^{-1} \times$$

$$\begin{bmatrix} -y(n) & -y(n+1) & \cdots & -y(n+N-1) \\ u(n) & u(n+1) & \cdots & u(n+N-1) \end{bmatrix} \begin{bmatrix} y(n+1) \\ y(n+2) \\ \vdots \\ y(n+N) \end{bmatrix} =$$

$$\begin{bmatrix} \sum_{i=0}^{N-1} y^2(n+i) & -\sum_{i=0}^{N-1} y(n+i)u(n+i) \\ -\sum_{i=0}^{N-1} y(n+i)u(n+i) & \sum_{i=0}^{N-1} u^2(n+i) \end{bmatrix}^{-1} \begin{bmatrix} -\sum_{i=0}^{N-1} y(n+i)y(n+i+1) \\ \sum_{i=0}^{N-1} u(n+i)y(n+i+1) \end{bmatrix} =$$

$$\begin{bmatrix} \frac{1}{N}\sum_{i=0}^{N-1} y^2(n+i) & -\frac{1}{N}\sum_{i=0}^{N-1} y(n+i)u(n+i) \\ -\frac{1}{N}\sum_{i=0}^{N-1} y(n+i)u(n+i) & \frac{1}{N}\sum_{i=0}^{N-1} u^2(n+i) \end{bmatrix}^{-1} \begin{bmatrix} -\frac{1}{N}\sum_{i=0}^{N-1} y(n+i)y(n+i+1) \\ \frac{1}{N}\sum_{i=0}^{N-1} u(n+i)y(n+i+1) \end{bmatrix}$$

$$\xrightarrow{\text{w.p.1}} \begin{bmatrix} R_y(0) & -R_{uy}(0) \\ -R_{uy}(0) & R_u(0) \end{bmatrix}^{-1} \begin{bmatrix} -R_y(1) \\ R_{uy}(1) \end{bmatrix} \tag{5.1.38}$$

因此

$$\begin{bmatrix} \hat{a} \\ \hat{b} \end{bmatrix} \xrightarrow{\text{w.p.1}} \frac{1}{\Delta} \begin{bmatrix} R_u(0) & R_{uy}(0) \\ R_{uy}(0) & R_y(0) \end{bmatrix} \begin{bmatrix} -R_y(1) \\ R_{uy}(1) \end{bmatrix} \tag{5.1.39}$$

式中

$$\Delta = R_y(0)R_u(0) - R_{uy}^2(0) \tag{5.1.40}$$

下面来求 $R_y(1)$和 $R_{uy}(1)$。由式(5.1.36)得

$$y(k+1) = -ay(k) + bu(k) + \xi(k+1) \tag{5.1.41}$$

以 $y(k)$乘以上式等号两边得

$$y(k)y(k+1) = -ay^2(k) + by(k)u(k) + y(k)\xi(k+1)$$

对上式等号两边取数学期望,并考虑到

$$E\{y(k)\xi(k+1)\} = E\{[-ay(k-1) + bu(k-1) + \xi(k)]\xi(k+1)\} =$$
$$E\{\xi(k)\xi(k+1)\} = R_\xi(1) = a\sigma^2(k) \tag{5.1.42}$$

可得

$$R_y(1) = -aR_y(0) + bR_{uy}(0) + R_\xi(1) \tag{5.1.43}$$

再用 $u(k)$乘以式(5.1.41)等号两边得

$$y(k+1)u(k) = -ay(k)u(k) + bu^2(k) + \xi(k+1)u(k)$$

对上式等号两边取数学期望,并考虑到 $E\{\xi(k+1)u(k)\}=0$,可得

$$R_{uy}(1) = -aR_{uy}(0) + bR_u(0) \tag{5.1.44}$$

将式(5.1.43)和式(5.1.44)代入式(5.1.39)得

$$\begin{bmatrix}\hat{a}\\ \hat{b}\end{bmatrix} \xrightarrow{\text{w.p.1}} \frac{1}{\Delta}\begin{bmatrix}R_u(0) & R_{uy}(0)\\ R_{uy}(0) & R_y(0)\end{bmatrix}\begin{bmatrix}aR_y(0) - bR_{uy}(0) - R_\xi(1)\\ -aR_{uy}(0) + bR_u(0)\end{bmatrix} =$$

$$\frac{1}{R_y(0)R_u(0) - R_{uy}^2(0)}\begin{bmatrix}a[R_y(0)R_u(0) - R_{uy}^2(0)] - R_u(0)R_\xi(1)\\ b[R_y(0)R_u(0) - R_{uy}^2(0)] - R_{uy}(0)R_\xi(1)\end{bmatrix} \tag{5.1.45}$$

因此

$$\hat{\boldsymbol{\theta}} = \begin{bmatrix}\hat{a}\\ \hat{b}\end{bmatrix} \xrightarrow{\text{w.p.1}} \begin{bmatrix}a\\ b\end{bmatrix} - \frac{1}{\Delta}\begin{bmatrix}R_u(0)R_\xi(1)\\ R_{uy}(0)R_\xi(1)\end{bmatrix} \tag{5.1.46}$$

从上面的例子可以看出,当 $\xi(k)$为相关随机序列时,$\hat{\boldsymbol{\theta}}$是有偏估计。下面给出一个具体的数值例子。

例 5.3 设真实系统的差分方程为

$$y(k+1) = -0.5y(k) + 1.0u(k) + n(k+1) + 0.5n(k)$$

式中 $n(k)$是服从 $N(0,1)$分布的独立高斯随机变量。从 500 对输入和输出数据可得到估值

$$\hat{a} = -0.643 \pm 0.029, \hat{b} = 1.018 \pm 0.062$$

而 a,b 的真值为

$$a = -0.5, b = 1.0$$

可看到 $a-\hat{a}=0.143$,几乎等于 $\sigma_{\hat{a}}=0.029$ 的 5 倍,这样的估计具有相当大的偏差。

在实际应用中,$\xi(k)$往往是相关随机序列,最小二乘法不是无偏估计。为了克服这一缺点,人们又提出了辅助变量法和广义最小二乘法等方法,这些方法都是对普通最小二乘法进行修正,以便得到无偏估计。

3)有效性

有效性是估计值的另一个重要概率性质,它意味着估计值偏差的方阵将达到最小值。

定理 5.1 如果式(5.1.8)中的 $\boldsymbol{\xi}$ 是均值为 **0** 且服从正态分布的白噪声向量，则最小二乘参数估计值 $\hat{\boldsymbol{\theta}}$为有效估计值，参数估计偏差的方差达到 Cramer－Rao 不等式的下界，即

$$\mathrm{Var}\tilde{\boldsymbol{\theta}}=\sigma^2E\{(\boldsymbol{\Phi}^{\mathrm{T}}\boldsymbol{\Phi})^{-1}\}=\boldsymbol{M}^{-1} \tag{5.1.47}$$

式中 $\boldsymbol{M}$ 为 Fisher 矩阵，且

$$\boldsymbol{M}=E\left\{\left[\frac{\partial\ln p(\boldsymbol{y}|\hat{\boldsymbol{\theta}})}{\partial\hat{\boldsymbol{\theta}}}\right]^{\mathrm{T}}\left[\frac{\partial\ln p(\boldsymbol{y}|\hat{\boldsymbol{\theta}})}{\partial\hat{\boldsymbol{\theta}}}\right]\right\} \tag{5.1.48}$$

证明 根据式(5.1.8)和式(5.1.14)有

$$\boldsymbol{\xi}=\boldsymbol{y}-\boldsymbol{\Phi}\,\boldsymbol{\theta} \tag{5.1.49}$$

$$\boldsymbol{e}=\boldsymbol{y}-\boldsymbol{\Phi}\,\hat{\boldsymbol{\theta}} \tag{5.1.50}$$

式中

$$\boldsymbol{\xi}\sim\boldsymbol{N}(\boldsymbol{0},\sigma^2\boldsymbol{I}) \tag{5.1.51}$$

由式(5.1.34)知，当 $\boldsymbol{N}\rightarrow\infty$时，$\hat{\boldsymbol{\theta}}\xrightarrow{\text{w.p.1}}\boldsymbol{\theta}$。故根据式(5.1.49)和式(5.1.50)可知 $\boldsymbol{e}\xrightarrow{\text{a.s.}}\boldsymbol{\xi}$，式中符号“a.s.”为英文“almost sure”(几乎肯定)的缩写。因而有

$$\boldsymbol{e}\sim N(\boldsymbol{0},\sigma^2\boldsymbol{I}) \tag{5.1.52}$$

$$\boldsymbol{y}\sim N(E(\boldsymbol{\Phi}^{\mathrm{T}}\boldsymbol{\theta}),\sigma^2\boldsymbol{I}) \tag{5.1.53}$$

即

$$p(\boldsymbol{y}|\hat{\boldsymbol{\theta}})=(2\pi\sigma^2)^{-\frac{N}{2}}\exp\left\{-\frac{1}{2\sigma^2}[\boldsymbol{y}-E(\boldsymbol{\Phi}^{\mathrm{T}}\hat{\boldsymbol{\theta}})]^{\mathrm{T}}[\boldsymbol{y}-E(\boldsymbol{\Phi}^{\mathrm{T}}\hat{\boldsymbol{\theta}})]\right\} \tag{5.1.54}$$

由上式可得

$$\frac{\partial\ln p(\boldsymbol{y}|\hat{\boldsymbol{\theta}})}{\partial\hat{\boldsymbol{\theta}}}=\frac{1}{\sigma^2}[\boldsymbol{y}-E(\boldsymbol{\Phi}^{\mathrm{T}}\hat{\boldsymbol{\theta}})]^{\mathrm{T}}E(\boldsymbol{\Phi}) \tag{5.1.55}$$

因而有

$$\boldsymbol{M}=E\left\{\frac{1}{\sigma^4}E(\boldsymbol{\Phi}^{\mathrm{T}})[\boldsymbol{y}-E(\boldsymbol{\Phi}^{\mathrm{T}}\hat{\boldsymbol{\theta}})][\boldsymbol{y}-E(\boldsymbol{\Phi}^{\mathrm{T}}\hat{\boldsymbol{\theta}})]^{\mathrm{T}}E(\boldsymbol{\Phi})\right\}=$$

$$\frac{1}{\sigma^2}E\{\boldsymbol{\Phi}^{\mathrm{T}}\boldsymbol{\Phi}\} \tag{5.1.56}$$

与式(5.1.32)相比较，可知式(5.1.47)成立。

4)渐近正态性

定理 5.2 如果式(5.1.8)中的 $\boldsymbol{\xi}$ 是均值为 **0** 且服从正态分布的白噪声向量，则最小二乘参数估计值 $\hat{\boldsymbol{\theta}}$ 服从正态分布，即

$$\hat{\boldsymbol{\theta}}\sim N(\boldsymbol{\theta},\sigma^2E\{(\boldsymbol{\Phi}^{\mathrm{T}}\boldsymbol{\Phi})^{-1}\}) \tag{5.1.57}$$

证明 由 $\boldsymbol{y}=\boldsymbol{\Phi}^{\mathrm{T}}\boldsymbol{\theta}+\boldsymbol{\xi}$ 及$\boldsymbol{\xi}\sim N(\boldsymbol{0},\sigma^2\boldsymbol{I})$可得

$$\boldsymbol{y}\sim N(E(\boldsymbol{\Phi}^{\mathrm{T}}\boldsymbol{\theta}),\sigma^2\boldsymbol{I}) \tag{5.1.58}$$

由式(5.1.18)知

$$\hat{\boldsymbol{\theta}}=(\boldsymbol{\Phi}^{\mathrm{T}}\boldsymbol{\Phi})^{-1}\boldsymbol{\Phi}^{\mathrm{T}}\boldsymbol{y}\triangleq\boldsymbol{L}\boldsymbol{y} \tag{5.1.59}$$

式中 $\boldsymbol{L}=(\boldsymbol{\Phi}^{\mathrm{T}}\boldsymbol{\Phi})^{-1}\boldsymbol{\Phi}^{\mathrm{T}}$。可见 $\hat{\boldsymbol{\theta}}$ 是 $\boldsymbol{y}$ 的线性函数，则有

$$\hat{\boldsymbol{\theta}}\sim N(E(\boldsymbol{L})E(\boldsymbol{\Phi}^{\mathrm{T}}\boldsymbol{\theta}),E(\boldsymbol{L}\sigma^2\boldsymbol{L}^{\mathrm{T}})) \tag{5.1.60}$$

将 $\boldsymbol{L}=(\boldsymbol{\Phi}^{\mathrm{T}}\boldsymbol{\Phi})^{-1}\boldsymbol{\Phi}^{\mathrm{T}}$ 代入上式可得式(5.1.57)，证毕。

5.2 一种不需矩阵求逆的最小二乘法

设系统的差分方程模型为

$$y(k)+a_1y(k-1)+\cdots+a_ny(k-n)=b_0u(k)+b_1u(k-1)+\cdots+b_nu(k-n)+\xi(k) \tag{5.2.1}$$

令

$$\boldsymbol{\theta}=[b_0 \quad -a_1 \quad b_1 \quad \cdots -a_n \quad b_n]^{\mathrm{T}} \tag{5.2.2}$$

$$\boldsymbol{\psi}^{\mathrm{T}}(k)=[u(k) \quad y(k-1) \quad u(k-1) \quad \cdots \quad y(k-n) \quad u(k-n)] \tag{5.2.3}$$

则式(5.2.1)可以写为

$$y(k)=\boldsymbol{\psi}^{\mathrm{T}}(k)\boldsymbol{\theta}+\xi(k),k=1,2,\cdots,N \tag{5.2.4}$$

取

$$\boldsymbol{y}=\begin{bmatrix} y(1)\\ y(2)\\ \vdots\\ y(N)\end{bmatrix},\boldsymbol{\xi}=\begin{bmatrix} \xi(1)\\ \xi(2)\\ \vdots\\ \xi(N)\end{bmatrix}$$

$$\boldsymbol{\Phi}=\begin{bmatrix} \boldsymbol{\psi}_1^{\mathrm{T}}\\ \boldsymbol{\psi}_2^{\mathrm{T}}\\ \vdots\\ \boldsymbol{\psi}_N^{\mathrm{T}}\end{bmatrix}=\begin{bmatrix} u(1) & y(0) & u(0) & \cdots & y(1-n) & u(1-n)\\ u(2) & y(1) & u(1) & \cdots & y(2-n) & u(2-n)\\ \vdots & \vdots & \vdots & & \vdots & \vdots\\ u(N) & y(N-1) & u(N-1) & \cdots & y(N-n) & u(N-n)\end{bmatrix}$$

则有

$$\boldsymbol{y}=\boldsymbol{\Phi}\,\boldsymbol{\theta}+\boldsymbol{\xi} \tag{5.2.5}$$

系统的最小二乘辨识结果为

$$\hat{\boldsymbol{\theta}}=(\boldsymbol{\Phi}^{\mathrm{T}}\boldsymbol{\Phi})^{-1}\boldsymbol{\Phi}^{\mathrm{T}}\boldsymbol{y} \tag{5.2.6}$$

上式中矩阵 $\boldsymbol{\Phi}^{\mathrm{T}}\boldsymbol{\Phi}$ 的阶数越大，所包含的信息量就越多，系统参数估计的精度就越高。为了获得满意的辨识结果，矩阵 $\boldsymbol{\Phi}^{\mathrm{T}}\boldsymbol{\Phi}$ 的阶数常常取得相当大。这样，在用式(5.2.6)计算系统参数的估计值 $\hat{\boldsymbol{\theta}}$ 时，矩阵求逆的计算量很大。本节介绍一种算法来代替矩阵求逆，在不降低辨识精度的前提下，可以使辨识速度有较大提高。具体算法如下。

首先设系统阶次为 0，则 $\boldsymbol{\Phi}_0^{\mathrm{T}}\boldsymbol{\Phi}_0$ 和 $\boldsymbol{\Phi}_0^{\mathrm{T}}\boldsymbol{y}$ 均为常数，即

$$\begin{cases} \boldsymbol{\Phi}_0^{\mathrm{T}}\boldsymbol{\Phi}_0 = \sum\limits_{i=1}^{N} u^2(i)\\ \boldsymbol{\Phi}_0^{\mathrm{T}}\boldsymbol{y} = \sum\limits_{i=1}^{N} u(i)y(i)\end{cases} \tag{5.2.7}$$

由式(5.2.6)可得

$$\hat{\boldsymbol{\theta}}_0 = \sum_{i=1}^{N} u(i)y(i)\Big/\sum_{i=1}^{N} u^2(i) \tag{5.2.8}$$

设

$$\boldsymbol{x}_0 = (\boldsymbol{\Phi}_0^{\mathrm{T}}\boldsymbol{\Phi}_0)^{-1} = 1\Big/\sum_{i=1}^{N} u^2(i) \tag{5.2.9}$$

若系统阶次为 n 时已经求出 $\boldsymbol{x}_n=(\boldsymbol{\Phi}_n^{\mathrm{T}}\boldsymbol{\Phi}_n)^{-1}$,系统阶次为 $n+1$ 时有

$$\boldsymbol{\Phi}'_{n+1}=[\boldsymbol{\Phi}_n \quad \boldsymbol{\psi}_{2n+1}] \tag{5.2.10}$$

式中

$$\boldsymbol{\psi}_{2n+1}=[y(1-n) \quad y(2-n) \quad \cdots \quad y(N-n)]^{\mathrm{T}} \tag{5.2.11}$$

则有

$$(\boldsymbol{\Phi}'_{n+1})^{\mathrm{T}}\boldsymbol{\Phi}'_{n+1}=\begin{bmatrix}\boldsymbol{\Phi}_n^{\mathrm{T}}\\ \boldsymbol{\psi}_{2n+1}^{\mathrm{T}}\end{bmatrix}[\boldsymbol{\Phi}_n \quad \boldsymbol{\psi}_{2n+1}]=\begin{bmatrix}\boldsymbol{\Phi}_n^{\mathrm{T}}\boldsymbol{\Phi}_n & \boldsymbol{\Phi}_n^{\mathrm{T}}\boldsymbol{\psi}_{2n+1}\\ \boldsymbol{\psi}_{2n+1}^{\mathrm{T}}\boldsymbol{\Phi}_n & \boldsymbol{\psi}_{2n+1}^{\mathrm{T}}\boldsymbol{\psi}_{2n+1}\end{bmatrix} \tag{5.2.12}$$

式中:$\boldsymbol{\Phi}_n^{\mathrm{T}}\boldsymbol{\psi}_{2n+1}$为列向量;$\boldsymbol{\psi}_{2n+1}^{\mathrm{T}}\boldsymbol{\psi}_{2n+1}=\sum_{i=1}^{N}y^2(i-n)$为一标量。由分块矩阵求逆公式可得

$$[(\boldsymbol{\Phi}'_{n+1})^{\mathrm{T}}\boldsymbol{\Phi}'_{n+1}]^{-1}=\begin{bmatrix}\boldsymbol{B}_{11} & \boldsymbol{B}_{12}\\ \boldsymbol{B}_{21} & \boldsymbol{B}_{22}\end{bmatrix} \tag{5.2.13}$$

式中

$$\begin{aligned}\boldsymbol{B}_{22}&=1/(\boldsymbol{\psi}_{2n+1}^{\mathrm{T}}\boldsymbol{\psi}_{2n+1}-\boldsymbol{\psi}_{2n+1}^{\mathrm{T}}\boldsymbol{\Phi}_n\boldsymbol{X}_n\boldsymbol{\Phi}_n^{\mathrm{T}}\boldsymbol{\psi}_{2n+1})\\ \boldsymbol{B}_{12}&=\boldsymbol{B}_{21}^{\mathrm{T}}=-\boldsymbol{X}_n\boldsymbol{\Phi}_n^{\mathrm{T}}\boldsymbol{\psi}_{2n+1}\boldsymbol{B}_{22}\\ \boldsymbol{B}_{11}&=\boldsymbol{X}_n-\boldsymbol{B}_{12}\boldsymbol{\psi}_{2n+1}^{\mathrm{T}}\boldsymbol{\Phi}_n\boldsymbol{X}_n^{\mathrm{T}}\end{aligned} \tag{5.2.14}$$

设

$$\boldsymbol{\psi}_{2n+2}=[u(1-n) \quad u(2-n) \quad \cdots \quad u(N-n)]^{\mathrm{T}} \tag{5.2.15}$$

则

$$\boldsymbol{\Phi}_{n+1}=[\boldsymbol{\Phi}'_{n+1} \quad \boldsymbol{\psi}_{2n+2}] \tag{5.2.16}$$

这时,仿照上述方法容易求出 $\boldsymbol{X}_{n+1}=(\boldsymbol{\Phi}_{n+1}^{\mathrm{T}}\boldsymbol{\Phi}_{n+1})^{-1}$,同时

$$\boldsymbol{\Phi}_{n+1}^{\mathrm{T}}\boldsymbol{y}=\begin{bmatrix}\boldsymbol{\Phi}_n^{\mathrm{T}}\boldsymbol{y}\\ \boldsymbol{\psi}_{2n+1}\boldsymbol{y}\\ \boldsymbol{\psi}_{2n+2}\boldsymbol{y}\end{bmatrix}=\begin{bmatrix}\boldsymbol{\Phi}_n^{\mathrm{T}}\boldsymbol{y}\\ \sum_{i=1}^{N}y(i-n)y(i)\\ \sum_{i=1}^{N}u(i-n)y(i)\end{bmatrix} \tag{5.2.17}$$

这样,就可以按照式(5.2.6)辨识出阶次为 $n+1$ 时系统的参数。由于这一过程只涉及矩阵相乘和矩阵与向量相乘等运算,所以计算量较小,而矩阵求逆的精度不变。所以说,本节算法在不损失辨识精度的前提下提高了辨识速度,这一算法尤其适用于阶次未知情况下的系统辨识。

5.3 递推最小二乘法

为了实现实时控制,必须采用递推算法,这种辨识方法主要用于在线辨识。

设已获得的观测数据长度为 N,将式(5.1.8)中的 $\boldsymbol{y}$ 和 $\boldsymbol{\xi}$ 分别用 $\boldsymbol{Y}_N$,$\boldsymbol{\Phi}_N$,$\bar{\xi}_N$ 来代替,即

$$\boldsymbol{Y}_N=\boldsymbol{\Phi}_N\boldsymbol{\theta}+\bar{\xi}_N \tag{5.3.1}$$

用 $\hat{\boldsymbol{\theta}}_N$ 表示 $\boldsymbol{\theta}$ 的最小二乘估计,则

$$\hat{\boldsymbol{\theta}}_N=(\boldsymbol{\Phi}_N^{\mathrm{T}}\boldsymbol{\Phi}_N)^{-1}\boldsymbol{\Phi}_N^{\mathrm{T}}\boldsymbol{Y}_N \tag{5.3.2}$$

估计误差为

$$\tilde{\boldsymbol{\theta}}_N=\boldsymbol{\theta}-\hat{\boldsymbol{\theta}}_N=-(\boldsymbol{\Phi}_N^{\mathrm{T}}\boldsymbol{\Phi}_N)^{-1}\boldsymbol{\Phi}_N^{\mathrm{T}}\boldsymbol{\xi}_N \tag{5.3.3}$$

估计误差的方差矩阵为

$$\mathrm{Var}\tilde{\boldsymbol{\theta}}=\sigma^2(\boldsymbol{\Phi}_N^{\mathrm{T}}\boldsymbol{\Phi}_N)^{-1}=\sigma^2\boldsymbol{P}_N \tag{5.3.4}$$

式中

$$\boldsymbol{P}_N=(\boldsymbol{\Phi}_N^{\mathrm{T}}\boldsymbol{\Phi}_N)^{-1} \tag{5.3.5}$$

于是

$$\hat{\boldsymbol{\theta}}_N=\boldsymbol{P}_N\boldsymbol{\Phi}_N^{\mathrm{T}}\boldsymbol{Y}_N \tag{5.3.6}$$

如果再获得 1 组新的观测值 $u(n+N+1)$和 $y(n+N+1)$,则又增加 1 个方程

$$y_{N+1}=\boldsymbol{\psi}_{N+1}^{\mathrm{T}}\boldsymbol{\theta}+\xi_{N+1} \tag{5.3.7}$$

式中

$$y_{N+1}=y(n+N+1),\ \xi_{N+1}=\xi(n+N+1)$$

$$\boldsymbol{\psi}_{N+1}^{\mathrm{T}}=[-y(n+N)\quad\cdots\quad -y(N+1)\quad u(n+N+1)\quad\cdots\quad u(N+1)]$$

将式(5.3.1)和式(5.3.7)合并,并写成分块矩阵形式,可得

$$\begin{bmatrix}\boldsymbol{Y}_N\\ \hdashline y_{N+1}\end{bmatrix}=\begin{bmatrix}\boldsymbol{\Phi}_N\\ \hdashline \boldsymbol{\psi}_{N+1}^{\mathrm{T}}\end{bmatrix}\boldsymbol{\theta}+\begin{bmatrix}\boldsymbol{\xi}_N\\ \hdashline \xi_{N+1}\end{bmatrix} \tag{5.3.8}$$

根据上式可得到新的参数估值

$$\hat{\boldsymbol{\theta}}_{N+1}=\left\{\begin{bmatrix}\boldsymbol{\Phi}_N\\ \hdashline \boldsymbol{\psi}_{N+1}^{\mathrm{T}}\end{bmatrix}^{\mathrm{T}}\begin{bmatrix}\boldsymbol{\Phi}_N\\ \hdashline \boldsymbol{\psi}_{N+1}^{\mathrm{T}}\end{bmatrix}\right\}^{-1}\begin{bmatrix}\boldsymbol{\Phi}_N\\ \hdashline \boldsymbol{\psi}_{N+1}^{\mathrm{T}}\end{bmatrix}^{\mathrm{T}}\begin{bmatrix}\boldsymbol{Y}_N\\ \hdashline y_{N+1}\end{bmatrix}=$$

$$\boldsymbol{P}_{N+1}\begin{bmatrix}\boldsymbol{\Phi}_N\\ \hdashline \boldsymbol{\psi}_{N+1}^{\mathrm{T}}\end{bmatrix}^{\mathrm{T}}\begin{bmatrix}\boldsymbol{Y}_N\\ \hdashline y_{N+1}\end{bmatrix}=\boldsymbol{P}_{N+1}(\boldsymbol{\Phi}_N^{\mathrm{T}}\boldsymbol{Y}_N+\boldsymbol{\psi}_{N+1}y_{N+1}) \tag{5.3.9}$$

式中

$$\boldsymbol{P}_{N+1}=\left\{\begin{bmatrix}\boldsymbol{\Phi}_N\\ \hdashline \boldsymbol{\psi}_{N+1}^{\mathrm{T}}\end{bmatrix}^{\mathrm{T}}\begin{bmatrix}\boldsymbol{\Phi}_N\\ \hdashline \boldsymbol{\psi}_{N+1}^{\mathrm{T}}\end{bmatrix}\right\}^{-1}=(\boldsymbol{\Phi}_N^{\mathrm{T}}\boldsymbol{\Phi}_N+\boldsymbol{\psi}_{N+1}\boldsymbol{\psi}_{N+1}^{\mathrm{T}})^{-1}=$$

$$(\boldsymbol{P}_N^{-1}+\boldsymbol{\psi}_{N+1}\boldsymbol{\psi}_{N+1}^{\mathrm{T}})^{-1} \tag{5.3.10}$$

应用矩阵求逆引理,可得 $\boldsymbol{P}_{N+1}$与 $\boldsymbol{P}_N$ 的递推关系式。下面先介绍矩阵求逆引理。

矩阵求逆引理 设 $\boldsymbol{A}$ 为 $n\times n$ 矩阵,$\boldsymbol{B}$ 和 $\boldsymbol{C}$ 为 $n\times m$ 矩阵,并且 $\boldsymbol{A}$,$\boldsymbol{A}+\boldsymbol{B}\boldsymbol{C}^{\mathrm{T}}$ 和 $\boldsymbol{I}+\boldsymbol{C}^{\mathrm{T}}\boldsymbol{A}^{-1}\boldsymbol{B}$ 都是非奇异矩阵,则有矩阵恒等式

$$(\boldsymbol{A}+\boldsymbol{B}\boldsymbol{C}^{\mathrm{T}})^{-1}=\boldsymbol{A}^{-1}-\boldsymbol{A}^{-1}\boldsymbol{B}(\boldsymbol{I}+\boldsymbol{C}^{\mathrm{T}}\boldsymbol{A}^{-1}\boldsymbol{B})^{-1}\boldsymbol{C}^{\mathrm{T}}\boldsymbol{A}^{-1} \tag{5.3.11}$$

设 $\boldsymbol{A}=\boldsymbol{P}_N$,$\boldsymbol{B}=\boldsymbol{\psi}_{N+1}$,$\boldsymbol{C}^{\mathrm{T}}=\boldsymbol{\psi}_{N+1}^{\mathrm{T}}$根据式(5.3.11)则有

$$(\boldsymbol{P}_N^{-1}+\boldsymbol{\psi}_{N+1}\boldsymbol{\psi}_{N+1}^{\mathrm{T}})^{-1}=\boldsymbol{P}_N-\boldsymbol{P}_N\boldsymbol{\psi}_{N+1}(\boldsymbol{I}+\boldsymbol{\psi}_{N+1}^{\mathrm{T}}\boldsymbol{P}_N\boldsymbol{\psi}_{N+1})^{-1}\boldsymbol{\psi}_{N+1}^{\mathrm{T}}\boldsymbol{P}_N \tag{5.3.12}$$

于是得到 $\boldsymbol{P}_{N+1}$和 $\boldsymbol{P}_N$ 的递推关系式

$$\boldsymbol{P}_{N+1}=\boldsymbol{P}_N-\boldsymbol{P}_N\boldsymbol{\psi}_{N+1}(\boldsymbol{I}+\boldsymbol{\psi}_{N+1}^{\mathrm{T}}\boldsymbol{P}_N\boldsymbol{\psi}_{N+1})^{-1}\boldsymbol{\psi}_{N+1}^{\mathrm{T}}\boldsymbol{P}_N \tag{5.3.13}$$

由于 $\boldsymbol{\psi}_{N+1}^{\mathrm{T}}\boldsymbol{P}_N\boldsymbol{\psi}_{N+1}$为标量,因而上式可写为

$$\boldsymbol{P}_{N+1}=\boldsymbol{P}_N-\boldsymbol{P}_N\boldsymbol{\psi}_{N+1}(1+\boldsymbol{\psi}_{N+1}^{\mathrm{T}}\boldsymbol{P}_N\boldsymbol{\psi}_{N+1})^{-1}\boldsymbol{\psi}_{N+1}^{\mathrm{T}}\boldsymbol{P}_N \tag{5.3.14}$$

从上面的推导可以看到,在进行系统参数的估计时,本来需要求$(2n+1)\times(2n+1)$矩阵 $\boldsymbol{P}_N^{-1}+\boldsymbol{\psi}_{N+1}\boldsymbol{\psi}_{N+1}^{\mathrm{T}}$的逆矩阵,运算相当复杂。应用矩阵求逆引理之后,把求$(2n+1)\times(2n+1)$矩阵的逆阵转变为求标量 $1+\boldsymbol{\psi}_{N+1}^{\mathrm{T}}\boldsymbol{P}_N\boldsymbol{\psi}_{N+1}$的倒数,大幅度地减少了计算工作量。同时又得到了 $\boldsymbol{P}_{N+1}$与 $\boldsymbol{P}_N$ 之间的较简单的递推关系式。

由式(5.3.9)和式(5.3.2)得

$$\hat{\boldsymbol{\theta}}_{N+1}=\boldsymbol{P}_{N+1}(\boldsymbol{\Phi}_N^{\mathrm{T}}\boldsymbol{Y}_N+\boldsymbol{\psi}_{N+1}y_{N+1})=\boldsymbol{P}_{N+1}[\boldsymbol{\Phi}_N^{\mathrm{T}}\boldsymbol{\Phi}_N(\boldsymbol{\Phi}_N^{\mathrm{T}}\boldsymbol{\Phi}_N)^{-1}\boldsymbol{\Phi}_N^{\mathrm{T}}\boldsymbol{Y}_N+\boldsymbol{\psi}_{N+1}y_{N+1}]=$$

$$\boldsymbol{P}_{N+1}(\boldsymbol{P}_N^{-1}\hat{\boldsymbol{\theta}}_N+\boldsymbol{\psi}_{N+1}y_{N+1}) \tag{5.3.15}$$

将式(5.3.14)代入上式得

$$\hat{\boldsymbol{\theta}}_{N+1}=[\boldsymbol{P}_N-\boldsymbol{P}_N\boldsymbol{\psi}_{N+1}(1+\boldsymbol{\psi}_{N+1}^{\mathrm{T}}\boldsymbol{P}_N\boldsymbol{\psi}_{N+1})^{-1}\boldsymbol{\psi}_{N+1}^{\mathrm{T}}\boldsymbol{P}_N](\boldsymbol{P}_N^{-1}\hat{\boldsymbol{\theta}}_N+\boldsymbol{\psi}_{N+1}y_{N+1})=$$

$$\hat{\boldsymbol{\theta}}_N-\boldsymbol{P}_N\boldsymbol{\psi}_{N+1}(1+\boldsymbol{\psi}_{N+1}^{\mathrm{T}}\boldsymbol{P}_N\boldsymbol{\psi}_{N+1})^{-1}\boldsymbol{\psi}_{N+1}^{\mathrm{T}}\hat{\boldsymbol{\theta}}_N+\boldsymbol{P}_N\boldsymbol{\psi}_{N+1}y_{N+1}-$$
$$\boldsymbol{P}_N\boldsymbol{\psi}_{N+1}(1+\boldsymbol{\psi}_{N+1}^{\mathrm{T}}\boldsymbol{P}_N\boldsymbol{\psi}_{N+1})^{-1}\boldsymbol{\psi}_{N+1}^{\mathrm{T}}\boldsymbol{P}_N\boldsymbol{\psi}_{N+1}y_{N+1} \tag{5.3.16}$$

上式的最后 2 项为

$$\boldsymbol{P}_N\boldsymbol{\psi}_{N+1}y_{N+1}-\boldsymbol{P}_N\boldsymbol{\psi}_{N+1}(1+\boldsymbol{\psi}_{N+1}^{\mathrm{T}}\boldsymbol{P}_N\boldsymbol{\psi}_{N+1})^{-1}\boldsymbol{\psi}_{N+1}^{\mathrm{T}}\boldsymbol{P}_N\boldsymbol{\psi}_{N+1}y_{N+1}=$$
$$\boldsymbol{P}_N\boldsymbol{\psi}_{N+1}(1+\boldsymbol{\psi}_{N+1}^{\mathrm{T}}\boldsymbol{P}_N\boldsymbol{\psi}_{N+1})^{-1}(1+\boldsymbol{\psi}_{N+1}^{\mathrm{T}}\boldsymbol{P}_N\boldsymbol{\psi}_{N+1})y_{N+1}-$$
$$\boldsymbol{P}_N\boldsymbol{\psi}_{N+1}(1+\boldsymbol{\psi}_{N+1}^{\mathrm{T}}\boldsymbol{P}_N\boldsymbol{\psi}_{N+1})^{-1}\boldsymbol{\psi}_{N+1}^{\mathrm{T}}\boldsymbol{P}_N\boldsymbol{\psi}_{N+1}y_{N+1}=$$
$$\boldsymbol{P}_N\boldsymbol{\psi}_{N+1}(1+\boldsymbol{\psi}_{N+1}^{\mathrm{T}}\boldsymbol{P}_N\boldsymbol{\psi}_{N+1})^{-1}y_{N+1} \tag{5.3.17}$$

则式(5.3.16)又可写为

$$\hat{\boldsymbol{\theta}}_{N+1}=\hat{\boldsymbol{\theta}}_N+\boldsymbol{P}_N\boldsymbol{\psi}_{N+1}(1+\boldsymbol{\psi}_{N+1}^{\mathrm{T}}\boldsymbol{P}_N\boldsymbol{\psi}_{N+1})^{-1}(y_{N+1}-\boldsymbol{\psi}_{N+1}^{\mathrm{T}}\hat{\boldsymbol{\theta}}_N) \tag{5.3.18}$$

由式(5.3.14)和式(5.3.18)可得递推最小二乘法辨识公式

$$\hat{\boldsymbol{\theta}}_{N+1}=\hat{\boldsymbol{\theta}}_N+\boldsymbol{K}_{N+1}(y_{N+1}-\boldsymbol{\psi}_{N+1}^{\mathrm{T}}\hat{\boldsymbol{\theta}}_N) \tag{5.3.19}$$

$$\boldsymbol{K}_{N+1}=\boldsymbol{P}_N\boldsymbol{\psi}_{N+1}(1+\boldsymbol{\psi}_{N+1}^{\mathrm{T}}\boldsymbol{P}_N\boldsymbol{\psi}_{N+1})^{-1} \tag{5.3.20}$$

$$\boldsymbol{P}_{N+1}=\boldsymbol{P}_N-\boldsymbol{P}_N\boldsymbol{\psi}_{N+1}(1+\boldsymbol{\psi}_{N+1}^{\mathrm{T}}\boldsymbol{P}_N\boldsymbol{\psi}_{N+1})^{-1}\boldsymbol{\psi}_{N+1}^{\mathrm{T}}\boldsymbol{P}_N \tag{5.3.21}$$

为了进行递推计算,需要给出 $\boldsymbol{P}_N$ 和 $\hat{\boldsymbol{\theta}}_N$ 的初值 $\boldsymbol{P}_0$ 和 $\hat{\boldsymbol{\theta}}_0$,有 2 种给出初值的办法。

(1)设 $N_0(N_0>n)$为 N 的初始值,则根据式(5.3.2)和式(5.3.5)可算出初值

$$\boldsymbol{P}_{N0}=(\boldsymbol{\Phi}_{N0}^{\mathrm{T}}\boldsymbol{\Phi}_{N0})^{-1},\ \hat{\boldsymbol{\theta}}_{N0}=\boldsymbol{P}_{N0}\boldsymbol{\Phi}_{N0}^{\mathrm{T}}\boldsymbol{Y}_{N0}$$

(2)假定 $\hat{\boldsymbol{\theta}}_0=\boldsymbol{0},\boldsymbol{P}_0=c^2\boldsymbol{I}$,$c$ 是充分大的常数,$\boldsymbol{I}$ 为$(2n+1)\times(2n+1)$单位矩阵,则经过若干次递推之后能得到较好的参数估计。现证明如下:

在得到第 1 次观测数据之后,根据

$$\boldsymbol{P}_{N+1}=(\boldsymbol{P}_N^{-1}+\boldsymbol{\psi}_{N+1}\boldsymbol{\psi}_{N+1}^{\mathrm{T}})^{-1}$$

$$\hat{\boldsymbol{\theta}}_N=\boldsymbol{P}_N\boldsymbol{\Phi}_N^{\mathrm{T}}\boldsymbol{Y}_N$$

可得

$$\boldsymbol{P}_1=(\frac{\boldsymbol{I}}{c^2}+\boldsymbol{\psi}_1\boldsymbol{\psi}_1^{\mathrm{T}})^{-1}$$

$$\hat{\boldsymbol{\theta}}_1=\boldsymbol{P}_1\boldsymbol{\psi}_1^{\mathrm{T}}\boldsymbol{Y}_1=\boldsymbol{P}_1[\boldsymbol{\Phi}_0^{\mathrm{T}}\ \boldsymbol{\psi}_1]\begin{bmatrix}0\\y_1\end{bmatrix}=\boldsymbol{P}_1\boldsymbol{\psi}_1y_1$$

得到第 2 次观测数据之后可得

$$\boldsymbol{P}_2=(\frac{\boldsymbol{I}}{c^2}+\boldsymbol{\psi}_1\boldsymbol{\psi}_1^{\mathrm{T}}+\boldsymbol{\psi}_2\boldsymbol{\psi}_2^{\mathrm{T}})^{-1}$$

$$\hat{\boldsymbol{\theta}}_2 = \boldsymbol{P}_2(\boldsymbol{\psi}_1 y_1 + \boldsymbol{\psi}_2 y_2)$$

得到第 N 次观测数据之后可得

$$\boldsymbol{P}_N = (\frac{\boldsymbol{I}}{c^2} + \boldsymbol{\psi}_1\boldsymbol{\psi}_1^{\mathrm{T}} + \boldsymbol{\psi}_2\boldsymbol{\psi}_2^{\mathrm{T}} + \cdots + \boldsymbol{\psi}_N\boldsymbol{\psi}_N^{\mathrm{T}})^{-1}$$

$$\hat{\boldsymbol{\theta}}_N = \boldsymbol{P}_N(\boldsymbol{\psi}_1 y_1 + \boldsymbol{\psi}_2 y_2 + \cdots + \boldsymbol{\psi}_N y_N)$$

当 c 很大时，有

$$\begin{aligned}\lim_{c\to\infty}\boldsymbol{P}_N = \lim_{c\to\infty}(\frac{\boldsymbol{I}}{c^2} + \boldsymbol{\psi}_1\boldsymbol{\psi}_1^{\mathrm{T}} + \boldsymbol{\psi}_2\boldsymbol{\psi}_2^{\mathrm{T}} + \cdots + \boldsymbol{\psi}_N\boldsymbol{\psi}_N^{\mathrm{T}})^{-1} = \\ (\boldsymbol{\psi}_1\boldsymbol{\psi}_1^{\mathrm{T}} + \boldsymbol{\psi}_2\boldsymbol{\psi}_2^{\mathrm{T}} + \cdots + \boldsymbol{\psi}_N\boldsymbol{\psi}_N^{\mathrm{T}})^{-1} = \\ (\boldsymbol{\Phi}_N^{\mathrm{T}}\boldsymbol{\Phi}_N)^{-1}\end{aligned}$$

$$\lim_{c\to\infty}\hat{\boldsymbol{\theta}}_N = (\boldsymbol{\Phi}_N^{\mathrm{T}}\boldsymbol{\Phi}_N)^{-1}\boldsymbol{\Phi}_N^{\mathrm{T}}\boldsymbol{Y}_N$$

上述二式表明，当 c 充分大时，递推最小二乘法的解与非递推最小二乘法的解相同。

5.4 辅助变量法

现在开始讨论如何克服最小二乘法的有偏估计问题。对于原辨识方程

$$\boldsymbol{y} = \boldsymbol{\Phi}\,\boldsymbol{\theta} + \boldsymbol{\xi} \tag{5.4.1}$$

当 $\xi(k)$ 是不相关随机序列时，最小二乘法可以得到参数向量 $\boldsymbol{\theta}$ 的一致性无偏估计。但是，在实际应用中 $\xi(k)$ 往往是相关随机序列。

假定存在着一个 $(2n+1)\times N$ 的矩阵 $\boldsymbol{Z}$（与 $\boldsymbol{\Phi}$ 同阶数）满足约束条件

$$\begin{cases}\lim\limits_{N\to\infty}\dfrac{1}{N}\boldsymbol{Z}^{\mathrm{T}}\boldsymbol{\xi} = E\{\boldsymbol{Z}^{\mathrm{T}}\boldsymbol{\xi}\} = \boldsymbol{0} \\ \lim\limits_{N\to\infty}\dfrac{1}{N}\boldsymbol{Z}^{\mathrm{T}}\boldsymbol{\Phi} = E\{\boldsymbol{Z}^{\mathrm{T}}\boldsymbol{\Phi}\} = Q\end{cases} \tag{5.4.2}$$

式中 Q 是非奇异的。用 $\boldsymbol{Z}^{\mathrm{T}}$ 乘以式(5.4.1)等号两边得

$$\boldsymbol{Z}^{\mathrm{T}}\boldsymbol{y} = \boldsymbol{Z}^{\mathrm{T}}\boldsymbol{\Phi}\,\boldsymbol{\theta} + \boldsymbol{Z}^{\mathrm{T}}\boldsymbol{\xi} \tag{5.4.3}$$

由上式可得

$$\boldsymbol{\theta} = (\boldsymbol{Z}^{\mathrm{T}}\boldsymbol{\Phi})^{-1}\boldsymbol{Z}^{\mathrm{T}}\boldsymbol{y} - (\boldsymbol{Z}^{\mathrm{T}}\boldsymbol{\Phi})^{-1}\boldsymbol{Z}^{\mathrm{T}}\boldsymbol{\xi} \tag{5.4.4}$$

如果取

$$\hat{\boldsymbol{\theta}}_{\mathrm{IV}} = (\boldsymbol{Z}^{\mathrm{T}}\boldsymbol{\Phi})^{-1}\boldsymbol{Z}^{\mathrm{T}}\boldsymbol{y} \tag{5.4.5}$$

作为 $\boldsymbol{\theta}$ 的估值，则称估值 $\hat{\boldsymbol{\theta}}_{\mathrm{IV}}$ 为辅助变量估值，矩阵 $\boldsymbol{Z}$ 称为辅助变量矩阵，$\boldsymbol{Z}$ 中的元素称为辅助变量。

从式(5.4.5)可以看到，$\hat{\boldsymbol{\theta}}_{\mathrm{IV}}$ 与最小二乘法估值 $\hat{\boldsymbol{\theta}}$ 的计算公式(5.1.18)具有相同的形式，因此计算比较简单。

根据式(5.4.4)和式(5.4.5)可得

$$\hat{\boldsymbol{\theta}}_{\mathrm{IV}} = \boldsymbol{\theta} + (\boldsymbol{Z}^{\mathrm{T}}\boldsymbol{\Phi})^{-1}\boldsymbol{Z}^{\mathrm{T}}\boldsymbol{\xi} \tag{5.4.6}$$

当 N 很大时，对上式等号两边取极限得

$$\lim_{N\to\infty}\hat{\boldsymbol{\theta}}_{\mathrm{IV}} = \boldsymbol{\theta} + \lim_{N\to\infty}(\frac{1}{N}\boldsymbol{Z}^{\mathrm{T}}\boldsymbol{\Phi})^{-1}\cdot\lim_{N\to\infty}(\frac{1}{N}\boldsymbol{Z}^{\mathrm{T}}\boldsymbol{\xi}) \tag{5.4.7}$$

根据式(5.4.2)所假定的约束条件,可得

$$\lim_{N\to\infty}\hat{\boldsymbol{\theta}}_{\mathrm{IV}}=\boldsymbol{\theta} \tag{5.4.8}$$

因此辅助变量法估计是无偏估计。

剩下的问题是如何选择辅助变量,即如何确定辅助变量矩阵 $\boldsymbol{Z}$ 的各个元素。选择辅助变量的基本原则是式(5.4.2)所给出的2个条件必须得到满足。这可以简单地理解为所选择的辅助变量应与 $\xi(k)$不相关,但与 $u(k)$和 $\boldsymbol{\Phi}$ 中的 $y(k)$强烈相关。$\boldsymbol{Z}$ 可以有各种选择方法,下面介绍几种常用的选择方法。

1) 递推辅助变量参数估计法

辅助变量取作 $\hat{y}(k)(k=1,2,\cdots,n+N-1)$,$\hat{y}(k)$是辅助模型

$$\hat{\boldsymbol{y}}=\boldsymbol{Z}\hat{\boldsymbol{\theta}} \tag{5.4.9}$$

的输出向量 $\hat{\boldsymbol{y}}$的元素,辅助变量矩阵 $\boldsymbol{Z}$ 为

$$\boldsymbol{Z}=\begin{bmatrix}\hat{\boldsymbol{\psi}}_1^{\mathrm{T}}\\ \hat{\boldsymbol{\psi}}_2^{\mathrm{T}}\\ \vdots\\ \hat{\boldsymbol{\psi}}_N^{\mathrm{T}}\end{bmatrix}=\begin{bmatrix}-\hat{y}(n) & \cdots & -\hat{y}(1) & u(n+1) & \cdots & u(1)\\ -\hat{y}(n+1) & \cdots & -\hat{y}(2) & u(n+2) & \cdots & u(2)\\ \vdots & & \vdots & \vdots & & \vdots\\ -\hat{y}(n+N-1) & \cdots & -\hat{y}(N) & u(n+N) & \cdots & u(N)\end{bmatrix} \tag{5.4.10}$$

令

$$\boldsymbol{\Phi}=\begin{bmatrix}\boldsymbol{\psi}_1^{\mathrm{T}}\\ \boldsymbol{\psi}_2^{\mathrm{T}}\\ \vdots\\ \boldsymbol{\psi}_N^{\mathrm{T}}\end{bmatrix}=\begin{bmatrix}-y(n) & \cdots & -y(1) & u(n+1) & \cdots & u(1)\\ -y(n+1) & \cdots & -y(2) & u(n+2) & \cdots & u(2)\\ \vdots & & \vdots & \vdots & & \vdots\\ -y(n+N-1) & \cdots & -y(N) & u(n+N) & \cdots & u(N)\end{bmatrix} \tag{5.4.11}$$

则

$$\frac{1}{N}\boldsymbol{Z}^{\mathrm{T}}\boldsymbol{\Phi}=\frac{1}{\boldsymbol{N}}\sum_{k=1}^{N}\hat{\boldsymbol{\psi}}_k\boldsymbol{\psi}_k^{\mathrm{T}}\xrightarrow[N\to\infty]{\mathrm{w.p.1}}E\{\hat{\boldsymbol{\psi}}_k\boldsymbol{\psi}_k^{\mathrm{T}}\} \tag{5.4.12}$$

$$\frac{1}{N}\boldsymbol{Z}^{\mathrm{T}}\boldsymbol{\xi}=\frac{1}{\boldsymbol{N}}\sum_{k=1}^{N}\hat{\boldsymbol{\psi}}_k\xi(n+k)\xrightarrow[N\to\infty]{\mathrm{w.p.1}}E\{\hat{\boldsymbol{\psi}}_k\xi(n+k)\} \tag{5.4.13}$$

当 $u(k)$是持续激励信号时,必有 $E\{\hat{\boldsymbol{\psi}}_k\boldsymbol{\psi}_k^{\mathrm{T}}\}$是非奇异矩阵。又因为 $\hat{y}(k)$只与 $u(k)$有关,即 $\hat{\boldsymbol{\psi}}_k$ 必与噪声无关,故有 $E\{\hat{\boldsymbol{\psi}}_k\xi(n+k)\}=\boldsymbol{0}$,因而满足式(5.4.2)所给出的2个约束条件。

但是,式(5.4.9)中的参数向量 $\hat{\boldsymbol{\theta}}$的元素正是要辨识的参数,而这些参数尚未确定,又如何应用式(5.4.9)来确定辅助变量 $\hat{y}(k)$呢? 可先用最小二乘法求出粗略的 $\hat{\boldsymbol{\theta}}$,再将 $\hat{\boldsymbol{\theta}}$ 代入式(5.4.9),可得 $\hat{y}(k)$。得到 $\hat{y}(k)$后再根据式(5.4.10)构造辅助变量矩阵 $\boldsymbol{Z}$,利用式(5.4.5)求取 $\boldsymbol{\theta}$ 的辅助变量估值 $\hat{\boldsymbol{\theta}}_{\mathrm{IV}}$,然后再将 $\hat{\boldsymbol{\theta}}_{\mathrm{IV}}$代入式(5.4.9) 再次求得 $\hat{y}(k)$。如此循环递推估计辅助变量参数,直到取得满意的辨识结果为止。

2) 自适应滤波法

这种方法所选择的辅助变量 $\hat{y}(k)$和辅助变量矩阵 $\boldsymbol{Z}$ 的形式与上一种方法完全相同,只是辅助模型中参数向量 $\hat{\boldsymbol{\theta}}$的估计方法与上一种方法有所不同。取

$$\hat{\boldsymbol{\theta}}(k)=(1-\alpha)\hat{\boldsymbol{\theta}}(k-1)+\alpha\hat{\boldsymbol{\theta}}(k-d) \tag{5.4.14}$$

式中:α 取0.01~0.1;d 取0~10;$\hat{\boldsymbol{\theta}}(k)$为 k 时刻所得到的参数向量估计值。当 $u(k)$是

持续激励信号时，所选的辅助变量可以满足式(5.4.2)所给出的2个约束条件。

3）纯滞后

辅助变量选为纯滞后环节时，则式(5.4.10)中的 $\hat{y}(k)$ 取作

$$\hat{y}(k)=u(k-n_b) \tag{5.4.15}$$

式中 n_b 为多项式

$$b(z^{-1})=b_0+b_1z^{-1}+\cdots b_{n_b}z^{-n_b} \tag{5.4.16}$$

的阶次。在本章的讨论中取 $n_b=n$，则辅助变量矩阵为

$$\boldsymbol{Z}=\begin{bmatrix}\hat{\boldsymbol{\psi}}_1^{\mathrm{T}}\\ \hat{\boldsymbol{\psi}}_2^{\mathrm{T}}\\ \vdots\\ \hat{\boldsymbol{\psi}}_N^{\mathrm{T}}\end{bmatrix}=\begin{bmatrix}-u(0) & \cdots & -u(1-n) & u(n+1) & \cdots & u(1)\\ -u(1) & \cdots & -u(2-n) & u(n+2) & \cdots & u(2)\\ \vdots & & \vdots & \vdots & & \vdots\\ -u(N-1) & \cdots & -u(N-n) & u(n+N) & \cdots & u(N)\end{bmatrix} \tag{5.4.17}$$

显然，只要输入信号 $u(k)$ 是持续激励的且与噪声 $\xi(k)$ 无关，则辅助变量可满足式(5.4.2)所给出的2个约束条件。

4）塔利（Tally)原理

如果噪声 $\xi(k)$ 可看做模型

$$\xi(k)=c(z^{-1})n(k) \tag{5.4.18}$$

的输出，其中 $n(k)$ 是均值为0的不相关随机噪声，并且

$$c(z^{-1})=1+c_1z^{-1}+\cdots+c_{n_c}z^{-n_c} \tag{5.4.19}$$

则辅助变量取作

$$\hat{y}(k)=y(k-n_c) \tag{5.4.20}$$

相应的辅助变量矩阵为

$$\boldsymbol{Z}=\begin{bmatrix}\hat{\boldsymbol{\psi}}_1^{\mathrm{T}}\\ \hat{\boldsymbol{\psi}}_2^{\mathrm{T}}\\ \vdots\\ \hat{\boldsymbol{\psi}}_N^{\mathrm{T}}\end{bmatrix}=\begin{bmatrix}-y(n-n_c) & \cdots & -y(1-n_c) & u(n+1) & \cdots & u(1)\\ -y(n-n_c+1) & \cdots & -y(2-n_c) & u(n+2) & \cdots & u(2)\\ \vdots & & \vdots & \vdots & & \vdots\\ -y(n-n_c+N-1) & \cdots & -y(N-n_c) & u(n+N) & \cdots & u(N)\end{bmatrix} \tag{5.4.21}$$

显然，若 $u(k)$ 是持续激励的，则式(5.4.2)中的约束条件

$$\lim_{N\to\infty}\frac{1}{N}\boldsymbol{Z}^{\mathrm{T}}\boldsymbol{\Phi}=E\{\boldsymbol{Z}^{\mathrm{T}}\boldsymbol{\Phi}\}=\boldsymbol{Q} \tag{5.4.22}$$

即可满足。又由于辅入信号 $u(k)$ 与噪声 $\xi(k)$ 无关，故有

$$E\{u(k-i)\xi(k)\}=0, i=0,1,\cdots,n \tag{5.4.23}$$

以及

$$\begin{aligned}E\{y(k-n_c-i)\xi(k)\}&=E\{y(k-n_c-i)c(z^{-1})n(k)\}=\\ E\{y(k-n_c-i)n(k)\}&+c_1E\{y(k-n_c-i)n(k-1)\}+\cdots+\\ c_{n_c}E\{y(k-n_c-i)&n(k-n_c)\}=0, i=1,2,\cdots,n\end{aligned} \tag{5.4.24}$$

因而

$$E\{\hat{\boldsymbol{\psi}}_k^{\mathrm{T}}\xi(n+k)\}=0 \tag{5.4.25}$$

式(5.4.2)中的约束条件

$$\lim_{N\to\infty}\frac{1}{N}\boldsymbol{Z}^{\mathrm{T}}\boldsymbol{\xi}=E\{\boldsymbol{Z}^{\mathrm{T}}\boldsymbol{\xi}\}=\boldsymbol{0}$$

亦可满足。

5.5 递推辅助变量法

从5.4节的讨论中知道，基于输出值 $y(1),y(2),\cdots,y(n+N)$和输入值 $u(1),u(2),\cdots,u(n+N)$及辅助变量 $\hat{y}(1),\hat{y}(2),\cdots,\hat{y}(n+N)$可得到 $\boldsymbol{\theta}$ 的辅助变量法估计

$$\hat{\boldsymbol{\theta}}_N=(\boldsymbol{Z}_N^{\mathrm{T}}\boldsymbol{\Phi}_N)^{-1}\boldsymbol{Z}_N^{\mathrm{T}}\boldsymbol{Y}_N \tag{5.5.1}$$

为了建立递推关系，我们继续给出新的输入量、输出量和辅助变量 $u(n+N+1)$，$y(n+N+1)$及 $\hat{y}(n+N+1)$，并且设

$$y_{N+1}=y(n+N+1)$$

$$\boldsymbol{P}_N=(\boldsymbol{Z}_N^{\mathrm{T}}\boldsymbol{\Phi}_N)^{-1}$$

$$\boldsymbol{\psi}_{N+1}^{\mathrm{T}}=[-y(n+N)\cdots-y(N+1)\quad u(n+N+1)\cdots u(N+1)]$$

$$\boldsymbol{z}_{N+1}^{\mathrm{T}}=[-\hat{y}(n+N)\cdots-\hat{y}(N+1)\quad u(n+N+1)\cdots u(N+1)]$$

则有

$$\boldsymbol{P}_{N+1}=\left\{\begin{bmatrix}\boldsymbol{Z}_N\\ \boldsymbol{z}_{N+1}^{\mathrm{T}}\end{bmatrix}^{\mathrm{T}}\begin{bmatrix}\boldsymbol{\Phi}_N\\ \boldsymbol{\psi}_{N+1}^{\mathrm{T}}\end{bmatrix}\right\}^{-1}=(\boldsymbol{P}_N^{-1}+\boldsymbol{z}_{N+1}\boldsymbol{\psi}_{N+1}^{\mathrm{T}})^{-1} \tag{5.5.2}$$

按5.3节递推最小二乘法公式的推导方法可得到递推辅助变量法计算公式

$$\hat{\boldsymbol{\theta}}_{N+1}=\hat{\boldsymbol{\theta}}_N+\boldsymbol{K}_{N+1}(y_{N+1}-\boldsymbol{\psi}_{N+1}^{\mathrm{T}}\hat{\boldsymbol{\theta}}_N) \tag{5.5.3}$$

$$\boldsymbol{P}_{N+1}=\boldsymbol{P}_N-\boldsymbol{K}_{N+1}\boldsymbol{\psi}_{N+1}^{\mathrm{T}}\boldsymbol{P}_N \tag{5.5.4}$$

$$\boldsymbol{K}_{N+1}=\boldsymbol{P}_N\boldsymbol{z}_{N+1}(1+\boldsymbol{\psi}_{N+1}^{\mathrm{T}}\boldsymbol{P}_N\boldsymbol{z}_{N+1})^{-1} \tag{5.5.5}$$

初始条件可选 $\hat{\boldsymbol{\theta}}_0=\boldsymbol{0}$，$\boldsymbol{P}_0=c^2\boldsymbol{I}$，$c$ 是充分大的数，$\boldsymbol{I}$ 为$(2n+1)\times(2n+1)$单位矩阵。

递推辅助变量法的缺点是对初始值 $\boldsymbol{P}_0$ 的选取比较敏感，最好在前50个～100个采样点用递推最小二乘法，然后转换到辅助变量法。

5.6 广义最小二乘法

本节中讨论能克服最小二乘法有偏估计的另一种方法——广义最小二乘法。这种方法计算比较复杂，但效果比较好。

设系统的差分方程为

$$a(z^{-1})y(k)=b(z^{-1})u(k)+\xi(k) \tag{5.6.1}$$

式中

$$a(z^{-1})=1+a_1z^{-1}+\cdots+a_nz^{-n}$$

$$b(z^{-1})=b_0+b_1z^{-1}+\cdots+b_nz^{-n}$$

如果知道有色噪声序列 $\xi(k)$的相关性，那么可以把随机序列 $\xi(k)$表示成白噪声通过线性系统后所得的结果。设线性系统的输入为白噪声 $\varepsilon(k)$，输出为有色噪声 $\xi(k)$，这

种线性系统通常称为形成滤波器。设形成滤波器的差分方程为

$$\bar{c}(z^{-1})\xi(k)=\bar{d}(z^{-1})\varepsilon(k) \tag{5.6.2}$$

式中:$\varepsilon(k)$是均值为 0 的白噪声序列;$\bar{c}(z^{-1})$和 $\bar{d}(z^{-1})$是 z^{-1}的多项式。$\xi(k)$可表示为

$$\frac{\bar{c}(z^{-1})}{\bar{d}(z^{-1})}\xi(k)=f(z^{-1})\xi(k)=\varepsilon(k) \tag{5.6.3}$$

或

$$\xi(k)=\frac{1}{f(z^{-1})}\varepsilon(k) \tag{5.6.4}$$

式中 $f(z^{-1})$是 z^{-1}的多项式,即

$$f(z^{-1})=1+f_1z^{-1}+\cdots+f_mz^{-m} \tag{5.6.5}$$

把上式代入式(5.6.3)得

$$(1+f_1z^{-1}+\cdots+f_mz^{-m})\xi(k)=\varepsilon(k) \tag{5.6.6}$$

或

$$\xi(k)=-f_1\xi(k-1)-\cdots-f_m\xi(k-m)+\varepsilon(k),k=n,n+1,\cdots,n+N \tag{5.6.7}$$

可把上述方程看做输入为 0 的差分方程,并且根据方程式(5.6.7)可写出 N 个方程,即

$$\begin{aligned}
\xi(n+1)&=-f_1\xi(n)-\cdots-f_m\xi(n+1-m)+\varepsilon(n+1)\\
\xi(n+2)&=-f_1\xi(n+1)-\cdots-f_m\xi(n+2-m)+\varepsilon(n+2)\\
&\vdots\\
\xi(n+N)&=-f_1\xi(n+N-1)-\cdots-f_m\xi(n+N-m)+\varepsilon(n+N)
\end{aligned}$$

把上述 N 个方程可写成向量–矩阵形式

$$\boldsymbol{\xi}=\boldsymbol{\Omega f}+\boldsymbol{\varepsilon} \tag{5.6.8}$$

式中

$$\begin{cases}\boldsymbol{\xi}=[\xi(n+1)\quad \xi(n+2)\quad \cdots\quad \xi(n+N)]^{\mathrm{T}}\\ \boldsymbol{f}=[f_1\quad f_2\quad \cdots\quad f_m]^{\mathrm{T}}\\ \boldsymbol{\varepsilon}=[\varepsilon(n+1)\quad \varepsilon(n+2)\quad \cdots\quad \varepsilon(n+N)]^{\mathrm{T}}\end{cases} \tag{5.6.9}$$

$$\boldsymbol{\Omega}=\begin{bmatrix}-\xi(n) & -\xi(n-1) & \cdots & -\xi(n+1-m)\\ -\xi(n+1) & -\xi(n) & \cdots & -\xi(n+2-m)\\ \vdots & \vdots & & \vdots\\ -\xi(n+N-1) & -\xi(n+N-2) & \cdots & -\xi(n+N-m)\end{bmatrix} \tag{5.6.10}$$

应用最小二乘法可求出 $\boldsymbol{f}$ 的估值为

$$\hat{\boldsymbol{f}}=(\boldsymbol{\Omega}^{\mathrm{T}}\boldsymbol{\Omega})^{-1}\boldsymbol{\Omega}^{\mathrm{T}}\boldsymbol{\xi} \tag{5.6.11}$$

由于式(5.6.11)中向量 $\boldsymbol{\xi}$ 和矩阵 $\boldsymbol{\Omega}$ 的元素 $\xi(k)$是无法直接测量的,在辨识参数向量 $\boldsymbol{f}$ 时只能用残差 $e(k)$代替 $\xi(k)$,残差 $e(k)$满足方程

$$e(k)=\hat{a}(z^{-1})y(k)-\hat{b}(z^{-1})u(k) \tag{5.6.12}$$

把式(5.6.4)代入式(5.6.1)得

$$a(z^{-1})y(k)=b(z^{-1})u(k)+\frac{1}{f(z^{-1})}\varepsilon(k) \tag{5.6.13}$$

上式可写为

$$a(z^{-1})f(z^{-1})y(k)=b(z^{-1})f(z^{-1})u(k)+\varepsilon(k) \tag{5.6.14}$$

令

$$f(z^{-1})y(k)=y(k)+f_1y(k-1)+\cdots+f_my(k-m)=\bar{y}(k) \tag{5.6.15}$$

$$f(z^{-1})u(k)=u(k)+f_1u(k-1)+\cdots+f_my(k-m)=\bar{u}(k) \tag{5.6.16}$$

则有

$$a(z^{-1})\bar{y}(k)=b(z^{-1})\bar{u}(k)+\varepsilon(k) \tag{5.6.17}$$

即

$$\bar{y}(k)=-a_1\bar{y}(k-1)-\cdots-a_n\bar{y}(k-n)+b_0\bar{u}(k)+\cdots+b_n\bar{u}(k-n)+\varepsilon(k) \tag{5.6.18}$$

在式(5.6.17)或式(5.6.18)中,$\varepsilon(k)$为不相关随机序列,故可用最小二乘法得到参数 $a_1,a_2,\cdots,a_n,b_0,b_1,\cdots,b_n$ 的一致无偏估计。但是,由于进行参数估计时又需要将这些未知量作为已知量去进行计算,只有采用迭代方法求解,因此广义最小二乘法是建立在最小二乘法基础上的一种迭代算法。

广义最小二乘法的计算步骤如下:

(1)应用得到的输入和输出数据 $u(k)$和 $y(k)$($k=1,2,\cdots,n+N$),按模型

$$a(z^{-1})y(k)=b(z^{-1})u(k)+\xi(k)$$

求出 $\boldsymbol{\theta}$ 的最小二乘估计

$$\hat{\boldsymbol{\theta}}^{(1)}=[\hat{a}_1^{(1)} \quad \cdots \quad \hat{a}_n^{(1)} \quad \hat{b}_0^{(1)} \quad \cdots \quad \hat{b}_n^{(1)}]^{\mathrm{T}}$$

(2)计算残差 $e^{(1)}(k)$

$$e^{(1)}(k)=\hat{a}^{(1)}(z^{-1})y(k)-\hat{b}^{(1)}(z^{-1})u(k)$$

或

$$\begin{aligned}e^{(1)}(k)=&y(k)+\hat{a}_1^{(1)}y(k-1)+\cdots+\hat{a}_n^{(1)}y(k-n)-\\&\hat{b}_0^{(1)}u(k)-\cdots-\hat{b}_n^{(1)}u(k-n),k=n,n+1,\cdots,n+N\end{aligned}$$

(3)用残差 $e^{(1)}(k)$代替 $\xi(k)$,利用式(5.6.11)计算 $\boldsymbol{f}$ 的估值

$$\hat{\boldsymbol{f}}^{(1)}=[(\boldsymbol{\Omega}^{(1)})^{\mathrm{T}}\boldsymbol{\Omega}^{(1)}]^{-1}(\boldsymbol{\Omega}^{(1)})^{\mathrm{T}}\boldsymbol{e}^{(1)}$$

式中

$$\hat{\boldsymbol{f}}^{(1)}=\begin{bmatrix}\hat{f}_1^{(1)}\\ \hat{f}_2^{(1)}\\ \vdots\\ \hat{f}_m^{(1)}\end{bmatrix},\boldsymbol{e}^{(1)}=\begin{bmatrix}e^{(1)}(n+1)\\ e^{(1)}(n+2)\\ \vdots\\ e^{(1)}(n+N)\end{bmatrix}$$

$$\boldsymbol{\Omega}^{(1)}=\begin{bmatrix}-e^{(1)}(n) & -e^{(1)}(n-1) & \cdots & -e^{(1)}(n-m+1)\\ -e^{(1)}(n+1) & -e^{(1)}(n) & \cdots & -e^{(1)}(n-m+2)\\ \vdots & \vdots & & \vdots\\ -e^{(1)}(n+N-1) & -e^{(1)}(n+N-2) & \cdots & -e^{(1)}(n+N-m)\end{bmatrix}$$

在实际计算时,即使 $f(z^{-1})$的阶数选得低一些,也能得到较好的结果。

(4)计算 $\bar{y}^{(1)}(k)$和 $\bar{u}^{(1)}(k)$

$$\bar{y}^{(1)}(k)=y(k)+\hat{f}_1^{(1)}y(k-1)+\cdots+\hat{f}_m^{(1)}y(k-m)$$

$$\bar{u}^{(1)}(k)=u(k)+\hat{f}_1^{(1)}u(k-1)+\cdots+\hat{f}_m^{(1)}u(k-m)$$

(5)应用得到的 $\bar{y}^{(1)}(k)$和 $\bar{u}^{(1)}(k)$,按模型

$$a(z^{-1})\bar{y}^{(1)}(k)=b(z^{-1})\bar{u}^{(1)}(k)+\varepsilon(k)$$

用最小二乘法重新估计 $\boldsymbol{\theta}$,得到 $\boldsymbol{\theta}$ 的第 2 次估值 $\hat{\boldsymbol{\theta}}^{(2)}$。然后按步骤(2)计算残差 $e^{(2)}(k)$,按步骤(3)重新估计 $\boldsymbol{f}$,得到估值 $\hat{\boldsymbol{f}}^{(2)}$。再按步骤(4)计算 $\bar{y}^{(2)}(k)$ 和 $\bar{u}^{(2)}(k)$,按步骤(5)求 $\boldsymbol{\theta}$ 的第 3 次估值 $\hat{\boldsymbol{\theta}}^{(3)}$。重复上述循环步骤,直到 $\boldsymbol{\theta}$ 的估值 $\hat{\boldsymbol{\theta}}^{(i)}$ 收敛为止。上述循环的收敛性可用下式判断,即

$$\lim_{i\to\infty}\hat{f}^{(i)}(z^{-1})=1 \tag{5.6.19}$$

即当 i 比较大时,如果 $\hat{f}^{(i)}(z^{-1})$ 近似为 1,则意味着已把残差 $e(k)$ 白噪声化了,数据不需要继续滤波了,这时得到的估值与上一循环相同。这就是说,经过 i 次循环,计算结果就收敛了,估值 $\hat{\boldsymbol{\theta}}^{(i)}$ 就是参数向量 $\boldsymbol{\theta}$ 的一个良好估计。

广义最小二乘法的优点是估计的效果比较好,缺点是计算比较麻烦。另外,对于循环的收敛性还没有给出证明,并非总是收敛于最优估值上。这一方法在实际中得到了较好的利用。

例 5.4 设单输入-单输出系统

$$y(k)=-a_1y(k-1)-a_2y(k-2)+b_1u(k-1)+\xi(k)$$

的真值 $\boldsymbol{\theta}=[a_1\quad a_2\quad b_1]^{\mathrm{T}}=[-0.5\quad 0.5\quad 1.0]^{\mathrm{T}}$,输入 $u(k)$ 是具有零均值和单位方差的独立高斯随机变量序列。$\xi(k)$ 的形成滤波器模型为

$$f(z^{-1})\xi(k)=(1.0+0.85z^{-1})\xi(k)=\varepsilon(k)$$

则 $f_0=1.0, f_1=0.85$。选取较大的 f_1 是为了使残差强烈相关。$\varepsilon(k)$ 是具有方差 $\sigma^2=0.64$ 的零均值白噪声过程。

为了辨识参数向量 $\boldsymbol{\theta}$,利用了 $N=300$ 的输入和输出数据,用广义最小二乘法进行迭代计算,每次迭代计算都算出残差的方差 $\hat{\sigma}^2=\boldsymbol{e}^{\mathrm{T}}\boldsymbol{e}/N$,计算结果绘于图 5.1。图中折线表明,本例在 5 次迭代后收敛。第 1 次计算用最小二乘法,$\hat{\sigma}^2=1.6$,这表明最小二乘法估计是强烈有偏的。

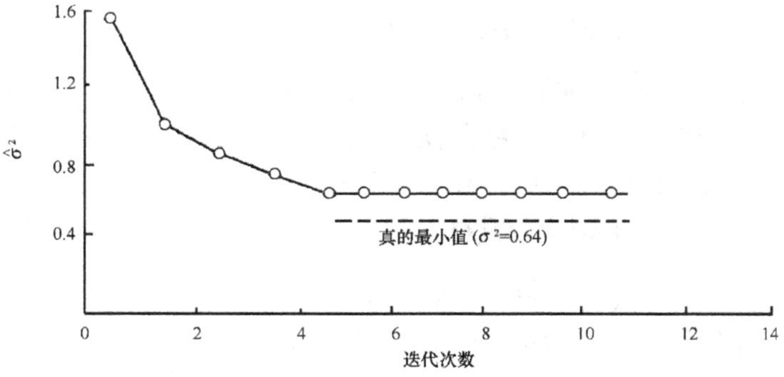

图 5.1 广义最小二乘法估计结果

广义最小二乘法是一种迭代方法。求差分方程式(5.6.14)的参数估计是一个求非线性最小值的问题,因而不一定总能保证算法对最优解的收敛性。这种形式的典型问题是

在最小二乘指标函数 J 中可能存在 1 个以上的局部极小值。为了获得较好的计算结果，参数估计的初值应尽量选得接近最优参数估值。在没有验前信息的情况下，最小二乘估值被认为是最好的初始条件。J 的峰值受到系统中噪声水平的强烈影响。当信噪比足够大时，J 具有惟一的最小值，该算法往往收敛于真实参数值。当信噪比不够大时，J 可能是多峰的，该算法的估计结果往往取决于所选取的参数初值。

广义最小二乘法的收敛是比较缓慢的，为了得到准确的参数估值，往往需要进行多次迭代计算。

为了进行在线辨识，可采用递推广义最小二乘法。

广义最小二乘法的递推计算过程可分为两部分：

(1)按递推最小二乘法随着 N 的增大不断计算 $\hat{\boldsymbol{\theta}}_N$ 和 $\hat{\boldsymbol{f}}_N$；

(2)在递推过程中，$\hat{\boldsymbol{\theta}}_N$ 和 $\hat{\boldsymbol{f}}_N$ 是变化的，因而过滤信号 $\bar{u}(k)$，$\bar{y}(k)$ 和残差 $e(k)$ 也在变化，所以要不断计算 $\bar{u}(k)$，$\bar{y}(k)$ 和 $e(k)$。

由式(5.6.17)或式(5.6.18)可给出

$$\bar{\boldsymbol{Y}}_N = \bar{\boldsymbol{\Phi}}_N \boldsymbol{\theta}_N + \boldsymbol{\varepsilon}_N \tag{5.6.20}$$

式中

$$\bar{\boldsymbol{Y}}_N = [\bar{y}(n+1) \quad \bar{y}(n+2) \quad \cdots \quad \bar{y}(n+N)]^{\mathrm{T}}$$

$$\boldsymbol{\theta}_N = [a_1 \quad \cdots \quad a_n \quad b_0 \quad \cdots \quad b_n]^{\mathrm{T}}$$

$$\bar{\boldsymbol{\Phi}}_N = \begin{bmatrix} -\bar{y}(n) & \cdots & -\bar{y}(1) & \bar{u}(n+1) & \cdots & \bar{u}(1) \\ -\bar{y}(n+1) & \cdots & -\bar{y}(2) & \bar{u}(n+2) & \cdots & \bar{u}(2) \\ \vdots & & \vdots & \vdots & & \vdots \\ -\bar{y}(n+N-1) & \cdots & -\bar{y}(N) & \bar{u}(n+N) & \cdots & \bar{u}(N) \end{bmatrix}$$

参照递推最小二乘法公式，可得

$$\hat{\boldsymbol{\theta}}_{N+1} = \hat{\boldsymbol{\theta}}_N + \boldsymbol{K}_{N+1}^{(1)}(\bar{y}_{N+1} - \bar{\boldsymbol{\psi}}_{N+1}^{\mathrm{T}} \hat{\boldsymbol{\theta}}_N) \tag{5.6.21}$$

$$\boldsymbol{P}_{N+1}^{(1)} = \boldsymbol{P}_N^{(1)} - \boldsymbol{K}_{N+1}^{(1)} \bar{\boldsymbol{\psi}}_{N+1}^{\mathrm{T}} \boldsymbol{P}_N^{(1)} \tag{5.6.22}$$

$$\boldsymbol{K}_{N+1}^{(1)} = \boldsymbol{P}_N^{(1)} \bar{\boldsymbol{\psi}}_{N+1} (1 + \bar{\boldsymbol{\psi}}_{N+1}^{\mathrm{T}} \boldsymbol{P}_N^{(1)} \bar{\boldsymbol{\psi}}_{N+1})^{-1} \tag{5.6.23}$$

$$\boldsymbol{P}_N^{(1)} = (\bar{\boldsymbol{\Phi}}_N^{\mathrm{T}} \bar{\boldsymbol{\Phi}}_N)^{-1} \tag{5.6.24}$$

$$\hat{\boldsymbol{f}}_{N+1} = \hat{\boldsymbol{f}}_N + \boldsymbol{K}_{N+1}^{(2)}(e_{N+1} - \boldsymbol{\omega}_{N+1}^{\mathrm{T}} \hat{\boldsymbol{f}}_N) \tag{5.6.25}$$

$$\boldsymbol{P}_{N+1}^{(2)} = \boldsymbol{P}_N^{(2)} - \boldsymbol{K}_{N+1}^{(2)} \boldsymbol{\omega}_{N+1}^{\mathrm{T}} \boldsymbol{P}_N^{(2)} \tag{5.6.26}$$

$$\boldsymbol{K}_{N+1}^{(2)} = \boldsymbol{P}_N^{(2)} \boldsymbol{\omega}_{N+1} (1 + \boldsymbol{\omega}_{N+1}^{\mathrm{T}} \boldsymbol{P}_N^{(2)} \boldsymbol{\omega}_{N+1})^{-1} \tag{5.6.27}$$

$$\boldsymbol{P}_N^{(2)} = (\boldsymbol{\Omega}_N^{\mathrm{T}} \boldsymbol{\Omega}_N)^{-1} \tag{5.6.28}$$

式中

$$\bar{y}_{N+1} = \bar{y}(n+N+1)$$

$$e(k) = \hat{a}(z^{-1}) y(k) - \hat{b}(z^{-1}) u(k)$$

$$\boldsymbol{\omega}_{N+1}^{\mathrm{T}} = [-e(n+N) \quad \cdots \quad -e(n+N-m+1)]$$

$$e_{N+1} = e(n+N+1)$$

$$\boldsymbol{\Omega}_N = \begin{bmatrix} -e(n) & -e(n-1) & \cdots & -e(n-m+1) \\ -e(n+1) & -e(n) & \cdots & -e(n-m+2) \\ \vdots & \vdots & & \vdots \\ -e(n+N-1) & -e(n+N-2) & \cdots & -e(n+N-m) \end{bmatrix}$$

$$\bar{\boldsymbol{\psi}}_{N+1}^{\mathrm{T}}=[-\bar{y}(n+N) \quad \cdots \quad -\bar{y}(N+1) \quad \bar{u}(n+N+1) \quad \cdots \quad \bar{u}(N+1)]$$

其中

$$\bar{y}(k)=\hat{f}(z^{-1})y(k)$$

$$\bar{u}(k)=\hat{f}(z^{-1})u(k)$$

$\hat{f}(z^{-1})$，$\hat{a}(z^{-1})$和 $\hat{b}(z^{-1})$表示这些多项式中的系数用相应的估值来代替。

递推广义最小二乘法有较好的计算效果。对于最小二乘法，递推计算与离线计算结果完全一样，而对广义最小二乘法，递推计算与离线计算结果不完全一样。

5.7 一种交替的广义最小二乘法求解技术(夏氏法)

这种方法是夏天长(T. C. Hsia)提出来的，又称夏氏法。5.6 节所讨论的广义最小二乘法的特点在于系统的输入和输出信号反复过滤。这一节所介绍的夏氏法是一种交替的广义最小二乘法求解技术，它不需要数据反复过滤，因而计算效率较高。这种方法可消去最小二乘估计中的偏差，而且由这种方法所导出的计算方法也比较简单。

根据式(5.1.8)和式(5.6.8)有

$$\begin{cases}\boldsymbol{y}=\boldsymbol{\Phi}\,\boldsymbol{\theta}+\boldsymbol{\xi}\\ \boldsymbol{\xi}=\boldsymbol{\Omega}\,\boldsymbol{f}+\boldsymbol{\varepsilon}\end{cases} \tag{5.7.1}$$

因而有

$$\boldsymbol{y}=\boldsymbol{\Phi}\,\boldsymbol{\theta}+\boldsymbol{\Omega}\,\boldsymbol{f}+\boldsymbol{\varepsilon}=[\boldsymbol{\Phi}\quad\boldsymbol{\Omega}]\begin{bmatrix}\boldsymbol{\theta}\\ \boldsymbol{f}\end{bmatrix}+\boldsymbol{\varepsilon} \tag{5.7.2}$$

应用最小二乘法可得参数估值

$$\begin{bmatrix}\hat{\boldsymbol{\theta}}\\ \hat{\boldsymbol{f}}\end{bmatrix}=\left\{\begin{bmatrix}\boldsymbol{\Phi}^{\mathrm{T}}\\ \boldsymbol{\Omega}^{\mathrm{T}}\end{bmatrix}[\boldsymbol{\Phi}\quad\boldsymbol{\Omega}]\right\}^{-1}\begin{bmatrix}\boldsymbol{\Phi}^{\mathrm{T}}\\ \boldsymbol{\Omega}^{\mathrm{T}}\end{bmatrix}\boldsymbol{y}=\begin{bmatrix}\boldsymbol{\Phi}^{\mathrm{T}}\boldsymbol{\Phi} & \boldsymbol{\Phi}^{\mathrm{T}}\boldsymbol{\Omega}\\ \boldsymbol{\Omega}^{\mathrm{T}}\boldsymbol{\Phi} & \boldsymbol{\Omega}^{\mathrm{T}}\boldsymbol{\Omega}\end{bmatrix}^{-1}\begin{bmatrix}\boldsymbol{\Phi}^{\mathrm{T}}\boldsymbol{y}\\ \boldsymbol{\Omega}^{\mathrm{T}}\boldsymbol{y}\end{bmatrix} \tag{5.7.3}$$

下面求式(5.7.3)中的逆矩阵。对于分块矩阵有如下的求逆恒等式 。

设 $\boldsymbol{R}$ 是一个 $n\times n$ 非奇异分块矩阵，且

$$\boldsymbol{R}=\begin{bmatrix}\boldsymbol{E} & \boldsymbol{F}\\ \boldsymbol{G} & \boldsymbol{H}\end{bmatrix} \tag{5.7.4}$$

式中：$\boldsymbol{E}$ 为 $n_1\times n_1$ 矩阵；$\boldsymbol{F}$ 为 $n_1\times n_2$ 矩阵；$\boldsymbol{G}$ 为 $n_2\times n_1$ 矩阵；$\boldsymbol{H}$ 为 $n_2\times n_2$ 矩阵；$n_1+n_2=n$。假定 $\boldsymbol{E}$ 和 $\boldsymbol{D}=\boldsymbol{H}-\boldsymbol{G}\boldsymbol{E}^{-1}\boldsymbol{F}$ 是非奇异的，则有

$$\boldsymbol{R}^{-1}=\begin{bmatrix}\boldsymbol{E}^{-1}(\boldsymbol{I}+\boldsymbol{F}\boldsymbol{D}^{-1}\boldsymbol{G}\boldsymbol{E}^{-1}) & -\boldsymbol{E}^{-1}\boldsymbol{F}\boldsymbol{D}^{-1}\\ -\boldsymbol{D}^{-1}\boldsymbol{G}\boldsymbol{E}^{-1} & \boldsymbol{D}^{-1}\end{bmatrix} \tag{5.7.5}$$

令

$$\boldsymbol{E}=\boldsymbol{\Phi}^{\mathrm{T}}\boldsymbol{\Phi},\ \boldsymbol{F}=\boldsymbol{\Phi}^{\mathrm{T}}\boldsymbol{\Omega},\ \boldsymbol{G}=\boldsymbol{\Omega}^{\mathrm{T}}\boldsymbol{\Phi},\ \boldsymbol{H}=\boldsymbol{\Omega}^{\mathrm{T}}\boldsymbol{\Omega}$$

则有

$$\boldsymbol{D}=\boldsymbol{\Omega}^{\mathrm{T}}\boldsymbol{\Omega}-\boldsymbol{\Omega}^{\mathrm{T}}\boldsymbol{\Phi}(\boldsymbol{\Phi}^{\mathrm{T}}\boldsymbol{\Phi})^{-1}\boldsymbol{\Phi}^{\mathrm{T}}\boldsymbol{\Omega}=\boldsymbol{\Omega}^{\mathrm{T}}[\boldsymbol{I}-\boldsymbol{\Phi}(\boldsymbol{\Phi}^{\mathrm{T}}\boldsymbol{\Phi})^{-1}\boldsymbol{\Phi}^{\mathrm{T}}]\boldsymbol{\Omega}=\boldsymbol{\Omega}^{\mathrm{T}}\boldsymbol{M}\boldsymbol{\Omega} \tag{5.7.6}$$

式中

$$\boldsymbol{M}=\boldsymbol{I}-\boldsymbol{\Phi}(\boldsymbol{\Phi}^{\mathrm{T}}\boldsymbol{\Phi})^{-1}\boldsymbol{\Phi}^{\mathrm{T}} \tag{5.7.7}$$

因而利用式(5.7.5)，由式(5.7.3)可得

$$\begin{bmatrix}\hat{\boldsymbol{\theta}}\\ \hat{\boldsymbol{f}}\end{bmatrix}=\begin{bmatrix}(\boldsymbol{\Phi}^{\mathrm{T}}\boldsymbol{\Phi})^{-1}[\boldsymbol{I}+\boldsymbol{\Phi}^{\mathrm{T}}\boldsymbol{\Omega}\boldsymbol{D}^{-1}\boldsymbol{\Omega}^{\mathrm{T}}\boldsymbol{\Phi}(\boldsymbol{\Phi}^{\mathrm{T}}\boldsymbol{\Phi})^{-1}] & -(\boldsymbol{\Phi}^{\mathrm{T}}\boldsymbol{\Phi})^{-1}\boldsymbol{\Phi}^{\mathrm{T}}\boldsymbol{\Omega}\boldsymbol{D}^{-1}\\ -\boldsymbol{D}^{-1}\boldsymbol{\Omega}^{\mathrm{T}}\boldsymbol{\Phi}(\boldsymbol{\Phi}^{\mathrm{T}}\boldsymbol{\Phi})^{-1} & \boldsymbol{D}^{-1}\end{bmatrix}\begin{bmatrix}\boldsymbol{\Phi}^{\mathrm{T}}\boldsymbol{y}\\ \boldsymbol{\Omega}^{\mathrm{T}}\boldsymbol{y}\end{bmatrix} \tag{5.7.8}$$

由上式可得

$$\begin{aligned}\hat{\boldsymbol{\theta}}=&(\boldsymbol{\Phi}^{\mathrm{T}}\boldsymbol{\Phi})^{-1}\boldsymbol{\Phi}^{\mathrm{T}}\boldsymbol{y}+(\boldsymbol{\Phi}^{\mathrm{T}}\boldsymbol{\Phi})^{-1}\boldsymbol{\Phi}^{\mathrm{T}}\boldsymbol{\Omega}\boldsymbol{D}^{-1}\boldsymbol{\Omega}^{\mathrm{T}}\boldsymbol{\Phi}(\boldsymbol{\Phi}^{\mathrm{T}}\boldsymbol{\Phi})^{-1}\boldsymbol{\Phi}^{\mathrm{T}}\boldsymbol{y}-\\&(\boldsymbol{\Phi}^{\mathrm{T}}\boldsymbol{\Phi})^{-1}\boldsymbol{\Phi}^{\mathrm{T}}\boldsymbol{\Omega}\boldsymbol{D}^{-1}\boldsymbol{\Omega}^{\mathrm{T}}\boldsymbol{y}=\\&(\boldsymbol{\Phi}^{\mathrm{T}}\boldsymbol{\Phi})^{-1}\boldsymbol{\Phi}^{\mathrm{T}}\boldsymbol{y}-(\boldsymbol{\Phi}^{\mathrm{T}}\boldsymbol{\Phi})^{-1}\boldsymbol{\Phi}^{\mathrm{T}}\boldsymbol{\Omega}\boldsymbol{D}^{-1}\boldsymbol{\Omega}^{\mathrm{T}}[\boldsymbol{I}-\boldsymbol{\Phi}(\boldsymbol{\Phi}^{\mathrm{T}}\boldsymbol{\Phi})^{-1}\boldsymbol{\Phi}^{\mathrm{T}}]\boldsymbol{y}=\\&(\boldsymbol{\Phi}^{\mathrm{T}}\boldsymbol{\Phi})^{-1}\boldsymbol{\Phi}^{\mathrm{T}}\boldsymbol{y}-(\boldsymbol{\Phi}^{\mathrm{T}}\boldsymbol{\Phi})^{-1}\boldsymbol{\Phi}^{\mathrm{T}}\boldsymbol{\Omega}\boldsymbol{D}^{-1}\boldsymbol{\Omega}^{\mathrm{T}}\boldsymbol{M}\boldsymbol{y}\end{aligned} \tag{5.7.9}$$

$$\begin{aligned}\hat{\boldsymbol{f}}=&-\boldsymbol{D}^{-1}\boldsymbol{\Omega}^{\mathrm{T}}\boldsymbol{\Phi}(\boldsymbol{\Phi}^{\mathrm{T}}\boldsymbol{\Phi})^{-1}\boldsymbol{\Phi}^{\mathrm{T}}\boldsymbol{y}+\boldsymbol{D}^{-1}\boldsymbol{\Omega}^{\mathrm{T}}\boldsymbol{y}=\\&\boldsymbol{D}^{-1}\boldsymbol{\Omega}^{\mathrm{T}}[\boldsymbol{I}-\boldsymbol{\Phi}(\boldsymbol{\Phi}^{\mathrm{T}}\boldsymbol{\Phi})^{-1}\boldsymbol{\Phi}^{\mathrm{T}}]\boldsymbol{y}=\boldsymbol{D}^{-1}\boldsymbol{\Omega}^{\mathrm{T}}\boldsymbol{M}\boldsymbol{y}\end{aligned} \tag{5.7.10}$$

将式(5.7.10)代入式(5.7.9)得

$$\hat{\boldsymbol{\theta}}=(\boldsymbol{\Phi}^{\mathrm{T}}\boldsymbol{\Phi})^{-1}\boldsymbol{\Phi}^{\mathrm{T}}\boldsymbol{y}-(\boldsymbol{\Phi}^{\mathrm{T}}\boldsymbol{\Phi})^{-1}\boldsymbol{\Phi}\,\boldsymbol{\Omega}\,\hat{\boldsymbol{f}} \tag{5.7.11}$$

上式中的第 1 项是 $\boldsymbol{\theta}$ 的最小二乘估计 $\hat{\boldsymbol{\theta}}_{\mathrm{LS}}$,第 2 项是偏差项 $\hat{\boldsymbol{\theta}}_{\mathrm{B}}$,即

$$\hat{\boldsymbol{\theta}}=\hat{\boldsymbol{\theta}}_{\mathrm{LS}}-\hat{\boldsymbol{\theta}}_{\mathrm{B}} \tag{5.7.12}$$

这就表明,如果从最小二乘估值中减去偏差项就可得到一致估值 $\hat{\boldsymbol{\theta}}$,所以必须准确计算 $\hat{\boldsymbol{\theta}}_{\mathrm{B}}$。

为了准确计算 $\hat{\boldsymbol{\theta}}_{\mathrm{B}}$,可采用迭代方法,其迭代计算步骤如下:

(1) 假定 $\hat{\boldsymbol{f}}=\boldsymbol{0}$,计算最小二乘估值 $\hat{\boldsymbol{\theta}}_{\mathrm{LS}}$

$$\hat{\boldsymbol{\theta}}_{\mathrm{LS}}=(\boldsymbol{\Phi}^{\mathrm{T}}\boldsymbol{\Phi})^{-1}\boldsymbol{\Phi}^{\mathrm{T}}\boldsymbol{y}$$

注意到 $\boldsymbol{\Gamma}=(\boldsymbol{\Phi}^{\mathrm{T}}\boldsymbol{\Phi})^{-1}\boldsymbol{\Phi}^{\mathrm{T}}$ 和 $\boldsymbol{M}=\boldsymbol{I}-\boldsymbol{\Phi}(\boldsymbol{\Phi}^{\mathrm{T}}\boldsymbol{\Phi})^{-1}\boldsymbol{\Phi}^{\mathrm{T}}$ 在整个计算过程中是不变量,只需要计算 1 次。

(2) 计算残差

$$\boldsymbol{e}=\boldsymbol{y}-\boldsymbol{\Phi}\,\hat{\boldsymbol{\theta}}$$

然后利用残差构造 $\boldsymbol{\Omega}$ 并计算 $\boldsymbol{D}=\boldsymbol{\Omega}^{\mathrm{T}}\boldsymbol{M}\boldsymbol{\Omega}$ 和 $\boldsymbol{D}^{-1}$。在第 1 次计算残差 $\boldsymbol{e}$ 时可取 $\hat{\boldsymbol{\theta}}=\hat{\boldsymbol{\theta}}_{\mathrm{LS}}$。

(3) 计算 $\hat{\boldsymbol{f}}$和 $\hat{\boldsymbol{\theta}}_{\mathrm{B}}=\boldsymbol{\Gamma}\,\boldsymbol{\Omega}\,\hat{\boldsymbol{f}}$,然后修改 $\hat{\boldsymbol{\theta}}$

$$\hat{\boldsymbol{\theta}}=\hat{\boldsymbol{\theta}}_{\mathrm{LS}}-\hat{\boldsymbol{\theta}}_{\mathrm{B}}$$

(4)返回到步骤(2),并重复上述计算过程,一直到 $\hat{\boldsymbol{\theta}}_{\mathrm{B}}$ 基本上保持不变为止。

上述算法常称为夏氏偏差修正法。

可以看出,上述迭代算法本质上是一种逐次改善偏差项精度的算法。这种算法可推广到多变量系统的辨识,而广义最小二乘法在多变量系统的辨识中可能会由于数据反复过滤而失败。在广义最小二乘法中,每次迭代有 2 个矩阵求逆,另加数据滤波。而在夏氏偏差修正法中,每次迭代只有 1 个矩阵求逆,并且不需要数据滤波,但要计算矩阵 $\boldsymbol{M}$ 和 $\boldsymbol{D}$。为了避免计算 $\boldsymbol{M}$ 和 $\boldsymbol{D}$,可采用 $\hat{\boldsymbol{f}}$的近似算法。

若在式(5.7.1)中用近似的 $\hat{\boldsymbol{\theta}}$代替 $\boldsymbol{\theta}$,则有

$$\boldsymbol{\xi}=\boldsymbol{y}-\boldsymbol{\Phi}\,\hat{\boldsymbol{\theta}}=\boldsymbol{\Omega}\boldsymbol{f}+\boldsymbol{\varepsilon} \tag{5.7.13}$$

求上式中 $\boldsymbol{f}$ 的最小二乘估计

$$\hat{\boldsymbol{f}} = (\boldsymbol{\Omega}^{\mathrm{T}}\boldsymbol{\Omega})^{-1}\boldsymbol{\Omega}^{\mathrm{T}}\boldsymbol{\xi} = (\boldsymbol{\Omega}^{\mathrm{T}}\boldsymbol{\Omega})^{-1}\boldsymbol{\Omega}^{\mathrm{T}}(\boldsymbol{y} - \boldsymbol{\varphi}\hat{\boldsymbol{\theta}}) \tag{5.7.14}$$

于是有

$$\hat{\boldsymbol{\theta}} = \hat{\boldsymbol{\theta}}_{\mathrm{LS}} - \boldsymbol{\Gamma}\boldsymbol{\Omega}\hat{\boldsymbol{f}} \tag{5.7.15}$$

$$\hat{\boldsymbol{f}} = (\boldsymbol{\Omega}^{\mathrm{T}}\boldsymbol{\Omega})^{-1}\boldsymbol{\Omega}^{\mathrm{T}}\boldsymbol{e} \tag{5.7.16}$$

这种算法称之为夏氏改良法。因此夏氏法可分为夏氏偏差修正法和夏氏改良法 2 种算法。

例 5.5 用上一节已研究过的例题来说明夏氏法的效果，仍设

$$y(k) = -a_1y(k-1) - a_2y(k-2) + b_1u(k-1) + \xi(k)$$

的真值 $\boldsymbol{\theta} = [a_1 \quad a_2 \quad b_1]^{\mathrm{T}} = [-0.5 \quad 0.5 \quad 1.0]^{\mathrm{T}}$，并且

$$f(z^{-1})\xi(k) = (1.0 + 0.85z^{-1})\xi(k) = \varepsilon(k)$$

广义最小二乘法、夏氏偏差修正法和夏氏改良法的计算结果如图 5.2 所示。从图中可以看到，夏氏偏差修正法特性曲线开始急剧升高，使收敛显著变慢。夏氏改良法大大改进了收敛速率，但仍比不上广义最小二乘法。3 种算法几乎都收敛于第 8 次迭代的相同值。

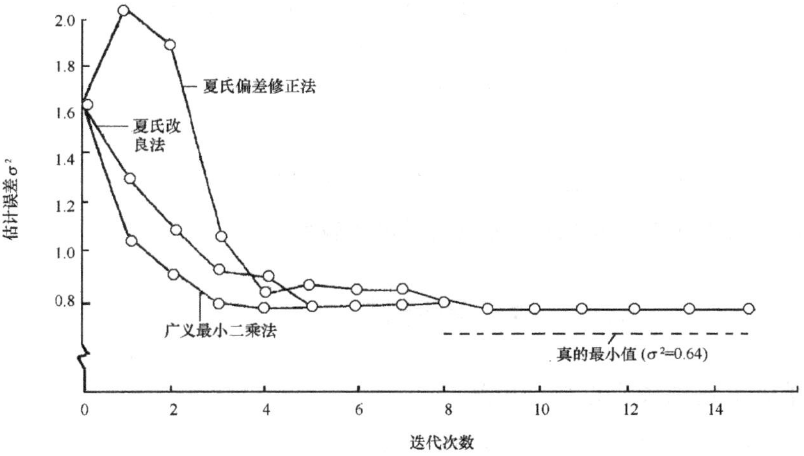

图 5.2 3 种辨识方法比较

表 5.2 给出了夏氏偏差修正法和夏氏改良法的计算时间和数据存储量与广义最小二乘法相应项的比较，比较时以广义最小二乘法的计算时间和数据存储量作为 100%。从表中可以看出，夏氏法确实比广义最小二乘法效率高。

表 5.2 3 种辨识方法比较

项目 \ 方法	夏氏偏差修正法		夏氏改良法		广义最小二乘法	
数据长度	300	500	300	500	300	500
每次迭代计算时间	75%	67%	37%	33%	100%	100%
实际存储量	99%	99%	90%	90%	100%	100%

下面讨论夏氏法的递推算法。

设

$$\begin{cases}\boldsymbol{\psi}=[\boldsymbol{\Phi}\quad \boldsymbol{\Omega}]\\ \boldsymbol{\beta}=\begin{bmatrix}\boldsymbol{\theta}\\ \boldsymbol{f}\end{bmatrix}\end{cases} \tag{5.7.17}$$

由式(5.7.2)可得

$$\boldsymbol{y}=\boldsymbol{\psi}\boldsymbol{\beta}+\boldsymbol{\varepsilon} \tag{5.7.18}$$

$\boldsymbol{\beta}$ 的最小二乘估计为

$$\hat{\boldsymbol{\beta}}=(\boldsymbol{\psi}^{\mathrm{T}}\boldsymbol{\psi})^{-1}\boldsymbol{\psi}^{\mathrm{T}}\boldsymbol{y} \tag{5.7.19}$$

递推算法为

$$\hat{\boldsymbol{\beta}}_{N+1}=\hat{\boldsymbol{\beta}}_N+\boldsymbol{r}_{N+1}(y_{N+1}-\boldsymbol{\psi}_{N+1}^{\mathrm{T}}\hat{\boldsymbol{\beta}}_N) \tag{5.7.20}$$

$$\boldsymbol{P}_{N+1}=\boldsymbol{P}_N-\boldsymbol{r}_{N+1}\boldsymbol{\psi}_{N+1}^{\mathrm{T}}\boldsymbol{P}_N \tag{5.7.21}$$

$$\boldsymbol{r}_{N+1}=\boldsymbol{P}_N\boldsymbol{\psi}_{N+1}(1+\boldsymbol{\psi}_{N+1}^{\mathrm{T}}\boldsymbol{P}_N\boldsymbol{\psi}_{N+1})^{-1} \tag{5.7.22}$$

式中

$$\boldsymbol{\psi}_{N+1}^{\mathrm{T}}=[-y(n+N)\ \cdots\ -y(N+1)\ u(n+N+1)\ \cdots\ u(N+1)\ -e(n+N)\ \cdots\ -e(n+N+1-m)]$$

$$y_{N+1}=y(n+N-1)$$

其中

$$e(k)=y(k)-\sum_{i=1}^{n}\hat{a}_i y(k-i)-\sum_{i=0}^{n}\hat{b}_i u(k-i)$$

上述递推算法比广义最小二乘法简单,辨识结果也比较好。

5.8 增广矩阵法

考虑单输入–单输出随机系统的差分方程

$$a(z^{-1})y(k)=b(z^{-1})u(k)+c(z^{-1})\varepsilon(k) \tag{5.8.1}$$

式中

$$a(z^{-1})=1+\sum_{i=1}^{n}a_i z^{-i},b(z^{-1})=\sum_{i=0}^{n}b_i z^{-i},c(z^{-1})=1+\sum_{i=1}^{n}c_i z^{-i}$$

$\varepsilon(k)$是新息序列,具有白噪声特性。

下面先扩充被估参数的维数,再用最小二乘法估计系统参数。设

$$\boldsymbol{\theta}^{\mathrm{T}}=[a_1\cdots a_n\quad b_0\cdots b_n\quad c_1\cdots c_n]$$

$$\boldsymbol{\psi}_N^{\mathrm{T}}=[-y(n+N-1)\ \cdots\ -y(N)\ u(n+N)\ \cdots\ u(N)\quad \varepsilon(n+N-1)\ \cdots\ \varepsilon(N)]$$

则有

$$y(n+N)=\boldsymbol{\psi}_N^{\mathrm{T}}\boldsymbol{\theta}+\varepsilon(n+N) \tag{5.8.2}$$

$$\varepsilon(n+N)=y(n+N)-\boldsymbol{\psi}_N{}^{\mathrm{T}}\boldsymbol{\theta} \tag{5.8.3}$$

上述方程结构适宜于用递推最小二乘法计算,但 $\varepsilon(k)$是未知的。为了克服这一困难,用 $\hat{\boldsymbol{\psi}}_N$ 代替 $\boldsymbol{\psi}_N$。$\hat{\boldsymbol{\psi}}_N$ 定义为

$$\hat{\boldsymbol{\psi}}_N^{\mathrm{T}} = [-y(n-N-1) \cdots -y(N)\ u(n+N) \cdots u(N)\ \hat{\varepsilon}(n+N-1) \cdots \hat{\varepsilon}(N)]$$

式中

$$\hat{\varepsilon}(n+N) = y(n+N) - \hat{\boldsymbol{\psi}}_N^{\mathrm{T}}\hat{\boldsymbol{\theta}}_{N-1} \tag{5.8.4}$$

按照递推最小二乘法公式的推导方法，可得增广矩阵法的递推方程

$$\hat{\boldsymbol{\theta}}_{N+1} = \hat{\boldsymbol{\theta}}_N + \boldsymbol{K}_{N+1}(y_{N+1} - \hat{\boldsymbol{\psi}}_{N+1}^{\mathrm{T}}\hat{\boldsymbol{\theta}}_N) \tag{5.8.5}$$

$$\boldsymbol{P}_{N+1} = \boldsymbol{P}_N - \boldsymbol{K}_{N+1}\hat{\boldsymbol{\psi}}_{N+1}^{\mathrm{T}}\boldsymbol{P}_N \tag{5.8.6}$$

$$\boldsymbol{K}_{N+1} = \boldsymbol{P}_N\hat{\boldsymbol{\psi}}_{N+1}(1 + \hat{\boldsymbol{\psi}}_{N+1}^{\mathrm{T}}\boldsymbol{P}_N\hat{\boldsymbol{\psi}}_{N+1})^{-1} \tag{5.8.7}$$

式中

$$y_{N+1} = y(n+N+1)$$

在上述算法中，由于矩阵 $\boldsymbol{P}_N$ 的阶数比最小二乘法中 $\boldsymbol{P}_N$ 的阶数扩大了，因而称为增广矩阵法。这种算法在实际中获得了广泛应用，收敛情况也比较好。

5.9 多阶段最小二乘法

前面几节讨论了广义最小二乘法、辅助变量法和增广矩阵法。广义最小二乘法的计算精度高，但计算量大；辅助变量法的计算较简单，但计算精度较低；增广矩阵法能保证精度和收敛，但计算量也比较大。本节介绍另一种解决相关残差问题的最小二乘法——多阶段最小二乘法(MSLS)。这种方法把复杂的辨识问题分成 3 个阶段来处理，而且每个阶段只用到简单的最小二乘法，省去了广义最小二乘法的迭代过程，简化了计算，并且可以得到参数的一致性无偏估计，计算精度比辅助变量法高。但是，这种方法也存在着与广义最小二乘法相类似的收敛问题。

常用的多阶段最小二乘法有 3 种算法，而其中的 2 种算法是紧密联系的。

5.9.1 第 1 种算法

这一算法的 3 个阶段分别是确定原系统脉冲响应序列、估计系统参数和估计噪声模型参数。

1) 确定原系统脉冲响应序列

设系统的差分方程为

$$a(z^{-1})y(k) = b(z^{-1})u(k) + \xi(k) \tag{5.9.1}$$

式中

$$a(z^{-1}) = 1 + a_1 z^{-1} + \cdots + a_n z^{-n}$$
$$b(z^{-1}) = b_0 + b_1 z^{-1} + \cdots + b_n z^{-n}$$

$\xi(k)$为有色噪声，可表示为

$$\xi(k) = \frac{1}{f(z^{-1})}\varepsilon(k) \tag{5.9.2}$$

式中 $\xi(k)$为白噪声序列。

前已述及，$\xi(k)$是由系统输入量的测量误差、输出量的测量误差和系统内部噪声所引起的。如果把 $\xi(k)$归结为由输出量测量误差 $v(k)$所引起，如图 5.3 所示，则可求出

$\xi(k)$和 $v(k)$之间的关系式。

在式(5.1.4)中,用 $v(k)$代替 $n(k)$可得

$$a(z^{-1})y(k)=b(z^{-1})u(k)+a(z^{-1})v(k) \tag{5.9.3}$$

或把式(5.9.3)写成

$$a(z^{-1})y(k)=b(z^{-1})u(k)+\xi(k) \tag{5.9.4}$$

$$\xi(k)=a(z^{-1})v(k) \tag{5.9.5}$$

则有

$$y(k)=\frac{b(z^{-1})}{a(z^{-1})}u(k)+v(k) \tag{5.9.6}$$

设 $g(k)$为$\dfrac{b(z^{-1})}{a(z^{-1})}$的脉冲响应序列,并且令

$$x(k)=\frac{b(z^{-1})}{a(z^{-1})}u(k) \tag{5.9.7}$$

则

$$y(k)=x(k)+v(k) \tag{5.9.8}$$

$\xi(k)$与 $\varepsilon(k)$及 $v(k)$与 $\xi(k)$的变换方块图如图 5.3 所示,变换后的方块图如图 5.4 所示。$v(k)$可能是白噪声,也可能是有色噪声。不管 $v(k)$是否自相关,总能得到系统脉冲响应序列 $g(k)$的一致性无偏最小二乘估计。

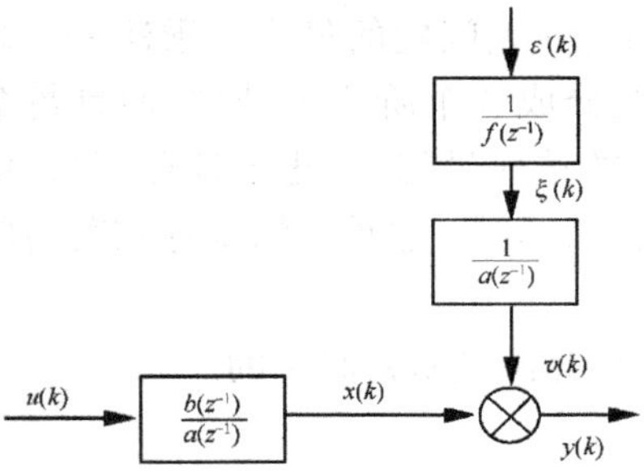

图 5.3 系统模型方块图

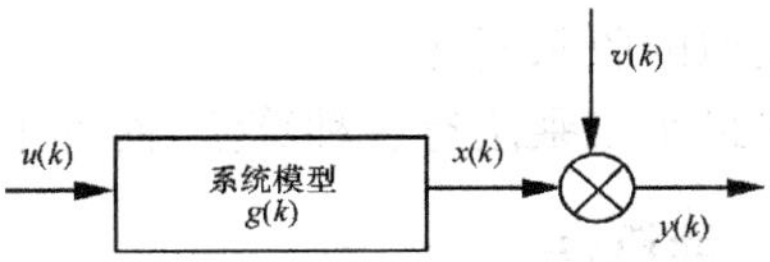

图 5.4 系统模型变换后方块图

假定系统是稳定的,可用有限序列来逼近脉冲响应序列 $g(k)$。设有限序列的 $k=0,1,\cdots,p$,而 p 应足够大,$p>2n+1$。根据"自动控制原理"中所介绍的系统输入和输出间的关系式可得到离散形式的卷积公式

$$x(k)=\sum_{i=0}^{p}g(i)u(k-i) \tag{5.9.9}$$

$$y(k)=\sum_{i=0}^{p}g(i)u(k-i)+v(k) \tag{5.9.10}$$

设 $v(k)$为零均值随机噪声,白色的或有色的均可,并且 $v(k)$与 $u(k)$不相关。给定数据长度为 $N+p$ 的输入-输出数据点集,则可写出向量-矩阵方程

$$\boldsymbol{y}=\boldsymbol{U}\boldsymbol{g}+\boldsymbol{v} \tag{5.9.11}$$

式中

$$\boldsymbol{y}=[y(p)\quad y(p+1)\cdots y(p+N)]^{\mathrm{T}}$$
$$\boldsymbol{v}=[v(p)\quad v(p+1)\cdots v(p+N)]^{\mathrm{T}}$$
$$\boldsymbol{g}=[g(0)\ g(1)\cdots g(p)]^{\mathrm{T}}$$
$$\boldsymbol{U}=\begin{bmatrix} u(p) & u(p-1) & \cdots & u(0) \\ u(p+1) & u(p) & \cdots & u(1) \\ \vdots & \vdots & & \vdots \\ u(p+N) & u(p+N-1) & \cdots & u(N) \end{bmatrix}$$

应用最小二乘法，可求出 $\boldsymbol{g}$ 的最小二乘估计

$$\hat{\boldsymbol{g}}=(\boldsymbol{U}^{\mathrm{T}}\boldsymbol{U})^{-1}\boldsymbol{U}^{\mathrm{T}}\boldsymbol{y} \tag{5.9.12}$$

因为 $u(k)$ 与 $v(k)$ 不相关，故 $\boldsymbol{U}$ 与 $\boldsymbol{v}$ 不相关。由于 $\boldsymbol{v}$ 的均值为 $\mathbf{0}$，根据 5.1 节的讨论可知 $\hat{\boldsymbol{g}}$ 为一致性估计，当 $N\to\infty$ 时，$\hat{\boldsymbol{g}}$ 以概率 1 趋近于 $\boldsymbol{g}$。因为一般情况下 $v(k)$ 是自相关的，所以 $\hat{\boldsymbol{g}}$ 不一定有极小方差。一般说来，p 选得大，估计精度高，但计算量大，所以要选取适当的 p，既要满足精度要求，又要计算量小。如果 $u(k)$ 是伪随机二位式序列，则 $\hat{\boldsymbol{g}}$ 的计算可以简化。

2）估计系统参数

首先，用 $u(k)$ 和 $\hat{\boldsymbol{g}}$ 来构成系统真实输出 $x(k)$ 的估值 $\hat{x}(k)$，即

$$\hat{x}(k)=\sum_{i=0}^{p}\hat{g}(i)u(k-i) \tag{5.9.13}$$

然后利用准确系统模型

$$a(z^{-1})x(k)=b(z^{-1})u(k) \tag{5.9.14}$$

来估计 $a(z^{-1})$ 和 $b(z^{-1})$ 中的各未知参数。

把 $\hat{x}(k)$ 代入式(5.9.14)得

$$a(z^{-1})\hat{x}(k)=b(z^{-1})u(k)+\eta(k) \tag{5.9.15}$$

式中 $\eta(k)$ 是用 $\hat{x}(k)$ 代替式(5.9.14)中的 $x(k)$ 后所引起的实效误差。给出数据长度为 $n+N$ 的输入－输出数据点集，可写出向量－矩阵方程

$$\hat{\boldsymbol{x}}=\hat{\boldsymbol{\Phi}}\boldsymbol{\theta}+\boldsymbol{\eta} \tag{5.9.16}$$

式中

$$\boldsymbol{\theta}=[a_1\cdots a_n\, b_0\cdots b_n]^{\mathrm{T}}$$
$$\hat{\boldsymbol{x}}=\begin{bmatrix} \hat{x}(n+1) \\ \hat{x}(n+2) \\ \vdots \\ \hat{x}(n+N) \end{bmatrix},\ \boldsymbol{\eta}=\begin{bmatrix} \eta(n+1) \\ \eta(n+2) \\ \vdots \\ \eta(n+N) \end{bmatrix}$$
$$\hat{\boldsymbol{\Phi}}=\begin{bmatrix} -\hat{x}(n) & \cdots & -\hat{x}(1) & u(n+1) & \cdots & u(1) \\ -\hat{x}(n+1) & \cdots & -\hat{x}(2) & u(n+2) & \cdots & u(2) \\ \vdots & & \vdots & \vdots & & \vdots \\ -\hat{x}(n+N-1) & \cdots & -\hat{x}(N) & u(n+N) & \cdots & u(N) \end{bmatrix}$$

应用最小二乘法，可得 $\boldsymbol{\theta}$ 的估值

$$\hat{\boldsymbol{\theta}}=(\hat{\boldsymbol{\Phi}}^{\mathrm{T}}\hat{\boldsymbol{\Phi}})^{-1}\hat{\boldsymbol{\Phi}}^{\mathrm{T}}\hat{\boldsymbol{x}} \tag{5.9.17}$$

当 $N\to\infty$ 时，$\hat{\boldsymbol{g}}$，$\hat{\boldsymbol{x}}$ 和 $\boldsymbol{\eta}$ 分别以概率 1 趋近于 $\boldsymbol{g}$，$\boldsymbol{x}$ 和 $\mathbf{0}$，因而 $\hat{\boldsymbol{\theta}}$ 以概率 1 趋近于 $\boldsymbol{\theta}$，所以 $\hat{\boldsymbol{\theta}}$

是一致性无偏估计。

3）估计噪声模型参数

设噪声模型为

$$f(z^{-1})\xi(k)=\varepsilon(k) \tag{5.9.18}$$

利用已得到的估值 $\hat{\boldsymbol{\theta}}$ 计算残差 $\hat{e}(k)$ 得

$$\hat{e}(k)=y(k)+\sum_{i=1}^{n}\hat{a}_i y(k-i)-\sum_{i=1}^{n}\hat{b}_i u(k-i) \tag{5.9.19}$$

以 $\hat{e}(k)$ 代替式(5.9.18)中的 $\xi(k)$，得

$$f(z^{-1})\hat{e}(k)=\varepsilon(k)+\zeta(k) \tag{5.9.20}$$

式中 $\zeta(k)$ 是由于在模型中用 $\hat{e}(k)$ 代替 $\xi(k)$ 所产生的实效误差。由式(5.9.20)可得噪声模型参数 $\boldsymbol{f}$ 的最小二乘估计

$$\hat{\boldsymbol{f}}=(\hat{\boldsymbol{\Omega}}^{\mathrm{T}}\hat{\boldsymbol{\Omega}})^{-1}\hat{\boldsymbol{\Omega}}^{\mathrm{T}}\hat{\boldsymbol{e}} \tag{5.9.21}$$

式中

$$\hat{\boldsymbol{f}}=\begin{bmatrix}\hat{f}_1\\ \hat{f}_2\\ \vdots\\ \hat{f}_m\end{bmatrix},\ \hat{\boldsymbol{e}}=\begin{bmatrix}\hat{e}(m+1)\\ \hat{e}(m+2)\\ \vdots\\ \hat{e}(m+N)\end{bmatrix}$$

$$\hat{\boldsymbol{\Omega}}=\begin{bmatrix}-\hat{e}(m) & -\hat{e}(m-1) & \cdots & -\hat{e}(1)\\ -\hat{e}(m+1) & -\hat{e}(m) & \cdots & -\hat{e}(2)\\ \vdots & \vdots & & \vdots\\ -\hat{e}(m+N-1) & -\hat{e}(m+N-2) & \cdots & -\hat{e}(N)\end{bmatrix}$$

由于当 $N\to\infty$ 时，$\hat{\boldsymbol{\theta}}\to\boldsymbol{\theta}$，$\hat{\boldsymbol{e}}\to\boldsymbol{\xi}$，$\boldsymbol{\zeta}\to 0$，因而 $\hat{\boldsymbol{f}}\to\boldsymbol{f}$，$\hat{\boldsymbol{f}}$ 为一致性无偏估计。

上述 3 个阶段对有色噪声系统的辨识问题提供了完整的解答。如果需要递推计算，可根据前面几节所介绍的递推公式推导方法导出相应的递推公式，在此不再重复。

5.9.2 第 2 种算法

这一算法的第 1 阶段“确定原系统脉冲响应序列”和第 3 阶段“估计噪声模型参数”都与第 1 种算法相同，只有第 2 个阶段“估计系统参数”与第 1 种算法不同。

根据脉冲响应序列的定义知，一个在 $t=0$ 时刻用克罗内克 δ 分布函数激励的系统响应就是脉冲响应序列，因此有以下的输入－输出序列，即

$$\{u(k)\}=\{1,0,0,\cdots\} \tag{5.9.22}$$

$$\{\hat{x}(k)\}=\{\hat{g}(k)\}=\{\hat{g}(0),\hat{g}(1),\cdots,\hat{g}(p)\} \tag{5.9.23}$$

把 $\{\hat{x}(k)\}$ 代入

$$a(z^{-1})x(k)=b(z^{-1})u(k) \tag{5.9.24}$$

可得

$$\hat{g}(k)=-a_1\hat{g}(k-1)-a_2\hat{g}(k-2)-\cdots-a_n\hat{g}(k-n)+b_0u(k)+ b_1u(k-1)+\cdots+b_nu(k-n)+\eta(k) \tag{5.9.25}$$

即

$$
\begin{aligned}
&\hat{g}(0)=b_0+\eta(0)\\
&\hat{g}(1)=-a_1\hat{g}(0)+b_1+\eta(1)\\
&\qquad\vdots\\
&\hat{g}(n)=-a_1\hat{g}(n-1)-a_2\hat{g}(n-2)-\cdots-a_n\hat{g}(0)+b_n+\eta(n)\\
&\hat{g}(n+1)=-a_1\hat{g}(n)-a_2\hat{g}(n-1)-\cdots-a_n\hat{g}(1)+\eta(n+1)\\
&\qquad\vdots\\
&\hat{g}(p)=-a_1\hat{g}(p-1)-a_2\hat{g}(p-2)-\cdots-a_n\hat{g}(p-n)+\eta(p)
\end{aligned}
$$

上述方程组可写成向量－矩阵形式

$$
\begin{bmatrix}\hat{g}(0)\\ \hat{g}(1)\\ \vdots\\ \hat{g}(n)\\ \hat{g}(n+1)\\ \vdots\\ \hat{g}(p)\end{bmatrix}=
\begin{bmatrix}
0 & 0 & \cdots & 0 & 1 & 0 & \cdots & 0 & 0\\
-\hat{g}(0) & 0 & \cdots & 0 & 0 & 1 & \cdots & 0 & 0\\
\vdots & \vdots & & \vdots & \vdots & \vdots & & \vdots & \vdots\\
-\hat{g}(n-1) & -\hat{g}(n-2) & \cdots & -\hat{g}(0) & 0 & 0 & \cdots & 0 & 1\\
-\hat{g}(n) & -\hat{g}(n-1) & \cdots & -\hat{g}(1) & 0 & 0 & \cdots & 0 & 0\\
\vdots & \vdots & & \vdots & \vdots & \vdots & & \vdots & \vdots\\
-\hat{g}(p-1) & -\hat{g}(p-2) & \cdots & -\hat{g}(p-n) & 0 & 0 & \cdots & 0 & 0
\end{bmatrix}
\begin{bmatrix}a_1\\ a_2\\ \vdots\\ a_n\\ b_0\\ \vdots\\ b_n\end{bmatrix}+
\begin{bmatrix}\eta(0)\\ \eta(1)\\ \vdots\\ \eta(n)\\ \eta(n+1)\\ \vdots\\ \eta(p)\end{bmatrix}
\tag{5.9.26}
$$

将上式写成

$$
\hat{\boldsymbol{g}}=\hat{\boldsymbol{G}}\boldsymbol{\theta}+\boldsymbol{\eta} \tag{5.9.27}
$$

式中 $\boldsymbol{\eta}$ 是由于在式(5.9.24)中用 $\hat{g}(k)$代替 $x(k)$后所引起的实效误差。由式(5.9.27)可得 $\boldsymbol{\theta}$ 的最小二乘估计

$$
\hat{\boldsymbol{\theta}}=(\hat{\boldsymbol{G}}^{\mathrm{T}}\hat{\boldsymbol{G}})^{-1}\hat{\boldsymbol{G}}^{\mathrm{T}}\hat{\boldsymbol{g}} \tag{5.9.28}
$$

为了求估值 $\hat{\boldsymbol{\theta}}$,要求 $p\geqslant 2n+1$,如果 p 太大,则需要费大量时间计算 $\hat{\boldsymbol{g}}$,因此 p 也不能太大。由于这种限制,所以估计量的精度不如第 1 种算法。当 $N\rightarrow\infty$时,$\hat{\boldsymbol{g}}\rightarrow\boldsymbol{g}$,$\hat{\boldsymbol{\theta}}\rightarrow\boldsymbol{\theta}$,所以 $\hat{\boldsymbol{\theta}}$仍为一致性无偏估计。

5.9.3 第 3 种算法

这种算法的 3 个阶段都与前面 2 种算法不同,它不是计算系统模型的脉冲响应序列,而是采用一个扩大的差分方程,在拟合系统的输入输出数据时,把残差变成不相关,应用最小二乘法辨识这一扩大系统,然后在第 2 和第 3 阶段再估计原系统参数和噪声模型参数。

把式(5.9.2)代入式(5.9.1)得

$$
a(z^{-1})f(z^{-1})y(k)=b(z^{-1})f(z^{-1})u(k)+\varepsilon(k) \tag{5.9.29}
$$

或

$$
c(z^{-1})y(k)=d(z^{-1})u(k)+\varepsilon(k) \tag{5.9.30}
$$

式中

$$\begin{cases} c(z^{-1})=a(z^{-1})f(z^{-1}) \\ d(z^{-1})=b(z^{-1})f(z^{-1}) \end{cases} \tag{5.9.31}$$

式(5.9.31)为辅助模型,是扩大系统,其阶数为 $m+n$,噪声 $\varepsilon(k)$是白噪声。

1) 估计辅助模型的参数

设

$$c(z^{-1})=1+c_1z^{-1}+\cdots+c_{m+n}z^{-(m+n)}$$
$$d(z^{-1})=d_0+d_1z^{-1}+\cdots+d_{m+n}z^{-(m+n)}$$

定义参数向量

$$\hat{\boldsymbol{\alpha}}^{\mathrm{T}}=[c_1 \quad c_2 \quad \cdots \quad c_{m+n} \quad d_0 \quad d_1 \quad \cdots \quad d_{m+n}]$$

用最小二乘估计参数向量 $\boldsymbol{\alpha}$,则有

$$\hat{\boldsymbol{\alpha}}=(\hat{\boldsymbol{\Phi}}^{\mathrm{T}}\hat{\boldsymbol{\Phi}})^{-1}\boldsymbol{\Phi}^{\mathrm{T}}\boldsymbol{y} \tag{5.9.32}$$

式中

$$\boldsymbol{y}=[y(m+n+1) \quad y(m+n+2) \quad \cdots \quad y(m+n+N)]^{\mathrm{T}}$$

$$\boldsymbol{\Phi}=\begin{bmatrix} -y(m+n) & \cdots & -y(1) & u(m+n+1) & \cdots & u(1) \\ -y(m+n+1) & \cdots & -y(2) & u(m+n+2) & \cdots & u(2) \\ \vdots & & \vdots & \vdots & & \vdots \\ -y(m+n+N-1) & \cdots & -y(N) & u(m+n+N) & \cdots & u(N) \end{bmatrix}$$

2) 估计系统模型参数

由式(5.9.31)可得

$$b(z^{-1})c(z^{-1})=a(z^{-1})d(z^{-1}) \tag{5.9.33}$$

由于 $c(z^{-1})$和 $d(z^{-1})$中的参数 $\boldsymbol{\alpha}$ 已经估计出来,把估值 $\hat{\boldsymbol{\alpha}}$代入式(5.9.33),则式中只有 $a(z^{-1})$和 $b(z^{-1})$的参数 $\boldsymbol{\theta}$ 未知。现在要估计 $\boldsymbol{\theta}$,为此将式(5.9.33)乘开,并使等号两边 z^{-1}的同次幂系数相等,由此产生 $2n+m+1$ 个包含 $a(z^{-1})$和 $b(z^{-1})$参数的线性方程。把这一组方程写成向量－矩阵形式得

$$\boldsymbol{g}(\hat{\boldsymbol{c}},\hat{\boldsymbol{d}})=\boldsymbol{G}(\hat{\boldsymbol{c}},\hat{\boldsymbol{d}})\boldsymbol{\theta}+\boldsymbol{\eta} \tag{5.9.34}$$

式中:$\boldsymbol{g}(\hat{\boldsymbol{c}},\hat{\boldsymbol{d}})$为 $2n+m+1$ 维向量;$\hat{\boldsymbol{G}}(\hat{\boldsymbol{c}},\hat{\boldsymbol{d}})$为$(2n+m+1)\times(2n+1)$矩阵;$\boldsymbol{\eta}$ 为$(2n+m+1)$维随机误差向量。求出 $\boldsymbol{\theta}$ 的最小二乘估计

$$\hat{\boldsymbol{\theta}}=(\boldsymbol{G}^{\mathrm{T}}\boldsymbol{G})^{-1}\boldsymbol{G}^{\mathrm{T}}\boldsymbol{g} \tag{5.9.35}$$

当 $N\to\infty$时,$\hat{\boldsymbol{\alpha}}\to\boldsymbol{\alpha}$,故 $\hat{\boldsymbol{\theta}}\to\boldsymbol{\theta}$,$\hat{\boldsymbol{\theta}}$为一致性无偏估计。

3) 估计噪声模型参数

可按第 1 种算法的第 3 阶段来求 $\boldsymbol{f}$ 的估值 $\hat{\boldsymbol{f}}$,但这里采用另一种方法。把式(5.9.31)中的 $\boldsymbol{\alpha}$ 和 $\boldsymbol{\theta}$ 用 $\hat{\boldsymbol{\alpha}}$和 $\hat{\boldsymbol{\theta}}$代替,令等式两边 z^{-1}同次幂的系数相等,可得参数 $\boldsymbol{f}$ 的 $2(m+n)+1$ 个线性方程,可建立向量－矩阵方程

$$\boldsymbol{r}(\hat{\boldsymbol{\alpha}},\hat{\boldsymbol{\theta}})=\boldsymbol{R}(\hat{\boldsymbol{\alpha}},\boldsymbol{\theta})\boldsymbol{f}+\boldsymbol{\xi} \tag{5.9.36}$$

$\boldsymbol{f}$ 的最小二乘估计为

$$\hat{\boldsymbol{f}}=(\boldsymbol{R}^{\mathrm{T}}\boldsymbol{R})^{-1}\boldsymbol{R}^{\mathrm{T}}\boldsymbol{r} \tag{5.9.37}$$

因为 $\hat{\boldsymbol{\theta}}$是一致性无偏估计,所以 $\hat{f}$是一致性无偏估计。

前 2 种算法采用原系统脉冲响应序列,造成解高阶(p 比较大)最小二乘估计问题。第 3 种算法显然减小了这种困难,因而便于参数估计。由式(5.9.30)可看到,如果用阶数足够高的模型拟合输入输出数据,就能得到白残差,但在这个模型的传递函数中有公因子,除去公因子,就能得到实际系统的传递函数。

为了说明如何在第 3 种算法的第 2 阶段和第 3 阶段建立最小二乘法的方程,现举一简单例子。

例 5.6 设

$$\begin{cases} a(z^{-1})=1+a_1z^{-1} \\ b(z^{-1})=b_0 \\ f(z^{-1})=1+f_1z^{-1} \end{cases} \tag{5.9.38}$$

可得

$$c(z^{-1})=a(z^{-1})f(z^{-1})=1+(a_1+f_1)z^{-1}+a_1f_1z^{-2}=1+c_1z^{-1}+c_2z^{-2} \tag{5.9.39}$$

$$d(z^{-1})=b(z^{-1})f(z^{-1})=b_0+b_0f_1z^{-1}=d_0+d_1z^{-1} \tag{5.9.40}$$

$$a(z^{-1})d(z^{-1})=d_0+(a_1d_0+d_1)z^{-1}+a_1d_1z^{-2} \tag{5.9.41}$$

$$b(z^{-1})c(z^{-1})=b_0+b_0c_1z^{-1}+b_0c_2z^{-2} \tag{5.9.42}$$

由式(5.9.41)和式(5.9.42)可列出第 2 阶段中的式(5.9.34)

$$\begin{bmatrix} \hat{d}_0 \\ \hat{d}_1 \\ 0 \end{bmatrix} = \begin{bmatrix} 0 & 1 \\ -\hat{d}_0 & \hat{c}_1 \\ -\hat{d}_1 & \hat{c}_2 \end{bmatrix} \begin{bmatrix} a_1 \\ b_0 \end{bmatrix} + \begin{bmatrix} \eta_1 \\ \eta_2 \\ \eta_3 \end{bmatrix} \tag{5.9.43}$$

再从式(5.9.39)和式(5.9.40)中列出第 3 阶段的式(5.9.36)

$$\begin{bmatrix} \hat{c}_1-\hat{a}_1 \\ \hat{c}_2 \\ \hat{d}_1 \end{bmatrix} = \begin{bmatrix} 1 \\ \hat{a}_1 \\ \hat{b}_0 \end{bmatrix} [f_1] + \begin{bmatrix} \zeta_1 \\ \zeta_2 \\ \zeta_3 \end{bmatrix} \tag{5.9.44}$$

例 5.7 用多阶段最小二乘法的 3 种算法和广义最小二乘法计算下列三阶系统

$$a(z^{-1})=1+a_1z^{-1}+a_2z^{-2}+a_3z^{-3}$$
$$b(z^{-1})=b_1z^{-1}+b_2z^{-2}$$
$$f(z^{-1})=1+f_1z^{-1}+f_2z^{-2}$$

上述各参数的真值为 $a_1=0.90$,$a_2=0.15$,$a_3=0.02$,$b_1=0.70$,$b_2=-1.50$,$f_1=1.00$,$f_2=0.41$。按下述条件进行计算:

(1)输入 $u(k)$和噪声 $v(k)$都是零均值独立高斯随机变量,输出端信噪比 $\sigma_x^2/\sigma_v{}^2=1.18$;

(2)$k=10$ 以后截断脉冲响应序列。

数据长度 $N=300$,计算结果如表 5.3 所列。

从表 5.3 中的计算结果可以看出,多阶段最小二乘法比广义最小二乘法的计算时间少,广义最小二乘法的均方误差比多阶段最小二乘法小。在多阶段最小二乘法中,第 3 种算法的计算时间最少,但精度最高。

表 5.3　多阶段最小二乘法与广义最小二乘法的计算结果比较表

参数估值	多阶段最小二乘法			广义最小二乘法	参数真实值
	第 1 种算法	第 2 种算法	第 3 种算法		
$\hat{a}_1$	0.90470 ± 0.00121	0.91232 ± 0.00131	0.89584 ± 0.00118	0.89277 ± 0.00162	0.90
$\hat{a}_2$	0.16998 ± 0.00498	0.17103 ± 0.00520	0.17619 ± 0.00255	0.17893 ± 0.00250	0.15
$\hat{a}_3$	0.00080 ± 0.00414	0.00198 ± 0.00469	0.02480 ± 0.00167	0.01958 ± 0.00155	0.02
$\hat{b}_1$	0.72162 ± 0.00545	0.71897 ± 0.00332	0.70056 ± 0.00233	0.70047 ± 0.00262	0.70
$\hat{b}_2$	-1.48753 ± 0.00396	-1.48488 ± 0.00339	-1.48000 ± 0.00307	-1.48706 ± 0.00322	-1.50
$\hat{f}_1$	未算	未算	0.99389 ± 0.00662	1.00690 ± 0.00755	1.00
$\hat{f}_2$	未算	未算	0.38777 ± 0.00472	0.37925 ± 0.00662	0.41
计算时间	1.84	1.48	1.12	2.76	

5.10　快速多阶段最小二乘法

设系统差分方程为

$$a(z^{-1})x(k)=b(z^{-1})u(k) \tag{5.10.1}$$

$$y(k)=x(k)+\xi(k) \tag{5.10.2}$$

式中：$u(k)$和 $y(k)$分别为系统的输入和输出测量信号；$\xi(k)$为随机噪声；$a(z^{-1})$，$b(z^{-1})$分别为

$$a(z^{-1})=1+a_1z^{-1}+\cdots+a_nz^{-n} \tag{5.10.3}$$

$$b(z^{-1})=b_1z^{-1}+\cdots+b_nz^{-n} \tag{5.10.4}$$

设系统是稳定的，n 为已知，输入 $u(k)$为持续激励信号。

引入相关噪声白化滤波器

$$f(z^{-1})=1+f_1z^{-1}+\cdots+f_mz^{-m} \tag{5.10.5}$$

使

$$a(z^{-1})f(z^{-1})\xi(k)=\varepsilon(k) \tag{5.10.6}$$

式中 $\varepsilon(k)$为白色残差。由式(5.10.1)、式(5.10.2)和式(5.10.6)可得辅助模型(或称扩大模型)

$$c(z^{-1})y(k)=d(z^{-1})u(k)+\varepsilon(k) \tag{5.10.7}$$

式中

$$c(z^{-1})=a(z^{-1})f(z^{-1})=1+c_1z^{-1}+\cdots+c_{m+n}z^{-(m+n)} \tag{5.10.8}$$

$$d(z^{-1})=b(z^{-1})f(z^{-1})=d_1z^{-1}+\cdots+d_{m+n}z^{-(m+n)} \tag{5.10.9}$$

辅助模型参数的最小二乘无偏估计为

$$\hat{\boldsymbol{\alpha}}=(\boldsymbol{\Phi}^{\mathrm{T}}\boldsymbol{\Phi})^{-1}\boldsymbol{\Phi}^{\mathrm{T}}\boldsymbol{y} \tag{5.10.10}$$

式中

$$\hat{\boldsymbol{\alpha}}=[\hat{c}_1 \quad \cdots \quad \hat{c}_{m+n} \quad \hat{d}_1 \quad \cdots \quad \hat{d}_{m+n}]^{\mathrm{T}}$$

$$\boldsymbol{y}=[y(m+n+1) \quad y(m+n+2) \quad \cdots \quad y(N)]^{\mathrm{T}}$$

$$\boldsymbol{\Phi}=\begin{bmatrix} -y(m+n) & \cdots & -y(1) & u(m+n) & \cdots & u(1) \\ -y(m+n+1) & \cdots & -y(2) & u(m+n+1) & \cdots & u(2) \\ \vdots & & \vdots & \vdots & & \vdots \\ -y(N-1) & \cdots & -y(N-m-n) & u(N-1) & \cdots & u(N-m-n) \end{bmatrix}$$

N 为观测数据长度。

式(5.10.10)可改写为

$$\hat{\boldsymbol{\alpha}} = \boldsymbol{R}^{-1}\boldsymbol{Q} \tag{5.10.11}$$

式中

$$\begin{cases} \boldsymbol{R} = \dfrac{1}{N-m-n}\boldsymbol{\Phi}^{\mathrm{T}}\boldsymbol{\Phi} \\ \boldsymbol{Q} = \dfrac{1}{N-m-n}\boldsymbol{\Phi}^{\mathrm{T}}\boldsymbol{y} \end{cases} \tag{5.10.12}$$

注意到互相关和自相关函数的性质,矩阵 $\boldsymbol{R}$ 和 $\boldsymbol{Q}$ 可用相关函数表示成

$$\boldsymbol{R} = \begin{bmatrix} \boldsymbol{R}_{yy} & -\boldsymbol{R}_{uy} \\ -\boldsymbol{R}_{uy}^{\mathrm{T}} & \boldsymbol{R}_{uu} \end{bmatrix} \tag{5.10.13}$$

式中

$$\boldsymbol{R}_{yy} = \begin{bmatrix} r_{yy}(0) & r_{yy}(1) & \cdots & r_{yy}(m+n-1) \\ r_{yy}(1) & r_{yy}(0) & \cdots & r_{yy}(m+n-2) \\ \vdots & \vdots & & \vdots \\ r_{yy}(m+n-1) & r_{yy}(m+n-2) & \cdots & r_{yy}(0) \end{bmatrix} \tag{5.10.14}$$

$$\boldsymbol{R}_{uy} = \begin{bmatrix} r_{uy}(0) & r_{uy}(1) & \cdots & r_{uy}(m+n-1) \\ r_{yu}(1) & r_{uy}(0) & \cdots & r_{uy}(m+n-2) \\ \vdots & \vdots & & \vdots \\ r_{yu}(m+n-1) & r_{yu}(m+n-2) & \cdots & r_{uy}(0) \end{bmatrix} \tag{5.10.15}$$

$$\boldsymbol{R}_{uu} = \begin{bmatrix} r_{uu}(0) & r_{uu}(1) & \cdots & r_{uu}(m+n-1) \\ r_{uu}(1) & r_{uu}(0) & \cdots & r_{uu}(m+n-2) \\ \vdots & \vdots & & \vdots \\ r_{uu}(m+n-1) & r_{uu}(m+n-2) & \cdots & r_{uu}(0) \end{bmatrix} \tag{5.10.16}$$

当输入为周期性二位式 M 序列时,$\boldsymbol{R}_{uu}{}^{-1}$可表示成

$$\boldsymbol{R}_{uu}{}^{-1} = \frac{N_p}{a^2(N_p+1)(N_p+1-p)} \begin{bmatrix} N_p-p+2 & 1 & \cdots & 1 \\ 1 & N_p-p+2 & \cdots & 1 \\ \vdots & \vdots & & \vdots \\ 1 & 1 & \cdots & N_p-p+2 \end{bmatrix} \tag{5.10.17}$$

式中 a 和 N_p 分别为 M 序列的幅值和周期长度,$p = m + n$。

利用分块矩阵求逆定理可得

$$\boldsymbol{R}^{-1} = \begin{bmatrix} \boldsymbol{R}_1 & \boldsymbol{R}_2 \\ \boldsymbol{R}_2{}^{\mathrm{T}} & \boldsymbol{R}_3 \end{bmatrix} \tag{5.10.18}$$

令

$$\begin{cases} \boldsymbol{\Omega} = \boldsymbol{R}_{uu}^{-1} \\ \boldsymbol{W} = \boldsymbol{R}_{uy}\boldsymbol{\Omega} \end{cases} \tag{5.10.19}$$

则

$$\begin{cases} \boldsymbol{R}_1 = (\boldsymbol{R}_{yy} - \boldsymbol{W}\boldsymbol{R}_{uy}^{\mathrm{T}})^{-1} \\ \boldsymbol{R}_2 = \boldsymbol{R}_1 \boldsymbol{W} \\ \boldsymbol{R}_3 = \boldsymbol{\Omega} + \boldsymbol{W}^{\mathrm{T}} \boldsymbol{R}_2 \end{cases} \tag{5.10.20}$$

取

$$\begin{cases} \eta_1 = \dfrac{1}{a^2(N_p+1)(N_p+1-m-n)} \\ \eta_2 = \dfrac{N_p}{a^2(N_p+1)} \end{cases} \tag{5.10.21}$$

并且令

$$r_1 = r_{uy}(0) + r_{uy}(1) + \cdots + r_{uy}(m+n-1)$$
$$r_2 = r_{yu}(1) + r_1 - r_{uy}(m+n-1)$$
$$\vdots$$
$$r_{m+n} = r_{yu}(m+n-1) + r_{m+n-1} - r_{uy}(1)$$

然后,用 η_1 和 η_2 分别乘以 r_i,$r_{uy}(i)$和 $r_{yu}(i)$,即

$$\begin{cases} \bar{r}_i = \eta_1 r_i, i = 1,2,\cdots,m+n \\ \bar{r}_{uy}(i) = \eta_2 r_{uy}(i), i = 0,1,\cdots,m+n-1 \\ \bar{r}_{yu}(i) = \eta_2 r_{yu}(i), i = 1,2,\cdots,m+n-1 \end{cases} \tag{5.10.22}$$

则 $\boldsymbol{W}$ 阵的算法可简化为

$$\boldsymbol{W} = \begin{bmatrix} \bar{r}_1 + \bar{r}_{uy}(0) & \bar{r}_1 + \bar{r}_{uy}(1) & \cdots & \bar{r}_1 + \bar{r}_{uy}(m+n-1) \\ \bar{r}_2 + \bar{r}_{yu}(1) & \bar{r}_2 + \bar{r}_{uy}(0) & \cdots & \bar{r}_2 + \bar{r}_{uy}(m+n-2) \\ \vdots & \vdots & & \vdots \\ \bar{r}_{m+n} + \bar{r}_{yu}(m+n-1) & \bar{r}_{m+n} + \bar{r}_{yu}(m+n-2) & \cdots & \bar{r}_{m+n} + \bar{r}_{uy}(0) \end{bmatrix} \tag{5.10.23}$$

于是,在求辅助模型参数估计时,所需计算的逆阵是$(\boldsymbol{R}_{yy} - \boldsymbol{W}\boldsymbol{R}_{uy}^{\mathrm{T}})^{-1}$,其阶数为多阶段最小二乘法(MSLS)所需求逆阵阶数的一半,即 $m+n$。由于运用相关函数,算式中避免了使用矩阵 $\boldsymbol{\Phi}$,因而节省了大量存储量。

下面讨论快速多阶段最小二乘法(FMLS)的系统参数估计算法,以求进一步减少计算量。根据式(5.10.8)和式(5.10.9)可得

$$\frac{d(z^{-1})}{c(z^{-1})} = \frac{b(z^{-1})f(z^{-1})}{a(z^{-1})f(z^{-1})} = \frac{b(z^{-1})}{a(z^{-1})} \tag{5.10.24}$$

及

$$b(z^{-1})c(z^{-1}) = a(z^{-1})d(z^{-1}) \tag{5.10.25}$$

即

$$\begin{aligned} &[b_1 z^{-1} + b_2 z^{-2} + \cdots + b_n z^{-n}][1 + c_1 z^{-1} + \cdots + c_{m+n} z^{-(m+n)}] = \\ &[1 + a_1 z^{-1} + \cdots + a_n z^{-n}][d_1 z^{-1} + d_2 z^{-2} + \cdots + d_{m+n} z^{-(m+n)}] \end{aligned} \tag{5.10.26}$$

因而有

$$b_1 z^{-1} + (b_1 c_1 + b_2) z^{-2} + \cdots + b_n c_{m+n} z^{-(m+2n)} =$$

$$d_1 z^{-1} + (a_1 d_1 + d_2) z^{-2} + \cdots + a_n d_{m+n} z^{-(m+2n)} \tag{5.10.27}$$

令上式等号两边 z^{-1} 的同次幂相等,可得

$$\begin{aligned}
d_1 &= b_1 \\
d_2 &= -a_1 d_1 + b_1 c_1 + b_2 \\
d_3 &= -a_1 d_2 - a_2 d_1 + b_1 c_2 + b_2 c_1 + b_3 \\
&\vdots \\
d_{m+n} &= -a_1 d_{m+n-1} - \cdots - a_n d_m + b_1 c_{m+n-1} + \cdots + b_n c_m \\
0 &= -a_1 d_{m+n} - \cdots - a_n d_{m+1} + b_1 c_{m+n} + \cdots + b_n c_{m+1} \\
&\vdots \\
0 &= -a_n d_{m+n} + b_n c_{m+n}
\end{aligned}$$

上述方程组可写成向量–矩阵形式

$$\boldsymbol{g} = \boldsymbol{G\theta} \tag{5.10.28}$$

式中

$$\boldsymbol{g} = [d_1 \quad d_2 \quad \cdots \quad d_{m+n} \quad 0 \quad \cdots \quad 0]^{\mathrm{T}}$$

$$\boldsymbol{\theta} = [a_1 \quad a_2 \quad \cdots \quad a_n \quad b_1 \quad b_2 \quad \cdots \quad b_n]^{\mathrm{T}}$$

$$\boldsymbol{G} = \begin{bmatrix}
0 & 0 & \cdots & 0 & 1 & 0 & \cdots & 0 \\
-d_1 & 0 & \cdots & 0 & c_1 & 1 & \cdots & 0 \\
-d_2 & -d_1 & \cdots & 0 & c_2 & c_1 & \cdots & 0 \\
\vdots & \vdots & & \vdots & \vdots & \vdots & & \vdots \\
-d_n & -d_{n-1} & \cdots & -d_1 & c_n & c_{n-1} & \cdots & c_1 \\
\vdots & \vdots & & \vdots & \vdots & \vdots & & \vdots \\
-d_{m+n} & -d_{m+n-1} & \cdots & -d_{m+1} & c_{m+n} & c_{m+n-1} & \cdots & c_{m+1} \\
0 & -d_{m+n} & \cdots & -d_{m+2} & 0 & c_{m+n} & \cdots & c_{m+2} \\
\vdots & \vdots & & \vdots & \vdots & \vdots & & \vdots \\
0 & 0 & \cdots & -d_{m+n} & 0 & 0 & \cdots & c_{m+n}
\end{bmatrix}$$

由式(5.10.28)可得系统参数 $\boldsymbol{\theta}$ 的最小二乘估计

$$\hat{\boldsymbol{\theta}} = (\boldsymbol{G}^{\mathrm{T}} \boldsymbol{G})^{-1} \boldsymbol{G}^{\mathrm{T}} \boldsymbol{g} \tag{5.10.29}$$

如果令

$$\begin{cases}
E_i = c_i + \sum\limits_{j=1}^{m+n-i} c_j c_{j+i}, i = 0,1,\cdots,n-1, c_0 = 1 \\
F_i = \sum\limits_{j=1}^{m+n-i} d_j d_{j+i}, i = 0,1,\cdots,n \\
S_i = d_i + \sum\limits_{j=1}^{m+n-i} c_j d_{j+i}, i = 1,2,\cdots,n \\
T_i = \sum\limits_{j=1}^{m+n-i} d_j c_{j+i}, i = 0,1,\cdots,n-1
\end{cases} \tag{5.10.30}$$

则式(5.10.29)可写成

$$\hat{\boldsymbol{\theta}} = \boldsymbol{X}^{-1} \boldsymbol{Z} \tag{5.10.31}$$

式中

$$\boldsymbol{X}=\begin{bmatrix} \boldsymbol{X}_1 & -\boldsymbol{X}_2 \\ -\boldsymbol{X}_2^{\mathrm{T}} & \boldsymbol{X}_3 \end{bmatrix} \tag{5.10.32}$$

$$\boldsymbol{Z}=[-F_1 \quad -F_2 \quad \cdots \quad -F_n \quad S_1 \quad S_2 \quad \cdots \quad S_n] \tag{5.10.33}$$

其中

$$\begin{cases} \boldsymbol{X}_1=\begin{bmatrix} F_0 & F_1 & \cdots & F_{n-1} \\ F_1 & F_0 & \cdots & F_{n-2} \\ \vdots & \vdots & & \vdots \\ F_{n-1} & F_{n-2} & \cdots & F_0 \end{bmatrix} \\ \boldsymbol{X}_2=\begin{bmatrix} T_0 & S_1 & \cdots & S_{n-1} \\ T_1 & T_0 & \cdots & S_{n-2} \\ \vdots & \vdots & & \vdots \\ T_{n-1} & T_{n-2} & \cdots & T_0 \end{bmatrix} \\ \boldsymbol{X}_3=\begin{bmatrix} E_0 & E_1 & \cdots & E_{n-1} \\ E_1 & E_0 & \cdots & E_{n-2} \\ \vdots & \vdots & & \vdots \\ E_{n-1} & E_{n-2} & \cdots & E_0 \end{bmatrix} \end{cases} \tag{5.10.34}$$

并且

$$\boldsymbol{X}^{-1}=\begin{bmatrix} \boldsymbol{P}_1 & \boldsymbol{P}_2 \\ \boldsymbol{P}_2{}^{\mathrm{T}} & \boldsymbol{P}_3 \end{bmatrix} \tag{5.10.35}$$

式中

$$\begin{cases} \boldsymbol{P}_1=(\boldsymbol{X}_1-\boldsymbol{X}_2\boldsymbol{X}_3{}^{-1}\boldsymbol{X}_2{}^{\mathrm{T}})^{-1} \\ \boldsymbol{P}_2=\boldsymbol{P}_1\boldsymbol{X}_2\boldsymbol{X}_3{}^{-1} \\ \boldsymbol{P}_3=\boldsymbol{X}_3{}^{-1}+\boldsymbol{X}_2\boldsymbol{X}_3{}^{-1}\boldsymbol{P}_2 \end{cases} \tag{5.10.36}$$

用快速多阶段最小二乘法辨识系统参数的步骤归纳如下：

(1)计算相关函数 $r_{yy}(i)$，$r_{uy}(i)$，$r_{yu}(i)$和 $r_{uu}(i)$；

(2)利用式(5.10.14)、式(5.10.15)、式(5.10.16)及式(5.10.12)构成矩阵 $\boldsymbol{R}_{yy}$，$\boldsymbol{R}_{uy}$，$\boldsymbol{R}_{uu}$及$\boldsymbol{Q}$；

(3)由式(5.10.21)、式(5.10.22)和式(5.10.23)计算矩阵 $\boldsymbol{W}$，然后由式(5.10.20)和式(5.10.18)计算 $\boldsymbol{R}^{-1}$；

(4)由式(5.10.11)求取辅助模型参数的最小二乘估计 $\hat{\boldsymbol{\alpha}}$；

(5)将估计量 $\hat{c}_i$，$\hat{d}_i$ 代入式(5.10.30)，计算 E_i，F_i，S_i 和 T_i，然后根据式(5.10.34)、式(5.10.35)和式(5.10.36)计算 $\boldsymbol{X}^{-1}$；

(6)利用式(5.10.31)和式(5.10.33)计算系统参数估值 $\hat{\boldsymbol{\theta}}$。

可以证明，快速多阶段最小二乘参数估计是一致性的。表 5.4 为几种辨识算法的离线及递推计算时间比较表。

表 5.4 几种辨识算法的计算时间比较表

实现方式 / 算法 / 仿真对象	离线算法（$N=450$）			递推算法（递推 100 步）		
	快速多阶段最小二乘法	多阶段最小二乘法	最小二乘法	快速多阶段最小二乘法	多阶段最小二乘法	最小二乘法
一阶系统	44	150	52	30	105	39
二阶系统	69	281	146	41	203	101
三阶系统	95	462	272	52	336	199

例 5.8 对于典型二阶振荡系统

$$(1.0-1.5z^{-1}+0.7z^{-2})y(k)=(1.0z^{-1}+0.5z^{-2})u(k)+\xi(k)$$

$$(1.0+0.5z^{-1})\xi(k)=\varepsilon(k)$$

在不同噪信比和不同观测数据长度下采用快速多阶段最小二乘法、多阶段最小二乘法和最小二乘法 3 种不同辨识算法进行参数估计时的相对误差曲线分别如图 5.5 和图 5.6 所示。可以看出，快速多阶段最小二乘法在运算速度和估计精度方面均优于多阶段最小二乘法和最小二乘法。

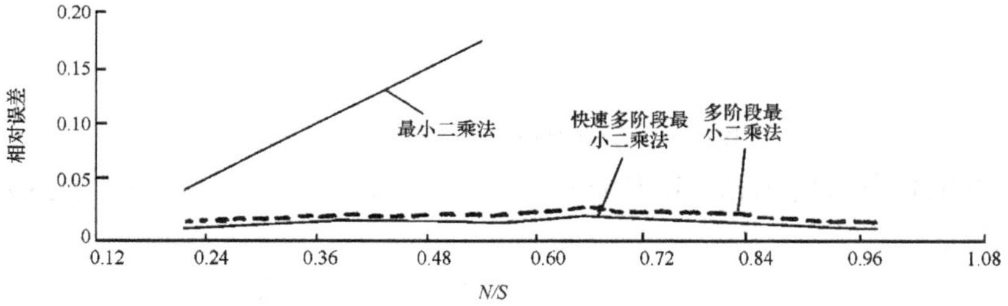

图 5.5 不同噪信比下参数估计的相对误差（$N=450$）

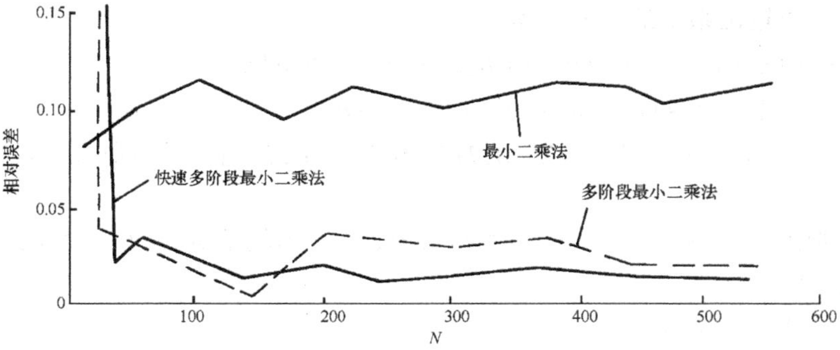

图 5.6 不同观测数据长度下参数的相对误差（$N/S=0.47$）

思 考 题

5.1 设

$$P_N = (Z_N^{\mathrm{T}} \Phi_N)^{-1}$$

$$\psi_{N+1}^{\mathrm{T}} = [-y(n+N) \ \cdots \ -y(N+1) \ u(n+N-1) \ \cdots \ u(N+1)]$$

$$z_{N+1}^{\mathrm{T}} = [-\hat{y}(n+N) \ \cdots \ -\hat{y}(N+1) \ u(n+N-1) \ \cdots \ u(N+1)]$$

按递推最小二乘法公式的推导方法，详细推导递推辅助变量法的计算公式。

5.2 考虑如图 5.7 所示仿真对象

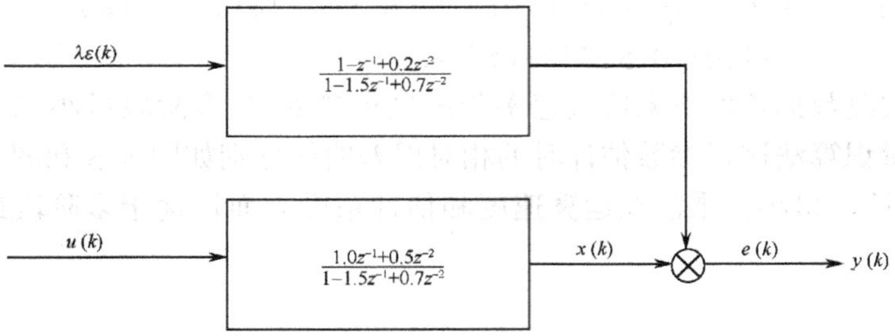

图 5.7 仿真对象

图中，$\varepsilon(k)$为服从 $N(0,1)$分布的不相关随机噪声。调正 λ 值，使数据的噪信比为 23%，模型结构选用的形式为

$$y(k)+a_1y(k-1)+a_2y(k-2)=b_1u(k-1)+b_2u(k-2)+ \varepsilon(k)+c_1\varepsilon(k-1)+c_2\varepsilon(k-2)$$

数据长度 $N=300$ 或 $N=500$，初始条件 $\hat{\boldsymbol{\theta}}(0)=0.001\ \boldsymbol{I}_{6\times 1}$，$\boldsymbol{P}(0)=10^6\boldsymbol{I}$，其中 $\boldsymbol{I}_{6\times 1}$为所有元素均为 1 的列向量。利用递推增广矩阵法和递推最小二乘法进行参数辨识，并分析比较所获得的辨识结果。

5.3 设单输入－单输出系统的差分方程为

$$y(k)=-a_1y(k-1)-a_2y(k-2)+b_1u(k-1)+b_2u(k-2)+\xi(k)$$

$$\xi(k)=\varepsilon(k)+a_1\varepsilon(k-1)+a_2\varepsilon(k-2)$$

取真实值 $\boldsymbol{\theta}^{\mathrm{T}}=[a_1 \quad a_2 \quad b_1 \quad b_2]=[1.642 \quad 0.715 \quad 0.39 \quad 0.35]$，输入数据如表 5.5 所列。

用 $\boldsymbol{\theta}$ 的真实值利用差分方程求出 $y(k)$作为测量值，$\varepsilon(k)$为均值为 0、方差为 0.1 和 0.5 的不相关随机序列。

(1) 用最小二乘法估计参数 $\boldsymbol{\theta}^{\mathrm{T}}=[a_1 \quad a_2 \quad b_1 \quad b_2]$。

(2) 用递推最小二乘法估计参数 $\boldsymbol{\theta}$。

(3) 用辅助变量法估计参数 $\boldsymbol{\theta}$。

(4) 设 $\xi(k)+f_1\xi(k)=\varepsilon(k)$，用广义最小二乘法估计参数 $\boldsymbol{\theta}$。

(5) 用增广矩阵法估计参数 $\boldsymbol{\theta}$。

表 5.5　输入数据

k	$u(k)$	k	$u(k)$	k	$u(k)$
1	1.147	11	-0.958	21	0.485
2	0.201	12	0.810	22	1.633
3	-0.787	13	-0.044	23	0.043
4	-1.589	14	0.947	24	1.326
5	-1.052	15	-1.474	25	1.706
6	0.866	16	-0.719	26	-0.340
7	1.152	17	-0.086	27	0.890
8	1.573	18	-1.099	28	1.144
9	0.626	19	1.450	29	1.177
10	0.433	20	1.151	30	-0.390

(6) 用夏氏法估计参数 $\boldsymbol{\theta}$。

详细分析和比较所获得的参数辨识结果，并说明上述参数辨识方法的优缺点。(此题可作为大作业。)

第6章 极大似然法辨识

极大似然法是一种由 Fisher 发展起来的能给出无偏估计的有效方法，可用来处理残差序列$\{e(k)\}$相关的情况，因此得到了广泛应用。

极大似然法的基本思路与最小二乘法完全不同，它需要构造一个以观测值和未知参数为自变量的似然函数，并通过极大化这个似然函数来获得模型的参数估值。因此，极大似然法通常要求具有能够写出输出量条件概率密度函数的先验知识。这种辨识方法的计算量较大，但其参数估计量具有良好的渐近性质。

6.1 极大似然参数辨识方法

极大似然参数估计方法是以观测值的出现概率为最大作为准则的，这是一种很普遍的参数估计方法，在系统辨识中有着广泛的应用。

6.1.1 极大似然原理

设有离散随机过程$\{V_k\}$与未知参数 $\boldsymbol{\theta}$ 有关，假定已知概率分布密度 $f(V_k|\boldsymbol{\theta})$。如果我们得到 n 个独立的观测值 $V_1, V_2, \cdots, V_n$，则可得分布密度 $f(V_1|\boldsymbol{\theta}), f(V_2|\boldsymbol{\theta}, \cdots, f(V_n|\boldsymbol{\theta})$。要求根据这些观测值来估计未知参数 $\boldsymbol{\theta}$，估计的准则是观测值$\{V_k\}$的出现概率为最大。为此，定义一个似然函数

$$L(V_1, V_2, \cdots, V_n|\boldsymbol{\theta}) = f(V_1|\boldsymbol{\theta})f(V_2|\boldsymbol{\theta})\cdots f(V_n|\boldsymbol{\theta}) \tag{6.1.1}$$

上式的右边是 n 个概率密度函数的连乘，似然函数 L 是$\boldsymbol{\theta}$ 的函数。如果 L 达到极大值，$\{V_k\}$的出现概率为最大。因此，极大似然法的实质就是求出使 L 达到极大值的$\boldsymbol{\theta}$ 的估值 $\hat{\boldsymbol{\theta}}$。为了便于求 $\hat{\boldsymbol{\theta}}$，对式(6.1.1)等号两边取对数，则把连成变为连加，即

$$\ln L = \sum_{i=1}^{n} \ln f(V_i \mid \boldsymbol{\theta}) \tag{6.1.2}$$

由于对数函数是单调递增函数，当 L 取极大值时，$\ln L$ 也同时取极大值。求式(6.1.2)对 $\boldsymbol{\theta}$ 的偏导数，令偏导数为 $\mathbf{0}$，可得

$$\frac{\partial \ln L}{\partial \boldsymbol{\theta}} = \mathbf{0} \tag{6.1.3}$$

解上式可得 $\boldsymbol{\theta}$ 的极大似然估计 $\hat{\boldsymbol{\theta}}_{\mathrm{ML}}$。

例 6.1 已知独立同分布的随机过程$\{x(t)\}$，在参数 θ 条件下随机变量 x 的概率密度为 $p(x|\theta) = \theta^2 x \mathrm{e}^{-\theta x}, \theta > 0$，求参数 θ 的极大似然估计。

解 设 $\boldsymbol{x}_N = [x(1) \quad x(2) \quad \cdots \quad x(N)]^{\mathrm{T}}$ 表示随机变量 x 的 N 个观测值向量，则随机变量 x 在参数θ 条件下的似然函数为

$$L(\boldsymbol{x}_N \mid \theta) = \prod_{k=1}^{N} p(x(k) \mid \theta) = \theta^{2N} \prod_{k=1}^{N} x(k) \exp\left[-\theta \sum_{k=1}^{N} x(k)\right]$$

对上式等号两边取对数,可得

$$\ln L(\boldsymbol{x}_N \mid \theta) = 2N\ln\theta + \sum_{k=1}^{N} \ln x(k) - \theta \sum_{k=1}^{N} x(k)$$

求上式对 θ 的偏导数,并且令偏导数等于0,可得

$$\frac{\partial \ln L(\boldsymbol{x}_N \mid \theta)}{\partial \theta} = \frac{2N}{\theta} - \sum_{k=1}^{N} x(k) = 0$$

因而可得参数 θ 的极大似然估计

$$\hat{\theta}_{\text{ML}} = \frac{2N}{\sum_{k=1}^{N} x(k)}$$

又由于

$$\left.\frac{\partial^2 \ln L(\boldsymbol{x}_N | \theta)}{\partial \theta^2}\right|_{\hat{\theta}_{\text{ML}}} = -\frac{2N}{\hat{\theta}_{\text{ML}}^2} < 0$$

故 $\hat{\theta}_{\text{ML}}$ 使似然函数达到了最大值。因此 $\hat{\theta}_{\text{ML}}$ 是参数 θ 的极大似然估计。

例 6.2 设 $\{x(k)\}$ 是独立同分布随机序列,其概率密度为

$$p(x|a) = \begin{cases} \dfrac{4x^2}{\sqrt{\pi}a^3}\exp\left(-\dfrac{x^2}{a^2}\right), & x > 0 \\ 0, & x \leqslant 0 \end{cases}$$

式中 $a > 0$ 为待估参数,求 a 的极大似然估计。

解 设 $\boldsymbol{x}_N = [x(1) \quad x(2) \quad \cdots \quad x(N)]^{\mathrm{T}}$ 表示随机序列 $\{x(k)\}$ 的 N 个观测值向量,根据题意可得随机变量 x 在参数 a 条件下的似然函数

$$L(\boldsymbol{x}_N \mid a) = \prod_{k=1}^{N} p(x(k) \mid a) = \left(\frac{4}{\sqrt{\pi}}\right)^N a^{-3N} \prod_{k=1}^{N} x^2(k) \exp\left[-\frac{1}{a^2} \sum_{k=1}^{N} x^2(k)\right]$$

对上式等号两边取对数,有

$$\ln L(\boldsymbol{x}_N \mid a) = N\ln\frac{4}{\sqrt{\pi}} - 3N\ln a + \ln \prod_{k=1}^{N} x^2(k) - \frac{1}{a^2} \sum_{k=1}^{N} x^2(k)$$

求上式对 a 的偏导数并令其为0,可得

$$\frac{\partial \ln L(\boldsymbol{x}_N \mid a)}{\partial a} = -\frac{3N}{a} + \frac{2}{a^3} \sum_{k=1}^{N} x^2(k) = 0$$

因而可得 a 的极大似然估计

$$\hat{a}_{\text{ML}} = \sqrt{\frac{2}{3N} \sum_{k=1}^{N} x^2(k)}$$

考虑到 x 是独立同分布随机变量,则有

$$E\{\hat{a}_{\text{ML}}\} = \sqrt{\frac{2}{3N} \sum_{k=1}^{N} E\{x^2(k)\}} = \sqrt{\frac{2}{3N} \sum_{k=1}^{N} E\{x^2\}} = \sqrt{\frac{2}{3} E\{x^2\}}$$

式中

$$E\{x^2\} = \int_0^{\infty} x^2 p(x \mid a) \mathrm{d}x = \int_0^{\infty} \frac{4x^4}{\sqrt{\pi}a^3} \exp\left(-\frac{x^2}{a^2}\right) \mathrm{d}x = \frac{3}{2}a^2$$

故有

$$E\{\hat{a}_{\mathrm{ML}}\}=a$$

可见 $\hat{a}_{\mathrm{ML}}$是无偏估计。又由于

$$\lim_{N\to\infty}\hat{a}_{\mathrm{ML}}\xrightarrow{\text{a.s.}}\sqrt{\frac{2}{3}E\{x^2\}}=a$$

因而 $\hat{a}_{\mathrm{ML}}$又是一致性估计。

上述的例子说明,如果随机变量观测值的概率密度函数已知,可以很容易地求出参数的极大似然估计。一般地,极大似然估计量都具有良好的渐近性质和无偏性。但需要指出的是,渐近性质是极大似然估计量的普遍特性,而无偏性却不是所有极大似然估计量都具备的性质。例如,对于例 6.1 来说,考虑到全概率为 1,则有

$$\int_{-\infty}^{\infty}\theta^{2N}\prod_{k=1}^{N}x(k)\exp\left[-\theta\sum_{k=1}^{N}x(k)\right]\mathrm{d}x=1$$

上式两边同除以 θ^{2N},并在积分区间 $-\infty$至 θ_0 上对 θ 进行积分,可得

$$\int_{-\infty}^{\infty}\frac{1}{\sum_{k=1}^{N}x(k)}\prod_{k=1}^{N}x(k)\exp\left[-\theta_0\sum_{k=1}^{N}x(k)\right]\mathrm{d}x=\frac{\theta_0^{-(2N-1)}}{2N-1}$$

将上式等号两边同乘以 $2N\theta_0^{2N}$,并考虑到 $\hat{\theta}_{\mathrm{ML}}=\dfrac{2N}{\sum_{k=1}^{N}x(k)}$,则有

$$\int_{-\infty}^{\infty}\hat{\theta}_{\mathrm{ML}}p(\boldsymbol{x}_N\mid\theta_0)\mathrm{d}x=\frac{2N\theta_0}{2N-1}$$

即

$$E\{\hat{\theta}_{\mathrm{ML}}\}=\theta_0+\frac{\theta_0}{2N-1}\neq\theta_0(\text{真值})$$

但

$$\lim_{N\to\infty}E\{\hat{\theta}_{\mathrm{ML}}\}=\theta_0$$

故 $\hat{\theta}_{\mathrm{ML}}$只是渐近无偏估计量,而不是无偏估计量。

6.1.2 系统参数的极大似然估计

设系统的差分方程为

$$y(k)=-\sum_{i=1}^{n}a_iy(k-i)+\sum_{i=0}^{n}b_iu(k-i)+\xi(k)\tag{6.1.4}$$

或写为

$$a(z^{-1})y(k)=b(z^{-1})u(k)+\xi(k)\tag{6.1.5}$$

式中

$$a(z^{-1})=1+a_1z^{-1}+\cdots+a_nz^{-n}$$
$$b(z^{-1})=b_0+b_1z^{-1}+\cdots+b_nz^{-n}$$

由式(6.1.4)或式(6.1.5)可建立向量-矩阵方程

$$\boldsymbol{Y}_N=\boldsymbol{\Phi}_N\boldsymbol{\theta}+\boldsymbol{\xi}_N\tag{6.1.6}$$

式中

$$\boldsymbol{Y}_N=\begin{bmatrix}y(n+1)\\y(n+2)\\\vdots\\y(n+N)\end{bmatrix},\boldsymbol{\xi}_N=\begin{bmatrix}\xi(n+1)\\\xi(n+2)\\\vdots\\\xi(n+N)\end{bmatrix},\boldsymbol{\theta}=\begin{bmatrix}a_1\\\vdots\\a_n\\b_0\\\vdots\\b_n\end{bmatrix}$$

$$\boldsymbol{\Phi}_N=\begin{bmatrix}-y(n) & \cdots & -y(1) & u(n+1) & \cdots u(1)\\-y(n+1) & \cdots & -y(2) & u(n+2) & \cdots u(2)\\\vdots & & \vdots & \vdots & \vdots\\-y(n+N-1) & \cdots & -y(N) & u(n+N) & \cdots u(N)\end{bmatrix}$$

假定$\{\xi(k)\}$是均值为0的高斯分布不相关随机序列，且与$\{u(k)\}$不相关。由式(6.1.6)可得

$$\boldsymbol{\xi}_N=\boldsymbol{Y}_N-\boldsymbol{\Phi}_N\boldsymbol{\theta} \tag{6.1.7}$$

系统的残差为

$$e(k)=\hat{a}(z^{-1})y(k)-\hat{b}(z^{-1})u(k) \tag{6.1.8}$$

由式(6.1.8)可建立向量－矩阵方程

$$\boldsymbol{e}_N=\boldsymbol{Y}_N-\boldsymbol{\Phi}_N\hat{\boldsymbol{\theta}} \tag{6.1.9}$$

式中

$$\boldsymbol{e}_N=\begin{bmatrix}e(n+1)\\e(n+2)\\\vdots\\e(n+N)\end{bmatrix}$$

设$\boldsymbol{e}_N$服从高斯分布，$\{e(k)\}$具有相同的方差σ^2，则可得似然函数

$$L(\boldsymbol{e}_N|\hat{\boldsymbol{\theta}})=L(\boldsymbol{Y}_N|\hat{\boldsymbol{\theta}})=\frac{1}{(2\pi\sigma^2)^{\frac{N}{2}}}\exp\left[-\frac{(\boldsymbol{Y}_N-\boldsymbol{\Phi}_N\hat{\boldsymbol{\theta}})^{\mathrm{T}}(\boldsymbol{Y}_N-\boldsymbol{\Phi}_N\hat{\boldsymbol{\theta}})}{2\sigma^2}\right] \tag{6.1.10}$$

对上式等号两边取对数得

$$\ln L(\boldsymbol{Y}_N|\hat{\boldsymbol{\theta}})=-\frac{N}{2}\ln 2\pi-\frac{1}{2}\ln\sigma^2-\frac{(\boldsymbol{Y}_N-\boldsymbol{\Phi}_N\hat{\boldsymbol{\theta}})^{\mathrm{T}}(\boldsymbol{Y}_N-\boldsymbol{\Phi}_N\hat{\boldsymbol{\theta}})}{2\sigma^2} \tag{6.1.11}$$

求$\ln L(\boldsymbol{Y}_N|\hat{\boldsymbol{\theta}})$对未知参数$\hat{\boldsymbol{\theta}}$和$\sigma^2$的偏导数且令其为0，可得

$$\frac{\partial\ln L(\boldsymbol{Y}_N|\hat{\boldsymbol{\theta}})}{\partial\hat{\boldsymbol{\theta}}}=\frac{1}{\sigma^2}(\boldsymbol{\Phi}_N^{\mathrm{T}}\boldsymbol{Y}_N-\boldsymbol{\Phi}_N^{\mathrm{T}}\boldsymbol{\Phi}_N\boldsymbol{\theta})=\boldsymbol{0} \tag{6.1.12}$$

$$\frac{\partial\ln L(\boldsymbol{Y}_N|\hat{\boldsymbol{\theta}})}{\partial\sigma^2}=-\frac{N}{2\sigma^2}+\frac{(\boldsymbol{Y}_N-\boldsymbol{\Phi}_N\hat{\boldsymbol{\theta}})^{\mathrm{T}}(\boldsymbol{Y}_N-\boldsymbol{\Phi}_N\hat{\boldsymbol{\theta}})}{2\sigma^4}=0 \tag{6.1.13}$$

式(6.1.12)和式(6.1.13)互不关联，解式(6.1.12)，可得$\boldsymbol{\theta}$的极大似然估计

$$\hat{\boldsymbol{\theta}}_{\mathrm{ML}}=(\boldsymbol{\Phi}_N^{\mathrm{T}}\boldsymbol{\Phi}_N)^{-1}\boldsymbol{\Phi}_N^{\mathrm{T}}\boldsymbol{Y}_N \tag{6.1.14}$$

$$\sigma^2=\frac{1}{N}(\boldsymbol{Y}_N-\boldsymbol{\Phi}_N\hat{\boldsymbol{\theta}})^{\mathrm{T}}(\boldsymbol{Y}_N-\boldsymbol{\Phi}_N\hat{\boldsymbol{\theta}})=\frac{1}{N}\sum_{k=n+a}^{n+N}e^2(k) \tag{6.1.15}$$

从式(6.1.14)可以看出，对于$\{\xi(k)\}$为高斯白噪声序列这一特殊情况，极大似然估计与普通最小二乘估计完全相同。

在实际工程问题中，$\{\xi(k)\}$往往不是白噪声序列，而是相关噪声序列。下面讨论在残差相关情况下的极大似然辨识问题。

式(6.1.5)可写成

$$a(z^{-1})y(k)=b(z^{-1})u(k)+c(z^{-1})\varepsilon(k) \tag{6.1.16}$$

式中

$$c(z^{-1})\varepsilon(k)=\xi(k) \tag{6.1.17}$$

$$c(z^{-1})=1+c_1z^{-1}+\cdots+c_nz^{-n} \tag{6.1.18}$$

$\varepsilon(k)$是均值为0的高斯分布白噪声序列。多项式$a(z^{-1})$，$b(z^{-1})$和$c(z^{-1})$中的系数$a_1,\cdots,a_n,b_0,\cdots,b_n,c_1,\cdots,c_n$和序列$\{\varepsilon(k)\}$的均方差$\sigma$都是未知参数。

设待估参数

$$\boldsymbol{\theta}=[a_1 \quad \cdots \quad a_n \quad b_0 \cdots \quad b_n \quad c_1 \quad \cdots \quad c_n]^{\mathrm{T}} \tag{6.1.19}$$

并设$y(k)$的预测值为

$$\begin{aligned}\hat{y}(k)=&-\hat{a}_1y(k-1)-\cdots-\hat{a}_ny(k-n)+\hat{b}_0u(k)+\cdots+\hat{b}_nu(k-n)+\\&\hat{c}_1e(k-1)+\cdots+\hat{c}_ne(k-n)\end{aligned} \tag{6.1.20}$$

式中$e(k-i)$为预测误差；$\hat{a}_i,\hat{b}_i$和$\hat{c}_i$为a_i,b_i和c_i的估值。预测误差可表示为

$$\begin{aligned}e(k)=&y(k)-\hat{y}(k)=y(k)-\left[-\sum_{i=1}^{n}\hat{a}_iy(k-i)+\sum_{i=0}^{n}\hat{b}_iu(k-i)+\right.\\&\left.\sum_{i=1}^{n}\hat{c}_ie(k-i)\right]=(1+\hat{a}_1z^{-1}+\cdots+\hat{a}_nz^{-n})y(k)-(\hat{b}_0+\hat{b}_1z^{-1}+\cdots+\hat{b}_nz^{-n})u(k)-\\&(\hat{c}_1z^{-1}+\hat{c}_2z^{-2}+\cdots+\hat{c}_nz^{-n})e(k)\end{aligned} \tag{6.1.21}$$

或

$$\begin{aligned}(1+\hat{c}_1z^{-1}+\cdots+\hat{c}_nz^{-n})e(k)=&(1+\hat{a}_1z^{-1}+\cdots+\hat{a}_nz^{-n})y(k)-\\&(\hat{b}_0+\hat{b}_1z^{-1}+\cdots+\hat{b}_nz^{-n})u(k)\end{aligned} \tag{6.1.22}$$

因此预测误差$e(k)$满足关系式

$$\hat{c}(z^{-1})e(k)=\hat{a}(z^{-1})y(k)-\hat{b}(z^{-1})u(k) \tag{6.1.23}$$

式中

$$\hat{a}(z^{-1})=1+\hat{a}_1z^{-1}+\cdots+\hat{a}_nz^{-n}$$
$$\hat{b}(z^{-1})=\hat{b}_0+\hat{b}_1z^{-1}+\cdots+\hat{b}_nz^{-n}$$
$$\hat{c}(z^{-1})=1+\hat{c}_1z^{-1}+\cdots+\hat{c}_nz^{-n}$$

假定预测误差$e(k)$服从均值为0的高斯分布，并设序列$\{e(k)\}$具有相同的方差σ^2。因为$\{e(k)\}$与$\hat{c}(z^{-1})$，$\hat{a}(z^{-1})$和$\hat{b}(z^{-1})$有关，所以σ^2是被估参数$\boldsymbol{\theta}$的函数。为了书写方便，把式(6.1.23)写成

$$c(z^{-1})e(k)=a(z^{-1})y(k)-b(z^{-1})u(k) \tag{6.1.24}$$

$$\begin{aligned}e(k)=&y(k)+a_1y(k-1)+\cdots+a_ny(k-n)-b_0u(k)-b_1u(k-1)-\cdots-\\&b_nu(k-n)-c_1e(k-1)-\cdots-c_ne(k-n),k=n+1,n+2,\cdots\end{aligned} \tag{6.1.25}$$

或写成

$$e(k)=y(k)+\sum_{i=1}^{n}a_iy(k-i)-\sum_{i=0}^{n}b_iu(k-i)-\sum_{i=1}^{n}c_ie(k-i) \tag{6.1.26}$$

令 $k=n+1,n+2,\cdots,n+N$，可得 $e(k)$的 N 个方程式，把这 N 个方程式写成向量－矩阵形式

$$\boldsymbol{e}_N=\boldsymbol{Y}_N-\boldsymbol{\Phi}_N\boldsymbol{\theta} \tag{6.1.27}$$

式中

$$\boldsymbol{\theta}=[a_1\ \cdots\ a_n\quad b_0\ \cdots\ b_n\quad c_1\ \cdots\ c_n]^{\mathrm{T}}$$

$$\boldsymbol{Y}_N=\begin{bmatrix}y(n+1)\\y(n+2)\\\vdots\\y(n+N)\end{bmatrix},\boldsymbol{e}_N=\begin{bmatrix}e(n+1)\\e(n+2)\\\vdots\\e(n+N)\end{bmatrix}$$

$$\boldsymbol{\Phi}_N=\left[\begin{array}{ccc:ccc:ccc}-y(n)&\cdots&-y(1)&u(n+1)&\cdots&u(1)&e(n)&\cdots&e(1)\\-y(n+1)&\cdots&-y(2)&u(n+2)&\cdots&u(2)&e(n+1)&\cdots&e(2)\\\vdots&&\vdots&\vdots&&\vdots&\vdots&&\vdots\\-y(n+N-1)&\cdots&-y(N)&u(n+N)&\cdots&u(N)&e(n+N-1)&\cdots&e(N)\end{array}\right]$$

因已假定$\{e(k)\}$是零均值高斯噪声序列，所以极大似然函数为

$$L(\boldsymbol{Y}_N|\boldsymbol{\theta},\sigma)=\frac{1}{(2\pi\sigma^2)^{\frac{N}{2}}}\exp\left(-\frac{1}{2\sigma^2}\boldsymbol{e}_N^{\mathrm{T}}\boldsymbol{e}_N\right) \tag{6.1.28}$$

或

$$L(\boldsymbol{Y}_N|\boldsymbol{\theta},\sigma)=\frac{1}{(2\pi\sigma^2)^{\frac{N}{2}}}\exp\left[-\frac{(\boldsymbol{Y}_N-\boldsymbol{\Phi}_N\boldsymbol{\theta})^{\mathrm{T}}(\boldsymbol{Y}_N-\boldsymbol{\Phi}_N\boldsymbol{\theta})}{2\sigma^2}\right] \tag{6.1.29}$$

对式(6.1.28)等号两边取对数得

$$\ln L(\boldsymbol{Y}_N|\boldsymbol{\theta},\sigma)=-\frac{N}{2}\ln 2\pi-\frac{N}{2}\ln\sigma^2-\frac{1}{2\sigma^2}\boldsymbol{e}_N^{\mathrm{T}}\boldsymbol{e}_N \tag{6.1.30}$$

或写为

$$\ln L(\boldsymbol{Y}_N|\boldsymbol{\theta},\sigma)=-\frac{N}{2}\ln 2\pi-\frac{N}{2}\ln\sigma^2-\frac{1}{2\sigma^2}\sum_{k=n+1}^{n+N}e^2(k) \tag{6.1.31}$$

求 $\ln L(\boldsymbol{Y}_N|\boldsymbol{\theta},\sigma)$对 σ^2 的偏导数，令其等于 0，可得

$$\frac{\partial\ln L(\boldsymbol{Y}_N|\boldsymbol{\theta},\sigma)}{\partial\sigma^2}=-\frac{N}{2\sigma^2}+\frac{1}{2\sigma^4}\sum_{k=n+1}^{n+N}e^2(k)=0 \tag{6.1.32}$$

则

$$\hat{\sigma}^2=\frac{1}{N}\sum_{k=n+1}^{n+N}e^2(k)=\frac{2}{N}\frac{1}{2}\sum_{k=n+1}^{n+N}e^2(k)=\frac{2}{N}J \tag{6.1.33}$$

式中

$$J=\frac{1}{2}\sum_{k=n+1}^{n+N}e^2(k) \tag{6.1.34}$$

我们总是希望 σ^2 越小越好，因此希望

$$\hat{\sigma}^2=\frac{2}{N}\min J \tag{6.1.35}$$

因为式(6.1.24)可理解为预测模型,而 $e(k)$可看做预测误差。因此使式(6.1.34)最小就是使预测误差的平方之和为最小,即使对概率密度不作任何假设,这样的准则也是有意义的。因此可按 J 最小来求 $a_1,\cdots,a_n,b_0,\cdots,b_n,c_1,\cdots,c_n$ 的估值。

由于 $e(k)$是参数 $a_1,\cdots,a_n,b_0,\cdots,b_n,c_1,\cdots,c_n$ 的线性函数,因此 J 是这些参数的二次型函数。求使 $L(\boldsymbol{Y}_N|\boldsymbol{\theta},\sigma)$最大的 $\hat{\boldsymbol{\theta}}$,等价于在式(6.1.24)的约束条件下求 $\hat{\boldsymbol{\theta}}$使 J 为最小。由于 J 对于 c_i 是非线性的,因而求 J 的极小值问题并不好解,只能用迭代方法求解。求 J 极小值的常用迭代算法有拉格朗日(Lagrangian)乘子法和牛顿－拉卜森(Newton－Raphson)法。这里只介绍牛顿－拉卜森法。整个迭代计算步骤如下:

(1) 选定初始的 $\hat{\boldsymbol{\theta}}_0$ 值。对于 $\hat{\boldsymbol{\theta}}_0$ 中的 $a_1,\cdots,a_n,b_0,\cdots,b_n$ 可按模型

$$e(k)=\hat{a}(z^{-1})y(k)-\hat{b}(z^{-1})u(k) \tag{6.1.36}$$

用最小二乘法来求,而对于 $\hat{\boldsymbol{\theta}}_0$ 中的 $\hat{c}_1,\cdots,\hat{c}_n$ 可先假定一些值。

(2) 计算预测误差

$$e(k)=y(k)-\hat{y}(k) \tag{6.1.37}$$

给出

$$J=\frac{1}{2}\sum_{k=n+1}^{n+N}e^2(k)$$

并计算

$$\hat{\sigma}^2=\frac{1}{N}\sum_{k=n+1}^{n+N}e^2(k) \tag{6.1.38}$$

(3) 计算 J 的梯度$\frac{\partial J}{\partial \boldsymbol{\theta}}$和海赛(Hassian)矩阵$\frac{\partial^2 J}{\partial \boldsymbol{\theta}^2}$,有

$$\frac{\partial J}{\partial \boldsymbol{\theta}}=\sum_{k=n+1}^{n+N}e(k)\frac{\partial e(k)}{\partial \boldsymbol{\theta}} \tag{6.1.39}$$

式中

$$\frac{\partial e(k)}{\partial \boldsymbol{\theta}}=\begin{bmatrix}\frac{\partial e(k)}{\partial a_1} & \cdots & \frac{\partial e(k)}{\partial a_n} & \frac{\partial e(k)}{\partial b_0} & \cdots & \frac{\partial e(k)}{\partial b_n} & \frac{\partial e(k)}{\partial c_1} & \cdots & \frac{\partial e(k)}{\partial c_n}\end{bmatrix}^{\mathrm{T}}$$

$$\frac{\partial e(k)}{\partial a_i}=y(k-i)-\sum_{j=1}^{n}c_j\frac{\partial e(k-j)}{\partial a_i} \tag{6.1.40}$$

$$\frac{\partial e(k)}{\partial b_i}=-u(k-i)-\sum_{j=1}^{n}c_j\frac{\partial e(k-j)}{\partial b_i} \tag{6.1.41}$$

$$\frac{\partial e(k)}{\partial c_i}=-e(k-i)-\sum_{j=1}^{n}c_j\frac{\partial e(k-j)}{\partial c_i} \tag{6.1.42}$$

式(6.1.40)、式(6.1.41)和式(6.1.42)又可写为

$$c(z^{-1})\frac{\partial e(k)}{\partial a_i}=y(k-i) \tag{6.1.43}$$

$$c(z^{-1})\frac{\partial e(k)}{\partial b_i}=-u(k-i) \tag{6.1.44}$$

$$c(z^{-1})\frac{\partial e(k)}{\partial c_i}=-e(k-i) \tag{6.1.45}$$

由式(6.1.43)至式(6.1.45)分别可得

$$\frac{\partial e(k)}{\partial a_i}=\frac{\partial e(k-i+j)}{\partial a_j}=\frac{\partial e(k-i+1)}{\partial a_1} \tag{6.1.46}$$

$$\frac{\partial e(k)}{\partial b_i}=\frac{\partial e(k-i+j)}{\partial b_j}=\frac{\partial e(k-i)}{\partial b_0} \tag{6.1.47}$$

$$\frac{\partial e(k)}{\partial c_i}=\frac{\partial e(k-i+j)}{\partial c_j}=\frac{\partial e(k-i+1)}{\partial c_1} \tag{6.1.48}$$

式(6.1.40)、式(6.1.41)和式(6.1.42)均为差分方程,这些差分方程的初始条件为0,可通过求解这些差分方程,分别求出 $e(k)$关于 $a_1,\cdots,a_n,b_0,\cdots,b_n,c_1,\cdots,c_n$ 的全部偏导数,而这些偏导数分别为$\{y(k)\}$,$\{u(k)\}$和$\{e(k)\}$的线性函数。下面求 J 关于$\boldsymbol{\theta}$ 的二阶偏导数,即

$$\frac{\partial^2 J}{\partial \boldsymbol{\theta}^2}=\sum_{k=n+1}^{n+N}\frac{\partial e(k)}{\partial \boldsymbol{\theta}}\left[\frac{\partial e(k)}{\partial \boldsymbol{\theta}}\right]^{\mathrm{T}}+\sum_{k=n+1}^{n+N}e(k)\frac{\partial^2 e(k)}{\partial \boldsymbol{\theta}^2} \tag{6.1.49}$$

当 $\hat{\boldsymbol{\theta}}$接近于真值 $\boldsymbol{\theta}$ 时,$e(k)$接近于 0。在这种情况下,式(6.1.49)等号右边第 2 项接近于 0,$\frac{\partial^2 J}{\partial \boldsymbol{\theta}^2}$可近似表示为

$$\frac{\partial^2 J}{\partial \boldsymbol{\theta}^2}=\sum_{k=n+1}^{n+N}\frac{\partial e(k)}{\partial \boldsymbol{\theta}}\left[\frac{\partial e(k)}{\partial \boldsymbol{\theta}}\right]^{\mathrm{T}} \tag{6.1.50}$$

则利用式(6.1.50)计算$\frac{\partial^2 J}{\partial \boldsymbol{\theta}^2}$比较简单。

(4) 按牛顿-拉卜森法计算 $\boldsymbol{\theta}$ 的新估值$\hat{\boldsymbol{\theta}}_1$,有

$$\hat{\boldsymbol{\theta}}_1=\hat{\boldsymbol{\theta}}_0-\left[\left(\frac{\partial^2 J}{\partial \boldsymbol{\theta}^2}\right)^{-1}\frac{\partial J}{\partial \boldsymbol{\theta}}\right]_{\hat{\boldsymbol{\theta}}_0} \tag{6.1.51}$$

重复(2)至(4)的计算步骤,经过 r 次迭代计算之后可得$\hat{\boldsymbol{\theta}}_r$,进一步迭代计算可得

$$\hat{\boldsymbol{\theta}}_{r+1}=\hat{\boldsymbol{\theta}}_r-\left[\left(\frac{\partial^2 J}{\partial \boldsymbol{\theta}^2}\right)^{-1}\frac{\partial J}{\partial \boldsymbol{\theta}}\right]_{\hat{\boldsymbol{\theta}}_r} \tag{6.1.52}$$

如果

$$\frac{\hat{\sigma}_{r+1}^2-\hat{\sigma}_r^2}{\hat{\sigma}_r^2}<10^{-4} \tag{6.1.53}$$

则可停止计算,否则继续迭代计算。

式(6.1.53)表明,当残差方差的计算误差小于 0.01% 时就停止计算。这一方法即使在噪声比较大的情况下也能得到较好的估值 $\hat{\boldsymbol{\theta}}$。

例 6.3 已知对象的差分方程为

$$y(k)-1.5y(k-1)+0.7y(k-2)=u(k-1)+0.5u(k-2)+\varepsilon(k)-\varepsilon(k-1)+0.2\varepsilon(k-2)$$

式中 $\varepsilon(k)$是均值为 0、方差为 σ^2、服从正态分布的不相关随机噪声,输入信号 $u(k)$采用伪随机码。数据长度取 $N=240$,先用普通最小二乘法获得参数估计初值,再用牛顿-拉卜森法进行迭代计算,每次迭代计算结果如表 6.1 所列,最后的辨识结果如表 6.2 所列。辨识结果表明,即使在噪声比较大的情况下,极大似然法也能给出较好的参数估计值。

表 6.1 各次迭代计算结果($\sigma=7.2$)

估计参数 / 真值 / 迭代次数	$\hat{a}_1$	$\hat{a}_2$	$\hat{b}_1$	$\hat{b}_2$	$\hat{c}_1$	$\hat{c}_2$	$J_k(\boldsymbol{\theta})$
真值	−1.5	0.7	1.0	0.5	−1.0	0.2	
0	−0.669223	0.067462	1.793699	1.215727	0	0	7696.58
1	−1.611282	0.691069	1.939274	−1.258858	−0.953107	0.036294	7162.93
2	−1.551279	0.691890	1.370642	−0.282776	−0.992611	0.108536	6891.57
3	−1.588040	0.720158	1.389544	−0.396304	−1.038508	0.134742	6882.01
4	−1.583258	0.720690	1.332628	−0.294744	−1.035053	0.142406	6880.34
5	−1.585877	0.721886	1.337403	−0.313218	−1.038635	0.142974	6880.12
6	−1.585872	0.721896	1.337638	−0.313263	−1.038668	0.143086	6880.12
7	−1.585874	0.721897	1.337638	−0.313265	−1.038671	0.143088	

表 6.2 最后辨识结果

估计参数 / 真值 / σ	$\hat{a}_1$	$\hat{a}_2$	$\hat{b}_1$	$\hat{b}_2$	$\hat{c}_1$	$\hat{c}_2$	$\hat{\sigma}$
真值	−1.5	0.7	1.0	0.5	−1.0	0.2	
0.4	−1.1512±0.008	0.705±0.005	1.025±0.04	0.413±0.05	−0.978±0.06	0.158±0.06	0.419±0.019
1.8	−1.544±0.03	0.720±0.02	1.161±0.16	0.076±0.2	−1.015±0.07	0.151±0.07	1.880±0.08
7.2	−1.586±0.06	0.722±0.06	1.338±0.6	−0.316±0.6	−1.039±0.10	0.143±0.07	7.572±0.3

6.2 递推极大似然法

为了在线辨识需要给出递推极大似然法计算公式。下面按近似方法和牛顿－拉卜森法分别给出递推公式。

6.2.1 近似的递推极大似然法

设系统的模型为

$$a(z^{-1})y(k)=b(z^{-1})u(k)+c(z^{-1})\varepsilon(k) \tag{6.2.1}$$

式中

$$a(z^{-1})=1+a_1z^{-1}+\cdots+a_nz^{-n}$$
$$b(z^{-1})=b_0+b_1z^{-1}+\cdots+b_nz^{-n}$$
$$c(z^{-1})=1+c_1z^{-1}+\cdots+c_nz^{-n}$$

$\varepsilon(k)$为预测误差。由式(6.2.1)得

$$\varepsilon(k)=c^{-1}(z^{-1})[a(z^{-1})y(k)-b(z^{-1})u(k)] \tag{6.2.2}$$

很明显,$\varepsilon(k)$是模型参数 $a_1,\cdots,a_n,b_0,\cdots,b_n$ 和$c_1,\cdots,c_n$ 的函数,所以预测误差 $\varepsilon(k)$可用 $\varepsilon(k,\boldsymbol{\theta})$来表示,即

$$\varepsilon(k,\boldsymbol{\theta})=c^{-1}(z^{-1})[a(z^{-1})y(k)-b(z^{-1})u(k)] \tag{6.2.3}$$

取指标函数为

$$J_N(\boldsymbol{\theta})=\sum_{k=n+1}^{n+N}\varepsilon^2(k,\boldsymbol{\theta}) \tag{6.2.4}$$

式中

$$\boldsymbol{\theta}=[a_1 \ \cdots \ a_n \quad b_0 \ \cdots \ b_n \quad c_1 \ \cdots \ c_n]^{\mathrm{T}}$$

按 J 最小来确定 $\boldsymbol{\theta}$ 的估值 $\hat{\boldsymbol{\theta}}$。

如果 $\varepsilon(k,\boldsymbol{\theta})$是 $\boldsymbol{\theta}$ 的线性函数,则可用最小二乘法来求 $\hat{\boldsymbol{\theta}}$的递推公式,但这里 $\varepsilon(k,\boldsymbol{\theta})$是 $\boldsymbol{\theta}$ 的非线性函数。我们用 $\boldsymbol{\theta}$ 的二次型函数来逼近$J_N(\boldsymbol{\theta})$,从而导出一个近似的极大似然法递推公式。应用泰勒级数把 $\varepsilon(k,\boldsymbol{\theta})$在估值 $\hat{\boldsymbol{\theta}}$的周围展开得

$$\varepsilon(k,\boldsymbol{\theta})\approx\varepsilon(k,\hat{\boldsymbol{\theta}})+\left[\frac{\partial\varepsilon(k,\boldsymbol{\theta})}{\partial\boldsymbol{\theta}}\right]^{\mathrm{T}}\Bigg|_{\hat{\boldsymbol{\theta}}}(\boldsymbol{\theta}-\hat{\boldsymbol{\theta}}) \tag{6.2.5}$$

式中

$$\varepsilon(k,\hat{\boldsymbol{\theta}})=e(k,\hat{\boldsymbol{\theta}})$$

$$e(k,\hat{\boldsymbol{\theta}})=\hat{c}^{-1}(z^{-1})[\hat{a}(z^{-1})y(k)-\hat{b}(z^{-1})u(k)] \tag{6.2.6}$$

$$\left[\frac{\partial\varepsilon(k,\boldsymbol{\theta})}{\partial\boldsymbol{\theta}}\right]_{\hat{\boldsymbol{\theta}}}=\left[\frac{\partial e(k,\hat{\boldsymbol{\theta}})}{\partial\hat{\boldsymbol{\theta}}}\right]^{\mathrm{T}} \tag{6.2.7}$$

参照式(6.1.40)、式(6.1.41)和式(6.1.42)可得$\dfrac{\partial e(k,\hat{\boldsymbol{\theta}})}{\partial\hat{\boldsymbol{\theta}}}$的各分量为

$$\frac{\partial e(k,\hat{\boldsymbol{\theta}})}{\partial\hat{a}_i}=y(k-i)-\sum_{j=1}^{n}\hat{c}_j\frac{\partial e(k-j,\hat{\boldsymbol{\theta}})}{\partial\hat{a}_i}=y_{\mathrm{F}}(k-i) \tag{6.2.8}$$

$$\frac{\partial e(k,\hat{\boldsymbol{\theta}})}{\partial\hat{b}_i}=-u(k-i)-\sum_{j=1}^{n}\hat{c}_j\frac{\partial e(k-j,\hat{\boldsymbol{\theta}})}{\partial\hat{b}_i}=u_{\mathrm{F}}(k-i) \tag{6.2.9}$$

$$\frac{\partial e(k,\hat{\boldsymbol{\theta}})}{\partial\hat{c}_i}=-e(k-i)-\sum_{j=1}^{n}\hat{c}_j\frac{\partial e(k-j,\hat{\boldsymbol{\theta}})}{\partial\hat{c}_i}=e_{\mathrm{F}}(k-i) \tag{6.2.10}$$

令 $\overline{\boldsymbol{Y}}_k,\overline{\boldsymbol{U}}_k$ 和$\bar{\boldsymbol{e}}_k$ 分别定义为

$$\overline{\boldsymbol{Y}}_k=\begin{bmatrix}y_{\mathrm{F}}(k-1)\\y_{\mathrm{F}}(k-2)\\\vdots\\y_{\mathrm{F}}(k-n)\end{bmatrix},\overline{\boldsymbol{U}}_k=\begin{bmatrix}u_{\mathrm{F}}(k)\\u_{\mathrm{F}}(k-1)\\\vdots\\u_{\mathrm{F}}(k-n)\end{bmatrix},\bar{\boldsymbol{e}}_k=\begin{bmatrix}e_{\mathrm{F}}(k-1)\\e_{\mathrm{F}}(k-2)\\\vdots\\e_{\mathrm{F}}(k-n)\end{bmatrix}$$

则

$$\frac{\partial e(k,\hat{\boldsymbol{\theta}})}{\partial\hat{\boldsymbol{\theta}}}=\begin{bmatrix}\overline{\boldsymbol{Y}}_k\\\overline{\boldsymbol{U}}_k\\\bar{\boldsymbol{e}}_k\end{bmatrix} \tag{6.2.11}$$

从式(6.2.8)、式(6.2.9)和式(6.2.10)可以看出,只要将输入 $u(k)$、输出 $y(k)$和$e(k)$进行简单的移位和滤波就能得到$\dfrac{\partial e(k)}{\partial\hat{\boldsymbol{\theta}}}$。下面用二次型函数来逼近 $J_N(\boldsymbol{\theta})$,即假定存在 $\hat{\boldsymbol{\theta}}_N,\boldsymbol{P}_N$ 和余项β_N,使

$$J_N(\boldsymbol{\theta})=\sum_{k=n+1}^{n+N}\varepsilon^2(k,\boldsymbol{\theta})=(\boldsymbol{\theta}-\hat{\boldsymbol{\theta}}_N)^{\mathrm{T}}\boldsymbol{p}_N^{-1}(\boldsymbol{\theta}-\hat{\boldsymbol{\theta}}_N)+\beta_N \tag{6.2.12}$$

下面利用式(6.2.5)和式(6.2.12)来推导递推算法。由式(6.2.5)和式(6.2.12)可得

$$J_{N+1}(\boldsymbol{\theta}) = \sum_{k=n+1}^{n+N+1} \varepsilon^2(k,\boldsymbol{\theta}) = (\boldsymbol{\theta} - \hat{\boldsymbol{\theta}}_N)^{\mathrm{T}} \boldsymbol{P}_N^{-1} (\boldsymbol{\theta} - \hat{\boldsymbol{\theta}}_N) + \beta_N + [e_{N+1} + \boldsymbol{\psi}_{N+1}^{\mathrm{T}} (\boldsymbol{\theta} - \hat{\boldsymbol{\theta}}_N)]^2 \tag{6.2.13}$$

式中

$$\begin{cases} e_{N+1} = e(n+N+1) \\ \boldsymbol{\psi}_{N+1} = \dfrac{\partial e_{N+1}}{\partial \hat{\boldsymbol{\theta}}} \end{cases} \tag{6.2.14}$$

设

$$\boldsymbol{\theta} - \hat{\boldsymbol{\theta}}_N = \boldsymbol{\Delta}$$

则式(6.2.13)可写成

$$J_{N+1}(\boldsymbol{\theta}) = \boldsymbol{\Delta}^{\mathrm{T}} (\boldsymbol{P}_N^{-1} + \boldsymbol{\psi}_{N+1} \boldsymbol{\psi}_{N+1}^{\mathrm{T}}) \boldsymbol{\Delta} + 2 e_{N+1} \boldsymbol{\psi}_{N+1}^{\mathrm{T}} \boldsymbol{\Delta} + e_{N+1}^2 + \beta_N \tag{6.2.15}$$

对上式配完全平方得

$$J_{N+1}(\boldsymbol{\theta}) = (\boldsymbol{\Delta} + \boldsymbol{r}_{N+1})^{\mathrm{T}} \boldsymbol{P}_{N+1}^{-1} (\boldsymbol{\Delta} + \boldsymbol{r}_{N+1}) + \beta_{N+1} \tag{6.2.16}$$

式中

$$\boldsymbol{P}_{N+1}^{-1} = \boldsymbol{P}_N^{-1} + \boldsymbol{\psi}_{N+1} \boldsymbol{\psi}_{N+1}^{\mathrm{T}} \tag{6.2.17}$$

$$\boldsymbol{r}_{N+1} = \boldsymbol{P}_{N+1} \boldsymbol{\psi}_{N+1} e_{N+1} \tag{6.2.18}$$

$$\beta_{N+1} = e_{N+1}^2 + \beta_N - e_{N+1} \boldsymbol{\psi}_{N+1}^{\mathrm{T}} \boldsymbol{P}_{N+1} \boldsymbol{\psi}_{N+1} e_{N+1}$$

在式(6.2.16)中 β_{N+1} 为已知值,当

$$\boldsymbol{\Delta} + \boldsymbol{r}_{N+1} = \boldsymbol{0}$$

即

$$\boldsymbol{\Delta} = \boldsymbol{\theta} - \hat{\boldsymbol{\theta}}_N = -\boldsymbol{r}_{N+1}$$

时,$J_{N+1}(\boldsymbol{\theta})$为极小。所以 $\boldsymbol{\theta}$ 的新估值 $\hat{\boldsymbol{\theta}}_{N+1}$ 为

$$\hat{\boldsymbol{\theta}}_{N+1} = \hat{\boldsymbol{\theta}}_N - \boldsymbol{r}_{N+1} \tag{6.2.19}$$

下面来求 $\boldsymbol{r}_{N+1}$。对式(6.2.17)应用矩阵求逆引理得

$$\boldsymbol{P}_{N+1} = \boldsymbol{P}_N \left[\boldsymbol{I} - \frac{\boldsymbol{\psi}_{N+1} \boldsymbol{\psi}_{N+1}^{\mathrm{T}} \boldsymbol{P}_N}{1 + \boldsymbol{\psi}_{N+1}^{\mathrm{T}} \boldsymbol{P}_N \boldsymbol{\psi}_{N+1}} \right] \tag{6.2.20}$$

或写为

$$\boldsymbol{P}_{N+1} = \boldsymbol{P}_N - \boldsymbol{P}_N \boldsymbol{\psi}_{N+1} (1 + \boldsymbol{\psi}_{N+1}^{\mathrm{T}} \boldsymbol{P}_N \boldsymbol{\psi}_{N+1})^{-1} \boldsymbol{\psi}_{N+1}^{\mathrm{T}} \boldsymbol{P}_N \tag{6.2.21}$$

利用式(6.2.20)可得

$$\boldsymbol{r}_{N+1} = \boldsymbol{P}_{N+1} \boldsymbol{\psi}_{N+1} e_{N+1} = \boldsymbol{P}_N \left[\boldsymbol{I} - \frac{\boldsymbol{\psi}_{N+1} \boldsymbol{\psi}_{N+1}^{\mathrm{T}} \boldsymbol{P}_N}{1 + \boldsymbol{\psi}_{N+1}^{\mathrm{T}} \boldsymbol{P}_N \boldsymbol{\psi}_{N+1}} \right] \boldsymbol{\psi}_{N+1} e_{N+1} = \frac{\boldsymbol{P}_N \boldsymbol{\psi}_{N+1}}{1 + \boldsymbol{\psi}_{N+1}^{\mathrm{T}} \boldsymbol{P}_N \boldsymbol{\psi}_{N+1}} e_{N+1} \tag{6.2.22}$$

将上式代入式(6.2.19)得

$$\hat{\boldsymbol{\theta}}_{N+1} = \hat{\boldsymbol{\theta}}_N - \boldsymbol{P}_N \boldsymbol{\psi}_{N+1} (1 + \boldsymbol{\psi}_{N+1}^{\mathrm{T}} \boldsymbol{P}_N \boldsymbol{\psi}_{N+1})^{-1} e_{N+1} \tag{6.2.23}$$

式中

$$e_{N+1} = y(n+N+1) - \boldsymbol{\varphi}^{\mathrm{T}} \hat{\boldsymbol{\theta}}_N$$

其中

$$\boldsymbol{\varphi}^{\mathrm{T}}=[y(n+N)\ \cdots\ y(N+1)\ \ -u(n+N+1)\ \cdots\ -u(N+1)\ \ -e(n+N)\ \cdots\ -e(N+1)]$$

下面求 $\boldsymbol{\psi}_{N+1}$与 $\boldsymbol{\psi}_N$ 的递推关系式。

$$\boldsymbol{\psi}_{N+1}=\frac{\partial e_{N+1}}{\partial \hat{\boldsymbol{\theta}}}=\frac{\partial e(n+N+1)}{\partial \hat{\boldsymbol{\theta}}}=\begin{bmatrix}\dfrac{\partial e(n+N+1)}{\partial \hat{a}_1}\\ \vdots \\ \dfrac{\partial e(n+N+1)}{\partial \hat{a}_n}\\ \dfrac{\partial e(n+N+1)}{\partial \hat{b}_0}\\ \vdots \\ \dfrac{\partial e(n+N+1)}{\partial \hat{b}_n}\\ \dfrac{\partial e(n+N+1)}{\partial \hat{c}_1}\\ \vdots \\ \dfrac{\partial e(n+N+1)}{\partial \hat{c}_n}\end{bmatrix} \tag{6.2.24}$$

$$\boldsymbol{\psi}_{N}=\begin{bmatrix}\dfrac{\partial e(n+N)}{\partial \hat{a}_1}\\ \vdots \\ \dfrac{\partial e(n+N)}{\partial \hat{a}_n}\\ \dfrac{\partial e(n+N)}{\partial \hat{b}_0}\\ \vdots \\ \dfrac{\partial e(n+N)}{\partial \hat{b}_n}\\ \dfrac{\partial e(n+N)}{\partial \hat{c}_1}\\ \vdots \\ \dfrac{\partial e(n+N)}{\partial \hat{c}_n}\end{bmatrix} \tag{6.2.25}$$

由式(6.1.40)可得 $\boldsymbol{\psi}_{N+1}$的第 1 行

$$\frac{\partial e(n+N+1)}{\partial \hat{a}_1}=y(n+N)-\hat{c}\,\frac{\partial e(n+N)}{\partial \hat{a}_1}-\hat{c}_2\,\frac{\partial e(n+N-1)}{\partial \hat{a}_1}-\cdots-\hat{c}_n\,\frac{\partial e(N+1)}{\partial \hat{a}_1}$$

根据式(6.1.46)可得

$$\frac{\partial e(n+N-1)}{\partial \hat{a}_1}=\frac{\partial e(n+N)}{\partial \hat{a}_2},\cdots,\frac{\partial e(N+1)}{\partial \hat{a}_1}=\frac{\partial e(n+N)}{\partial \hat{a}_n}$$

则

$$\frac{\partial e(n+N-1)}{\partial \hat{a}_1}=y(n+N)-\hat{c}_1\frac{\partial e(n+N)}{\partial \hat{a}_1}-\hat{c}_2\frac{\partial e(n+N)}{\partial \hat{a}_2}-\cdots-\hat{c}_n\frac{\partial e(n+N)}{\partial \hat{a}_n} \tag{6.2.26}$$

计算 $\boldsymbol{\psi}_{N+1}$的第 2 行

$$\frac{\partial e(n+N+1)}{\partial \hat{a}_2}=y(n+N-1)-\hat{c}_1\frac{\partial e(n+N)}{\partial \hat{a}_2}-\hat{c}_2\frac{\partial e(n+N-1)}{\partial \hat{a}_2}-\cdots-\hat{c}_n\frac{\partial e(N+1)}{\partial \hat{a}_2}$$

根据式(6.1.46)可得

$$\frac{\partial e(n+N)}{\partial \hat{a}_2}=\frac{\partial e(n+N-1)}{\partial \hat{a}_1},\cdots,\frac{\partial e(N+1)}{\partial \hat{a}_2}=\frac{\partial e(N)}{\partial \hat{a}_1}$$

则

$$\frac{\partial e(n+N+1)}{\partial \hat{a}_2}=y(n+N-1)-\hat{c}_1\frac{\partial e(n+N-1)}{\partial \hat{a}_1}-\cdots-\hat{c}_n\frac{\partial e(N)}{\partial \hat{a}_1}=\frac{\partial e(n+N)}{\partial \hat{a}_1} \tag{6.2.27}$$

同理可得 $\boldsymbol{\psi}_{N+1}$的其它各行。$\boldsymbol{\psi}_{N+1}$与 $\boldsymbol{\psi}_N$的递推关系为

$$\boldsymbol{\psi}_{N+1}=\left[\begin{array}{c|c|c}
\begin{matrix}-\hat{c}_1 & \cdots & -\hat{c}_n\\ 1 & \cdots & 0\\ & \ddots & \vdots\\ & 1 & 0\end{matrix} & & \\ \hline
 & \begin{matrix}-\hat{c}_1 & \cdots & -\hat{c}_n & 0\\ 1 & \cdots & 0 & 0\\ & \ddots & \vdots & \vdots\\ & 1 & 0 & 0\end{matrix} & \\ \hline
 & & \begin{matrix}-\hat{c}_1 & \cdots & -\hat{c}_n\\ 1 & \cdots & 0\\ & \ddots & \vdots\\ & 1 & 0\end{matrix}
\end{array}\right]\boldsymbol{\psi}_N+\begin{bmatrix} y(n+N)\\ 0\\ \vdots\\ 0\\ -u(n+N+1)\\ 0\\ \vdots\\ 0\\ -e(n+N)\\ 0\\ \vdots\\ 0\end{bmatrix} \tag{6.2.28}$$

递推方程式(6.2.21)、式(6.2.23)和式(6.2.28)为一组极大似然法的递推公式。这个算法比增广矩阵法的收敛性好,是一个比较好的辨识方法。可以证明,这个方法以概率 1 收敛到估计准则的一个局部极小值。

例 6.4 设二阶线性系统为

$$(1-1.5z^{-1}+0.7z^{-2})y(k)=(z^{-1}+0.5z^{-2})u(k)+(1-z^{-1}-0.2z^{-2})\varepsilon(k)$$

式中$\{u(k)\}$和$\{\varepsilon(k)\}$都是独立同分布的高斯序列,它们的均值分别为 1 和 0。在采样数据个数 $N=500$ 和 $\sigma=0.4$ 的条件下,参数的递推广义最小二乘法估计、递推极大似然法估计和离线极大似然法估计都列在表 6.3 中。这 3 种方法的比较表明递推极大似然法具有中等的性能。

表 6.3　3 种辨识方法的辨识结果比较

参数	真值	递推广义最小二乘法	递推极大似然法	离线极大似然法
a_1	−1.5	−1.489	−1.498	−1.5
a_2	0.7	0.691	0.699	0.700
b_1	1.0	1.036	1.091	1.020
b_2	0.5	0.468	0.495	0.470
c_1	−1.0			−1.010
c_2	0.2			0.200
σ	0.4			0.400

6.2.2　按牛顿－拉卜森法导出极大似然法递推公式

设系统的差分方程为

$$a(z^{-1})y(k)=b(z^{-1})u(k)+\frac{1}{d(z^{-1})}\varepsilon(k) \tag{6.2.29}$$

式中

$$a(z^{-1})=1+a_1z^{-1}+\cdots+a_nz^{-n}$$
$$b(z^{-1})=b_0+b_1z^{-1}+\cdots+b_nz^{-n}$$
$$d(z^{-1})=1+d_1z^{-1}+\cdots+d_nz^{-n}$$

$a(z^{-1})$，$b(z^{-1})$和 $d(z^{-1})$中的参数 $a_1,\cdots,a_n,b_0,\cdots,b_n,d_1,\cdots,d_n$ 为待估参数。参数向量为

$$\begin{cases}\boldsymbol{a}=[a_1 \quad a_2 \quad \cdots \quad a_n]^{\mathrm{T}}\\ \boldsymbol{b}=[b_0 \quad b_1 \quad \cdots \quad b_n]^{\mathrm{T}}\\ \boldsymbol{d}=[d_1 \quad d_2 \quad \cdots \quad d_n]^{\mathrm{T}}\\ \boldsymbol{\theta}=\begin{bmatrix}\boldsymbol{a}\\ \boldsymbol{b}\\ \boldsymbol{d}\end{bmatrix}\end{cases} \tag{6.2.30}$$

由式(6.2.29)可得

$$\varepsilon(k)=d(z^{-1})[a(z^{-1})y(k)-b(z^{-1})u(k)] \tag{6.2.31}$$

$\varepsilon(k)$对于不同参数的偏导数为

$$\frac{\partial\varepsilon(k)}{\partial a_j}=d(z^{-1})y(k-j)=y(k-j)+d_1y(k-j-1)+\cdots+d_ny(k-j-n)=$$
$$y_{k-j}^{\mathrm{F}},j=1,2,\cdots,n \tag{6.2.32}$$

$$\frac{\partial\varepsilon(k)}{\partial b_j}=-d(z^{-1})u(k-j)=-[u(k-j)+d_1u(k-j-1)+\cdots+d_nu(k-j-n)]=$$
$$-u_{k-j}^{\mathrm{F}},j=0,1,\cdots,n \tag{6.2.33}$$

$$\frac{\partial\varepsilon(k)}{\partial d_j}=a(z^{-1})y(k-j)-b(z^{-1})u(k-j)=$$

$$y(k-j)+a_1y(k-j-1)+\cdots+a_ny(k-j-n)-$$
$$b_0u(k-j)-b_1u(k-j-1)-\cdots-b_nu(k-j-n)=$$
$$-\mu_{k-j},j=1,2,\cdots,n \tag{6.2.34}$$

式中

$$y_k^{\mathrm{F}}=d(z^{-1})y(k) \tag{6.2.35}$$

$$u_k^{\mathrm{F}}=d(z^{-1})u(k) \tag{6.2.36}$$

$$\mu_k=b(z^{-1})u(k)-a(z^{-1})y(k) \tag{6.2.37}$$

在式(6.2.32)、式(6.2.33)和式(6.2.34)中的偏导数可通过 $y(k)$和 $u(k)$的简单移位得到。$\varepsilon(k)$的一阶偏导数向量为

$$\frac{\partial\varepsilon(k)}{\partial\boldsymbol{\theta}}=\begin{bmatrix}\overline{\boldsymbol{y}}_{(n)}^{\mathrm{F}}\\-\overline{\boldsymbol{u}}_{(n+1)}^{\mathrm{F}}\\-\overline{\boldsymbol{\mu}}_{(n)}\end{bmatrix} \tag{6.2.38}$$

式中

$$\begin{aligned}\overline{\boldsymbol{y}}_{(n)}^{\mathrm{F}}&=[y_{k-1}^{\mathrm{F}}\quad y_{k-2}^{\mathrm{F}}\quad\cdots\quad y_{k-n}^{\mathrm{F}}]^{\mathrm{T}}\\\overline{\boldsymbol{u}}_{(n+1)}^{\mathrm{F}}&=[u_k^{\mathrm{F}}\quad u_{k-1}^{\mathrm{F}}\quad\cdots\quad u_{k-n}^{\mathrm{F}}]^{\mathrm{T}}\\\overline{\boldsymbol{\mu}}_{(n)}&=[\mu_{k-1}\quad \mu_{k-2}\quad\cdots\quad \mu_{k-n}]^{\mathrm{T}}\end{aligned} \tag{6.2.39}$$

$\varepsilon(k)$的二阶偏导数矩阵为

$$\frac{\partial^2\varepsilon(k)}{\partial\boldsymbol{\theta}^2}=\begin{bmatrix}\dfrac{\partial^2\varepsilon(k)}{\partial\boldsymbol{a}^2}&\dfrac{\partial^2\varepsilon(k)}{\partial\boldsymbol{a}\partial\boldsymbol{b}}&\dfrac{\partial^2\varepsilon(k)}{\partial\boldsymbol{a}\partial\boldsymbol{d}}\\\dfrac{\partial^2\varepsilon(k)}{\partial\boldsymbol{b}\partial\boldsymbol{a}}&\dfrac{\partial^2\varepsilon(k)}{\partial\boldsymbol{b}^2}&\dfrac{\partial^2\varepsilon(k)}{\partial\boldsymbol{b}\partial\boldsymbol{d}}\\\dfrac{\partial^2\varepsilon(k)}{\partial\boldsymbol{d}\partial\boldsymbol{a}}&\dfrac{\partial^2\varepsilon(k)}{\partial\boldsymbol{d}\partial\boldsymbol{b}}&\dfrac{\partial^2\varepsilon(k)}{\partial\boldsymbol{d}^2}\end{bmatrix} \tag{6.2.40}$$

不为 0 的二阶偏导数为

$$\frac{\partial^2\varepsilon(k)}{\partial a_j\partial d_m}=\frac{\partial^2\varepsilon(k)}{\partial d_m\partial a_j}=y(k-j-m) \tag{6.2.41}$$

$$\frac{\partial^2\varepsilon(k)}{\partial b_j\partial d_m}=\frac{\partial^2\varepsilon(k)}{\partial d_m\partial b_j}=-u(k-j-m) \tag{6.2.42}$$

其余的二阶偏导数全为 0。所以在式(6.2.40)中,只有分块矩阵$\dfrac{\partial^2\varepsilon(k)}{\partial\boldsymbol{a}\partial\boldsymbol{d}}$,$\dfrac{\partial^2\varepsilon(k)}{\partial\boldsymbol{b}\partial\boldsymbol{d}}$,$\dfrac{\partial^2\varepsilon(k)}{\partial\boldsymbol{d}\partial\boldsymbol{a}}$和$\dfrac{\partial^2\varepsilon(k)}{\partial\boldsymbol{d}\partial\boldsymbol{b}}$不为 **0**,其余的分块矩阵都为 **0**。因此

$$\frac{\partial^2\varepsilon}{\partial\boldsymbol{\theta}^2}=\begin{bmatrix}\boldsymbol{0}&\boldsymbol{0}&\dfrac{\partial^2\varepsilon}{\partial\boldsymbol{a}\partial\boldsymbol{d}}\\\boldsymbol{0}&\boldsymbol{0}&\dfrac{\partial^2\varepsilon(k)}{\partial\boldsymbol{b}\partial\boldsymbol{d}}\\\dfrac{\partial^2\varepsilon(k)}{\partial\boldsymbol{d}\partial\boldsymbol{a}}&\dfrac{\partial^2\varepsilon(k)}{\partial\boldsymbol{d}\partial\boldsymbol{b}}&\boldsymbol{0}\end{bmatrix} \tag{6.2.43}$$

式中

$$\frac{\partial^2 \varepsilon}{\partial \boldsymbol{a} \partial \boldsymbol{d}} = \begin{bmatrix} \frac{\partial^2 \varepsilon(k)}{\partial a_1 \partial d_1} & \frac{\partial^2 \varepsilon(k)}{\partial a_1 \partial d_2} & \cdots & \frac{\partial^2 \varepsilon(k)}{\partial a_1 \partial d_n} \\ \frac{\partial^2 \varepsilon(k)}{\partial a_2 \partial d_1} & \frac{\partial^2 \varepsilon(k)}{\partial a_2 \partial d_2} & \cdots & \frac{\partial^2 \varepsilon(k)}{\partial a_2 \partial d_n} \\ \vdots & \vdots & & \vdots \\ \frac{\partial^2 \varepsilon(k)}{\partial a_n \partial d_1} & \frac{\partial^2 \varepsilon(k)}{\partial a_n \partial d_2} & \cdots & \frac{\partial^2 \varepsilon(k)}{\partial a_n \partial d_n} \end{bmatrix} \tag{6.2.44}$$

$$\frac{\partial^2 \varepsilon(k)}{\partial \boldsymbol{b} \partial \boldsymbol{d}} = \begin{bmatrix} \frac{\partial^2 \varepsilon(k)}{\partial b_0 \partial d_1} & \frac{\partial^2 \varepsilon(k)}{\partial b_0 \partial d_2} & \cdots & \frac{\partial^2 \varepsilon(k)}{\partial b_0 \partial d_n} \\ \frac{\partial^2 \varepsilon(k)}{\partial b_1 \partial d_1} & \frac{\partial^2 \varepsilon(k)}{\partial b_1 \partial d_2} & \cdots & \frac{\partial^2 \varepsilon(k)}{\partial b_1 \partial d_n} \\ \vdots & \vdots & & \vdots \\ \frac{\partial^2 \varepsilon(k)}{\partial b_n \partial d_1} & \frac{\partial^2 \varepsilon(k)}{\partial b_n \partial d_2} & \cdots & \frac{\partial^2 \varepsilon(k)}{\partial b_n \partial d_n} \end{bmatrix} \tag{6.2.45}$$

$\frac{\partial^2 \varepsilon(k)}{\partial \boldsymbol{a} \partial \boldsymbol{d}}$为$n \times n$矩阵，$\frac{\partial^2 \varepsilon(k)}{\partial \boldsymbol{b} \partial \boldsymbol{d}}$为$(n+1) \times n$矩阵，并且

$$\begin{cases} \frac{\partial^2 \varepsilon(k)}{\partial \boldsymbol{d} \partial \boldsymbol{a}} = \left[\frac{\partial^2 \varepsilon(k)}{\partial \boldsymbol{a} \partial \boldsymbol{d}}\right]^{\mathrm{T}} \\ \frac{\partial^2 \varepsilon(k)}{\partial \boldsymbol{d} \partial \boldsymbol{b}} = \left[\frac{\partial^2 \varepsilon(k)}{\partial \boldsymbol{b} \partial \boldsymbol{d}}\right]^{\mathrm{T}} \end{cases} \tag{6.2.46}$$

选取估计准则为

$$J = \frac{1}{2} \sum_{k=n+1}^{n+N} e(k, \boldsymbol{\theta}) \tag{6.2.47}$$

按J最小来估计参数$\boldsymbol{\theta}$。J关于$\boldsymbol{\theta}$的梯度为

$$\left.\frac{\partial J}{\partial \boldsymbol{\theta}}\right|_{\hat{\boldsymbol{\theta}}} = \left[\sum_{k=n+1}^{n+N} e(k, \boldsymbol{\theta}) \frac{\partial e(k, \boldsymbol{\theta})}{\partial \boldsymbol{\theta}}\right]_{\hat{\boldsymbol{\theta}}} = \sum_{k=n+1}^{n+N} e(k, \hat{\boldsymbol{\theta}}) \frac{\partial e(k, \hat{\boldsymbol{\theta}})}{\partial \hat{\boldsymbol{\theta}}} \tag{6.2.48}$$

式中

$$e(k, \hat{\boldsymbol{\theta}}) = \hat{d}(z^{-1})[\hat{a}(z^{-1}) y(k) - \hat{b}(z^{-1}) u(k)] \tag{6.2.49}$$

J关于$\boldsymbol{\theta}$的海赛矩阵为

$$\left.\frac{\partial^2 J}{\partial \boldsymbol{\theta}^2}\right|_{\hat{\boldsymbol{\theta}}} = \sum_{k=n+1}^{n+N} \left[\frac{\partial e(k, \hat{\boldsymbol{\theta}})}{\partial \hat{\boldsymbol{\theta}}}\right] \left[\frac{\partial e(k, \hat{\boldsymbol{\theta}})}{\partial \hat{\boldsymbol{\theta}}}\right]^{\mathrm{T}} + \sum_{k=n+1}^{n+N} e(k, \hat{\boldsymbol{\theta}}) \frac{\partial^2 e(k, \hat{\boldsymbol{\theta}})}{\partial \hat{\boldsymbol{\theta}}^2} \tag{6.2.50}$$

令

$$\left.\frac{\partial J}{\partial \boldsymbol{\theta}}\right|_{\hat{\boldsymbol{\theta}}} = \boldsymbol{q}(k, N, \hat{\boldsymbol{\theta}}_{k-1}) \tag{6.2.51}$$

$$\left.\frac{\partial^2 J}{\partial \boldsymbol{\theta}^2}\right|_{\hat{\boldsymbol{\theta}}} = \boldsymbol{R}(k, N, \hat{\boldsymbol{\theta}}_{k-1}) \tag{6.2.52}$$

应用牛顿－拉卜森公式，可得递推公式

$$\hat{\boldsymbol{\theta}}_k = \hat{\boldsymbol{\theta}}_{k-1} - \boldsymbol{R}^{-1}(k, N, \hat{\boldsymbol{\theta}}_{k-1}) \boldsymbol{q}(k, N, \hat{\boldsymbol{\theta}}_{k-1}) \tag{6.2.53}$$

为了书写方便，将上式改写为

$$\hat{\boldsymbol{\theta}}_k = \hat{\boldsymbol{\theta}}_{k-1} - \boldsymbol{R}^{-1}(k, k-1, N) \boldsymbol{q}(k, k-1, N) \tag{6.2.54}$$

为了进行递推计算,下面给出 $\boldsymbol{q}$ 和 $\boldsymbol{R}$ 的递推公式。把$\left.\frac{\partial J}{\partial \boldsymbol{\theta}}\right|_{\hat{\boldsymbol{\theta}}}$表示成

$$\left.\frac{\partial J}{\partial \boldsymbol{\theta}}\right|_{\hat{\boldsymbol{\theta}}}=\sum_{k=n+1}^{n+N-1} e(k,\hat{\boldsymbol{\theta}})\frac{\partial e(k,\hat{\boldsymbol{\theta}})}{\partial \hat{\boldsymbol{\theta}}}+e(n+N,\hat{\boldsymbol{\theta}})\frac{\partial e(n+N,\hat{\boldsymbol{\theta}})}{\partial \hat{\boldsymbol{\theta}}}$$

根据上式可得递推公式

$$\boldsymbol{q}(k,k-1,N)=\boldsymbol{q}(k-1,k-2,N-1)+e(n+N,\hat{\boldsymbol{\theta}})\frac{\partial e(n+N,\hat{\boldsymbol{\theta}})}{\partial \hat{\boldsymbol{\theta}}} \quad (6.2.55)$$

把$\left.\frac{\partial^2 J}{\partial \boldsymbol{\theta}^2}\right|_{\hat{\boldsymbol{\theta}}}$表示为

$$\left.\frac{\partial^2 J}{\partial \boldsymbol{\theta}^2}\right|_{\hat{\boldsymbol{\theta}}}=\sum_{k=n+1}^{n+N-1}\left[\frac{\partial e(k,\hat{\boldsymbol{\theta}})}{\partial \hat{\boldsymbol{\theta}}}\right]\left[\frac{\partial e(k,\hat{\boldsymbol{\theta}})}{\partial \hat{\boldsymbol{\theta}}}\right]^{\mathrm{T}}+\left[\frac{\partial e(n+N,\hat{\boldsymbol{\theta}})}{\partial \hat{\boldsymbol{\theta}}}\right]\left[\frac{\partial e(n+N,\hat{\boldsymbol{\theta}})}{\partial \hat{\boldsymbol{\theta}}}\right]^{\mathrm{T}}+$$

$$\sum_{k=n+1}^{n+N-1} e(k,\hat{\boldsymbol{\theta}})\frac{\partial^2 e(k,\hat{\boldsymbol{\theta}})}{\partial \hat{\boldsymbol{\theta}}^2}+e(n+N,\hat{\boldsymbol{\theta}})\frac{\partial e^2(n+N,\hat{\boldsymbol{\theta}})}{\partial \hat{\boldsymbol{\theta}}^2} \quad (6.2.56)$$

根据上式可得递推公式

$$\boldsymbol{R}(k,k-1,N)=\boldsymbol{R}(k-1,k-2,N-1)+\left[\frac{\partial e(n+N,\hat{\boldsymbol{\theta}}_{k-1})}{\partial \hat{\boldsymbol{\theta}}_{k-1}}\right]\left[\frac{\partial e(n+N,\hat{\boldsymbol{\theta}}_{k-1})}{\partial \hat{\boldsymbol{\theta}}_{k-1}}\right]^{\mathrm{T}}+$$

$$e(n+N,\hat{\boldsymbol{\theta}}_{k-1})\frac{\partial^2 e(n+N,\hat{\boldsymbol{\theta}}_{k-1})}{\partial \hat{\boldsymbol{\theta}}_{k-1}^2} \quad (6.2.57)$$

例 6.5 设有二阶线性系统

$$(1-1.5z^{-1}+0.7z^{-2})y(k)=(z^{-1}+0.5z^{-2})u(k)+\frac{1}{1-z^{-1}+0.2z^{-2}}\varepsilon(k)$$

式中$\{u(k)\}$和$\{\varepsilon(k)\}$是均值分别为 1 和 0 的独立同分布高斯序列。在 $N=500$ 和 $\sigma=0.4,1.8$ 及 7.2 的情况下,参数的递推广义最小二乘法和递推极大似然法估计结果如表 6.4 所列。从表 6.4 可以看出,在高噪声时,递推极大似然法的估计精度高一些。

表 6.4 递推广义最小二乘法与递推极大似然法估计结果

参数	真值	$\sigma=0.4$		$\sigma=1.8$		$\sigma=7.2$	
		递推广义最小二乘法	递推极大似然法	递推广义最小二乘法	递推极大似然法	递推广义最小二乘法	递推极大似然法
a_1	-1.5	-1.500	-1.517	-1.025	-1.761	-1.010	-1.831
a_2	0.7	0.677	0.702	0.269	0.876	0.308	0.932
b_1	1.0	1.026	1.040	0.073	1.199	0.910	1.551
b_2	0.5	0.507	0.510	0.742	0.432	0.407	0.294
c_1	-1.0	-1.024	-0.948	-0.511	-0.716	-0.700	-0.666
c_2	0.2	0.253	0.167	-0.174	0.238	0.038	0.287
σ			0.428		1.982		8.014

6.3 参数估计的可达精度

任何估计方法的参数估计精度都是有限的。对于一个无偏估计来说,估计误差的方

差不会小于某个极限值,这个极限值称为估计的可达精度。

先讨论一个简单例子。设 b 为待估参数,其观测方程为

$$y(i)=b+n(i) \tag{6.3.1}$$

式中 $n(i)$为白噪声序列。$E[n(i)]=0,E[n^2(i)]=\sigma^2$。用极大似然法估计 b,似然函数为

$$L(\boldsymbol{Y}\mid b)=\sum_{i=1}^{k}p[y(i)\mid b]=\frac{1}{(\sqrt{2\pi})^k\sigma^k}\prod_{i=1}^{k}\exp\left\{-\frac{1}{2}\left[\frac{y(i)-b}{\sigma}\right]^2\right\} \tag{6.3.2}$$

对上式取对数得

$$\ln L(\boldsymbol{Y}\mid b)=c-\frac{1}{2\sigma^2}\sum_{i=1}^{k}[y(i)-b]^2 \tag{6.3.3}$$

式中

$$c=-k\ln(\sqrt{2\pi}\sigma) \tag{6.3.4}$$

求式(6.3.3)对 b 的微分并令其等于 0 可得

$$\left[\frac{\partial}{\partial b}\ln L(\boldsymbol{Y}|b)\right]_{b=\hat{b}}=\frac{1}{\sigma^2}\sum_{i=1}^{k}[y(i)-\hat{b}]=0 \tag{6.3.5}$$

$$\hat{b}=\frac{1}{k}\sum_{i=1}^{k}y(i) \tag{6.3.6}$$

下面讨论估值 $\hat{b}$ 的可达精度。由于似然函数 $L(\boldsymbol{Y}|b)$是随机变量的 $y(1),y(2),\cdots,y(k)$的联合概率密度,因而有

$$\int_k L(\boldsymbol{Y}\mid b)\mathrm{d}y(1)\cdots\mathrm{d}y(k)=\int_k L(\boldsymbol{Y}\mid b)\mathrm{d}^k\boldsymbol{Y}=1 \tag{6.3.7}$$

求上式对 b 的微分可得

$$\int_k\frac{\partial L}{\partial b}\mathrm{d}^k\boldsymbol{Y}=0 \tag{6.3.8}$$

此式可改写为

$$\int_k\frac{1}{L}\frac{\partial L}{\partial b}L\mathrm{d}^k\boldsymbol{Y}=\int_k\frac{\partial\ln L}{\partial b}L\mathrm{d}^k\boldsymbol{Y}=0 \tag{6.3.9}$$

将上式对 b 微分得

$$\int_k\left[\left(\frac{\partial\ln L}{\partial b}\right)^2+\frac{\partial^2\ln L}{\partial b^2}\right]L\mathrm{d}^k\boldsymbol{Y}=0 \tag{6.3.10}$$

由此可知

$$E\left[\left(\frac{\partial\ln L}{\partial b}\right)^2+\frac{\partial^2\ln L}{\partial b^2}\right]=0 \tag{6.3.11}$$

$$E\left[\left(\frac{\partial\ln L}{\partial b}\right)^2\right]=-E\left[\frac{\partial^2\ln L}{\partial b^2}\right] \tag{6.3.12}$$

将 $\hat{b}=\hat{b}(\boldsymbol{Y})$看成对 b 的估计,并设 b 为无偏估计,即

$$E(\hat{b})=\int_k\hat{b}L\mathrm{d}^k\boldsymbol{Y}=b \tag{6.3.13}$$

求上式对 b 的微分,可得

$$\int_k\hat{b}\frac{\partial L}{\partial b}\mathrm{d}^k\boldsymbol{Y}=\int_k\hat{b}\frac{\partial\ln L}{\partial b}L\mathrm{d}^k\boldsymbol{Y}=1 \tag{6.3.14}$$

根据式(6.3.9)和式(6.3.14)则有

$$\int_k (\hat{b}-b)\frac{\partial \ln L}{\partial b}L\mathrm{d}^k\boldsymbol{Y}=\int_k \hat{b}\frac{\partial \ln L}{\partial b}L\mathrm{d}^k\boldsymbol{Y}-b\int_k \frac{\partial \ln L}{\partial b}L\mathrm{d}^k\boldsymbol{Y}=1-0=1 \tag{6.3.15}$$

应用柯西–施瓦茨(Cauchy–Schwarz)不等式

$$\left[\int a^2 f(x)\mathrm{d}x\right]\left[\int b^2 f(x)\mathrm{d}x\right]\geqslant \int abf(x)\mathrm{d}x,\ f(x)\geqslant 0 \tag{6.3.16}$$

可得

$$\left[\int_k (\hat{b}-b)^2 L\mathrm{d}^k\boldsymbol{Y}\right]\left[\int \left(\frac{\partial \ln L}{\partial b}\right)^2 L\mathrm{d}^k\boldsymbol{Y}\right]\geqslant \int_k (\hat{b}-b)\frac{\partial \ln L}{\partial b}L\mathrm{d}^k\boldsymbol{Y}=1 \tag{6.3.17}$$

根据方差的定义有

$$\int_k (\hat{b}-b)^2 L\mathrm{d}^k\boldsymbol{Y}=E[(\hat{b}-b)^2]=\mathrm{Var}\hat{b} \tag{6.3.18}$$

根据式(6.3.17)可得

$$\mathrm{Var}\hat{b}\geqslant \frac{1}{\int_k \left(\frac{\partial \ln L}{\partial b}\right)^2 L\mathrm{d}^k\boldsymbol{Y}}=\left\{E\left[\left(\frac{\partial \ln L}{\partial b}\right)^2\right]\right\}^{-1} \tag{6.3.19}$$

式(6.3.19)称为克兰姆–罗(Cramer–Rao)不等式。在无偏估计情况下,估计误差的方差大于或等于$\left\{E\left[\left(\frac{\partial \ln L}{\partial b}\right)^2\right]\right\}^{-1}$,即$\left\{E\left[\left(\frac{\partial \ln L}{\partial b}\right)^2\right]\right\}^{-1}$为估计的精度极限,估计误差的方差不可能小于该值。

对于参数向量 $\boldsymbol{\theta}$,如果 $\boldsymbol{g}(\boldsymbol{Y})$为其无偏估计,即 $\hat{\boldsymbol{\theta}}=\boldsymbol{g}(\boldsymbol{Y})$,则 $\boldsymbol{g}(\boldsymbol{Y})$的协方差满足 Cramer-Rao 不等式

$$\mathrm{Cov}\boldsymbol{g}\geqslant \boldsymbol{M}_{\boldsymbol{\theta}}^{-1} \tag{6.3.20}$$

式中

$$\mathrm{Cov}\boldsymbol{g}=E_{\boldsymbol{Y}|\boldsymbol{\theta}}\{[\boldsymbol{g}(\boldsymbol{Y})-\boldsymbol{\theta}][\boldsymbol{g}(\boldsymbol{Y})-\boldsymbol{\theta}]^{\mathrm{T}}\} \tag{6.3.21}$$

表示任一无偏估计的协方差。$\boldsymbol{M}_{\boldsymbol{\theta}}$ 为

$$\boldsymbol{M}_{\boldsymbol{\theta}}=E_{\boldsymbol{Y}|\boldsymbol{\theta}}\left\{\left[\frac{\partial \ln L}{\partial \boldsymbol{\theta}}\right]\left[\frac{\partial \ln L}{\partial \boldsymbol{\theta}}\right]^{\mathrm{T}}\right\} \tag{6.3.22}$$

$\boldsymbol{M}_{\boldsymbol{\theta}}$ 称为 Fisher 矩阵。参数向量 $\boldsymbol{\theta}$ 的任一无偏估计的协方差阵不能小于 $\boldsymbol{M}_{\boldsymbol{\theta}}^{-1}$,此为 $\hat{\boldsymbol{\theta}}$的可达精度,也是 Cramer-Rao 不等式的下界。

思 考 题

6.1 证明下述递推关系式成立:

$$\begin{bmatrix}\frac{\partial e(n+N+1)}{\partial \hat{b}_0}\\ \frac{\partial e(n+N+1)}{\partial \hat{b}_1}\\ \vdots\\ \frac{\partial e(n+N+1)}{\partial \hat{b}_n}\end{bmatrix}=\begin{bmatrix}-\hat{c}_1 & \cdots & -\hat{c}_{n-1} & -\hat{c}_n & 0\\ 1 & \cdots & 0 & 0 & 0\\ \vdots & & \vdots & \vdots & \vdots\\ 0 & \cdots & 1 & 0 & 0\end{bmatrix}\begin{bmatrix}\frac{\partial e(n+N)}{\partial \hat{b}_0}\\ \frac{\partial e(n+N)}{\partial \hat{b}_1}\\ \vdots\\ \frac{\partial e(n+N)}{\partial \hat{b}_n}\end{bmatrix}+\begin{bmatrix}-u(n+N+1)\\ 0\\ \vdots\\ 0\end{bmatrix}$$

6.2 已知一个独立同分布的随机过程$\{y(k)\}$在参数θ条件下的随机变量y的概率密度为

$$p(y|\theta)=\theta^3x^2e^{-\theta^2x},\theta>0$$

求参数θ的极大以然估计。

6.3 考虑仿真对象

$$y(k)+1.642y(k-1)+0.715y(k-2)=0.39u(k-1)+0.35u(k-2)+\varepsilon(k)-\varepsilon(k-1)+0.2\varepsilon(k-2)$$

式中$\varepsilon(k)$是均值为0、方差为1的正态分布不相关随机噪声，输入信号$u(k)$采用幅值为1的伪随机码。对递推极大似然法进行系统参数辨识仿真，并对所获得的辨识结果进行分析。

6.4* 证明极大似然估计量的一致性(相容性定理：设$\hat{\boldsymbol{\theta}}_{ML}$是由$N$个独立同分布随机变量$y$的样本$y(1),y(2),\cdots,y(N)$得到的参数$\boldsymbol{\theta}$的极大似然估计量，则当$N\to\infty$时，$\hat{\boldsymbol{\theta}}_{ML}$几乎必然收敛于参数真值$\boldsymbol{\theta}$，即$\hat{\boldsymbol{\theta}}_{ML}\xrightarrow[N\to\infty]{a.s.}\boldsymbol{\theta}$)。

6.5* 证明极大似然估计量的渐近正态性定理：

设$\hat{\boldsymbol{\theta}}_{ML}$是由$N$个独立同分布随机变量$y$的样本$y(1),y(2),\cdots,y(N)$得到的参数$\boldsymbol{\theta}$的极大似然估计量，则当$N\to\infty$时，$\hat{\boldsymbol{\theta}}_{ML}$的分布收敛于正态分布，即

$$\sqrt{N}(\hat{\boldsymbol{\theta}}_{ML}-\boldsymbol{\theta})\to\boldsymbol{\beta}\sim N(\mathbf{0},\overline{\boldsymbol{M}}_{\boldsymbol{\theta}}^{-1})$$

式中$\overline{\boldsymbol{M}}_{\boldsymbol{\theta}}^{-1}$表示在参数$\boldsymbol{\theta}$条件下的平均 Fisher 信息矩阵，定义为

$$\overline{\boldsymbol{M}}_{\boldsymbol{\theta}}\triangleq E\left\{\left[\frac{\partial\ln p(y|\boldsymbol{\theta})}{\partial\boldsymbol{\theta}}\right]^{\mathrm{T}}\left[\frac{\partial\ln p(y|\boldsymbol{\theta})}{\partial\boldsymbol{\theta}}\right]\right\}=\frac{1}{N}\boldsymbol{M}_{\boldsymbol{\theta}}$$

$$\boldsymbol{M}_{\boldsymbol{\theta}}\triangleq E\left\{\left[\frac{\partial\ln p(\boldsymbol{y}_N|\boldsymbol{\theta})}{\partial\boldsymbol{\theta}}\right]^{\mathrm{T}}\left[\frac{\partial\ln p(\boldsymbol{y}_N|\boldsymbol{\theta})}{\partial\boldsymbol{\theta}}\right]\right\}$$

$$\boldsymbol{y}_N=[y(1)\quad y(2)\quad\cdots\quad y(N)]^{\mathrm{T}}$$

式中：$p(y|\boldsymbol{\theta})$表示随机变量y在$\boldsymbol{\theta}$条件下的概率密度函数；$p(\boldsymbol{y}_N|\boldsymbol{\theta})$表示随机向量$\boldsymbol{y}_N$在$\boldsymbol{\theta}$条件下的联合概率密度函数。(“*”表示难度较大的水平测试题。)

第7章　时变参数辨识方法

前面各章中的递推算法适用于常参数的估计，如果用来估计随时间而变的参数，就会产生很大的误差。这是因为当参数随时间变化时，如果采用前面各章中的递推算法，新数据就会被老数据所淹没，而反映不出参数随时间变化的特性。因此，对于时变参数系统来说，其参数辨识方法应特别注意突出新数据，在算法中使新数据比老数据起更大的作用。

7.1　遗忘因子法、矩形窗法和卡尔曼滤波法

7.1.1　遗忘因子法

遗忘因子法又称为衰减记忆法或指数窗法，其基本思想是对老数据加上遗忘因子，以减小老数据的影响，增强新数据的作用。

选取参数估计的指标函数

$$J_{N+1}(\boldsymbol{\theta})=\alpha J_N(\boldsymbol{\theta})+(y_{N+1}-\boldsymbol{\varphi}_{N+1}^{\mathrm{T}}\boldsymbol{\theta})^2 \tag{7.1.1}$$

式中 $0<\alpha<1$，称为遗忘因子，亦称为衰减因子或加权因子。当 $\alpha=1$ 时，给出普通最小二乘法递推公式。对于 $0<\alpha<1$，可得遗忘因子最小二乘法的递推公式

$$\hat{\boldsymbol{\theta}}_{N+1}=\hat{\boldsymbol{\theta}}_N+\boldsymbol{K}_{N+1}(y_{N+1}-\boldsymbol{\varphi}_{N+1}^{\mathrm{T}}\boldsymbol{\theta}_N) \tag{7.1.2}$$

$$\boldsymbol{K}_{N+1}=\boldsymbol{P}_N\boldsymbol{\varphi}_{N+1}(\alpha+\boldsymbol{\varphi}_{N+1}^{\mathrm{T}}\boldsymbol{P}_N\boldsymbol{\varphi}_{N+1})^{-1} \tag{7.1.3}$$

$$\boldsymbol{P}_{N+1}=\frac{\boldsymbol{P}_N}{\alpha}-\frac{\boldsymbol{P}_N}{\alpha}\boldsymbol{\varphi}_{N+1}(\alpha+\boldsymbol{\varphi}_{N+1}^{\mathrm{T}}\boldsymbol{P}_N\boldsymbol{\varphi}_{N+1})^{-1}\boldsymbol{\varphi}_{N+1}^{\mathrm{T}}\boldsymbol{P}_N \tag{7.1.4}$$

式中其余所有符号的定义均与第5章相同。

证明　用数学归纳法。假定 $J_N(\boldsymbol{\theta})$ 可表示成二次型函数

$$J_N(\boldsymbol{\theta})=(\boldsymbol{\theta}-\hat{\boldsymbol{\theta}}_N)^{\mathrm{T}}\boldsymbol{P}_N^{-1}(\boldsymbol{\theta}-\hat{\boldsymbol{\theta}}_N)+\beta_N \tag{7.1.5}$$

则有

$$J_{N+1}(\boldsymbol{\theta})=\alpha(\boldsymbol{\theta}-\hat{\boldsymbol{\theta}}_N)^{\mathrm{T}}\boldsymbol{P}_N^{-1}(\boldsymbol{\theta}-\hat{\boldsymbol{\theta}}_N)+(y_{N+1}-\boldsymbol{\varphi}_{N+1}^{\mathrm{T}}\boldsymbol{\theta})^2+\alpha\beta_N \tag{7.1.6}$$

把有关项集合在一起得

$$J_{N+1}(\boldsymbol{\theta})=\boldsymbol{\theta}^{\mathrm{T}}(\alpha\boldsymbol{P}_N^{-1}+\boldsymbol{\varphi}_{N+1}\boldsymbol{\varphi}_{N+1}^{\mathrm{T}})\boldsymbol{\theta}-2(\hat{\boldsymbol{\theta}}_N^{\mathrm{T}}\alpha\boldsymbol{P}_N^{-1}+y_{N+1}\boldsymbol{\varphi}_{N+1}^{\mathrm{T}})\boldsymbol{\theta}+\hat{\boldsymbol{\theta}}_N^{\mathrm{T}}\alpha\boldsymbol{P}_N^{-1}\hat{\boldsymbol{\theta}}_N+y_{N+1}^2+\alpha\beta_N \tag{7.1.7}$$

配完全平方得

$$J_{N+1}(\boldsymbol{\theta})=(\boldsymbol{\theta}-\hat{\boldsymbol{\theta}}_{N+1})^{\mathrm{T}}\boldsymbol{P}_{N+1}^{-1}(\boldsymbol{\theta}-\hat{\boldsymbol{\theta}}_{N+1})+\beta_{N+1} \tag{7.1.8}$$

式中

$$\boldsymbol{P}_{N+1}^{-1}=\alpha\boldsymbol{P}_N^{-1}+\boldsymbol{\varphi}_{N+1}\boldsymbol{\varphi}_{N+1}^{\mathrm{T}} \tag{7.1.9}$$

$$\hat{\boldsymbol{\theta}}_{N+1}=\boldsymbol{P}_{N+1}(\alpha\boldsymbol{P}_N^{-1}\hat{\boldsymbol{\theta}}_N+\boldsymbol{\varphi}_{N+1}y_{N+1}) \tag{7.1.10}$$

对式(7.1.9)应用矩阵求逆引理，可得式(7.1.4)。将式(7.1.4)代入式(7.1.10)，可得式(7.1.2)和式(7.1.3)。

下面讨论初值的确定问题。

$$J_0(\boldsymbol{\theta})=(\boldsymbol{\theta}-\hat{\boldsymbol{\theta}}_0)^{\mathrm{T}}\boldsymbol{P}_0^{-1}(\boldsymbol{\theta}-\hat{\boldsymbol{\theta}}_0)+\beta_0 \tag{7.1.11}$$

如果定义 J_0 是某些初始数据误差的平方和，即

$$J_0(\boldsymbol{\theta})=(\boldsymbol{Y}_0-\boldsymbol{\Phi}_0\boldsymbol{\theta})^{\mathrm{T}}(\boldsymbol{Y}_0-\boldsymbol{\Phi}_0\boldsymbol{\theta})=(\boldsymbol{\theta}-\hat{\boldsymbol{\theta}}_0)^{\mathrm{T}}(\boldsymbol{\Phi}_0^{\mathrm{T}}\boldsymbol{\Phi}_0)(\boldsymbol{\theta}-\hat{\boldsymbol{\theta}}_0)+(\boldsymbol{Y}_0-\boldsymbol{\Phi}_0\hat{\boldsymbol{\theta}}_0)^{\mathrm{T}}(\boldsymbol{Y}_0-\boldsymbol{\Phi}_0\hat{\boldsymbol{\theta}}_0) \tag{7.1.12}$$

式中

$$\hat{\boldsymbol{\theta}}_0=(\boldsymbol{\Phi}_0^{\mathrm{T}}\boldsymbol{\Phi}_0)^{-1}\boldsymbol{\Phi}_0^{\mathrm{T}}\boldsymbol{Y}_0 \tag{7.1.13}$$

则选定

$$\begin{cases}\boldsymbol{P}_0=(\boldsymbol{\Phi}_0^{\mathrm{T}}\boldsymbol{\Phi}_0)^{-1}\\ \beta_0=(\boldsymbol{Y}_0-\boldsymbol{\Phi}_0\hat{\boldsymbol{\theta}}_0)^{\mathrm{T}}(\boldsymbol{Y}_0-\boldsymbol{\Phi}_0\hat{\boldsymbol{\theta}}_0)\end{cases} \tag{7.1.14}$$

上述各式中所有符号的定义均与第 5 章相同。$\boldsymbol{P}_0$ 也可选为 $\boldsymbol{P}_0=c^2\boldsymbol{I}$，其中 c 是一个充分大的实数。但是，遗忘因子必须选择接近于 1 的正数，通常不小于 0.9。如果系统是线性的，应选 $0.95\leqslant\alpha\leqslant1$。从大量仿真结果来看，选取 $0.95\leqslant\alpha\leqslant0.98$ 比较好。

7.1.2 矩形窗法

矩形窗算法的本质是 k 时刻的估计只依据有限个过去的数据，在这些数据之前的全部老数据完全被剔除。

首先考虑 1 个固定长度 N 的矩形窗。每一时刻 1 个新数据点增加进来，1 个老数据点则被剔除出去，这样就保持了数据点的数目总等于 N。考虑 $k=i+N$ 时刻的情况，所接受的最后 1 个观测值是 y_{i+N}，于是最小二乘法的递推公式为

$$\boldsymbol{P}_{i+N,i}=\boldsymbol{P}_{i+N-1,i}-\boldsymbol{P}_{i+N-1,i}\boldsymbol{\varphi}_{i+N}(1+\boldsymbol{\varphi}_{i+N}^{\mathrm{T}}\boldsymbol{P}_{i+N-1,i}\boldsymbol{\varphi}_{i+N})^{-1}\boldsymbol{\varphi}_{i+N}^{\mathrm{T}}\boldsymbol{P}_{i+N-1} \tag{7.1.15}$$

$$\hat{\boldsymbol{\theta}}_{i+N,i}=\hat{\boldsymbol{\theta}}_{i+N-1,i}+\boldsymbol{K}_{i+N,i}(y_{i+N}-\boldsymbol{\varphi}_{i+N}^{\mathrm{T}}\hat{\boldsymbol{\theta}}_{i+N-1,i}) \tag{7.1.16}$$

$$\boldsymbol{K}_{i+N,i}=\boldsymbol{P}_{i+N-1,i}\boldsymbol{\varphi}_{i+N}(1+\boldsymbol{\varphi}_{i+N}^{\mathrm{T}}\boldsymbol{P}_{i+N-1,i}\boldsymbol{\varphi}_{i+N})^{-1} \tag{7.1.17}$$

式中 $\hat{\boldsymbol{\theta}}_{i+N,i}$ 表示基于 i 时刻到 $i+N$ 时刻的 $(N+1)$ 个观测值 $y_i,y_{i+1},\cdots,y_{i+N}$ 所得到的 $\boldsymbol{\theta}$ 估计值。为了保持数据窗的长度等于 N，现在剔除 i 时刻观测值 y_i，则有

$$\boldsymbol{P}_{i+N,i+1}=\boldsymbol{P}_{i+N,i}+\boldsymbol{P}_{i+N,i}\boldsymbol{\varphi}_i(1-\boldsymbol{\varphi}_i^{\mathrm{T}}\boldsymbol{P}_{i+N,i}\boldsymbol{\varphi}_i)^{-1}\boldsymbol{\varphi}_i^{\mathrm{T}}\boldsymbol{P}_{i+N,i} \tag{7.1.18}$$

$$\hat{\boldsymbol{\theta}}_{i+N,i+1}=\hat{\boldsymbol{\theta}}_{i+N,i}-\boldsymbol{K}_{i+N,i+1}(y_i-\boldsymbol{\varphi}_i^{\mathrm{T}}\hat{\boldsymbol{\theta}}_{i+N,i}) \tag{7.1.19}$$

$$\boldsymbol{K}_{i+N,i+1}=\boldsymbol{P}_{i+N,i}\boldsymbol{\varphi}_i(1-\boldsymbol{\varphi}_i^{\mathrm{T}}\boldsymbol{P}_{i+N,i}\boldsymbol{\varphi}_i)^{-1} \tag{7.1.20}$$

式中 $\hat{\boldsymbol{\theta}}_{i+N,i+1}$ 表示基于 $i+1$ 时刻到 $i+N$ 时刻间的 N 个观测值 $y_{i+1},y_{i+2},\cdots,y_N$ 所得到的 $\boldsymbol{\theta}$ 估计值。

7.1.3 卡尔曼滤波法

假定时变参数的变化模型可用随机差分方程表示为

$$\boldsymbol{\theta}_{N+1}=\boldsymbol{F}_N\boldsymbol{\theta}_N+\boldsymbol{\omega}_N \tag{7.1.21}$$

观测方程为

$$\boldsymbol{y}_N=\boldsymbol{\varphi}_N^{\mathrm{T}}\boldsymbol{\theta}_N+\boldsymbol{\upsilon}_N \tag{7.1.22}$$

假定对于 $\forall N$,$\boldsymbol{F}_N$ 是已知的,$\boldsymbol{\omega}_N$ 和 $\boldsymbol{\upsilon}_N$ 都是均值为 **0** 的白噪声序列,并且 $\boldsymbol{\omega}_N$ 和 $\boldsymbol{\upsilon}_N$ 互不相关,其统计特性为

$$\begin{cases} E\{\boldsymbol{\omega}_n\}=\boldsymbol{0} \\ E[\boldsymbol{\upsilon}_N]=\boldsymbol{0} \\ E\{\boldsymbol{\omega}_N\boldsymbol{\omega}_M^{\mathrm{T}}\}=\boldsymbol{Q}_N\delta_{NM} \\ E\{\boldsymbol{\upsilon}_N\boldsymbol{\upsilon}_M^{\mathrm{T}}\}=\boldsymbol{R}_N\delta_{NM} \end{cases} \tag{7.1.23}$$

则可直接用卡尔曼滤波方法来估计 $\boldsymbol{\theta}$,其递推计算公式为

$$\hat{\boldsymbol{\theta}}_{N+1}=\boldsymbol{F}_N\hat{\boldsymbol{\theta}}_N+\boldsymbol{K}_{N+1}(\boldsymbol{y}_{N+1}-\boldsymbol{\varphi}_{N+1}^{\mathrm{T}}\hat{\boldsymbol{\theta}}_N) \tag{7.1.24}$$

$$\boldsymbol{K}_{N+1}=\boldsymbol{F}_N\boldsymbol{P}_N\boldsymbol{\varphi}_{N+1}(\boldsymbol{R}_{N+1}+\boldsymbol{\varphi}_{N+1}^{\mathrm{T}}\boldsymbol{P}_N\boldsymbol{\varphi}_{N+1})^{-1} \tag{7.1.25}$$

$$\boldsymbol{P}_{N+1}=\boldsymbol{F}_N\boldsymbol{P}_N\boldsymbol{F}_N^{\mathrm{T}}+\boldsymbol{Q}_N-\boldsymbol{F}_N\boldsymbol{P}_N\boldsymbol{\varphi}_{N+1}(\boldsymbol{R}_{N+1}+\boldsymbol{\varphi}_{N+1}^{\mathrm{T}}\boldsymbol{P}_N\boldsymbol{\varphi}_{N+1})^{-1}\boldsymbol{\varphi}_{N+1}^{\mathrm{T}}\boldsymbol{P}_N\boldsymbol{F}_N^{\mathrm{T}} \tag{7.1.26}$$

这种方法的缺点是要求较准确地知道时变参数的变化模型和噪声的统计特性,这在很多情况下是难以做到的,因而使这种方法的应用受到了很大限制。

上述 3 种方法仅适合于慢时变参数系统,对于快速时变参数系统,其参数辨识精度往往达不到工程应用要求。

7.2 一种自动调整遗忘因子的时变参数辨识方法

在 7.1 节的遗忘因子法中采用了定常遗忘因子以减弱老数据的影响,而这种定常遗忘因子只能用于慢时变系统。但是,在实际工程问题中,常有一些时变系统的动态特性不是总按照基本相同的规律变化,而是有时变化很快,有时变化很慢,有时还有可能发生突变。对于这类系统,若选用定常遗忘因子,就无法得到满意的效果。其原因很清楚:若根据参数的快变化选择较小的遗忘因子,则在参数变化慢时从数据中得到的信息就少,将导致参数估计误差按指数增大,对干扰非常敏感;若根据参数的慢变化选择较大的遗忘因子,能记忆很老的数据,则会对参数的快速变化反应不灵敏。所以,对于动态特性变化较大的系统,应随着动态特性的变化自动调整遗忘因子。当系统参数变化快时,自动选择较小的遗忘因子,以提高辨识灵敏度。在参数变化较慢时,自动选择较大的遗忘因子,增加记忆长度,使辨识精度提高。本节将介绍根据这种指导思想所产生的一种自动调整遗忘因子的辨识方法。

设由时变 ARMAX 模型描述的对象为

$$\begin{aligned} y(k+1)=&a_1(k)y(k)+\cdots+a_n(k)y(k-n+1)+ \\ &b_1(k)u(k)+\cdots+b_m(k)u(k-m+1)+\varepsilon(k) \end{aligned} \tag{7.2.1}$$

式中：$y(\cdot)$和 $u(\cdot)$分别为对象的输出和控制变量；$a_i, b_j(i=1,2,\cdots,n; j=1,2,\cdots,m)$为系统的未知时变参数；$\{\varepsilon(k)\}$ 是均值为 0 的独立同分布随机干扰序列；符号 k 表示时刻$k\Delta$，Δ 为采样周期。假设对象阶数 n, m 已知，并且控制多项式是稳定的。

式(7.2.1)可近似表示为

$$y(k+1)=(a_{10}+k_1a_{11})y(k)+\cdots+(a_{n0}+k_1a_{n1})y(k-n+1)+(b_{10}+k_1b_{11})u(k)+\cdots+(b_{m0}+k_1b_{m1})u(k-m+1)+\varepsilon(k) \tag{7.2.2}$$

式中 k_1 的选择方法将在下面给出。

设

$$\hat{\boldsymbol{\theta}}(k)=[\hat{\boldsymbol{\theta}}_1^{\mathrm{T}}(k) \quad \hat{\boldsymbol{\theta}}_2^{\mathrm{T}}(k)]^{\mathrm{T}} \tag{7.2.3}$$

$$\hat{\boldsymbol{\theta}}_1^{\mathrm{T}}(k)=[\hat{a}_{10} \quad \cdots \quad \hat{a}_{n0} \quad \hat{b}_{10} \quad \cdots \quad \hat{b}_{m0}] \tag{7.2.4}$$

$$\hat{\boldsymbol{\theta}}_2^{\mathrm{T}}(k)=[\hat{a}_{11} \quad \cdots \quad \hat{a}_{n1} \quad \hat{b}_{11} \quad \cdots \quad \hat{b}_{m1}] \tag{7.2.5}$$

$$\boldsymbol{\varphi}^{\mathrm{T}}(k)=[\boldsymbol{\varphi}_1^{\mathrm{T}}(k) \quad k_1\boldsymbol{\varphi}_1^{\mathrm{T}}(k)] \tag{7.2.6}$$

$$\boldsymbol{\varphi}_1^{\mathrm{T}}(k)=[y(k) \quad \cdots \quad y(k-n+1) \quad u(k) \quad \cdots \quad u(k-m+1)] \tag{7.2.7}$$

自动选择遗忘因子的递推最小二乘辨识算法为

$$e(k)=y(k)-\boldsymbol{\varphi}^{\mathrm{T}}(k-1)\hat{\boldsymbol{\theta}}(k-1) \tag{7.2.8}$$

$$\hat{\boldsymbol{\theta}}(k)=\hat{\boldsymbol{\theta}}(k-1)+\frac{\boldsymbol{P}(k-2)\boldsymbol{\varphi}(k-1)e(k)}{f(k)+\boldsymbol{\varphi}^{\mathrm{T}}(k-1)\boldsymbol{P}(k-2)\boldsymbol{\varphi}(k-1)} \tag{7.2.9}$$

$$\boldsymbol{P}(k-1)=\frac{1}{f(k)}\left[\boldsymbol{P}(k-2)-\frac{\boldsymbol{P}(k-2)\boldsymbol{\varphi}(k-1)\boldsymbol{\varphi}^{\mathrm{T}}(k-1)\boldsymbol{P}(k-2)}{f(k)+\boldsymbol{\varphi}^{\mathrm{T}}(k-1)\boldsymbol{P}(k-2)\boldsymbol{\varphi}(k-1)}\right] \tag{7.2.10}$$

$$f(k)=1-\left[1-\frac{\boldsymbol{\varphi}^{\mathrm{T}}(k-l-1)\boldsymbol{P}(k-1)\boldsymbol{\varphi}(k-l-1)}{1+\boldsymbol{\varphi}^{\mathrm{T}}(k-l-1)\boldsymbol{P}(k-1)\boldsymbol{\varphi}(k-l-1)}\right]\frac{e^2(k)}{R} \tag{7.2.11}$$

式中：l 为由设计者选择的遗忘步长；R 为设计参数，可选为常数，也可根据需要选为按一定规律变化的量，但需满足关系式 $0<f(k)<1$。为防止意外干扰使 $f(k)$变化过大，对$f(k)$应加以限制：当 $f(k)\geqslant f_{\max}$时，令 $f(k)=f_{\max}$；当 $f(k)<f_{\min}$时，令 $f(k)=f_{\min}$。

在计算开始时刻，选取 $k=k_1=1$，$\boldsymbol{P}(-1)=c^2\boldsymbol{I}$，$\boldsymbol{I}$ 为 $2(m+n)\times 2(m+n)$单位矩阵，c 为充分大的常数。在计算过程中，若 $k_0T<k<(k_0+1)T$，$k_0=0,1,2,\cdots$，T 为正整数，是设计者所选择的协方差重置周期，则取 $k_1=k-k_0T$；当 $k=k_0T$ 时，先用式(7.2.8)至式(7.2.11)计算 $\hat{\boldsymbol{\theta}}(k)$和 $\boldsymbol{P}(k-1)$，然后用下述公式进行重置：

$$k_1=0 \tag{7.2.12}$$

$$\hat{\boldsymbol{\theta}}(k_0T)=\begin{bmatrix}\boldsymbol{I} & T\boldsymbol{I}_1\\ \boldsymbol{0} & \boldsymbol{I}_1\end{bmatrix}\hat{\boldsymbol{\theta}}(k_0T^-) \tag{7.2.13}$$

$$\boldsymbol{P}(k_0T-1)=\begin{bmatrix}\boldsymbol{I}_1 & T_1\boldsymbol{I}_1\\ \boldsymbol{0} & \boldsymbol{I}_1\end{bmatrix}=\boldsymbol{P}(k_0T^--1)\begin{bmatrix}\boldsymbol{I}_1 & \boldsymbol{0}\\ T\boldsymbol{I}_1 & \boldsymbol{I}_1\end{bmatrix} \tag{7.2.14}$$

式中：k_0T^-表示在重置前的邻近时刻；$\boldsymbol{I}_1$ 和 $\boldsymbol{0}$ 分别为$(n+m)\times(n+m)$单位矩阵和零矩阵。

系统参数的估计值用下式计算：

$$\hat{a}_i(k)=\hat{a}_{i0}(k)+k_1\hat{a}_{i1}(k),\ i=1,2,\cdots,n \tag{7.2.15}$$

$$\hat{b}_i(k)=\hat{b}_{j0}(k)+k_1\hat{b}_{j1}(k),j=1,2,\cdots,m \tag{7.2.16}$$

例 7.1 设系统差分方程为

$$y(k)=a(k)y(k)+b(k)u(k) \tag{7.2.17}$$

式中：$b(k)$为慢时变参数，仿真时取 $b(k)=1$；$a(k)$为方波变化。图 7.1 示出了采用固定遗忘因子和自动调整遗忘因子 2 种辨识算法的对比曲线。由图中曲线可以看出，这种采用自动调整遗忘因子的辨识算法比采用固定遗忘因子的辨识算法的参数估计结果要好得多。

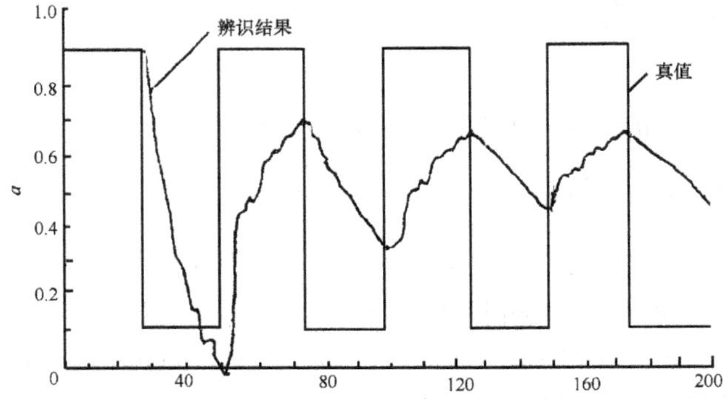

(a)

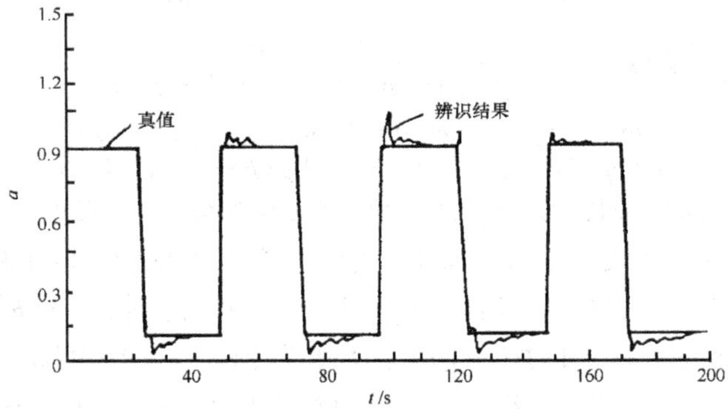

(b)

图 7.1　2 种辨识算法辨识结果对比曲线

(a)采用固定遗忘因子时的参数辨识结果；

(b)采用自动调整遗忘因子时的参数辨识结果。

7.3　用折线段近似时变参数的辨识方法

本节所介绍的辨识方法是根据用折线段近似时变参数的最小二乘法原理导出的一种计算比较简单、辨识精度又较高的快速时变参数辨识方法，它不仅适用于连续快速时变系统,而且也适用于参数变化存在第 2 类间断点时的参数辨识。

这种辨识方法的基本思想是任意的连续快速时变参数 $\alpha(t)$ 都可以用许多折线段来逼近,如图 7.2 所示,图中 Δ 为采样周期。可以看到,段数越多,折线越接近原曲线 $\alpha(t)$。

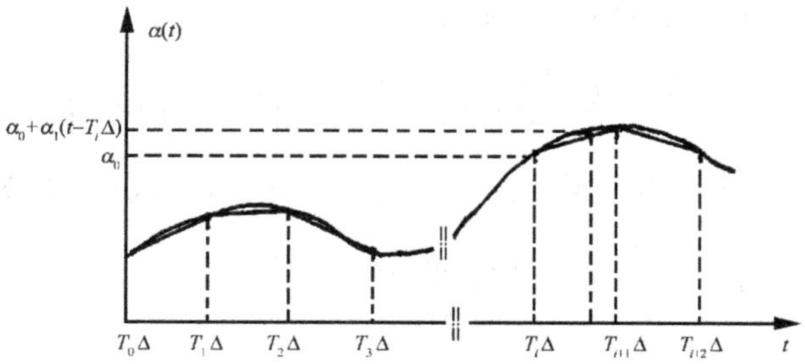

图 7.2 快速时变参数 $\alpha(t)$ 曲线

设 $T_i\Delta$ 和 $T_{i+1}\Delta(i=0,1,2,\cdots)$ 为折线段端点所对应的时刻,对某一时刻 $t\in[T_i\Delta, T_{i+1}\Delta)$,参数 $\alpha(t)$ 可近似表示为

$$\alpha(t)=\alpha_0+\alpha_1(t-T_i\Delta) \tag{7.3.1}$$

式中 α_1 为折线段的斜率。这样,就把辨识时变参数的问题转化为辨识常参数问题,但被辨识参数的数目增大了 1 倍。为了减少被辨识参数数目,可将 $\alpha(t)$ 近似表示为

$$\alpha(t)=\alpha(T_i\Delta)+\alpha_1(t-T_i\Delta),t\in[T_i\Delta, T_{i+1}\Delta) \tag{7.3.2}$$

这样,只需估计 α_1。

设系统差分方程为

$$\begin{aligned} y(k+1)=&a_1(k)y(k)+a_2(k)y(k-1)+\cdots+a_n(k)y(k-n)+\\ &b_1(k)u(k)+b_2(k)u(k-1)+\cdots+b_n(k)u(k-n) \end{aligned} \tag{7.3.3}$$

式中 k 为整数,表示时刻 $t_k=k\Delta$。

对于 $\forall k\in[T_i, T_{i+1})$,被估参数可以表示为

$$a_j(k)=a_j(T_i)+a_{j1}(k-T_i),j=1,2,\cdots,n \tag{7.3.4}$$

$$b_j(k)=b_j(T_i)+b_{j1}(k-T_i),j=1,2,\cdots,n \tag{7.3.5}$$

设参数向量

$$\boldsymbol{\theta}(k)=[a_1(k) \quad \cdots \quad a_n(k) \quad b_1(k) \quad \cdots \quad b_n(k)]^{\mathrm{T}} \tag{7.3.6}$$

$$\boldsymbol{\theta}(T_i)=[a_1(T_i) \quad \cdots \quad a_n(T_i) \quad b_1(T_i) \quad \cdots \quad b_n(T_i)]^{\mathrm{T}} \tag{7.3.7}$$

$$\boldsymbol{\theta}_1=[a_{11} \quad a_{21} \quad \cdots \quad a_{n1} \quad b_{11} \quad b_{21} \quad \cdots \quad b_{n1}]^{\mathrm{T}} \tag{7.3.8}$$

则有

$$\boldsymbol{\theta}(k)=\boldsymbol{\theta}(T_i)+\boldsymbol{\theta}_1(k-T_i) \tag{7.3.9}$$

定义

$$\boldsymbol{\varphi}^{\mathrm{T}}(k-1)=[y(k) \quad \cdots \quad y(k-n) \quad u(k) \quad \cdots \quad u(k-n)] \tag{7.3.10}$$

则式(7.3.3)可以表示为

$$y(k+1)=\boldsymbol{\varphi}^{\mathrm{T}}(k+1)[\boldsymbol{\theta}(T_i)+\boldsymbol{\theta}_1(k-T_i)] \tag{7.3.11}$$

以及

$$\frac{y(k+1)-\boldsymbol{\varphi}^{\mathrm{T}}(k+1)\boldsymbol{\theta}(T_i)}{k-T_i}=\boldsymbol{\varphi}^{\mathrm{T}}(k+1)\boldsymbol{\theta}_1 \tag{7.3.12}$$

用估值 $\hat{\boldsymbol{\theta}}(T_i)$和 $\hat{\boldsymbol{\theta}}_1(k)$代替上式中的 $\boldsymbol{\theta}(T_i)$和 $\boldsymbol{\theta}_1$ 可得

$$e(k+1)=\frac{y(k+1)-\boldsymbol{\varphi}^{\mathrm{T}}(k+1)\hat{\boldsymbol{\theta}}(T_i)}{k-T_i}-\boldsymbol{\varphi}^{\mathrm{T}}(k+1)\hat{\boldsymbol{\theta}}_1(k) \tag{7.3.13}$$

按 $e(k+1)$平方和最小,根据普通最小二乘法递推公式可得辨识算法公式

$$\hat{\boldsymbol{\theta}}_1(k+1)=\hat{\boldsymbol{\theta}}_1(k)+\boldsymbol{K}(k+1)\left[\frac{y(k+1)-\boldsymbol{\varphi}^{\mathrm{T}}(k+1)\hat{\boldsymbol{\theta}}(T_i)}{k-T_i}-\boldsymbol{\varphi}^{\mathrm{T}}(k+1)\hat{\boldsymbol{\theta}}_1(k)\right] \tag{7.3.14}$$

$$\boldsymbol{K}(k+1)=\boldsymbol{P}(k)\boldsymbol{\varphi}(k+1)[1+\boldsymbol{\varphi}^{\mathrm{T}}(k+1)\boldsymbol{P}(k)\boldsymbol{\varphi}(k+1)]^{-1} \tag{7.3.15}$$

$$\boldsymbol{P}(k)=\boldsymbol{P}(k-1)-\boldsymbol{P}(k-1)\boldsymbol{\varphi}(k)[1+\boldsymbol{\varphi}^{\mathrm{T}}(k)\boldsymbol{P}(k)\boldsymbol{\varphi}(k)]^{-1}\boldsymbol{\varphi}^{\mathrm{T}}(k)\boldsymbol{P}(k-1) \tag{7.3.16}$$

$$\hat{\boldsymbol{\theta}}(k)=\hat{\boldsymbol{\theta}}(T_i)+\hat{\boldsymbol{\theta}}_1(k)(k-T_i) \tag{7.3.17}$$

为避免当 $k\to\infty$时协方差矩阵 $\boldsymbol{P}(k)\to\boldsymbol{0}$,可采用协方差重置法,即令

$$\boldsymbol{P}(T_i)=c^2\boldsymbol{I},\ i=0,1,2,\cdots \tag{7.3.18}$$

式中 c 为由设计者选择的足够大的常数。

第 1 段曲线参数辨识所需初始条件 $\hat{\boldsymbol{\theta}}(T_0)$和 $\hat{\boldsymbol{\theta}}_1(T_0)$可用粗略的估计方法求得,以后各段曲线参数辨识的初始条件可采用前一段最后给出的 $\hat{\boldsymbol{\theta}}$和 $\hat{\boldsymbol{\theta}}_1$ 值。本方法计算量比普通递推最小二乘法稍大一些,但估计精度却高得多。

关于分段间隔大小的选择由参数变化的快慢而定,希望各段折线尽量逼近原来的曲线。如果被估参数的数目为 $2n$,则在每个分段内的采样点数 N 应大于 $2n$。

例 7.2 某型地空导弹控制系统简化差分方程为

$$y(k)=a_1(k)y(k-1)+a_2(k)y(k-2)+b_1(k)u(k-1)+b_2(k)u(k-2) \tag{7.3.19}$$

图 7.3 示出了本节快速辨识方法与普通递推最小二乘法参数辨识结果的对比曲线,图中仅给出了 $a_1(k)$和 $a_2(k)$曲线。

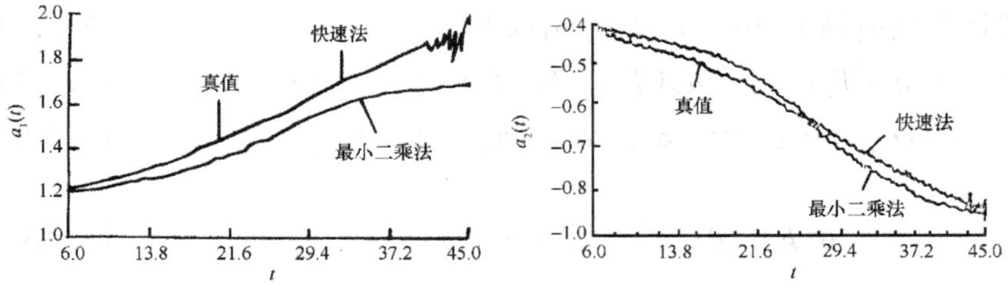

图 7.3 地空导弹控制系统参数辨识结果对比曲线

例 7.3 已知时变系统差分方程

$$y(k+1)=a(k+1)y(k)+b(k+1)u(k)+\xi(k+1) \tag{7.3.20}$$

式中 $\xi(k)$是均值为0、方差为0.3的白噪声随机序列。图7.4示出了参数 $a(t)$正弦变化,参数 $b(t)$为斜坡上升并存在第2类间断点时,用本节中的辨识方法所得到的辨识结果曲线。

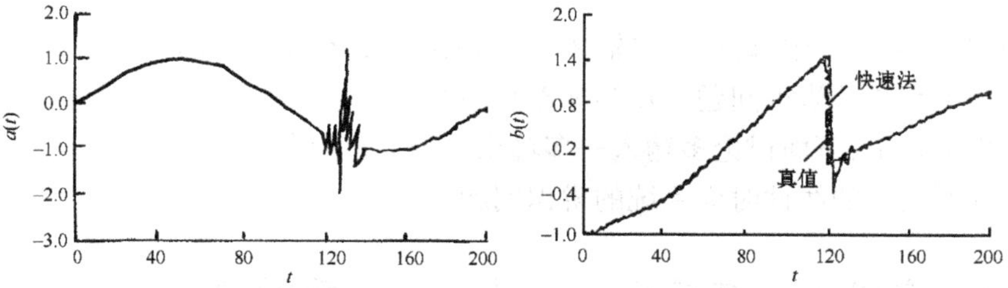

图7.4 例7.3辨识结果曲线

思 考 题

7.1 什么是第1类间断点和第2类间断点?用系统辨识方法能否确定系统存在第1类间断点?

7.2 在7.3节中采用的是用折线段近似时变参数的方法,请分析7.2节中是采用什么方法来近似时变参数的。如果采用切线段来近似时变参数,近似公式是何种形式?

7.3 在7.1节中的矩形窗方法辨识慢时变参数时采用的是固定采样周期,如果采用自适应采样周期,在参数变化快时使采样周期变小,参数变化慢时使采样周期变大,或者使矩形窗的数据长度 N 自适应变化,是否会使辨识结果更好?如果沿这一思路,还可以导出一些新的辨识算法。请用时变参数系统作为例子,来验证这一思路是否可行。

第 8 章　多输入－多输出系统的辨识

在第 5 章、第 6 章和第 7 章中，讨论了单输入－单输出系统差分方程的辨识问题，现在讨论多输入－多输出系统的辨识问题。在第 4 章中，已讨论过一个多输入－多输出系统可用典范差分方程来表示，下面讨论多输入—多输出系统典范差分方程的辨识问题，同时还讨论用状态方程所表示的线性时变系统的辨识问题。

8.1　多输入－多输出系统的最小二乘辨识

一个多输入－多输出系统可用下列的典范差分方程来表示，即

$$\begin{aligned}&\boldsymbol{Y}(k)+a_1\boldsymbol{Y}(k-1)+\cdots+a_n\boldsymbol{Y}(k-n)=\\&\qquad\boldsymbol{B}_0\boldsymbol{U}(k)+\boldsymbol{B}_1\boldsymbol{U}(k-1)+\cdots+\boldsymbol{B}_n\boldsymbol{U}(k-n)+\boldsymbol{\xi}(k)\end{aligned} \tag{8.1.1}$$

式中：$\boldsymbol{Y}(k)$为 m 维输出；$\boldsymbol{U}(k)$为 r 维输入；$\boldsymbol{\xi}(k)$为 m 维噪声；$a_1,a_2,\cdots,a_n$ 为待辨识的标量参数；$\boldsymbol{B}_0,\boldsymbol{B}_1,\cdots,\boldsymbol{B}_n$ 为待辨识的 $m\times r$ 矩阵。即

$$\boldsymbol{Y}(k)=\begin{bmatrix}y_1(k)\\y_2(k)\\\vdots\\y_m(k)\end{bmatrix},\boldsymbol{U}(k)=\begin{bmatrix}u_1(k)\\u_2(k)\\\vdots\\u_r(k)\end{bmatrix},\boldsymbol{\xi}(k)=\begin{bmatrix}\xi_1(k)\\\xi_2(k)\\\vdots\\\xi_m(k)\end{bmatrix}$$

$$\boldsymbol{B}_i=\begin{bmatrix}b_{1i1}&b_{1i2}&\cdots&b_{1ir}\\b_{2i1}&b_{2i2}&\cdots&b_{2ir}\\\vdots&\vdots&&\vdots\\b_{mi1}&b_{mi2}&\cdots&b_{mir}\end{bmatrix},i=0,1,\cdots,n$$

式(8.1.1)可以写成

$$a(z^{-1})\boldsymbol{Y}(k)=\boldsymbol{B}(z^{-1})\boldsymbol{U}(k)+\boldsymbol{\xi}(k) \tag{8.1.2}$$

式中

$$a(z^{-1})=1+a_1z^{-1}+\cdots+a_nz^{-n}=1+\sum_{i=1}^{n}a_iz^{-i} \tag{8.1.3}$$

$$\boldsymbol{B}(z^{-1})=\boldsymbol{B}_0+\boldsymbol{B}_1z^{-1}+\cdots+\boldsymbol{B}_nz^{-n}=\sum_{i=0}^{n}\boldsymbol{B}_iz^{-i} \tag{8.1.4}$$

需要辨识的参数数目为 $n+(n+1)mr$ 个。

下面先讨论$\{\boldsymbol{\xi}(k)\}$为零均值、同分布的不相关随机向量序列的最小二乘估计。

如果把 $\boldsymbol{B}(z^{-1})$中的参数同时进行辨识，则计算量很大。下面把 $\boldsymbol{B}(z^{-1})$中的参数一行一行地进行辨识。式(8.1.2)中的 $a_i\boldsymbol{Y}(k-i)$和 $\boldsymbol{B}_i\boldsymbol{U}(k-i)$可以写为

$$a_i \boldsymbol{Y}(k-i) = a_i \begin{bmatrix} y_1(k-i) \\ y_2(k-i) \\ \vdots \\ y_m(k-i) \end{bmatrix}$$

$$\boldsymbol{B}_i \boldsymbol{U}(k-i) = \begin{bmatrix} b_{1i1} & b_{1i2} & \cdots & b_{1ir} \\ b_{2i1} & b_{2i2} & \cdots & b_{2ir} \\ \vdots & \vdots & & \vdots \\ b_{mi1} & b_{mi2} & \cdots & b_{mir} \end{bmatrix} \begin{bmatrix} u_1(k-i) \\ u_2(k-i) \\ \vdots \\ u_r(k-i) \end{bmatrix}$$

因此式(8.1.2)中的第 j 行可写成

$$\begin{aligned} y_j(k) &+ a_1 y_j(k-1) + \cdots + a_n y_j(k-n) = \\ & b_{j01} u_1(k) + b_{j02} u_2(k) + \cdots + b_{j0r} u_r(k) + b_{j11} u_1(k-1) + \\ & b_{j12} u_2(k-1) + \cdots + b_{j1r} u_r(k-1) + \cdots + b_{jn1} u_1(k-n) + \\ & b_{jn2} u_2(k-n) + \cdots + b_{jnr} u_r(k-n) + \xi_j(k) \end{aligned} \tag{8.1.5}$$

将式(8.1.5)改写为

$$\begin{aligned} y_j(k) = &- a_1 y_j(k-1) - a_2 y_j(k-2) - \cdots - a_n y_j(k-n) + b_{j01} u_1(k) + \\ & b_{j02} u_2(k) + \cdots + b_{j0r} u_r(k) + b_{j11} u_1(k-1) + b_{j12} u_2(k-1) + \cdots + \\ & b_{j1r} u_r(k-1) + \cdots + b_{jn1} u_1(k-n) + b_{jn2} u_2(k-n) + \cdots + \\ & b_{jnr} u_r(k-n) + \xi_j(k) \end{aligned} \tag{8.1.6}$$

把 $k = n+1 \sim n+N$ 代入式(8.1.6),可得 N 个方程。令

$$\boldsymbol{Y}_j = \begin{bmatrix} y_j(n+1) \\ y_j(n+2) \\ \vdots \\ y_j(n+N) \end{bmatrix}, \boldsymbol{\xi}_j = \begin{bmatrix} \xi_j(n+1) \\ \xi_j(n+2) \\ \vdots \\ \xi_j(n+N) \end{bmatrix}$$

$$\boldsymbol{U}(k-i) = \begin{bmatrix} u_1(k-i) \\ u_2(k-i) \\ \vdots \\ u_r(k-i) \end{bmatrix}, i = 1,2,\cdots,n$$

$$\boldsymbol{\theta}_j^{\mathrm{T}} = [a_1 \cdots a_n \quad b_{j01} \cdots b_{j0r} \quad b_{j11} \cdots b_{j1r} \cdots b_{jn1} \cdots b_{jnr}]$$

$$\boldsymbol{H}_j = \begin{bmatrix} -y_j(n) & \cdots & -y_j(1) & \boldsymbol{U}^{\mathrm{T}}(n+1) & \cdots & \boldsymbol{U}^{\mathrm{T}}(1) \\ -y_j(n+1) & \cdots & -y_j(2) & \boldsymbol{U}^{\mathrm{T}}(n+2) & \cdots & \boldsymbol{U}^{\mathrm{T}}(2) \\ \vdots & & \vdots & \vdots & & \vdots \\ -y_j(n+N-1) & \cdots & -y_j(N) & \boldsymbol{U}^{\mathrm{T}}(n+N) & \cdots & \boldsymbol{U}^{\mathrm{T}}(N) \end{bmatrix}$$

则式(8.1.6)可写为向量-矩阵形式

$$\boldsymbol{Y}_j = \boldsymbol{H}_j \boldsymbol{\theta}_j + \boldsymbol{\xi}_j \tag{8.1.7}$$

由于已假定$\{\boldsymbol{\xi}(k)\}$为零均值不相关随机序列,用最小二乘法可得 $\boldsymbol{\theta}_j$ 的一致性和无偏性估计,即

$$\hat{\boldsymbol{\theta}}_j = (\boldsymbol{H}_j^{\mathrm{T}} \boldsymbol{H}_j)^{-1} \boldsymbol{H}_j^{\mathrm{T}} \boldsymbol{Y}_j \tag{8.1.8}$$

按式(8.1.8),令 $j = 1,2,\cdots,j-1,j+1,\cdots,m$,可得其它各行的参数估计值 $\hat{\boldsymbol{\theta}}_1$,

$\hat{\boldsymbol{\theta}}_2, \cdots, \hat{\boldsymbol{\theta}}_{j-1}, \hat{\boldsymbol{\theta}}_{j+1}, \cdots, \hat{\boldsymbol{\theta}}_m$。在求其它各行的参数时，$a_1, a_2, \cdots, a_n$ 不必再估计，因为 $\hat{\boldsymbol{\theta}}_j$ 中已给出估计值 $\hat{a}_1, \hat{a}_2, \cdots, \hat{a}_n$，只要把这些已知值代入式(8.1.6)，可减小估计其它各行参数时的计算量。

为了在线辨识的需要，下面给出递推算法。上面根据 N 次观测得到 $\hat{\boldsymbol{\theta}}_j$，现把 $\hat{\boldsymbol{\theta}}_j$，$\boldsymbol{Y}_j$，$\boldsymbol{H}_j$ 和 $\boldsymbol{\xi}_j$ 改写为 $\hat{\boldsymbol{\theta}}_{jN}$，$\boldsymbol{Y}_{jN}$，$\boldsymbol{H}_{jN}$ 和 $\boldsymbol{\xi}_{jN}$，则

$$\hat{\boldsymbol{\theta}}_{jN} = (\boldsymbol{H}_{jN}^{\mathrm{T}} \boldsymbol{H}_{jN})^{-1} \boldsymbol{H}_{jN}^{\mathrm{T}} \boldsymbol{Y}_{jN} \tag{8.1.9}$$

如再获得新的观测值 $y_j(n+N+1)$ 和 $\boldsymbol{U}(n+N+1)$，则又增加了一个方程

$$y_{j(N+1)} = \boldsymbol{h}_{j(N+1)}^{\mathrm{T}} \boldsymbol{\theta}_j + \xi_{j(N+1)} \tag{8.1.10}$$

式中

$$y_{j(N+1)} = y_j(n+N+1), \xi_{j(N+1)} = \xi_j(n+N+1)$$

$$\boldsymbol{h}_{j(N+1)}^{\mathrm{T}} = [-y_j(n+N) \quad \cdots \quad y_j(N+1) \quad \boldsymbol{U}^{\mathrm{T}}(n+N+1) \quad \cdots \quad \boldsymbol{U}^{\mathrm{T}}(N+1)]$$

则可得递推计算公式

$$\hat{\boldsymbol{\theta}}_{j(N+1)} = \hat{\boldsymbol{\theta}}_{jN} + \boldsymbol{K}_{j(N+1)}[y_{j(N+1)} - \boldsymbol{h}_{j(N+1)}^{\mathrm{T}} \hat{\boldsymbol{\theta}}_{jN}] \tag{8.1.11}$$

$$\boldsymbol{K}_{j(N+1)} = \boldsymbol{P}_{jN} \boldsymbol{h}_{j(N+1)} [1 + \boldsymbol{h}_{j(N+1)}^{\mathrm{T}} \boldsymbol{P}_{jN} \boldsymbol{h}_{j(N+1)}]^{-1} \tag{8.1.12}$$

$$\boldsymbol{P}_{j(N+1)} = \boldsymbol{P}_{jN} - \boldsymbol{P}_{jN} \boldsymbol{h}_{j(N+1)} [1 + \boldsymbol{h}_{j(N+1)}^{\mathrm{T}} \boldsymbol{P}_{jN} \boldsymbol{h}_{j(N+1)}]^{-1} \boldsymbol{h}_{j(N+1)} \boldsymbol{P}_{jN} \tag{8.1.13}$$

$$\boldsymbol{P}_{jN} = (\boldsymbol{H}_{jN}^{\mathrm{T}} \boldsymbol{H}_{jN})^{-1} \tag{8.1.14}$$

如果 $\{\boldsymbol{\xi}(k)\}$ 是相关随机向量，则可用广义最小二乘法等辨识方法一行一行地进行参数辨识。也可用极大似然法，采用松弛算法进行辨识。

8.2　多输入-多输出系统的极大似然法辨识——松弛算法

设系统的差分方程为

$$a(z^{-1})\boldsymbol{Y}(k) = \boldsymbol{B}(z^{-1})\boldsymbol{U}(k) + \boldsymbol{\xi}(k) \tag{8.2.1}$$

式中各符号的定义及维数与式(8.1.2)完全相同。假定 $\{\boldsymbol{\xi}(k)\}$ 是相关随机向量序列，可用形成滤波器模型表示为

$$c(z^{-1})\boldsymbol{\xi}(k) = \boldsymbol{\varepsilon}(k) \tag{8.2.2}$$

式中 $\{\boldsymbol{\varepsilon}(k)\}$ 是独立的高斯随机向量序列，具有零均值和相同的协方差矩阵 $\boldsymbol{R}$，并且

$$c(z^{-1}) = 1 + \sum_{i=1}^{q} c_i z^{-i} \tag{8.2.3}$$

用模型

$$\hat{a}(z^{-1})\boldsymbol{Y}(k) = \hat{\boldsymbol{B}}(z^{-1})\boldsymbol{U}(k) + \boldsymbol{e}(k) \tag{8.2.4}$$

进行参数辨识，其中

$$\hat{a}(z^{-1}) = 1 + \sum_{i=1}^{n} \hat{a}_i z^{-i} \tag{8.2.5}$$

$$\hat{\boldsymbol{B}}(z^{-1}) = \boldsymbol{B}_0 + \sum_{i=1}^{n} \hat{\boldsymbol{B}}_i z^{-i} \tag{8.2.6}$$

$$\boldsymbol{e}(k) = \hat{a}(z^{-1})\boldsymbol{Y}(k) - \hat{\boldsymbol{B}}(z^{-1})\boldsymbol{U}(k) \tag{8.2.7}$$

设

$$\hat{c}(z^{-1})\boldsymbol{e}(k) = \hat{\boldsymbol{\varepsilon}}(k) \tag{8.2.8}$$

式中$\{\hat{\boldsymbol{\varepsilon}}(k)\}$仍是独立高斯随机向量序列,具有零均值和相同的协方差矩阵 $\hat{\boldsymbol{R}}$。由于 $\boldsymbol{Y}(k)$为 m 维向量,则选取似然函数为

$$L(\boldsymbol{Y}\mid\boldsymbol{U},\boldsymbol{\theta})=\prod_{k=n+1}^{n+N}\left\{[(2\pi)^m\det\hat{\boldsymbol{R}}]^{-\frac{1}{2}}\exp[-\frac{1}{2}\hat{\boldsymbol{\varepsilon}}^{\mathrm{T}}(k)\hat{\boldsymbol{R}}^{-1}\hat{\boldsymbol{\varepsilon}}(k)]\right\}=$$

$$[(2\pi)^m\det\hat{\boldsymbol{R}}]^{-\frac{N}{2}}\exp[-\frac{1}{2}\sum_{k=n+1}^{n+N}\hat{\boldsymbol{\varepsilon}}^{\mathrm{T}}(k)\hat{\boldsymbol{R}}^{-1}\hat{\boldsymbol{\varepsilon}}(k)] \tag{8.2.9}$$

似然函数 L 的对数为

$$J=\ln L=-\frac{mN}{2}\ln(2\pi)-\frac{N}{2}\ln(\det\hat{\boldsymbol{R}})-\frac{1}{2}\sum_{k=n+1}^{n+N}\hat{\boldsymbol{\varepsilon}}^{\mathrm{T}}(k)\hat{\boldsymbol{R}}^{-1}\hat{\boldsymbol{\varepsilon}}(k) \tag{8.2.10}$$

很明显,J 不是多项式$\hat{a}(z^{-1}),\hat{\boldsymbol{B}}(z^{-1}),\hat{c}(z^{-1})$中的参数和 $\hat{\boldsymbol{R}}$ 的二次型函数,因而求 $\boldsymbol{\theta}$ 的估计值很困难。下面要用松弛算法来求估计值 $\hat{\boldsymbol{\theta}}$。用这一方法时,先假定 $\hat{c}(z^{-1})$中的参数和 $\hat{\boldsymbol{R}}$的值是已知的,因而 J 就是$\hat{a}(z^{-1})$和 $\hat{\boldsymbol{B}}(z^{-1})$中参数的二次型函数。由式(8.2.7)和式(8.2.8)可得

$$\hat{\boldsymbol{\varepsilon}}(k)=\hat{c}(z^{-1})\boldsymbol{e}(k)=\hat{c}(z^{-1})[\hat{a}(z^{-1})\boldsymbol{Y}(k)-\hat{\boldsymbol{B}}(z^{-1})\boldsymbol{U}(k)]=$$

$$\hat{a}(z^{-1})\hat{c}(z^{-1})\boldsymbol{Y}(k)-\hat{c}(z^{-1})\hat{\boldsymbol{B}}(z^{-1})\boldsymbol{U}(k) \tag{8.2.11}$$

设

$$\hat{c}(z^{-1})\boldsymbol{Y}(k)=\overline{\boldsymbol{Y}}(k) \tag{8.2.12}$$

$$\hat{a}(z^{-1})\hat{c}(z^{-1})\boldsymbol{Y}(k)=\overline{\boldsymbol{Y}}(k)+\hat{a}_1\overline{\boldsymbol{Y}}(k-1)+\cdots+\hat{a}_n\overline{\boldsymbol{Y}}(k-n) \tag{8.2.13}$$

$$\hat{c}(z^{-1})\hat{\boldsymbol{B}}(z^{-1})\boldsymbol{U}(k)=\hat{c}(z^{-1})\hat{\boldsymbol{B}}_0\boldsymbol{U}(k)+\hat{c}(z^{-1})\hat{\boldsymbol{B}}_1\boldsymbol{U}(k-1)+\cdots+\hat{c}(z^{-1})\hat{\boldsymbol{B}}_n\boldsymbol{U}(k-n)=$$

$$\hat{c}(z^{-1})[\hat{\boldsymbol{b}}_{10}u_1(k)+\hat{\boldsymbol{b}}_{20}u_2(k)+\cdots+\hat{\boldsymbol{b}}_{r0}u_r(k)]+\hat{c}(z^{-1})[\hat{\boldsymbol{b}}_{11}u_1(k-1)+$$

$$\hat{\boldsymbol{b}}_{21}u_2(k-1)+\cdots+\hat{\boldsymbol{b}}_{r1}u_r(k-1)]+\cdots+\hat{c}(z^{-1})[\hat{\boldsymbol{b}}_{1n}u_1(k-n)+$$

$$\hat{\boldsymbol{b}}_{2n}u_2(k-n)+\cdots+\hat{\boldsymbol{b}}_{rn}u(k-n)] \tag{8.2.14}$$

式中 $\hat{\boldsymbol{b}}_{ji}$表示$\boldsymbol{B}_i$ 的第 j 列元素,u_i 表示向量 $\boldsymbol{U}$ 的第 i 个分量。所以式(8.2.11)可以表示为

$$\hat{\boldsymbol{\varepsilon}}(k)=\overline{\boldsymbol{Y}}(k)-\boldsymbol{\Psi}(k)\hat{\boldsymbol{\beta}} \tag{8.2.15}$$

式中

$$\hat{\boldsymbol{\beta}}=[\hat{a}_1\cdots\hat{a}_n\quad\hat{\boldsymbol{b}}_{10}^{\mathrm{T}}\cdots\hat{\boldsymbol{b}}_{r0}^{\mathrm{T}}\quad\hat{\boldsymbol{b}}_{11}^{\mathrm{T}}\cdots\hat{\boldsymbol{b}}_{r1}^{\mathrm{T}}\cdots\hat{\boldsymbol{b}}_{1n}^{\mathrm{T}}\cdots\boldsymbol{b}_{rn}^{\mathrm{T}}]^{\mathrm{T}} \tag{8.2.16}$$

$$\boldsymbol{\Psi}(k)=[-\overline{\boldsymbol{Y}}(k-1)\cdots-\overline{\boldsymbol{Y}}(k-n)\ \hat{c}(z^{-1})u_1(k)\cdots\hat{c}(z^{-1})u_r(k)$$

$$\hat{c}(z^{-1})u_1(k-1)\cdots\hat{c}(z^{-1})u_r(k-1)\cdots\hat{c}(z^{-1})u_1(k-n)\cdots$$

$$\hat{c}(z^{-1})u_r(k-n)],k=n+1,n+2,\cdots,n+N \tag{8.2.17}$$

把式(8.2.15)代入式(8.2.10)得

$$J=-\frac{mN}{2}\ln(2\pi)-\frac{N}{2}\ln(\det\hat{\boldsymbol{R}})-\frac{1}{2}\sum_{k=n+1}^{n+N}[\overline{\boldsymbol{Y}}(k)-\boldsymbol{\Psi}(k)\hat{\boldsymbol{\beta}}]^{\mathrm{T}}\hat{\boldsymbol{R}}^{-1}[\overline{\boldsymbol{Y}}(k)-\boldsymbol{\Psi}(k)\hat{\boldsymbol{\beta}}] \tag{8.2.18}$$

求 J 关于$\hat{\boldsymbol{\beta}}$的偏导数,令偏导数等于 $\boldsymbol{0}$,即

$$\frac{\partial J}{\partial\hat{\boldsymbol{\beta}}}=\sum_{k=n+1}^{n+N}\boldsymbol{\Psi}^{\mathrm{T}}(k)\hat{\boldsymbol{R}}^{-1}\boldsymbol{Y}(k)-\sum_{k=n+1}^{n+N}\boldsymbol{\Psi}^{\mathrm{T}}(k)\hat{\boldsymbol{R}}^{-1}\boldsymbol{\Psi}(k)\hat{\boldsymbol{\beta}}=\boldsymbol{0} \tag{8.2.19}$$

因而可得

$$\hat{\boldsymbol{\beta}}=\left[\sum_{k=n+1}^{n+N}\boldsymbol{\Psi}^{\mathrm{T}}(k)\hat{\boldsymbol{R}}^{-1}\boldsymbol{\Psi}(k)\right]^{-1}\left[\sum_{k=n+1}^{n+N}\boldsymbol{\Psi}^{\mathrm{T}}(k)\hat{\boldsymbol{R}}^{-1}\overline{\boldsymbol{Y}}(k)\right]=$$

$$\left[\frac{1}{N}\sum_{k=n+1}^{n+N}\boldsymbol{\Psi}^{\mathrm{T}}(k)\hat{\boldsymbol{R}}^{-1}\boldsymbol{\Psi}(k)\right]^{-1}\left[\frac{1}{N}\sum_{k=n+1}^{n+N}\boldsymbol{\Psi}^{\mathrm{T}}(k)\hat{\boldsymbol{R}}^{-1}\overline{\boldsymbol{Y}}(k)\right] \tag{8.2.20}$$

如果 $\hat{a}(z^{-1})$和 $\hat{\boldsymbol{B}}(z^{-1})$中的参数已知,可求出残差 $\boldsymbol{e}(k)$。$\hat{\boldsymbol{\varepsilon}}(k)$可表示成 $\hat{c}(z^{-1})$的线性函数

$$\hat{\boldsymbol{\varepsilon}}(k)=\boldsymbol{e}(k)-\hat{\boldsymbol{c}}\boldsymbol{E}_k \tag{8.2.21}$$

式中

$$\hat{\boldsymbol{c}}=[c_1 \quad c_2 \cdots c_q] \tag{8.2.22}$$

$$\boldsymbol{E}_k=[-\boldsymbol{e}^{\mathrm{T}}(k-1) \; -\boldsymbol{e}^{\mathrm{T}}(k-2) \cdots -\boldsymbol{e}^{\mathrm{T}}(k-q)]^{\mathrm{T}} \tag{8.2.23}$$

根据

$$J_{\boldsymbol{\varepsilon}}=\sum_{k=n+1}^{n+N}\hat{\boldsymbol{\varepsilon}}^{\mathrm{T}}(k)\hat{\boldsymbol{\varepsilon}}(k)=\sum_{k=n+1}^{n+N}[\boldsymbol{e}(k)-\hat{\boldsymbol{c}}\boldsymbol{E}_k]^{\mathrm{T}}[\boldsymbol{e}(k)-\hat{\boldsymbol{c}}\boldsymbol{E}_k] \tag{8.2.24}$$

为最小来确定 $\hat{\boldsymbol{c}}$,即

$$\hat{\boldsymbol{c}}=\left[\frac{1}{N}\sum_{k=n+1}^{n+N}\boldsymbol{E}_k^{\mathrm{T}}\boldsymbol{e}(k)\right]\left[\frac{1}{N}\sum_{k=n+1}^{n+N}\boldsymbol{E}_k^{\mathrm{T}}\boldsymbol{E}_k\right]^{-1} \tag{8.2.25}$$

同时可得

$$\hat{\boldsymbol{R}}=\frac{1}{N}\sum_{k=n+1}^{n+N}[\boldsymbol{e}(k)-\hat{\boldsymbol{c}}\boldsymbol{E}_k]^{\mathrm{T}}[\boldsymbol{e}(k)-\hat{\boldsymbol{c}}\boldsymbol{E}_k] \tag{8.2.26}$$

综上所述,可得松弛算法计算步骤如下:

(1) 选取初值,设 $\hat{\boldsymbol{R}}=\boldsymbol{I}$,$\hat{c}(z^{-1})=1$;

(2) 用式(8.2.20)计算 $\hat{\boldsymbol{\beta}}$,可得 $\hat{a}(z^{-1})$和 $\boldsymbol{B}(z^{-1})$中的参数;

(3) 先用式(8.2.7)和式(8.2.23)计算 $\boldsymbol{e}(k)$和构造 $\boldsymbol{E}_k$,再用式(8.2.25)计算 $\hat{\boldsymbol{c}}$;

(4) 用式(8.2.26)计算 $\hat{\boldsymbol{R}}$。

按步骤(2)、(3)、(4)迭代计算,如果第 $k+1$ 次迭代计算的结果与第 k 次迭代计算的结果非常接近,则迭代已收敛,就可停止计算,否则就转到步骤(2),重复进行计算,直到收敛为止。上述算法可看成广义最小二乘法在高斯情况下的推广。这个算法的优点是计算简单,在实际应用中效果也比较好。

例 8.1 设有双输入-双输出系统

$$\begin{bmatrix}y_1(k)\\y_2(k)\end{bmatrix}=-a_1\begin{bmatrix}y_1(k-1)\\y_2(k-1)\end{bmatrix}-a_2\begin{bmatrix}y_1(k-2)\\y_2(k-2)\end{bmatrix}+\begin{bmatrix}b_{111}&b_{112}\\b_{211}&b_{212}\end{bmatrix}u(k-1)+$$

$$\begin{bmatrix}b_{121}&b_{122}\\b_{221}&b_{222}\end{bmatrix}\begin{bmatrix}u_1(k-2)\\u_2(k-2)\end{bmatrix}+\begin{bmatrix}\xi_1(k)\\\xi_2(k)\end{bmatrix} \tag{8.2.27}$$

$$\begin{bmatrix}\xi_1(k)\\\xi_2(k)\end{bmatrix}+\begin{bmatrix}c_{11}&c_{12}\\c_{21}&c_{22}\end{bmatrix}\begin{bmatrix}\xi_1(k-1)\\\xi_2(k-1)\end{bmatrix}=\begin{bmatrix}\varepsilon_1(k)\\\varepsilon_2(k)\end{bmatrix} \tag{8.2.28}$$

式中$[\varepsilon_1(k) \quad \varepsilon_2(k)]^T$是独立同分布高斯随机向量序列，具有零均值和协方差矩阵 $\boldsymbol{R}$。

设输入信号为500个码的伪随机二位式序列，数据个数为500，输出信噪比为1.18。估计结果如表8.1所列，参数$\hat{a}_1$的收敛性如图8.1所示。

表8.1　例8.1参数辨识结果

参　数	模拟中使用的参数值	最小二乘估计（第1次迭代）	松弛算法估计（第9次迭代）
a_1	−1.3	-1.663 ± 0.003	-1.301 ± 0.012
a_2	0.6	0.721 ± 0.013	0.619 ± 0.020
b_{111}	0.8	0.788 ± 0.045	0.779 ± 0.034
b_{112}	0.3	0.328 ± 0.045	0.309 ± 0.034
b_{211}	0.2	0.220 ± 0.045	0.201 ± 0.040
b_{212}	0.4	0.451 ± 0.045	0.430 ± 0.033
b_{121}	0.3	0.019 ± 0.047	0.331 ± 0.026
b_{122}	0.3	0.291 ± 0.045	0.355 ± 0.032
b_{221}	0.3	0.250 ± 0.045	0.319 ± 0.043
b_{222}	0.3	0.451 ± 0.045	0.350 ± 0.042
c_{11}	0.6	0.385	0.583
c_{12}	0.3	0.183	0.320
c_{21}	0.4	0.265	0.483
c_{22}	0.6	0.329	0.536
R_{11}	1.0	1.309	0.902
R_{12}	0.5	0.652	0.521
R_2	0.5	0.652	0.521
R_{22}	1.0	1.438	1.091

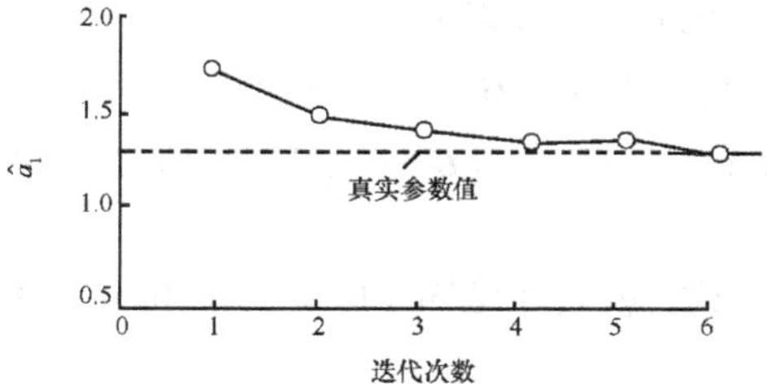

图8.1　$\hat{a}_1$曲线图

8.3　利用方波脉冲函数辨识线性时变系统状态方程

利用方波脉冲函数辨识线性时变系统，可以导出一组简明的递推计算公式，推导简单，计算省力，在一定条件下计算结果又相当令人满意。

这种方法是将系统状态方程中的状态向量、状态矩阵、输入向量和输入矩阵等在一个选定区间内分别展开为方波脉冲级数，通过选择 n 个线性独立的初始状态向量和 r 个线性独立的输入向量,分别辨识出时变系统状态方程中的参数矩阵 $\boldsymbol{A}(t)$和 $\boldsymbol{B}(t)$在选定区间内的分段恒定矩阵解。在导出计算方波脉冲级数中的系数矩阵 $\boldsymbol{A}_i$ 和 $\boldsymbol{B}_i$ 的递推公式后,辨识可以不受预先选定时间区间的限制,而是可以延续到任意需要的时刻 t。

8.3.1 状态方程的方波脉冲级数展开

一个在单位区间[0,1)或实际区间[0,T)绝对可积的函数 $f(t)$可以展开成一组方波脉冲级数

$$f(t) \approx f_1\phi_1(t) + f_2\phi_2(t) + \cdots + f_m\phi_m(t) = \sum_{i=1}^{m} f_i\phi_i(t) \tag{8.3.1}$$

式中 $\phi_i(t)$为第 i 项方波脉冲函数,其定义为

$$\phi_i(t) \triangleq \begin{cases} 1, & (i-1)h \leqslant t < ih, i = 1,2,\cdots,m \\ 0, & \text{其它子区间} \end{cases} \tag{8.3.2}$$

而 $h=\dfrac{1}{m}$,称为步长;m 为[0,1)内均匀分段子区间数;f_i 为第 i 项方波脉冲系数,并且

$$f_i \approx \frac{1}{h}\int_0^1 f(t)\phi_i(t)\mathrm{d}t = \frac{1}{h}\int_{(i-1)h}^{ih} f(t)\mathrm{d}t \tag{8.3.3}$$

对于足够光滑的 $f(t)$,当 h 取得足够小,或当 $f(t)$由数据或图像给出时,取其一级近似,则有

$$f_i \approx \frac{1}{2}[f((i-1)h) + f(ih)] \tag{8.3.4}$$

式中 $f((i-1)h)$和 $f(ih)$分别为第$(i-1)$步和第 i 步点上的函数值。

下面讨论线性时变系统的方波脉冲级数展开问题。

设待辨识的线性时变系统由下述状态方程描述:

$$\dot{\boldsymbol{x}}(t) = \boldsymbol{A}(t)\boldsymbol{x}(t) + \boldsymbol{B}(t)\boldsymbol{u}(t), \boldsymbol{x}(0) = \boldsymbol{x}_0 \tag{8.3.5}$$

式中:$\boldsymbol{x}(t)\in\mathbf{R}^{n\times 1}$为状态向量;$\boldsymbol{A}(t)\in\mathbf{R}^{n\times n}$,$\boldsymbol{B}(t)\in\mathbf{R}^{n\times r}$均为时变系数矩阵;$\boldsymbol{u}(t)\in\mathbf{R}^{r\times 1}$为输入函数向量。

式(8.3.5)所示系统的辨识问题,就是在已知 $\boldsymbol{x}(t)$,$\boldsymbol{x}(0)$和 $\boldsymbol{u}(t)$的情况下,确定时变矩阵 $\boldsymbol{A}(t)$和 $\boldsymbol{B}(t)$。

现在,将式(8.3.5)中的 $\boldsymbol{x}(t)$,$\boldsymbol{A}(t)$,$\boldsymbol{u}(t)$,$\boldsymbol{B}(t)$和 $\boldsymbol{x}_0$ 分别展开为方波脉冲级数,且设 $m\geqslant n$,则有

$$\boldsymbol{x}(t) = \begin{bmatrix} x_1(t) \\ x_2(t) \\ \vdots \\ x_n(t) \end{bmatrix} \approx \begin{bmatrix} x_{11} & x_{12} & \cdots & x_{1m} \\ x_{21} & x_{22} & \cdots & x_{2m} \\ \vdots & \vdots & & \vdots \\ x_{n1} & x_{n2} & \cdots & x_{nm} \end{bmatrix} \begin{bmatrix} \phi_1(t) \\ \phi_2(t) \\ \vdots \\ \phi_m(t) \end{bmatrix} \tag{8.3.6}$$

$$\boldsymbol{x}_0 = \begin{bmatrix} x_{10} \\ x_{20} \\ \vdots \\ x_{n0} \end{bmatrix} = \begin{bmatrix} x_{10} & x_{10} & \cdots & x_{10} \\ x_{20} & x_{20} & \cdots & x_{20} \\ \vdots & \vdots & & \vdots \\ x_{n0} & x_{n0} & \cdots & x_{n0} \end{bmatrix} \begin{bmatrix} \phi_1(t) \\ \phi_2(t) \\ \vdots \\ \phi_m(t) \end{bmatrix} \tag{8.3.7}$$

$$\boldsymbol{u}(t)=\begin{bmatrix}u_1(t)\\u_2(t)\\\vdots\\u_r(t)\end{bmatrix}\approx\begin{bmatrix}u_{11}&u_{12}&\cdots&u_{1m}\\u_{21}&u_{22}&\cdots&u_{2m}\\\vdots&\vdots&&\vdots\\u_{r1}&u_{r2}&\cdots&u_{rm}\end{bmatrix}\begin{bmatrix}\phi_1(t)\\\phi_2(t)\\\vdots\\\phi_m(t)\end{bmatrix}\tag{8.3.8}$$

或写成

$$\boldsymbol{x}(t)\approx\boldsymbol{x}_{\cdot1}\phi_1(t)+\boldsymbol{x}_{\cdot2}\phi_2(t)+\cdots+\boldsymbol{x}_{\cdot m}\phi_m(t)=\sum_{i=1}^{m}\boldsymbol{x}_{\cdot i}\phi_i(t)\tag{8.3.9}$$

$$\boldsymbol{x}_0=\boldsymbol{x}_0\phi_1(t)+\boldsymbol{x}_0\phi_2(t)+\cdots+\boldsymbol{x}_0\phi_m(t)=\sum_{i=1}^{m}\boldsymbol{x}_0\phi_i(t)\tag{8.3.10}$$

$$\boldsymbol{u}(t)\approx\boldsymbol{u}_{\cdot i}\phi_1(t)+\boldsymbol{u}_{\cdot2}\phi_2(t)+\cdots+\boldsymbol{u}_{\cdot m}\phi_m(t)=\sum_{i=1}^{m}\boldsymbol{u}_{\cdot i}\phi_i(t)\tag{8.3.11}$$

式中列向量 $\boldsymbol{x}_{\cdot i}$, $\boldsymbol{x}_0$ 和 $\boldsymbol{u}_{\cdot i}$ 分别定义为

$$\begin{cases}\boldsymbol{x}_{\cdot i}\triangleq[x_{1i}\quad x_{2i}\quad\cdots\quad x_{ni}]^{\mathrm{T}}\\\boldsymbol{x}_0\triangleq[x_{10}\quad x_{20}\quad\cdots\quad x_{n0}]^{\mathrm{T}}\\\boldsymbol{u}_{\cdot i}=[u_{1i}\quad u_{2i}\quad\cdots\quad u_{ri}]^{\mathrm{T}}\end{cases}\tag{8.3.12}$$

同理可将 $\boldsymbol{A}(t)$ 和 $\boldsymbol{B}(t)$ 分别展开成方波脉冲级数

$$\boldsymbol{A}(t)\approx\boldsymbol{A}_1\phi_1(t)+\boldsymbol{A}_2\phi_2(t)+\cdots+\boldsymbol{A}_m\phi_m(t)=\sum_{i=1}^{m}\boldsymbol{A}_i\phi_i(t)\tag{8.3.13}$$

$$\boldsymbol{B}(t)\approx\boldsymbol{B}_1\phi_1(t)+\boldsymbol{B}_2\phi_2(t)+\cdots+\boldsymbol{B}_m\phi_m(t)=\sum_{i=1}^{m}\boldsymbol{B}_i\phi_i(t)\tag{8.3.14}$$

式中

$$\begin{cases}\boldsymbol{A}(t)\triangleq\begin{bmatrix}a_{11}(t)&a_{12}(t)&\cdots&a_{1n}(t)\\a_{21}(t)&a_{22}(t)&\cdots&a_{2n}(t)\\\vdots&\vdots&&\vdots\\a_{n1}(t)&a_{n2}(t)&\cdots&a_{nn}(t)\end{bmatrix}\\\boldsymbol{A}_i\triangleq\begin{bmatrix}a_{11}(i)&a_{12}(i)&\cdots&a_{1n}(i)\\a_{21}(i)&a_{22}(i)&\cdots&a_{2n}(i)\\\vdots&\vdots&&\vdots\\a_{n1}(i)&a_{n2}(i)&\cdots&a_{nn}(i)\end{bmatrix}\\\boldsymbol{B}(t)\triangleq\begin{bmatrix}b_{11}(t)&b_{12}(t)&\cdots&b_{1r}(t)\\b_{21}(t)&b_{22}(t)&\cdots&b_{2r}(t)\\\vdots&\vdots&&\vdots\\b_{n1}(t)&b_{n2}(t)&\cdots&b_{nr}(t)\end{bmatrix}\\\boldsymbol{B}_i\triangleq\begin{bmatrix}b_{11}(i)&b_{12}(i)&\cdots&b_{1r}(i)\\b_{21}(i)&b_{22}(i)&\cdots&b_{2r}(i)\\\vdots&\vdots&&\vdots\\b_{n1}(i)&b_{n2}(i)&\cdots&b_{nr}(i)\end{bmatrix}\end{cases}\tag{8.3.15}$$

其中 $i=1,2,\cdots,m$。

8.3.2 矩阵 $\boldsymbol{A}(t)$的辨识

首先,令 $\boldsymbol{u}(t)=\boldsymbol{0}$,则由式(8.3.5)可得

$$\dot{\boldsymbol{x}}(t)=\boldsymbol{A}(t)\boldsymbol{x}(t),\boldsymbol{x}(0)=\boldsymbol{x}_0 \tag{8.3.16}$$

将上式中的状态方程等号两边进行积分得到

$$\boldsymbol{x}(t)-\boldsymbol{x}(0)=\int_0^t \boldsymbol{A}(\tau)\boldsymbol{x}(\tau)\mathrm{d}\tau \tag{8.3.17}$$

将有关的方波脉冲函数展开式代入上式,并考虑到方波脉冲函数的不相关性,即

$$\phi_i(t)\phi_j(t)=\begin{cases}\phi_i(t), i=j\\ 0, \quad i\neq j\end{cases} \tag{8.3.18}$$

则式(8.3.17)变为

$$\sum_{i=1}^{m}(\boldsymbol{x}_{\cdot i}-\boldsymbol{x}_0)\phi_i(t)=\sum_{i=1}^{m}\int_0^t \boldsymbol{A}_i\boldsymbol{x}_{\cdot i}\phi_i(\tau)\mathrm{d}\tau \tag{8.3.19}$$

由于

$$\int_0^t \phi_i(\tau)\mathrm{d}\tau \approx h[0 \cdots 0 \underset{\uparrow i}{\frac{1}{2}} 1 \cdots]\begin{bmatrix}\phi_1(t)\\ \phi_2(t)\\ \vdots\\ \phi_m(t)\end{bmatrix} \tag{8.3.20}$$

因而有

$$\sum_{i=1}^{m}(\boldsymbol{x}_{\cdot i}-\boldsymbol{x}_0)\phi_i(t)=h\sum_{i=1}^{m}(\frac{1}{2}\boldsymbol{A}_i\boldsymbol{x}_{\cdot i}+\sum_{j=1}^{i-1}\boldsymbol{A}_j\boldsymbol{x}_{\cdot j})\phi_i(t) \tag{8.3.21}$$

由于上述方程对 $t\in[0,1)$内的任何 t 值均成立,所以令等号两边对应系数相等,可得

$$\boldsymbol{x}_{\cdot i}-\boldsymbol{x}_0=h\left[\frac{1}{2}\boldsymbol{A}_i\boldsymbol{x}_{\cdot i}+\sum_{j=1}^{i-1}\boldsymbol{A}_j\boldsymbol{x}_{\cdot j}\right], i=1,2,\cdots \tag{8.3.22}$$

展开后得

$$\begin{cases}\boldsymbol{x}_{\cdot i}-\boldsymbol{x}_0=\dfrac{h}{2}\boldsymbol{A}_1\boldsymbol{x}_{\cdot 1}\\ \boldsymbol{x}_{\cdot 2}-\boldsymbol{x}_0=h(\dfrac{1}{2}\boldsymbol{A}_2\boldsymbol{x}_{\cdot 2}+\boldsymbol{A}_1\boldsymbol{x}_{\cdot 1})\\ \boldsymbol{x}_{\cdot 3}-\boldsymbol{x}_0=h(\dfrac{1}{2}\boldsymbol{A}_3\boldsymbol{x}_{\cdot 3}+\boldsymbol{A}_1\boldsymbol{x}_{\cdot 1}+\boldsymbol{A}_2\boldsymbol{x}_{\cdot 2})\\ \quad\vdots\end{cases} \tag{8.3.23}$$

式中 $\boldsymbol{x}_{\cdot i}$和$\boldsymbol{x}_0$ 是已知的。$\boldsymbol{A}(t)$的辨识就在于通过式(8.3.22)或式(8.3.23)解出$\{\boldsymbol{A}_i, i=1,2,\cdots\}$。

由于 $\boldsymbol{x}_{\cdot i}$和$\boldsymbol{x}_0$ 都是 n 维列向量,而 $\boldsymbol{A}_i$ 是$n\times n$ 矩阵,由 n 个独立方程不可能解出$n\times n$ 个未知量。由广义逆矩阵理论知,满秩的列向量 $\boldsymbol{x}_{\cdot i}$的模尔-潘路斯(Moore-Penrose)广义逆不仅存在而且惟一。现以式(8.3.23)第一式为例,则有

$$\boldsymbol{A}_1=\frac{2}{h}(\boldsymbol{x}_{\cdot 1}-\boldsymbol{x}_0)\boldsymbol{x}_{\cdot 1}^{+} \tag{8.3.24}$$

式中

$$\boldsymbol{x}_{\cdot 1}^{+} = (\boldsymbol{x}_{\cdot 1}^{\mathrm{T}}\boldsymbol{x}_{\cdot 1})^{-1}\boldsymbol{x}_{\cdot 1}^{\mathrm{T}} \tag{8.3.25}$$

称为 $\boldsymbol{x}_{\cdot 1}$的 Moore－Penrose 广义逆,不仅存在而且是惟一的。但是,由式(8.3.24)所求出的解 $\boldsymbol{A}_1$,将是令人不能接受的。因此,在辨识中不采用广义逆矩阵理论,而是另找途径去建立 $n\times n$ 个线性独立的方程构成方程组。

为了能由方程

$$\frac{h}{2}\boldsymbol{A}_1\boldsymbol{x}_{\cdot 1} = \boldsymbol{x}_{\cdot 1} - \boldsymbol{x}_0 \tag{8.3.26}$$

解出 $\boldsymbol{A}_1$,选择 n 个线性独立的初始状态向量,对每个不同的初始状态向量可以求出 m 个子区间内不同的状态响应,即

$$\begin{cases} \boldsymbol{x}_0^{(1)}: \quad \dfrac{h}{2}\boldsymbol{A}_1\boldsymbol{x}_{\cdot 1}^{(1)} = \boldsymbol{x}_{\cdot 1}^{(1)} - \boldsymbol{x}_0^{(1)} \\ \boldsymbol{x}_0^{(2)}: \quad \dfrac{h}{2}\boldsymbol{A}_1\boldsymbol{x}_{\cdot 1}^{(2)} = \boldsymbol{x}_{\cdot 1}^{(2)} - \boldsymbol{x}_0^{(2)} \\ \qquad\qquad \vdots \\ \boldsymbol{x}_0^{(n)}: \quad \dfrac{h}{2}\boldsymbol{A}_1\boldsymbol{x}_{\cdot 1}^{(n)} = \boldsymbol{x}_{\cdot 1}^{(n)} - \boldsymbol{x}_0^{(n)} \end{cases} \tag{8.3.27}$$

故有

$$\frac{h}{2}\boldsymbol{A}_1[\boldsymbol{x}_{\cdot 1}^{(1)} \quad \boldsymbol{x}_{\cdot 1}^{(2)} \cdots \boldsymbol{x}_{\cdot 1}^{(n)}] = [\boldsymbol{x}_{\cdot 1}^{(1)} - \boldsymbol{x}_0^{(1)} \quad \boldsymbol{x}_{\cdot 1}^{(2)} - \boldsymbol{x}_0^{(2)} \cdots \boldsymbol{x}_{\cdot 1}^{(n)} - \boldsymbol{x}_0^{(n)}] \tag{8.3.28}$$

或

$$\frac{h}{2}\boldsymbol{A}_1\boldsymbol{X}_{\cdot 1} = \boldsymbol{X}_{\cdot 1} - \boldsymbol{X}_0 \tag{8.3.29}$$

式中

$$\boldsymbol{X}_{\cdot 1} = [\boldsymbol{x}_{\cdot 1}^{(1)} \quad \boldsymbol{x}_{\cdot 1}^{(2)} \cdots \boldsymbol{x}_{\cdot 1}^{(n)}] \in \mathbf{R}^{n\times n} \tag{8.3.30}$$

$$\boldsymbol{X}_0 = [\boldsymbol{x}_0^{(1)} \quad \boldsymbol{x}_0^{(2)} \cdots \boldsymbol{x}_0^{(n)}] \in \mathbf{R}^{n\times n} \tag{8.3.31}$$

由于 $\boldsymbol{X}_0$ 为 $n\times n$ 满秩矩阵,所以 $\boldsymbol{X}_{\cdot 1}$也是 $n\times n$ 满秩矩阵,由式(8.3.29)可以解出 $\boldsymbol{A}_1$ 为

$$\boldsymbol{A}_1 = \frac{2}{h}(\boldsymbol{X}_{\cdot 1} - \boldsymbol{X}_0)\boldsymbol{X}_{\cdot 1}^{-1} \tag{8.3.32}$$

同理,当 $\boldsymbol{X}_0$ 为 $n\times n$ 满秩矩阵时,可得$\{\boldsymbol{X}_{\cdot i}, i=1,2,\cdots\}$,$\boldsymbol{X}_{\cdot 1}$也是满秩的 $n\times n$ 矩阵。由于

$$\frac{h}{2}\boldsymbol{A}_i\boldsymbol{X}_{\cdot i} = (\boldsymbol{X}_{\cdot i} - \boldsymbol{X}_0) - h\sum_{j=1}^{i-1}\boldsymbol{A}_j\boldsymbol{X}_{\cdot j} \tag{8.3.33}$$

因而可得一组辨识$\{\boldsymbol{A}_i, i=1,2,\cdots\}$的递推公式

$$\begin{cases} \boldsymbol{A}_1 = \dfrac{2}{h}(\boldsymbol{X}_{\cdot 1} - \boldsymbol{X}_0)\boldsymbol{X}_{\cdot 1}^{-1} \\ \boldsymbol{A}_{i+1} = \left[\dfrac{2}{h}(\boldsymbol{X}_{\cdot (i+1)} - \boldsymbol{X}_{\cdot i}) - \boldsymbol{A}_i\boldsymbol{X}_{\cdot i}\right]\boldsymbol{X}_{\cdot (i+1)}^{-1} \end{cases} \tag{8.3.34}$$

可见,确保 $\mathrm{rank}\{\boldsymbol{A}_i, i=1,2,\cdots\}=n$ 是 $\boldsymbol{A}(t)$可辨识的条件。

8.3.3 矩阵 $\boldsymbol{B}(t)$的辨识

根据上述推导,设 $\boldsymbol{u}(t)\neq\boldsymbol{0}$,可得下列一组方程,即

$$\begin{cases} \boldsymbol{x}_{\cdot 1} - \boldsymbol{x}_0 = \dfrac{h}{2}(\boldsymbol{A}_1\boldsymbol{x}_{\cdot 1} + \boldsymbol{B}_1\boldsymbol{u}_{\cdot 1}) \\ \boldsymbol{x}_{\cdot 2} - \boldsymbol{x}_0 = \dfrac{h}{2}(\boldsymbol{A}_2\boldsymbol{x}_{\cdot 2} + \boldsymbol{B}_2\boldsymbol{u}_{\cdot 2}) + h(\boldsymbol{A}_1\boldsymbol{x}_{\cdot 1} + \boldsymbol{B}_1\boldsymbol{u}_{\cdot 1}) \\ \quad\vdots \\ \boldsymbol{x}_{\cdot i} - \boldsymbol{x}_0 = \dfrac{h}{2}(\boldsymbol{A}_i\boldsymbol{x}_{\cdot i} + \boldsymbol{B}_i\boldsymbol{u}_{\cdot i}) + h\sum\limits_{j=1}^{i-1}(\boldsymbol{A}_j\boldsymbol{x}_{\cdot j} + \boldsymbol{B}_j\boldsymbol{u}_{\cdot j}) \\ \quad\vdots \end{cases} \tag{8.3.35}$$

式中$\{\boldsymbol{A}_i, i=1,2,\cdots,m\}$已由式(8.3.34)求出,现求解$\{\boldsymbol{B}_i, i=1,2,\cdots,m\}$。同理,由式(8.3.35)不能直接解出$\boldsymbol{B}_i$,因而选定一组特定的初始状态$\boldsymbol{x}_0=[x_{10}\ x_{20}\cdots\ x_{n0}]^{\mathrm{T}}$或直接令$\boldsymbol{x}_0=\boldsymbol{0}$,选择$r$个线性独立的输入向量,分别将它们展开为方波脉冲级数,可得r组$\{\boldsymbol{u}_{\cdot i}, i=1,2,\cdots\}$。在$r$个输入向量的激励下,又可得到$r$组、每组$m$个$n$维的状态响应向量。现讨论式(8.3.35)中的第1个子式,有

$$\begin{cases} \boldsymbol{u}^{(1)}: \quad \boldsymbol{x}_{\cdot 1}^{(1)} - \boldsymbol{x}_0 = \dfrac{h}{2}(\boldsymbol{A}_1\boldsymbol{x}_{\cdot 1}^{(1)} + \boldsymbol{B}_1\boldsymbol{u}_{\cdot 1}^{(1)}) \\ \boldsymbol{u}^{(2)}: \quad \boldsymbol{x}_{\cdot 1}^{(2)} - \boldsymbol{x}_0 = \dfrac{h}{2}(\boldsymbol{A}_1\boldsymbol{x}_{\cdot 1}^{(2)} + \boldsymbol{B}_1\boldsymbol{u}_{\cdot 1}^{(2)}) \\ \qquad\vdots \\ \boldsymbol{u}^{(r)}: \quad \boldsymbol{x}_{\cdot 1}^{(r)} - \boldsymbol{x}_0 = \dfrac{h}{2}(\boldsymbol{A}_1\boldsymbol{x}_{\cdot 1}^{(r)} + \boldsymbol{B}_1\boldsymbol{u}_{\cdot 1}^{(r)}) \end{cases} \tag{8.3.36}$$

或写为

$$\bar{\boldsymbol{X}}_{\cdot 1} - \bar{\boldsymbol{X}}_0 = \frac{h}{2}(\boldsymbol{A}_1\bar{\boldsymbol{X}}_{\cdot 1} + \boldsymbol{B}_1\boldsymbol{U}_{\cdot 1}) \tag{8.3.37}$$

式中

$$\bar{\boldsymbol{X}}_{\cdot 1} \triangleq [\boldsymbol{x}_{\cdot 1}^{(1)} \quad \boldsymbol{x}_{\cdot 1}^{(2)} \cdots \boldsymbol{x}_{\cdot 1}^{(r)}] \in \mathbf{R}^{n\times r} \tag{8.3.38}$$

$$\bar{\boldsymbol{X}}_0 \triangleq [\boldsymbol{x}_0 \quad \boldsymbol{x}_0 \cdots \boldsymbol{x}_0] \in \mathbf{R}^{n\times r} \tag{8.3.39}$$

$$\boldsymbol{U}_{\cdot 1} \triangleq [\boldsymbol{u}_{\cdot 1}^{(1)} \quad \boldsymbol{u}_{\cdot 1}^{(2)} \cdots \boldsymbol{u}_{\cdot 1}^{(r)}] \in \mathbf{R}^{r\times r} \tag{8.3.40}$$

均为已知。由式(8.3.37)解出

$$\boldsymbol{B}_1 = \left[\frac{2}{h}(\bar{\boldsymbol{X}}_{\cdot 1} - \bar{\boldsymbol{X}}_0) - \boldsymbol{A}_1\boldsymbol{U}_{\cdot 1}\right]\boldsymbol{U}_{\cdot 1}^{-1} \tag{8.3.41}$$

同理,由式(8.3.35)中的第i式,当$i=i+1$时得

$$\boldsymbol{B}_{i+1} = \left[\frac{2}{h}(\bar{\boldsymbol{X}}_{\cdot(i+1)} - \bar{\boldsymbol{X}}_{\cdot i}) - \boldsymbol{A}_{i+1}\bar{\boldsymbol{X}}_{\cdot(i+1)} - (\boldsymbol{A}_i\bar{\boldsymbol{X}}_{\cdot i} + \boldsymbol{B}_i\boldsymbol{U}_{\cdot i})\right]\boldsymbol{U}_{\cdot(i+1)}^{-1}, i = 1,2,\cdots \tag{8.3.42}$$

式(8.3.41)和式(8.3.42)则是一组辨识矩阵$\boldsymbol{B}(t)$的递推计算公式。同理可见,确保$\mathrm{rank}\{\boldsymbol{U}_{\cdot i}, i=1,2,\cdots\}=r$是$\boldsymbol{B}(t)$可辨识的条件。

例 8.2 已知线性时变系统的状态方程为

$$\begin{bmatrix} \dot{x}_1(t) \\ \dot{x}_2(t) \\ \dot{x}_3(t) \end{bmatrix} = \boldsymbol{A}(t)\begin{bmatrix} x_1(t) \\ x_2(t) \\ x_3(t) \end{bmatrix} \tag{8.3.43}$$

试辨识其系数矩阵 $\boldsymbol{A}(t)$。

解 由于本作业题在于证明算法的可行性和有效性,所以在无法对系统进行实测的情况下只好预先给出 $\boldsymbol{A}(t)$,在选定初始状态向量的情况下利用给定的 $\boldsymbol{A}(t)$ 计算出状态响应的分段恒定矩阵值作为测量值,再进一步对 $\boldsymbol{A}(t)$ 进行辨识,将辨识结果与实际的 $\boldsymbol{A}(t)$ 值相比较,即可看出辨识方法的辨识效果。

设矩阵 $\boldsymbol{A}(t)$ 的解析形式为

$$\boldsymbol{A}(t)=\begin{bmatrix}\sin t & \cos t+\sin t & 0\\ 0 & \sin t & \cos t+\sin t\\ -6(\cos t+\sin t) & -11(\cos t+\sin t) & -6\sin t-5\cos t\end{bmatrix}$$

取 $h=\frac{\pi}{40}\approx\frac{3.14159}{40}$,又由于 $n=3$,故选定 3 个线性独立的初始状态向量

$$\boldsymbol{x}_0^{(1)}=\begin{bmatrix}1\\2\\3\end{bmatrix},\boldsymbol{x}_0^{(2)}=\begin{bmatrix}1\\0\\-1\end{bmatrix},\boldsymbol{x}_0^{(3)}=\begin{bmatrix}-1\\1\\2\end{bmatrix}$$

即

$$\boldsymbol{X}_0=\begin{bmatrix}1 & 1 & -1\\2 & 0 & 1\\3 & -1 & 2\end{bmatrix}$$

对应 3 个不同的初始状态向量,其状态响应的分段恒定矩阵值 $\{\boldsymbol{X}_{\cdot i}, i=1,2,\cdots\}$ 分别为

$$\boldsymbol{X}_{\cdot 1}=\begin{bmatrix}1.085762 & 0.9998974 & -0.958286\\2.062521 & -0.040290 & 1.059333\\1.455572 & -0.9866846 & 1.415295\end{bmatrix}$$

$$\boldsymbol{X}_{\cdot 2}=\begin{bmatrix}1.2683010 & 0.9990845 & -0.8708084\\2.0853780 & -0.1219438 & 1.1416550\\-1.1303540 & -0.9357652 & 0.4063993\end{bmatrix}$$

$$\vdots$$

$$\boldsymbol{X}_{\cdot 6}=\begin{bmatrix}2.0228450 & 0.9736644 & -0.5014080\\0.9043894 & -0.4199221 & 0.9761631\\-4.1491220 & -0.4503240 & -1.2139120\end{bmatrix}$$

$$\vdots$$

利用式(8.3.34)解出

$$\boldsymbol{A}_1=\begin{bmatrix}0.0392046 & 1.038228 & -0.0000172\\0.0000486 & 0.0391827 & 1.0382700\\-6.230484 & -11.419900 & -6.191253\end{bmatrix}$$

$$\boldsymbol{A}_2=\begin{bmatrix}0.1174631 & 1.1103430 & 0.0000448\\-0.0000477 & 0.1175011 & 1.1102600\\-6.6588590 & -12.2122300 & -6.5413050\end{bmatrix}$$

$$\vdots$$

$$A_6 = \begin{bmatrix} 0.4194489 & 1.3280330 & 0.0007954 \\ -0.0021973 & 0.4152222 & 1.324684 \\ -7.9353170 & -14.556440 & -7.5219340 \end{bmatrix}$$

$$\vdots$$

实际上，$h = \dfrac{3.14159}{40}$时，将 $\boldsymbol{A}(t)$展开为方波脉冲级数

$$\boldsymbol{A}_{1t} \approx \boldsymbol{A}_1\phi_1(t) + \boldsymbol{A}_2\phi_2(t) + \cdots + \boldsymbol{A}_m\phi_m(t) + \cdots$$

则其解析值为

$$\boldsymbol{A}_{1t} = \begin{bmatrix} 0.0392501 & 1.0382210 & 0.0000000 \\ 0.0000000 & 0.0392501 & 1.0382210 \\ -6.2293280 & -11.420340 & -6.1900790 \end{bmatrix}$$

$$\vdots$$

$$\boldsymbol{A}_{6t} = \begin{bmatrix} 0.4185522 & 1.3264610 & 0.0000000 \\ 0.0000000 & 0.4185522 & 1.3264610 \\ -7.9587700 & -14.5910700 & -7.5402190 \end{bmatrix}$$

将式(8.3.34)计算得出的 $\boldsymbol{A}_i$ 值与实际值(解析值)$\boldsymbol{A}_{it}$相比较可以看到，计算所得的结果与实际值比较接近，说明辨识结果是令人满意的。

8.4 利用分段多重切比雪夫多项式系进行多输入-多输出线性时变系统辨识

将正交函数系应用于控制领域的研究吸引了不少研究者。有些文献利用块脉冲函数系(BPF)进行系统的状态分析、参数估计和最优控制方面的研究。还有一些文献利用移位切比雪夫多项式(SCP，Shifted Chebyshev Polynomials)研究系统控制问题。这两方面均取得了很大进展。但是，用 SCP 处理较复杂的系统或者逼近具有跃变的函数，尚存在一些缺点，主要表现在以下几个方面。

(1)采用 SCP 求解动态系统，一般精度不高。

(2)采用 SCP 研究系统辨识所得的算法，在具有相同多项式系和相同阶次条件下，辨识精度随着时间终值的增加而降低。这与实际应用中随着时间终值增加获得的有关系统特性的信息量增加而辨识精度提高的观察相矛盾。

(3)逼近分段连续函数时误差较大，尤其在利用参数辨识中广泛使用的伪随机信号作为激励信号时，更明显。

(4)采用 SCP 所得的大多数算法仅适用于时间终点固定的场合，而没有时间意义上的递推功能。

本节介绍分段多重切比雪夫多项式系(PMCP，Piecewise Multiple Chebyshev Polynomials)，这种正交函数系可以克服一般连续正交多项式系的上述缺点，拓宽正交函数系在控制领域中的应用范围。下面将给出其定义，研究其性质，并利用此多项式系解决线性时变连续系统模型的参数辨识问题，导出具有递推功能的参数估计算法。

8.4.1 分段多重切比雪夫多项式系的定义及其主要性质

切比雪夫多项式系$\{\tilde{T}_j(x), j=0,1,2,\cdots\}$定义如下：

$$\tilde{T}_j(x) = \cos(j\arccos x), x \in [-1,1], j = 0,1,2,\cdots \tag{8.4.1}$$

令

$$x = 2(\bar{t}_i - t)/\Delta_i \tag{8.4.2}$$

式中

$$\Delta_i = t_i - t_{i-1}, \quad t_i > t_{i-1}; \quad \bar{t}_i = (t_{i-1} + t_i)/2$$

则得定义在区间$[t_{i-1}, t_i]$上的移位切比雪夫多项式系$\{T_{ij}(t); j=0,1,2,\cdots\}$

$$T_{ij}(t) = \cos[j\arccos(2(\bar{t}_i - t)/\Delta_i)], t \in [t_{i-1}, t_i], j = 0,1,2,\cdots \tag{8.4.3}$$

定义 作区间$[0, t_f]$($t_f < \infty$)的划分，将$[0, t_f]$分成 N 个子区间，即

$$[0, t_f] = [t_0, t_1] \cup [t_1, t_2] \cup \cdots \cup [t_{N-2}, t_{N-1}] \cup [t_{N-1}, t_N] \tag{8.4.4}$$

式中 $t_0 = 0, t_N = t_f$。令

$$\begin{cases} \Delta_i = t_i - t_{i-1} \\ \bar{t}_i = (t_{i-1} + t_i)/2 \end{cases} \tag{8.4.5}$$

函数 $\bar{T}_{ij}(t)$($t \in [0, t_f], i=0,1,2,\cdots,N; j=0,1,2,\cdots$)定义为

$$\bar{T}_{ij}(t) = \begin{cases} \cos[j\arccos(2(\bar{t}_i - t)/\Delta_i)], t \in [t_{i-1}, t_i], i = 1,2,\cdots,N-1 \\ \cos[j\arccos(2(\bar{t}_N - t)/\Delta_N)], t \in [t_{N-1}, t_N], j = 0,1,2,\cdots \\ 0, \text{其余} \end{cases} \tag{8.4.6}$$

则称$\{\bar{T}_{ij}(t), i=1,2,\cdots,N; j=0,1,2,\cdots\}$为分段多重切比雪夫多项式系。

分段多重切比雪夫多项式系具有下述基本性质和运算法则。

性质 1 $\{\bar{T}_{ij}(t), i=1,2,\cdots,N; j=0,1,2,\cdots\}$以权函数

$$\overline{W}(t) = 2[1 - 4(\bar{t}_i - t)^2/\Delta_i^2]^{-\frac{1}{2}}/\Delta_i, t \in \bigcup_{i=1}^{N}[t_{i-1}, t_i] \tag{8.4.7}$$

加权正交，即

$$\int_0^{t_f} \overline{W}(t)\bar{T}_{ij}(t)\bar{T}_{kl}(t)\mathrm{d}t = \begin{cases} \pi, i = k, j = l = 0 \\ \dfrac{\pi}{2}, i = k, j = l = 1,2,\cdots \\ 0, \text{其它} \end{cases} \tag{8.4.8}$$

性质 2 代数递推关系

$$\bar{T}_{i,j+1}(t) = [4(\bar{t}_i - t)/\Delta_i]\bar{T}_{ij}(t) - \bar{T}_{i,j-1}(t) \tag{8.4.9}$$

性质 3 微分递推关系

$$\dot{\bar{T}}_{ij}(t) = \frac{\Delta_i}{4(j-1)}\dot{\bar{T}}_{i,j-1}(t) - \frac{\Delta_i}{4(j+1)}\dot{\bar{T}}_{i,j+1}(t) \tag{8.4.10}$$

性质 4 多项式系$\{\bar{T}_{ij}(t), i=1,2,\cdots,N; j=0,1,\cdots\}$为完备正交函数系。

性质 5 若 $f(t)\in \mathbf{L}^2[0,t_f,\overline{W}(t)]$,且

$$\mathbf{L}^2[0,t_f,\overline{W}(t)] = \left\{ f(t): \| f(t) \|_{\mathbf{L}^2} = \left[\int_0^{t_f}\overline{W}(t)f^2(t)\mathrm{d}t\right]^{\frac{1}{2}} < \infty \right\} \tag{8.4.11}$$

则在$[0,t_f]$上,$f(t)$可展开为广义傅里叶级数

$$f(t) \approx \sum_{i=1}^{N}\sum_{j=0}^{\infty}\bar{f}_{ij}\bar{T}_{ij}(t) \tag{8.4.12}$$

$$\bar{f}_{ij} = \frac{1}{\bar{r}_{ij}}\int_0^{t_f}\overline{W}(t)f(t)\bar{T}_{ij}(t)\mathrm{d}t \tag{8.4.13}$$

$$\bar{r}_{ij} = \int_0^{t_f}\overline{W}(t)\bar{T}_{ij}^2(t)\mathrm{d}t = \begin{cases}\pi, j=0\\ \dfrac{\pi}{2}, j=1,2,\cdots\end{cases} \tag{8.4.14}$$

式(8.4.12)右端的级数是在式(8.4.11)范数意义下,对 $\mathbf{L}^2$ 空间中函数 $f(t)$的最佳逼近。

定理 令

$$f_{NN}(t) = \sum_{i=1}^{N}\sum_{j=0}^{M-1}\bar{f}_{ij}\bar{T}_{ij}(t) = \sum_{i=1}^{N}f_M^i(t) = \hat{\boldsymbol{F}}^{\mathrm{T}}\bar{\boldsymbol{T}}(t) \tag{8.4.15}$$

$$\hat{\boldsymbol{F}} = [\bar{f}_{10}\quad \bar{f}_{11}\cdots \bar{f}_{1,M-1}\cdots \bar{f}_{N0}\quad \bar{f}_{N1}\cdots \bar{f}_{N,M-1}]^{\mathrm{T}} \tag{8.4.16}$$

$$\bar{\boldsymbol{T}}(t) = [\bar{\boldsymbol{T}}_1^{\mathrm{T}}(t)\ \bar{\boldsymbol{T}}_2^{\mathrm{T}}(t)\ \cdots\ \bar{\boldsymbol{T}}_N^{\mathrm{T}}(t)] \tag{8.4.17}$$

$$\bar{\boldsymbol{T}}_i(t) = [\bar{T}_{i0}(t)\ \bar{T}_{i1}(t)\ \cdots\ \bar{T}_{i,N-1}(t)], i=1,2,\cdots,N \tag{8.4.18}$$

式中 N,M 为正整数,则有

$$\lim_{M\to\infty}\| f_{NN}(t) - f(t) \|_{\mathbf{L}^2} = 0 \tag{8.4.19}$$

$$E(\bar{f}_{ij}) = \min\int_0^{t_f}\overline{W}(t)\left[f(t) - \sum_{i=1}^{N}\sum_{j=0}^{M-1}a_{ij}\bar{T}_{ij}(t)\right]^2\mathrm{d}t \tag{8.4.20}$$

性质 6 不相关性

$$\bar{\boldsymbol{T}}_i(t)\bar{\boldsymbol{T}}_j^{\mathrm{T}}(t) = \mathbf{0}, i\neq j \tag{8.4.21}$$

式中 $\mathbf{0}$ 为 $M\times M$ 零矩阵。

性质 5 表明,分段多重切比雪夫多项式系可以作为 $\mathbf{L}^2$ 函数空间中的基函数,对于任意函数 $f(t)\in\mathbf{L}^2[0,t_f,\overline{W}(t)]$,可以以分段多重切比雪夫多项式系为基底展开,进行任意精度的函数逼近运算。

运算法则 1 积分运算

$$\int_0^t\bar{\boldsymbol{T}}(s)\mathrm{d}s \approx \boldsymbol{R}\bar{\boldsymbol{T}}(t) \tag{8.4.22}$$

$$\boldsymbol{R} = \begin{bmatrix}\boldsymbol{P}_1 & \boldsymbol{Q}_1 & \boldsymbol{Q}_1 & \cdots & \boldsymbol{Q}_1\\ & \boldsymbol{P}_2 & \boldsymbol{Q}_2 & \cdots & \boldsymbol{Q}_2\\ & & \boldsymbol{P}_3 & \cdots & \boldsymbol{Q}_3\\ & & & & \vdots\\ & & & & \boldsymbol{Q}_{N-1}\\ & & & & \boldsymbol{P}_N\end{bmatrix} \tag{8.4.23}$$

$$
\boldsymbol{P}_i = \Delta_i \begin{bmatrix}
\frac{1}{2} & -\frac{1}{2} & 0 & 0 & \cdots & 0 & 0 & 0 \\
-\frac{1}{8} & 0 & -\frac{1}{8} & 0 & \cdots & 0 & 0 & 0 \\
-\frac{1}{6} & \frac{1}{4} & 0 & -\frac{1}{12} & \cdots & 0 & 0 & 0 \\
\vdots & \vdots & \vdots & \vdots & & \vdots & \vdots & \vdots \\
-\frac{1}{2(M-1)(M-3)} & 0 & 0 & 0 & \cdots & \frac{1}{4(M-3)} & 0 & \frac{1}{4(M-1)} \\
-\frac{1}{2M(M-2)} & 0 & 0 & 0 & \cdots & 0 & \frac{1}{4(M-2)} & 0
\end{bmatrix}_{M \times M}
\tag{8.4.24}
$$

$$
\boldsymbol{Q}_i = \Delta_i [\hat{\boldsymbol{c}} \quad \boldsymbol{0}]_{M \times M} \tag{8.4.25}
$$

$$
\hat{\boldsymbol{c}} = \begin{bmatrix} 1 & 0 & -\frac{1}{3} & 0 & -\frac{1}{15} & 0 & \cdots & \frac{(-1)^{M-1}-1}{2M(M-2)} \end{bmatrix}^{\mathrm{T}} \tag{8.4.26}
$$

运算法则 2 乘积运算。令

$$
\hat{\boldsymbol{F}} = [f_{10} \quad f_{11} \quad \cdots \quad f_{1,M-1} \quad \cdots \quad f_{N0} \quad f_{N1} \quad \cdots \quad f_{N,M-1}]^{\mathrm{T}} \tag{8.4.27}
$$

则有

$$
\overline{\boldsymbol{T}}(t)\overline{\boldsymbol{T}}^{\mathrm{T}}(t)\hat{\boldsymbol{F}} = \widetilde{\boldsymbol{F}}\overline{\boldsymbol{T}}(t) \tag{8.4.28}
$$

式中

$$
\widetilde{\boldsymbol{F}} = \mathrm{Block}[\mathrm{diag}(\widetilde{\boldsymbol{F}}_1, \widetilde{\boldsymbol{F}}_2, \cdots, \widetilde{\boldsymbol{F}}_N)] \tag{8.4.29}
$$

其中

$$
\widetilde{\boldsymbol{F}}_k = \begin{bmatrix}
f_{k0} & f_{k1} & f_{k2} & \cdots & f_{k,M-1} \\
\frac{1}{2}f_{k1} & f_{k0} + \frac{1}{2}f_{k2} & \frac{1}{2}f_{k1} + \frac{1}{2}f_{k3} & \cdots & \frac{1}{2}f_{k,M-2} \\
\frac{1}{2}f_{k2} & \frac{1}{2}f_{k1} + \frac{1}{2}f_{k3} & f_{k2} + \frac{1}{2}f_{k4} & \cdots & \frac{1}{2}f_{k,M-3} \\
\vdots & \vdots & \vdots & & \vdots \\
\frac{1}{2}f_{k,M-1} & \frac{1}{2}f_{k,M-2} & \frac{1}{2}f_{k,M-3} & \cdots & f_{k0}
\end{bmatrix}_{M \times M} \tag{8.4.30}
$$

运算法则 3 元素乘积运算

$$
t\overline{\boldsymbol{T}}(t) \approx \boldsymbol{H}\overline{\boldsymbol{T}}(t) \tag{8.4.31}
$$

$$
\boldsymbol{H} = \mathrm{Block}[\mathrm{diag}(\boldsymbol{H}_1, \boldsymbol{H}_2, \cdots, \boldsymbol{H}_N)] \tag{8.4.32}
$$

$$
\boldsymbol{H}_i = \frac{\Delta_i}{4} \begin{bmatrix}
a_i & -2 & & & \\
-1 & a_i & -1 & & \\
& -1 & & \ddots & \\
& & \ddots & \ddots & -1 \\
& & & -1 & a_i
\end{bmatrix} \tag{8.4.33}
$$

$$a_i = \frac{\bar{t}_i}{4}\Delta_i \tag{8.4.34}$$

式(8.4.22)中,$\boldsymbol{R}$ 称为积分运算矩阵;式(8.4.28)中,$\widetilde{\boldsymbol{F}}$ 称为乘积运算矩阵;式(8.4.31)中,$\boldsymbol{H}$ 称为元素乘积运算矩阵。

8.4.2 多输入-多输出线性时变系统参数辨识的 PMCP 方法

考虑多输入-多输出线性时变系统

$$\begin{cases}\dot{\boldsymbol{x}}(t) = \boldsymbol{A}(t)\boldsymbol{x}(t) + \boldsymbol{B}(t)\boldsymbol{u}(t), \boldsymbol{x}(0) = \boldsymbol{0} & (8.4.35\text{a})\\ \boldsymbol{y}(t) = \boldsymbol{x}(t) + \boldsymbol{v}(t) & (8.4.35\text{b})\end{cases}$$

式中:$\boldsymbol{x}(t)\in\mathbf{R}^{n\times1}$,$\boldsymbol{u}(t)\in\mathbf{R}^{r\times1}$分别为系统的状态和输入;$\boldsymbol{y}(t)\in\mathbf{R}^{n\times1}$为输出,即状态的量测值;$\boldsymbol{v}(t)$为量测噪声,设其为白噪声;$\boldsymbol{A}(t)$,$\boldsymbol{B}(t)$分别为 $n\times n$ 和 $n\times r$ 参数矩阵。

设在采样时刻 t_j 获得了输入 $\boldsymbol{u}(t)$和输出 $\boldsymbol{y}(t)$的量测值$\{\boldsymbol{u}(t_j), j=1,2,\cdots,l\}$和$\{\boldsymbol{y}(t_j), j=1,2,\cdots,l\}$,要求根据观测数据确定时变参数 $\boldsymbol{A}(t)$和 $\boldsymbol{B}(t)$。

选取合适的正整数 p,q,将 $\boldsymbol{A}(t)$和 $\boldsymbol{B}(t)$用泰勒展开式描述为

$$\begin{cases}\boldsymbol{A}(t) \approx \sum\limits_{k=0}^{p-1}\boldsymbol{A}_k t^k\\ \boldsymbol{B}(t) \approx \sum\limits_{k=0}^{q-1}\boldsymbol{B}_k t^k\end{cases} \tag{8.4.36}$$

则原系统可近似表示为

$$\begin{cases}\dot{\boldsymbol{x}}(t) = \sum\limits_{k=0}^{p-1}\boldsymbol{A}_k t^k\boldsymbol{x}(t) + \sum\limits_{k=0}^{q-1}\boldsymbol{B}_k t^k\boldsymbol{u}(t), \boldsymbol{x}(0) = \boldsymbol{0} & (8.4.37\text{a})\\ \boldsymbol{y}(t) = \boldsymbol{x}(t) + \boldsymbol{v}(t) & (8.4.37\text{b})\end{cases}$$

取正整数 N,M,将 $\boldsymbol{x}(t)$,$\boldsymbol{u}(t)$和 $\boldsymbol{x}(0)$按 PMCP 展开为

$$\boldsymbol{x}(t) \approx \sum_{i=1}^{N}\sum_{j=0}^{M-1}\overline{\boldsymbol{X}}_{ij}\overline{\boldsymbol{T}}_{ij}(t) = \sum_{i=1}^{N}\overline{\boldsymbol{X}}_i\overline{\boldsymbol{T}}_i(t) = \overline{\boldsymbol{X}}\overline{\boldsymbol{T}}(t) \tag{8.4.38}$$

$$\boldsymbol{u}(t) \approx \sum_{i=1}^{N}\sum_{j=0}^{M-1}\overline{\boldsymbol{U}}_{ij}\overline{\boldsymbol{T}}_{ij}(t) = \sum_{i=1}^{N}\overline{\boldsymbol{U}}_i\overline{\boldsymbol{T}}_i(t) = \overline{\boldsymbol{U}}\overline{\boldsymbol{T}}(t) \tag{8.4.39}$$

$$\begin{cases}\boldsymbol{x}(0) \approx \overline{\boldsymbol{C}}\overline{\boldsymbol{T}}(t)\\ \overline{\boldsymbol{C}} = [\bar{\boldsymbol{c}}_1\ \bar{\boldsymbol{c}}_2 \cdots \bar{\boldsymbol{c}}_N]\\ \bar{\boldsymbol{c}}_i = [\boldsymbol{x}(0)\ 0 \cdots 0], i = 1,2,\cdots,N\end{cases} \tag{8.4.40}$$

对式(8.4.37a)等式两端积分,可得

$$\boldsymbol{x}(t) - \boldsymbol{x}(0) = \int_0^t\Big[\sum_{i=0}^{p-1}\boldsymbol{A}_i\tau^i\boldsymbol{x}(\tau) + \sum_{i=1}^{q-1}\boldsymbol{B}_i\tau^i\boldsymbol{u}(\tau)\Big]\mathrm{d}\tau \tag{8.4.41}$$

将式(8.4.38)至式(8.4.40)代入式(8.4.41),再应用运算法则 1 和运算法则 3,并注意到等式对任何意时刻 $t\in[0,t_\mathrm{f}]$均成立,则有

$$\bar{\boldsymbol{X}} - \bar{\boldsymbol{C}} = \sum_{i=0}^{p-1} \boldsymbol{A}_i \bar{\boldsymbol{X}} \boldsymbol{H}^i \boldsymbol{R} + \sum_{i=0}^{q-1} \boldsymbol{B}_i \bar{\boldsymbol{U}} \boldsymbol{H}^i \boldsymbol{R} \tag{8.4.42}$$

式中 $\boldsymbol{R}$ 和 $\boldsymbol{H}$ 分别如式(8.4.23)和式(8.4.32)所示。

令

$$\boldsymbol{\theta} = [\boldsymbol{A}_0 \quad \boldsymbol{A}_1 \cdots \boldsymbol{A}_{p-1} \quad \boldsymbol{B}_0 \quad \boldsymbol{B}_1 \cdots \boldsymbol{B}_{q-1}] \tag{8.4.43}$$

$$\boldsymbol{Z}^{\mathrm{T}} = [(\bar{\boldsymbol{X}}\boldsymbol{R})^{\mathrm{T}} \quad (\bar{\boldsymbol{X}}\boldsymbol{H}\boldsymbol{R})^{\mathrm{T}} \quad \cdots \quad (\bar{\boldsymbol{X}}\boldsymbol{H}^{p-1}\boldsymbol{R})^{\mathrm{T}} \quad (\bar{\boldsymbol{U}}\boldsymbol{R})^{\mathrm{T}} \quad (\bar{\boldsymbol{U}}\boldsymbol{H}\boldsymbol{R})^{\mathrm{T}} \quad \cdots \quad (\bar{\boldsymbol{U}}\boldsymbol{H}^{q-1}\boldsymbol{R})^{\mathrm{T}}] \tag{8.4.44}$$

$$\boldsymbol{W} = \bar{\boldsymbol{X}} - \bar{\boldsymbol{C}} \tag{8.4.45}$$

则式(8.4.42)可以表示为

$$\boldsymbol{W} = \boldsymbol{\theta}\boldsymbol{Z} \tag{8.4.46}$$

在式(8.4.46)所示矩阵方程中,未知参数个数为 $n\times(np+rq)$ 个,方程总数为 nNM 个,若使方程有解,则需满足 $NM \geqslant np+rq$。

在式(8.4.42)至式(8.4.45)中,$\bar{\boldsymbol{X}}$ 的估计量可通过下述途径获得。

将量测方程式(8.4.37b)表示为

$$\boldsymbol{y}_j(t) = \hat{\boldsymbol{x}}_j^{\mathrm{T}} \bar{\boldsymbol{T}}(t) + \boldsymbol{v}_j(t) \tag{8.4.47}$$

式中 $\hat{\boldsymbol{x}}_j$ 为 $\boldsymbol{x}_j(t)$ 的 PMCP 展开式系数向量,即

$$\hat{\boldsymbol{x}}_j^{\mathrm{T}} = [\bar{x}_{10}^j \quad \bar{x}_{11}^j \quad \cdots \quad \bar{x}_{1,M-1}^j \quad \cdots \quad \bar{x}_{N0}^j \quad \bar{x}_{N1}^j \quad \cdots \quad \bar{x}_{N,M-1}^j] \tag{8.4.48}$$

则其估计值为

$$\hat{\boldsymbol{\theta}}_j = (\boldsymbol{\Phi}^{\mathrm{T}}\boldsymbol{\Phi})^{-1}\boldsymbol{\Phi}^{\mathrm{T}}\boldsymbol{Y}_j \tag{8.4.49}$$

式中

$$\boldsymbol{\Phi} = [\bar{\boldsymbol{T}}(t_1) \quad \bar{\boldsymbol{T}}(t_2) \quad \cdots \quad \bar{\boldsymbol{T}}(t_l)]^{\mathrm{T}} \tag{8.4.50}$$

$$\boldsymbol{Y}_j = [\boldsymbol{y}_j(t_1) \quad \boldsymbol{y}_j(t_2) \quad \cdots \quad \boldsymbol{y}_j(t_l)]^{\mathrm{T}} \tag{8.4.51}$$

在实际估算中,当噪声不大时,可令 $\boldsymbol{x}(t_i)=\boldsymbol{y}(t_i)$,然后按高斯求积法求取 $\bar{\boldsymbol{X}}$,计算简便且不致造成过大的误差。

求解方程(8.4.46)可得

$$\hat{\boldsymbol{\theta}}^{\mathrm{T}} = (\boldsymbol{Z}\boldsymbol{Z}^{\mathrm{T}})^{-1}\boldsymbol{Z}\boldsymbol{W}^{\mathrm{T}} \tag{8.4.52}$$

令

$$\boldsymbol{P}(k) = (\bar{\boldsymbol{Z}}_k \boldsymbol{Z}_k^{\mathrm{T}})^{-1} \tag{8.4.53}$$

式中

$$\bar{\boldsymbol{Z}}_k = [\bar{\boldsymbol{z}}_1 \quad \bar{\boldsymbol{z}}_2 \quad \cdots \quad \bar{\boldsymbol{z}}_k]$$

则可推导出如下的参数辨识递推算法:

(1)选取合适的正整数 N, M 和 p, q;

(2)令 $k=0$, $\hat{\boldsymbol{\theta}}_0^{\mathrm{T}}=\boldsymbol{0}$, $\boldsymbol{P}(0)=C^2\boldsymbol{I}_M$, C^2 为一相当大的数,$\boldsymbol{I}_M$ 为 $M\times M$ 单位矩阵;

(3)计算 $\bar{\boldsymbol{X}}_k$, $\bar{\boldsymbol{U}}_k$,构造矩阵

$$
\left\{\begin{aligned}
\boldsymbol{Z}_{k+1} &= \begin{bmatrix} \bar{\boldsymbol{X}}_{k+1} \\ \bar{\boldsymbol{X}}_{k+1}\boldsymbol{H}_{k+1}^{1} \\ \vdots \\ \bar{\boldsymbol{X}}_{k+1}\boldsymbol{H}_{k+1}^{p-1} \\ \bar{\boldsymbol{U}}_{k+1} \\ \bar{\boldsymbol{U}}_{k+1}\boldsymbol{H}_{k+1}^{1} \\ \vdots \\ \bar{\boldsymbol{U}}_{k+1}\boldsymbol{H}_{k+1}^{q-1} \end{bmatrix} \boldsymbol{P}_{k+1} + \boldsymbol{V}_{k+1} \\
\boldsymbol{V}_{k+1} &= \boldsymbol{V}_{k} + \begin{bmatrix} \bar{\boldsymbol{X}}_{k} \\ \bar{\boldsymbol{X}}_{k}\boldsymbol{H}_{k}^{1} \\ \vdots \\ \bar{\boldsymbol{X}}_{k}\boldsymbol{H}_{k}^{p-1} \\ \bar{\boldsymbol{U}}_{k} \\ \bar{\boldsymbol{U}}_{k}\boldsymbol{H}_{k}^{1} \\ \vdots \\ \bar{\boldsymbol{U}}_{k}\boldsymbol{H}_{k}^{q-1} \end{bmatrix}
\end{aligned}\right. \tag{8.4.54}
$$

$$
\boldsymbol{W}_{k+1} = \bar{\boldsymbol{X}}_{k+1} - \bar{\boldsymbol{C}}_{k+1} \tag{8.4.55}
$$

(4)计算

$$
\boldsymbol{K}(k+1) = \boldsymbol{P}(k)\boldsymbol{Z}_{k+1}[1 + \boldsymbol{Z}_{k+1}^{\mathrm{T}}\boldsymbol{P}(k)\boldsymbol{Z}_{k+1}]^{-1} \tag{8.4.56}
$$

$$
\boldsymbol{P}(k+1) = \boldsymbol{P}(k) - \boldsymbol{K}(k+1)\boldsymbol{Z}_{k+1}^{\mathrm{T}}\boldsymbol{P}(k) \tag{8.4.57}
$$

$$
\hat{\boldsymbol{\theta}}_{k+1}^{\mathrm{T}} = \hat{\boldsymbol{\theta}}_{k}^{\mathrm{T}} + \boldsymbol{K}(k+1)(\boldsymbol{W}_{k+1}^{\mathrm{T}} - \boldsymbol{Z}_{k+1}^{\mathrm{T}}\hat{\boldsymbol{\theta}}_{k}^{\mathrm{T}}) \tag{8.4.58}
$$

(5)判别是否 $k \leqslant N-1$,若是则转算法(3),否则计算结束。

例 8.3 设一阶时变线性系统为

$$
\dot{x}(t) = (a_0 + a_1 t + a_2 t^2)x(t) + b_0 u(t), x(0) = 3
$$

输入信号 $u(t)$为伪随机信号,取不同的 N, M,用上述算法辨识的结果如表 8.2 所列。

表 8.2 例 8.3 参数辨识结果

参　数	a_0	a_1	a_2	b_0
$N=16, M=3, T=114$	1.003510	1.993735	−1.997593	0.997696
$N=16, M=4, T=232$	1.001779	1.996711	−1.998662	0.998375
真　值	1.000000	2.000000	−2.000000	1.000000

例 8.4 设二阶线性时变系统为

$$
\dot{\boldsymbol{x}}(t) = (\boldsymbol{A}_0 + \boldsymbol{A}_1 t)\boldsymbol{x}(t) + (\boldsymbol{B}_0 + \boldsymbol{B}_1 t)\boldsymbol{u}(t), \boldsymbol{x}(0) = \begin{bmatrix} -1 \\ 4 \end{bmatrix}
$$

输入信号 $\boldsymbol{u}(t)$为伪随机信号,辨识结果如表 8.3 所列。

表 8.3 例 8.4 参数辨识结果

参数	$A_0(1,1)$	$A_0(1,2)$	$A_0(2,1)$	$A_0(2,2)$	$B_0(1,1)$	$B_0(2,1)$
$N=15, M=3, T=199$	0.996162	0.499960	1.015501	1.504352	1.000602	−0.017580
$N=16, M=4, T=386$	0.999025	0.499613	0.998820	1.495187	1.004457	0.039403
真值	1.000000	0.500000	1.000000	1.500000	1.000000	0.000000
参数	$A_1(1,1)$	$A_1(1,2)$	$A_1(2,1)$	$A_1(2,2)$	$B_1(1,1)$	$B_1(2,1)$
$N=15, M=3, T=199$	−1.996110	−0.000351	−0.008985	−2.003985	−0.000549	−1.994783
$N=16, M=4, T=386$	−1.999576	0.000309	0.007588	−1.998853	−0.001368	−2.012489
真值	−2.000000	0.000000	0.000000	−2.000000	0.000000	−2.000000

思 考 题

8.1 请将例 8.1 所示双输入 - 双输出系统用广义最小二乘法进行系统参数辨识，并与例 8.1 中的辨识结果进行比较和分析。

8.2 设一阶时变线性系统为

$$\dot{x}(t) = (3.0 + 5.0t - 2.0t^2)x(t) + 2.0u(t), x(0) = 4.0$$

自选输入信号为 $u(t)$。用方波脉冲函数法和 PMCP 法进行系统参数辨识，并分析和比较 2 种方法的辨识结果。

8.3 用方波脉冲函数法对例 8.4 所示线性时变系统进行参数辨识，并与例 8.4 中的辨识结果进行比较和分析。

8.4 利用 PMCP 法能否对例 8.2 所示线性时变系统状态方程的系数矩阵 $\boldsymbol{A}(t)$ 和 $\boldsymbol{B}(t)$ 进行辨识？如果你认为可以辨识，请推导辨识公式并给出辨识结果；如果你认为不能辨识，也请说明理由。

第 9 章　其它一些辨识方法

除了前面几章介绍的辨识方法之外,还有一些常用的辨识方法难以归类于前面几章所介绍的各类方法之中,故将其单独列出,以便读者在学习或研究时作参考。

9.1　一种简单的递推算法——随机逼近法

当用递推最小二乘法求参数估值时,需要计算 $\boldsymbol{K}_{N+1}$。为了计算 $\boldsymbol{K}_{N+1}$,需要计算 $\boldsymbol{P}_N$,因此计算比较复杂。能不能用一种不需要计算 $\boldsymbol{K}_{N+1}$ 而又能求出 $\hat{\boldsymbol{\theta}}_N$ 的递推公式?随机逼近法就是这样一种递推算法。下面先介绍随机逼近法的基本原理,再介绍用随机逼近法估计差分方程的参数 $\boldsymbol{\theta}$ 的递推算法。

先考虑一个简单的例子。

例 9.1　设

$$z_i = y + v_i, \quad i = 1, 2, \cdots, n \tag{9.1.1}$$

其中

$$E\{v_i\} = 0, \quad E\{v_i^2\} < \infty$$

现在根据 n 个观测值 $z_i(i=1,2,\cdots,n)$来估计 y,可得

$$\hat{y}_n = \frac{1}{n}\sum_{i=1}^{n} z_i \tag{9.1.2}$$

根据强大数定理有

$$\lim_{n\to\infty}\frac{1}{n}\sum_{i=1}^{n} z_i = y \tag{9.1.3}$$

由于

$$\hat{y}_{n+1} = \frac{1}{n+1}\sum_{i=1}^{n+1} z_i = \frac{1}{n+1}\sum_{i=1}^{n} z_i + \frac{1}{n+1} z_{n+1} = \frac{n}{n+1}\hat{y}_n + \frac{1}{n+1} z_{n+1} \tag{9.1.4}$$

于是可得递推算法

$$\hat{y}_{n+1} = \hat{y}_n + \frac{1}{n+1}(z_{n+1} - \hat{y}_n) \tag{9.1.5}$$

式(9.1.5)中的右边第 2 项为校正项,其系数为$\frac{1}{n+1}$,并且满足条件

$$\begin{cases} \dfrac{1}{n} > 0 \\ \lim\limits_{n\to\infty}\dfrac{1}{n} = 0 \\ \lim\limits_{n\to\infty}\sum\limits_{k=1}^{n}\dfrac{1}{k} = \infty \\ \lim\limits_{n\to\infty}\sum\limits_{k=1}^{n}\dfrac{1}{k^2} < \infty \end{cases} \tag{9.1.6}$$

如果校正项的系数取为其它形式,只要满足式(9.1.6)所给出的条件,所给出的递推算法也是收敛的。

上述简单例子所给出的递推算法就是一种随机逼近法。

9.1.1 随机逼近法基本原理

考虑系统模型

$$y(k)=\boldsymbol{\psi}^{\mathrm{T}}(k)\boldsymbol{\theta}+e(k) \tag{9.1.7}$$

的参数辨识问题,其中 $e(k)$是均值为 0 的噪声。

选取准则函数

$$J(\boldsymbol{\theta})=\frac{1}{2}E\{e^2(k)\}=\frac{1}{2}E\{[y(k)-\boldsymbol{\psi}^{\mathrm{T}}(k)\boldsymbol{\theta}]^2\} \tag{9.1.8}$$

求参数 $\boldsymbol{\theta}$ 的估计值使$J(\boldsymbol{\theta})=\min$。在$\{e(k)\}$是均值为 0 的独立随机序列的情况下,只要求 $J(\boldsymbol{\theta})$的一阶负梯度并令其为 $\mathbf{0}$,即

$$\left[-\frac{\partial J(\boldsymbol{\theta})}{\partial \boldsymbol{\theta}}\right]^{\mathrm{T}}=E\{\boldsymbol{\psi}(k)[y(k)-\boldsymbol{\psi}^{\mathrm{T}}(k)\boldsymbol{\theta}]\}=\mathbf{0} \tag{9.1.9}$$

就可求出使 $J(\boldsymbol{\theta})=\min$ 的参数估计值 $\hat{\boldsymbol{\theta}}$。但是,在不知道 $e(k)$统计性质的情况下,式(9.1.9)是无法求解的。如果式(9.1.9)中的数学期望用平均值来近似,即将式(9.1.9)近似写成

$$\frac{1}{N}\sum_{k=1}^{N}\boldsymbol{\psi}(k)[y(k)-\boldsymbol{\psi}^{\mathrm{T}}(k)\hat{\boldsymbol{\theta}}]=\mathbf{0} \tag{9.1.10}$$

则有

$$\hat{\boldsymbol{\theta}}=\left[\sum_{k=1}^{N}\boldsymbol{\psi}(k)\boldsymbol{\psi}^{\mathrm{T}}(k)\right]^{-1}\left[\sum_{k=1}^{N}\boldsymbol{\psi}(k)y(k)\right] \tag{9.1.11}$$

可见,这种近似使问题退化为最小二乘问题,式(9.1.11)即是最小二乘解。下面研究式(9.1.9)的随机逼近法解。

设 x 是标量,$y(x)$是对应的随机变量,$p(y|x)$是 x 条件下 y 的概率密度函数,则随机变量 y 关于x 的条件数学期望为

$$E\{y\mid x\}=\int y\mathrm{d}p(y\mid x) \tag{9.1.12}$$

记作

$$\psi(x)\triangleq E\{y|x\} \tag{9.1.13}$$

它是 x 的函数,称为回归函数。

对于给定的 α,设方程

$$\psi(x)=E\{y|x\}=\alpha \tag{9.1.14}$$

具有惟一解。当 $\boldsymbol{\psi}(x)$函数的形式和条件概率密度都不知道时,求方程式(9.1.14)的解析解是困难的,可用随机逼近法求解。所谓的随机逼近法就是利用变量 $x_1,x_2,\cdots$,及对应的随机变量 $y(x_1),y(x_2),\cdots$,通过迭代计算,逐步逼近方程式(9.1.14)的解。常用的迭代算法有路宾斯-蒙路(Robbins-Monro)算法和凯伐-伍夫维兹(Kiefer-Wolfowitz)算法。

1) Robbins-Monro 算法

求解式(9.1.14)的 Robbins-Monro 算法为

$$x(k+1)=x(k)+\rho(k)[\alpha-y(x(k))] \tag{9.1.15}$$

式中：$y(x(k))$是对应于 $x(k)$的 y 值；$\rho(k)$称为收敛因子。如果收敛因子 $\rho(k)$满足条件

$$\begin{cases} \rho(k)>0 \\ \lim\limits_{k\to\infty}\rho(k)=0 \\ \sum\limits_{k=1}^{\infty}\rho(k)=\infty \\ \sum\limits_{k=1}^{\infty}\rho^2(k)<\infty \end{cases} \tag{9.1.16}$$

则 $x(k)$在均方意义下收敛于方程(9.1.14)的解。满足式(9.1.16)条件的最简单的收敛因子有 $\rho(k)=\frac{1}{k}$(如例 9.1)和 $\rho(k)=\frac{b}{k+a}$。

Wolfowitz 还进一步证实，若满足下列条件：

(1) $\int_{-\infty}^{\infty}[y-\psi(x)]^2\mathrm{d}p(y \mid x)<\infty$；

(2) $|\psi(x)|\leqslant c+d|x|,\ -\infty<x<\infty$；

(3) 当 $x<x_0$ 时，$\psi(x)<\alpha$，当 $x>x_0$ 时，$\psi(x)>\alpha$；

(4) 对满足关系式 $0<\delta_1<\delta_2<\infty$ 的任意 δ_1 和 δ_2，存在

$$\inf_{\delta_1\leqslant|x-x_0|\leqslant\delta_2}|\psi(x)-a|>0$$

则 Robbins－Monro 算法以概率 1 收敛于真值解 x_0，即

$$\mathrm{prob}\{\lim_{k\to\infty}x(k)=x_0\}=1 \tag{9.1.17}$$

2) Kiefer－Wolfowitz 算法

Robbins－Monro 算法的出发点是求方程式(9.1.14)的根，后来 Kiefer 和 Wolfowitz 用它来确定回归函数 $h(x)$的极值。如果回归函数 $\psi(x)$存在极值，则 $\psi(x)$取极值处的 x 使得$\frac{\mathrm{d}\psi(x)}{\mathrm{d}x}=0$。根据 Robbins－Monro 算法，Kiefer 和 Wolfowitz 给出了求回归函数 $\psi(x)$极值的迭代算法

$$x(k+1)=x(k)-\rho(k)\frac{\mathrm{d}y}{\mathrm{d}x}\bigg|_{x(k)} \tag{9.1.18}$$

如果式中收敛因子 $\rho(k)$满足 Robbins－Monro 算法的条件，则 Kiefer－Wolfowitz 算法是收敛的，即 $x(k)$的收敛值将使 $\psi(x(k))$达到极值。

Kiefer－Wolfowitz 算法可直接推广到多维的情况。考虑标量函数 $J(\boldsymbol{\theta})$的极值问题。如果 $\boldsymbol{\theta}$ 在 $\hat{\boldsymbol{\theta}}$点上使 $J(\hat{\boldsymbol{\theta}})$取得极值，则求 $\hat{\boldsymbol{\theta}}$的迭代算法为

$$\hat{\boldsymbol{\theta}}(k+1)=\hat{\boldsymbol{\theta}}(k)-\rho(k)\frac{\partial J(\boldsymbol{\theta})}{\partial\boldsymbol{\theta}}\bigg|_{\hat{\boldsymbol{\theta}}(k)} \tag{9.1.19}$$

如果收敛因子 $\rho(k)$满足式(9.1.16)所示条件，则 $\hat{\boldsymbol{\theta}}(k)$在均方意义下收敛于真值 $\boldsymbol{\theta}_0$，即

$$\lim_{k\to\infty}E\{[\hat{\boldsymbol{\theta}}(k)-\boldsymbol{\theta}_0]^{\mathrm{T}}[\hat{\boldsymbol{\theta}}(k)-\boldsymbol{\theta}_0]\}=0 \tag{9.1.20}$$

Kiefer－Wolfowitz 算法是随机逼近法的基础。

9.1.2 随机逼近参数估计方法

考虑模型式(9.1.7)的参数辨识问题。设准则函数

$$J(\boldsymbol{\theta})=E\{h(\boldsymbol{\theta},\boldsymbol{\Omega}^k)\} \tag{9.1.21}$$

式中：$h(\cdot)$为某一标量函数；$\boldsymbol{\Omega}^k$ 表示 k 时刻之前的输入和输出数据集合。显然，准则函数的一阶负梯度为

$$\left[-\frac{\partial J(\boldsymbol{\theta})}{\partial \boldsymbol{\theta}}\right]^{\mathrm{T}}=\left[E\left\{-\frac{\partial}{\partial \boldsymbol{\theta}}h(\boldsymbol{\theta},\boldsymbol{\Omega}^k)\right\}\right]^{\mathrm{T}} \triangleq E\{\boldsymbol{q}(\boldsymbol{\theta},\boldsymbol{\Omega}^k)\} \tag{9.1.22}$$

模型式(9.1.7)的参数辨识问题可归结为求如下方程的解，即

$$E\{\boldsymbol{q}(\boldsymbol{\theta},\boldsymbol{\Omega}^k)\}=\boldsymbol{0} \tag{9.1.23}$$

根据随机逼近原理，有

$$\hat{\boldsymbol{\theta}}(k)=\hat{\boldsymbol{\theta}}(k-1)+\rho(k)\boldsymbol{q}(\hat{\boldsymbol{\theta}}(k-1),\boldsymbol{\Omega}^k) \tag{9.1.24}$$

式中 $\rho(k)$为收敛因子，必须满足式(9.1.16)的条件。如果 $J(\boldsymbol{\theta})$具体取式(9.1.8)作为准则函数，则式(9.1.24)可写成

$$\hat{\boldsymbol{\theta}}(k)=\hat{\boldsymbol{\theta}}(k-1)+\rho(k)\boldsymbol{\psi}(k)[y(k)-\boldsymbol{\psi}^{\mathrm{T}}(k)\hat{\boldsymbol{\theta}}(k-1)] \tag{9.1.25}$$

该式即是利用随机逼近法对模型式(9.1.7)进行参数辨识的基本公式。

下面具体讨论差分方程的参数辨识问题。

设系统的差分方程为

$$a(z^{-1})y(k)=b(z^{-1})u(k)+\varepsilon(k) \tag{9.1.26}$$

式中

$$a(z^{-1})=1+a_1z^{-1}+\cdots+a_nz^{-n} \tag{9.1.27}$$

$$b(z^{-1})=b_1z^{-1}+b_2z^{-2}+\cdots+b_mz^{-m} \tag{9.1.28}$$

$\varepsilon(k)$是均值为 0、方差为 σ_ε^2 的不相关噪声；输入和输出数据对应的测量值为

$$\begin{cases} x(k)=u(k)+s(k) \\ z(k)=y(k)+v(k) \end{cases} \tag{9.1.29}$$

式中 $s(k)$和 $v(k)$分别是均值为 0、方差为 σ_ε^2 和σ_v^2 的不相关随机噪声，且 $\varepsilon(k)$，$s(k)$，$v(k)$和 $u(k)$在统计上两两不相关。

式(9.1.26)可写为

$$z(k)=\boldsymbol{\psi}^{\mathrm{T}}(k)\boldsymbol{\theta}+e(k) \tag{9.1.30}$$

式中

$$\begin{cases} \boldsymbol{\psi}^{\mathrm{T}}(k)=[-z(k-1) \quad \cdots \quad -z(k-n) \quad x(k-1) \quad \cdots \quad x(k-m)] \\ \boldsymbol{\theta}=[a_1 \quad \cdots \quad a_n \quad b_1 \quad \cdots \quad b_m]^{\mathrm{T}} \\ e(k)=a(z^{-1})v(k)-b(z^{-1})s(k)+\varepsilon(k) \end{cases} \tag{9.1.31}$$

显然，噪声 $e(k)$具有如下特性：

$$\begin{cases} E\{e(k)\}=0 \\ E\{e(i)e(j)\}=\begin{cases}\text{有限值}, & |i-j|\leqslant n^* \\ 0, & |i-j|>n^*\end{cases} \\ E\{\boldsymbol{\psi}(k)e(k)\}\neq \boldsymbol{0} \end{cases} \tag{9.1.32}$$

式中 $n^*=\max(n,m)$。

取准则函数为

$$J(\boldsymbol{\theta})=\frac{1}{2}E\{[z(k+n^*)-\boldsymbol{\psi}^{\mathrm{T}}(k+n^*)\boldsymbol{\theta}]^2\} \tag{9.1.33}$$

利用随机逼近原理，可得求参数 $\boldsymbol{\theta}$ 估计值的随机逼近算法（Isermann，1974）

$$\hat{\boldsymbol{\theta}}(k+n^*)=\hat{\boldsymbol{\theta}}(k-1)+\rho(l)\boldsymbol{\psi}(k+n^*)[z(k+n^*)-\boldsymbol{\psi}^{\mathrm{T}}(k+n^*)\hat{\boldsymbol{\theta}}(k-1)],k=1,n^*+2,2n^*+3,\cdots \tag{9.1.34}$$

为了避免误差累积，算法中所采用的数据必须是互不相关的，或者说数据中所含的噪声 $e(k)$ 必须是统计独立的。根据式(9.1.32)，如果每隔 (n^*+1) 时刻递推计算 1 次，则可满足 $e(k)$ 统计独立这一要求。收敛因子 $\rho(l)$ 必须满足式(9.1.16)的条件，自变量 l 可取 $l=k-1$ 或 $l=(k-1)/(n+1)$。一般地，$\rho(l)$ 随着 k 的增加要有足够的下降速度，但 $\rho(l)$ 又不能下降得太快，否则被处理的数据总量太少。

利用式(9.1.34)所获得的参数估计值是有偏的，因为根据式(9.1.9)，由准则函数(9.1.33)可得

$$\begin{aligned}\hat{\boldsymbol{\theta}}=&\{E[\boldsymbol{\psi}(k+n^*)\boldsymbol{\psi}^{\mathrm{T}}(k+n^*)]\}^{-1}E[\boldsymbol{\psi}(k+n^*)z(k+n^*)]=\\&\boldsymbol{\theta}_0+\{E[\boldsymbol{\psi}(k+n^*)\boldsymbol{\psi}^{\mathrm{T}}(k+n^*)]\}^{-1}E[\boldsymbol{\psi}(k+n^*)e(k+n^*)]\neq\mathbf{0}\end{aligned} \tag{9.1.35}$$

式中

$$E[\boldsymbol{\psi}(k+n^*)e(k+n^*)]=-\begin{bmatrix}\sigma_v^2 I_n & \mathbf{0}\\ \mathbf{0} & \sigma_s^2 I_m\end{bmatrix}\boldsymbol{\theta}_0 \tag{9.1.36}$$

可见，式(9.1.34)所示算法是有偏估计。相良节夫等人将式(9.1.36)所给出的偏差项引入算法，给出了一种修正的随机逼近算法

$$\begin{aligned}\hat{\boldsymbol{\theta}}(k+n^*)=\hat{\boldsymbol{\theta}}(k-1)+\rho(l)\Bigg\{&\boldsymbol{\psi}(k+n^*)[z(k+n^*)-\boldsymbol{\psi}^{\mathrm{T}}(k+n^*)\hat{\boldsymbol{\theta}}(k-1)]+\\&\begin{bmatrix}\sigma_v^2 I_n & \mathbf{0}\\ \mathbf{0} & \sigma_s^2 I_m\end{bmatrix}\hat{\boldsymbol{\theta}}(k-1)\Bigg\},k=1,n+2,2n+3,\cdots\end{aligned} \tag{9.1.37}$$

并且证明了该算法在均方意义下是一致收敛的，即

$$\lim_{k\to\infty}E\{[\boldsymbol{\theta}_0-\hat{\boldsymbol{\theta}}(k+n^*)]^{\mathrm{T}}[\boldsymbol{\theta}_0-\hat{\boldsymbol{\theta}}(k+n^*)]\}=0 \tag{9.1.38}$$

例 9.2 已知系统差分方程为

$$y(k)=-0.18y(k-1)+0.784y(k-2)-0.656y(k+3)+\varepsilon(k)$$
$$z(k)=y(k)+v(k)$$

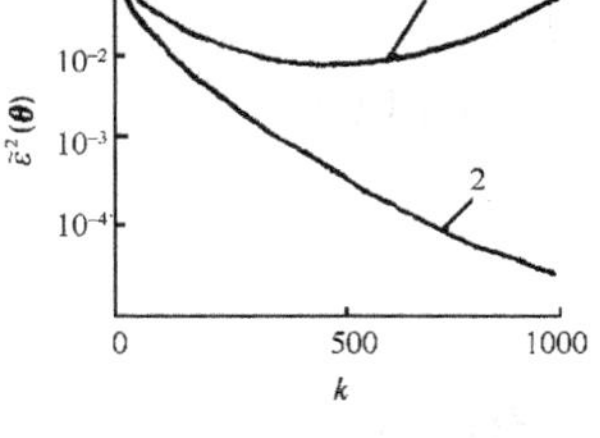

图 9.1 参数估计值误差曲线

1—用式(9.1.34)所示随机逼近法所得到的辨识结果；

2—用式(9.1.37)所给出的修正的随机逼近算法所得到的辨识结果。

式中 $\varepsilon(k)$ 和 $v(k)$ 分别是均值为 0、方差为 1 和 0.25 的不相关随机噪声。采用式

(9.1.34)和式(9.1.37)所得到的参数估计值误差如图 9.1 所示。图中纵坐标 $\tilde{\varepsilon}^2(\boldsymbol{\theta})=\|\boldsymbol{\theta}_0-\hat{\boldsymbol{\theta}}(k)\|^2/\|\boldsymbol{\theta}_0-\hat{\boldsymbol{\theta}}(0)\|^2$。从图中曲线可以看到,修正的随机逼近法的辨识结果明显优于原随机逼近法。

9.1.3 随机牛顿法

上面所讨论的随机逼近法实质上就是沿着准则函数的一阶负梯度方向去搜索极小值点,其递推公式可以写为

$$\hat{\boldsymbol{\theta}}(k)=\hat{\boldsymbol{\theta}}(k-1)-\rho\left.\frac{\partial J(\boldsymbol{\theta})^{\mathrm{T}}}{\partial\boldsymbol{\theta}}\right|_{\hat{\boldsymbol{\theta}}(k-1)} \tag{9.1.39}$$

但是,当搜索点接近极小值点时,这种算法的收敛速度变得很慢,要获得较高的辨识精度,辨识时间很长。为了加快收敛速度,可采用牛顿算法

$$\hat{\boldsymbol{\theta}}(k)=\hat{\boldsymbol{\theta}}(k-1)-\left[\frac{\partial^2 J(\boldsymbol{\theta})}{\partial\boldsymbol{\theta}^2}\right]^{-1}\left.\frac{\partial J(\boldsymbol{\theta})}{\partial\boldsymbol{\theta}}\right|_{\hat{\boldsymbol{\theta}}(k-1)} \tag{9.1.40}$$

式中$\dfrac{\partial^2 J(\boldsymbol{\theta})}{\partial\boldsymbol{\theta}^2}$为准则函数 $J(\boldsymbol{\theta})$关于 $\boldsymbol{\theta}$ 的二阶偏导数,通常称为海赛矩阵。海赛矩阵是对称阵,在递推计算过程中必须保证它的正定性。

一般地,对于确定性准则函数,式(9.1.40)给出的牛顿算法具有较快的收敛速度和较好的辨识精度,但对于如式(9.1.21)所示准则函数是回归函数的情况,牛顿算法基本上不适用,并且海赛矩阵也难以求得。在这种情况下,可采用随机牛顿算法

$$\hat{\boldsymbol{\theta}}(k)=\hat{\boldsymbol{\theta}}(k-1)+\rho(k)\boldsymbol{R}^{-1}(k)\boldsymbol{q}(\boldsymbol{\theta},\boldsymbol{\Omega}^k)|_{\hat{\boldsymbol{\theta}}(k-1)} \tag{9.1.41}$$

式中:$\boldsymbol{q}(\boldsymbol{\theta},\boldsymbol{\Omega}^k)$的定义如式(9.1.22);$\boldsymbol{R}(k)$是海赛矩阵在 $\hat{\boldsymbol{\theta}}(k-1)$点上的近似形式,在特定的准则函数下,它可以再次用随机逼近法来确定。下面用随机牛顿法来讨论模型式(9.1.7)的参数辨识问题,其准则函数取式(9.1.8)。根据式(9.1.22),有

$$\boldsymbol{q}(\boldsymbol{\theta},\boldsymbol{\Omega}^k)=\boldsymbol{\psi}(k)[y(k)-\boldsymbol{\psi}^{\mathrm{T}}(k)\boldsymbol{\theta}] \tag{9.1.42}$$

且海赛矩阵为

$$\frac{\partial^2 J(\boldsymbol{\theta})}{\partial\boldsymbol{\theta}^2}=E\{\boldsymbol{\psi}(k)\boldsymbol{\psi}^{\mathrm{T}}(k)\} \tag{9.1.43}$$

显然,海赛矩阵是回归函数,其准确表达式难以确定。设 $\boldsymbol{R}(k)$是海赛矩阵在 k 时刻的估计值,则有

$$E\{\boldsymbol{\psi}(k)\boldsymbol{\psi}^{\mathrm{T}}(k)-\boldsymbol{R}(k)\}=\boldsymbol{0} \tag{9.1.44}$$

根据式(9.1.15),可得 $\boldsymbol{R}(k)$的随机逼近算法

$$\boldsymbol{R}(k)=\boldsymbol{R}(k-1)+\rho(k)[\boldsymbol{\psi}(k)\boldsymbol{\psi}^{\mathrm{T}}(k)-\boldsymbol{R}(k-1)] \tag{9.1.45}$$

于是式(9.1.7)所示系统模型参数辨识的随机牛顿算法(简称 SNA)可归结为

$$\begin{cases}\hat{\boldsymbol{\theta}}(k)=\hat{\boldsymbol{\theta}}(k-1)+\rho(k)\boldsymbol{R}^{-1}(k)\boldsymbol{\psi}(k)[y(k)-\boldsymbol{\psi}^{\mathrm{T}}(k)\hat{\boldsymbol{\theta}}(k-1)]\\ \boldsymbol{R}(k)=\boldsymbol{R}(k-1)+\rho(k)[\boldsymbol{\psi}(k)\boldsymbol{\psi}^{\mathrm{T}}(k)-\boldsymbol{R}(k-1)]\end{cases} \tag{9.1.46}$$

式中 $\rho(k)$为收敛因子。

在一些参考文献中还可看到常用的一种随机逼近法公式

$$\begin{cases}\hat{\boldsymbol{\theta}}(k+1)=\hat{\boldsymbol{\theta}}(k)+\dfrac{a}{r(k)}[y(k)-\boldsymbol{\psi}^{\mathrm{T}}(k)\hat{\boldsymbol{\theta}}(k)]\\ r(k)=r(k-1)+\boldsymbol{\psi}^{\mathrm{T}}(k)\boldsymbol{\psi}(k)\end{cases} \tag{9.1.47}$$

式中 $a>0$ 为设计常数,选择不同的 a 值则有不同的收敛速度。

9.2　2 类不同概念的递推最小二乘辨识方法

本节将介绍 2 类不同概念的递推最小二乘辨识方法:一类方法是随着观测方程个数递推;另一类方法是随着方程参数的个数递推。利用后一类递推方法可以导出在外弹道测量数据处理中常用的最佳弹道误差模型估计(EMBET,Error Model Best Estimation of Trajectory)方法的计算公式。

9.2.1　随观测方程个数递推的最小二乘估计

假设一组观测值与未知参数具有线性关系,其关系式由向量-矩阵方程表示为

$$\boldsymbol{Y}_m=\boldsymbol{\Phi}_m\boldsymbol{\theta}+\boldsymbol{\varepsilon}_m \tag{9.2.1}$$

式中:$\boldsymbol{Y}_m$ 是由 m 个观测值组成的列向量;$\boldsymbol{\theta}$ 是 n 个待估计的参数 $\theta_1,\theta_2,\cdots,\theta_n$ 组成的向量;$\boldsymbol{\Phi}_m$ 是元素为$\{\varphi_{ij}\}$的 $m\times n$ 阶已知系数矩阵;$\boldsymbol{\varepsilon}_m$ 是 m 个观测值所对应的随机误差 $\varepsilon_1,\varepsilon_2,\cdots,\varepsilon_m$ 组成的列向量。

若记随机误差向量 $\boldsymbol{\varepsilon}_m$ 的协方差矩阵 $E\{\boldsymbol{\varepsilon}_m\boldsymbol{\varepsilon}_m^{\mathrm{T}}\}=\boldsymbol{R}_m$,并假设 $E\{\boldsymbol{\varepsilon}_m\}=\boldsymbol{0}$,$\det\boldsymbol{R}_m\neq0$,当观测值个数 m 大于未知参数个数 n 时,有 $\mathrm{rank}\boldsymbol{\Phi}_m=n$。由最小二乘估计原理可得到未知参数向量 $\boldsymbol{\theta}$ 的最佳线性无偏估计

$$\hat{\boldsymbol{\theta}}_m=(\boldsymbol{\Phi}_m^{\mathrm{T}}\boldsymbol{R}_m^{-1}\boldsymbol{\Phi}_m)^{-1}\boldsymbol{\Phi}_m^{\mathrm{T}}\boldsymbol{R}_m^{-1}\boldsymbol{Y}_m \tag{9.2.2}$$

估计值 $\hat{\boldsymbol{\theta}}_m$ 的误差协方差矩阵为

$$\boldsymbol{P}_m=(\boldsymbol{\Phi}_m^{\mathrm{T}}\boldsymbol{R}_m^{-1}\boldsymbol{\Phi}_m)^{-1} \tag{9.2.3}$$

式(9.2.2)即是马尔可夫(Markov)估计。若 $\boldsymbol{R}_m=\sigma^2\boldsymbol{I}_m$,其中 $\boldsymbol{I}_m$ 是 $m\times m$ 单位矩阵,即观测误差是等方差不相关时,式(9.2.2)和式(9.2.3)退化为高斯估计,也就是第 5 章中所介绍的普通最小二乘法。

如果方程式(9.2.1)又增加了 l 个观测值,则将式(9.2.1)改写成

$$\boldsymbol{Y}_{m+l}=\boldsymbol{\Phi}_{m+l}\boldsymbol{\theta}+\boldsymbol{\varepsilon}_{m+l} \tag{9.2.4}$$

式中

$$\boldsymbol{Y}_{m+l}=\begin{bmatrix}\boldsymbol{Y}_m\\ \boldsymbol{Y}_l\end{bmatrix}=\begin{bmatrix}y_1\\ \vdots\\ y_m\\ y_{m+1}\\ \vdots\\ y_{m+l}\end{bmatrix},\quad \boldsymbol{\varepsilon}_{m+l}=\begin{bmatrix}\boldsymbol{\varepsilon}_m\\ \boldsymbol{\varepsilon}_l\end{bmatrix}=\begin{bmatrix}\varepsilon_1\\ \vdots\\ \varepsilon_m\\ \varepsilon_{m+1}\\ \vdots\\ \varepsilon_{m+l}\end{bmatrix}$$

$$\boldsymbol{\Phi}_{m+l}=\begin{bmatrix}\boldsymbol{\Phi}_m\\ \boldsymbol{\Phi}_l\end{bmatrix}=\begin{bmatrix}\varphi_{11} & \cdots & \varphi_{1n}\\ \vdots & & \vdots\\ \varphi_{m1} & \cdots & \varphi_{mn}\\ \varphi_{m+1,1} & \cdots & \varphi_{m+1,n}\\ \vdots & & \vdots\\ \varphi_{m+l,1} & \cdots & \varphi_{m+l,n}\end{bmatrix}$$

假设随机误差向量 $\boldsymbol{\varepsilon}_{m+l}$具有下列性质：

(1) $E\{\boldsymbol{\varepsilon}_{m+l}\}=\mathbf{0}$;

(2) $E\{\boldsymbol{\varepsilon}_{m+l}\boldsymbol{\varepsilon}_{m+l}^{\mathrm{T}}\}=\begin{bmatrix} E\{\boldsymbol{\varepsilon}_m\boldsymbol{\varepsilon}_m^{\mathrm{T}}\} & \mathbf{0} \\ \mathbf{0} & E\{\boldsymbol{\varepsilon}_l\boldsymbol{\varepsilon}_l^{\mathrm{T}}\}\end{bmatrix}=\begin{bmatrix}\boldsymbol{R}_m & \mathbf{0} \\ \mathbf{0} & \boldsymbol{R}_l\end{bmatrix}=\boldsymbol{R}_{m+l}$;

(3) $\mathrm{rank}\boldsymbol{R}_{m+l}=m+l$，即 $\boldsymbol{R}_{m+l}$满秩。

显然，所增加的 l 个观测值的误差向量与前面 m 个观测值的误差向量互不相关。

为了减少存储旧的信息和避免重复计算，由 $m+l$ 个观测值对未知参数向量 $\boldsymbol{\theta}$ 的最小二乘估计可用递推最小二乘估计得到，其计算公式为

$$\hat{\boldsymbol{\theta}}_{m+l}=\hat{\boldsymbol{\theta}}_m+\boldsymbol{P}_{m+l}\boldsymbol{\Phi}_l^{\mathrm{T}}\boldsymbol{R}_l^{-1}(\boldsymbol{Y}_l-\boldsymbol{\Phi}_l\hat{\boldsymbol{\theta}}_m) \tag{9.2.5}$$

误差协方差矩阵为

$$\boldsymbol{P}_{m+l}=(\boldsymbol{P}_m^{-1}+\boldsymbol{\Phi}_l^{\mathrm{T}}\boldsymbol{R}_l^{-1}\boldsymbol{\Phi}_l)^{-1} \tag{9.2.6}$$

或

$$\boldsymbol{P}_{m+l}=\boldsymbol{P}_m-\boldsymbol{P}_m\boldsymbol{\Phi}_l^{\mathrm{T}}(\boldsymbol{R}_l+\boldsymbol{\Phi}_l\boldsymbol{P}_m\boldsymbol{\Phi}_l^{\mathrm{T}})^{-1}\boldsymbol{\Phi}_l\boldsymbol{P}_m \tag{9.2.7}$$

由式(9.2.5)、式(9.2.6)或式(9.2.7)与由式(9.2.1)、式(9.2.2)所得到的 $\hat{\boldsymbol{\theta}}_{m+l}$和 $\boldsymbol{P}_{m+l}$是完全一致的。同样有观测值从 $m+l$ 个减少到 m 个时的逆变换递推公式

$$\boldsymbol{P}_m=(\boldsymbol{P}_{m+l}^{-1}-\boldsymbol{\Phi}_l^{\mathrm{T}}\boldsymbol{R}_l^{-1}\boldsymbol{\Phi}_l)^{-1} \tag{9.2.8}$$

或

$$\boldsymbol{P}_m=\boldsymbol{P}_{m+l}+\boldsymbol{P}_{m+l}\boldsymbol{\Phi}_l^{\mathrm{T}}(\boldsymbol{R}_l-\boldsymbol{\Phi}_l\boldsymbol{P}_{m+l}\boldsymbol{\Phi}_l^{\mathrm{T}})^{-1}\boldsymbol{\Phi}_l\boldsymbol{P}_{m+l} \tag{9.2.9}$$

以及

$$\hat{\boldsymbol{\theta}}_m=\hat{\boldsymbol{\theta}}_{m+l}-\boldsymbol{P}_m\boldsymbol{\Phi}_l^{\mathrm{T}}\boldsymbol{R}_l^{-1}(\boldsymbol{Y}_l-\boldsymbol{\Phi}_l\boldsymbol{P}_{m+l}) \tag{9.2.10}$$

上述正逆变换的最小二乘估计递推公式便是随观测方程个数变化的递推最小二乘估计。

利用类似的方法及分块矩阵求逆原理还可导出式(9.2.4)在 l 个观测值的误差向量与前面 m 个观测值的误差向量相关情况下的参数向量 $\boldsymbol{\theta}$ 的递推最小二乘估计，此问题作为习题留给读者，此处不再详述。

9.2.2 随未知参数个数变化的递推最小二乘估计

在此小节介绍观测方程个数不变而未知参数个数增加或减小时的参数最小二乘估计的递推公式。

如果式(9.2.1)增加 l 个未知参数，则可将式(9.2.1)改写为

$$\boldsymbol{Y}=\boldsymbol{\Phi}_n\boldsymbol{\theta}_n+\boldsymbol{\Phi}_l\boldsymbol{\theta}_l+\boldsymbol{\varepsilon} \tag{9.2.11}$$

式中

$$\boldsymbol{Y}=\begin{bmatrix} y_1 \\ y_2 \\ \vdots \\ y_m\end{bmatrix},\ \boldsymbol{\varepsilon}=\begin{bmatrix}\varepsilon_1 \\ \varepsilon_2 \\ \vdots \\ \varepsilon_m\end{bmatrix},\ \boldsymbol{\theta}_{n+l}=\begin{bmatrix}\boldsymbol{\theta}_n \\ \hdashline \boldsymbol{\theta}_l\end{bmatrix}=\begin{bmatrix}\boldsymbol{\theta}_1 \\ \vdots \\ \boldsymbol{\theta}_n \\ \hdashline \boldsymbol{\theta}_{n+1} \\ \vdots \\ \boldsymbol{\theta}_{n+l}\end{bmatrix}$$

$$\boldsymbol{\Phi}_{n+l} = [\boldsymbol{\Phi}_n \mid \boldsymbol{\Phi}_l] = \left[\begin{array}{ccc|ccc} \varphi_{11} & \cdots & \varphi_{1n} & \varphi_{1,n+1} & \cdots & \varphi_{1,n+l} \\ \vdots & & \vdots & \vdots & & \vdots \\ \varphi_{m1} & \cdots & \varphi_{mn} & \varphi_{m,n+1} & \cdots & \varphi_{m,n+l} \end{array}\right]$$

并且假设：

(1) $E\{\boldsymbol{\varepsilon}\}=\mathbf{0}, \boldsymbol{E}\{\boldsymbol{\varepsilon}\boldsymbol{\varepsilon}^{\mathrm{T}}\}=\boldsymbol{R}$，且 $\det\boldsymbol{R}\neq 0$；

(2) $m \geqslant n+l, \operatorname{rank}\boldsymbol{\Phi}_{n+l}=\operatorname{rank}[\boldsymbol{\Phi}_n \quad \boldsymbol{\Phi}_l]=n+l$。

现在利用最小二乘法进行参数估计，第 1 次仅估计未知参数向量 $\boldsymbol{\theta}_n$，然后由 $\boldsymbol{\theta}_n$ 的估计表达式递推到未知参数向量 $\boldsymbol{\theta}_n$ 和 $\boldsymbol{\theta}_l$ 合成的参数估计 $\hat{\boldsymbol{\theta}}_{n+l}$。若记第 1 次、第 2 次参数估计分别为

$$\begin{cases} \hat{\boldsymbol{\theta}}^{(1)} = \hat{\boldsymbol{\theta}}_n^{(1)} \\ \hat{\boldsymbol{\theta}}^{(2)} = \begin{bmatrix} \hat{\boldsymbol{\theta}}_n^{(2)} \\ \hat{\boldsymbol{\theta}}_l^{(2)} \end{bmatrix} \end{cases} \tag{9.2.12}$$

根据最小二乘估计表达式(9.2.3)和(9.2.2)可分别得到

$$\boldsymbol{P}_n = (\boldsymbol{\Phi}_n^{\mathrm{T}}\boldsymbol{R}^{-1}\boldsymbol{\Phi}_n)^{-1} \tag{9.2.13}$$

和

$$\hat{\boldsymbol{\theta}}^{(1)} = (\boldsymbol{\Phi}_n^{\mathrm{T}}\boldsymbol{R}^{-1}\boldsymbol{\Phi}_n)^{-1}\boldsymbol{\Phi}_n^{\mathrm{T}}\boldsymbol{R}^{-1}\boldsymbol{Y} = \boldsymbol{P}_n\boldsymbol{\Phi}_n^{\mathrm{T}}\boldsymbol{R}^{-1}\boldsymbol{Y} \tag{9.2.14}$$

以及

$$\boldsymbol{P}_{n+l} = \left\{ \begin{bmatrix} \boldsymbol{\Phi}_n^{\mathrm{T}} \\ \boldsymbol{\Phi}_l^{\mathrm{T}} \end{bmatrix} \boldsymbol{R}^{-1} [\boldsymbol{\Phi}_n \quad \boldsymbol{\Phi}_l] \right\}^{-1} \tag{9.2.15}$$

$$\hat{\boldsymbol{\theta}}^{(2)} = \boldsymbol{P}_{n+l} \begin{bmatrix} \boldsymbol{\Phi}_n^{\mathrm{T}} \\ \boldsymbol{\Phi}_l^{\mathrm{T}} \end{bmatrix} \boldsymbol{R}^{-1}\boldsymbol{Y} \tag{9.2.16}$$

现在要导出式(9.2.15)和式(9.2.16)的递推形式。式(9.2.15)可写为

$$\boldsymbol{P}_{n+l} = \begin{bmatrix} \boldsymbol{P}_{n+l}^{(11)} & \boldsymbol{P}_{n+l}^{(12)} \\ \boldsymbol{P}_{n+l}^{(21)} & \boldsymbol{P}_{n+l}^{(22)} \end{bmatrix} = \begin{bmatrix} \boldsymbol{\Phi}_n^{\mathrm{T}}\boldsymbol{R}^{-1}\boldsymbol{\Phi}_n & \boldsymbol{\Phi}_n^{\mathrm{T}}\boldsymbol{R}^{-1}\boldsymbol{\Phi}_l \\ \boldsymbol{\Phi}_l^{\mathrm{T}}\boldsymbol{R}^{-1}\boldsymbol{\Phi}_n & \boldsymbol{\Phi}_l^{\mathrm{T}}\boldsymbol{R}^{-1}\boldsymbol{\Phi}_l \end{bmatrix}^{-1} \tag{9.2.17}$$

根据分块矩阵求逆定理有关系式

$$\begin{bmatrix} \boldsymbol{A}_{11} & \boldsymbol{A}_{12} \\ \boldsymbol{A}_{21} & \boldsymbol{A}_{22} \end{bmatrix}^{-1} = \begin{bmatrix} \boldsymbol{A}_{11}^{-1} + \boldsymbol{A}_{11}^{-1}\boldsymbol{A}_{12}(\boldsymbol{A}_{22} - \boldsymbol{A}_{21}\boldsymbol{A}_{11}^{-1}\boldsymbol{A}_{12})^{-1}\boldsymbol{A}_{21}\boldsymbol{A}_{11}^{-1} & -\boldsymbol{A}_{11}^{-1}\boldsymbol{A}_{12}(\boldsymbol{A}_{22} - \boldsymbol{A}_{21}\boldsymbol{A}_{11}^{-1}\boldsymbol{A}_{12})^{-1} \\ -(\boldsymbol{A}_{22} - \boldsymbol{A}_{21}\boldsymbol{A}_{11}^{-1}\boldsymbol{A}_{12})^{-1}\boldsymbol{A}_{21}\boldsymbol{A}_{11}^{-1} & (\boldsymbol{A}_{22} - \boldsymbol{A}_{21}\boldsymbol{A}_{11}^{-1}\boldsymbol{A}_{12})^{-1} \end{bmatrix} \tag{9.2.18}$$

令

$$\boldsymbol{A}_{11} = \boldsymbol{\Phi}_n^{\mathrm{T}}\boldsymbol{R}^{-1}\boldsymbol{\Phi}_n, \boldsymbol{A}_{12} = \boldsymbol{\Phi}_n^{\mathrm{T}}\boldsymbol{R}^{-1}\boldsymbol{\Phi}_l, \boldsymbol{A}_{21} = \boldsymbol{\Phi}_l^{\mathrm{T}}\boldsymbol{R}^{-1}\boldsymbol{\Phi}_n, \boldsymbol{A}_{22} = \boldsymbol{\Phi}_l^{\mathrm{T}}\boldsymbol{R}^{-1}\boldsymbol{\Phi}_l$$

并考虑到 $\boldsymbol{\theta}_n^{(1)} = \boldsymbol{\theta}^{(1)}, \boldsymbol{P}_n = (\boldsymbol{\Phi}_n^{\mathrm{T}}\boldsymbol{R}^{-1}\boldsymbol{\Phi}_n)^{-1} = \boldsymbol{A}_{11}^{-1}$，根据式(9.2.18)可得

$$\boldsymbol{P}_{n+l}^{(22)} = (\boldsymbol{\Phi}_l^{\mathrm{T}}\boldsymbol{R}^{-1}\boldsymbol{\Phi}_l - \boldsymbol{\Phi}_l^{\mathrm{T}}\boldsymbol{R}^{-1}\boldsymbol{\Phi}_n\boldsymbol{P}_n\boldsymbol{\Phi}_n^{\mathrm{T}}\boldsymbol{R}^{-1}\boldsymbol{\Phi}_l)^{-1} \tag{9.2.19}$$

$$\boldsymbol{P}_{n+l}^{(11)} = \boldsymbol{P}_n + \boldsymbol{P}_n\boldsymbol{\Phi}_n^{\mathrm{T}}\boldsymbol{R}^{-1}\boldsymbol{\Phi}_l\boldsymbol{P}_{n+l}^{(22)}\boldsymbol{\Phi}_l^{\mathrm{T}}\boldsymbol{R}^{-1}\boldsymbol{\Phi}_n\boldsymbol{P}_n \tag{9.2.20}$$

$$\boldsymbol{P}_{n+l}^{(12)} = -\boldsymbol{P}_n\boldsymbol{\Phi}_n^{\mathrm{T}}\boldsymbol{R}^{-1}\boldsymbol{\Phi}_l\boldsymbol{P}_{n+l}^{(22)} \tag{9.2.21}$$

$$\boldsymbol{P}_{n+l}^{(21)} = -\boldsymbol{P}_{n+l}^{(22)}\boldsymbol{\Phi}_l^{\mathrm{T}}\boldsymbol{R}^{-1}\boldsymbol{\Phi}_n\boldsymbol{P}_n \tag{9.2.22}$$

式(9.2.16)又可写为

$$\hat{\boldsymbol{\theta}}^{(2)}=\begin{bmatrix}\hat{\boldsymbol{\theta}}_n^{(2)}\\ \hat{\boldsymbol{\theta}}_l^{(2)}\end{bmatrix}=\begin{bmatrix}\boldsymbol{P}_{n+l}^{(11)} & \boldsymbol{P}_{n+l}^{(12)}\\ \boldsymbol{P}_{n+l}^{(21)} & \boldsymbol{P}_{n+l}^{(22)}\end{bmatrix}\begin{bmatrix}\boldsymbol{\Phi}_n^{\mathrm{T}}\\ \boldsymbol{\Phi}_l^{\mathrm{T}}\end{bmatrix}\boldsymbol{R}^{-1}Y \tag{9.2.23}$$

因而有

$$\begin{aligned}\hat{\boldsymbol{\theta}}_n^{(2)}=&(\boldsymbol{P}_{n+l}^{(11)}\boldsymbol{\Phi}_n^{\mathrm{T}}+\boldsymbol{P}_{n+l}^{(12)}\boldsymbol{\Phi}_l^{\mathrm{T}})\boldsymbol{R}^{-1}\boldsymbol{Y}=\\ &(\boldsymbol{P}_{n+l}^{(11)}\boldsymbol{\Phi}_n^{\mathrm{T}}-\boldsymbol{P}_n\boldsymbol{\Phi}_n^{\mathrm{T}}\boldsymbol{R}^{-1}\boldsymbol{\Phi}_l\boldsymbol{P}_{n+l}^{(22)}\boldsymbol{\Phi}_l^{\mathrm{T}})\boldsymbol{R}^{-1}\boldsymbol{Y}\end{aligned} \tag{9.2.24}$$

$$\begin{aligned}\hat{\boldsymbol{\theta}}_l^{(2)}=&(\boldsymbol{P}_{n+l}^{(21)}\boldsymbol{\Phi}_n^{\mathrm{T}}+\boldsymbol{P}_{n+l}^{(22)}\boldsymbol{\Phi}_l^{\mathrm{T}})\boldsymbol{R}^{-1}\boldsymbol{Y}=\\ &-\boldsymbol{P}_{n+l}^{(22)}\boldsymbol{\Phi}_n^{\mathrm{T}}\boldsymbol{R}^{-1}\boldsymbol{\Phi}_n\boldsymbol{P}_n\boldsymbol{\Phi}_n^{\mathrm{T}}\boldsymbol{R}^{-1}\boldsymbol{Y}+\boldsymbol{P}_{n+l}^{(22)}\boldsymbol{\Phi}_l^{\mathrm{T}}\boldsymbol{R}^{-1}\boldsymbol{Y}\end{aligned} \tag{9.2.25}$$

利用式(9.2.14),由式(9.2.25)可得

$$\begin{aligned}\hat{\boldsymbol{\theta}}_l^{(2)}=&-\boldsymbol{P}_{n+l}^{(22)}\boldsymbol{\Phi}_l^{\mathrm{T}}\boldsymbol{R}^{-1}\boldsymbol{\Phi}_n\boldsymbol{\theta}_n^{(1)}+\boldsymbol{P}_{n+l}^{(22)}\boldsymbol{\Phi}_l^{\mathrm{T}}\boldsymbol{R}^{-1}\boldsymbol{Y}=\\ &\boldsymbol{P}_{n+l}^{(22)}\boldsymbol{\Phi}_l^{\mathrm{T}}\boldsymbol{R}^{-1}(\boldsymbol{Y}-\boldsymbol{\Phi}_n\boldsymbol{\theta}_n^{(1)})\end{aligned} \tag{9.2.26}$$

式(9.2.19),式(9.2.20),式(9.2.24)和式(9.2.26)便是未知数个数增加时的递推最小二乘估计,它同样存在逆变换,在此略去,感兴趣的读者可作为作业进行推导。

9.2.3 利用递推最小二乘法导出 EMBET 公式

利用随参数变化的递推最小二乘法可以导出在外测数据处理中用 EMBET 方法估算弹道参数和外测误差模型的误差系数的表达式。

假设有 k 个时刻的观测方程

$$\boldsymbol{y}_i=\boldsymbol{C}_i\boldsymbol{x}_i+\boldsymbol{\xi}_i,\ i=1,2,\cdots,k \tag{9.2.27}$$

式中:$\boldsymbol{y}_i$ 是第 i 时刻的 q 维观测向量;$\boldsymbol{C}_i$ 是 $q\times n$ 阶的已知系数矩阵,且 $q>n$,$\boldsymbol{C}_i$ 的秩为 n;$\boldsymbol{x}_i$ 是待估计的第 i 时刻的 n 维状态向量;$\boldsymbol{\xi}_i$ 是第 i 时刻的 q 维观测误差向量。

在外测中,视观测误差由随机误差和系统误差组成。观测误差可表示为

$$\boldsymbol{\xi}_i=\boldsymbol{F}_i\boldsymbol{z}+\boldsymbol{\varepsilon}_i,\ i=1,2,\cdots,k \tag{9.2.28}$$

式中:$\boldsymbol{z}$ 是 l 维未知的误差系数向量;$\boldsymbol{F}_i$ 是 $q\times l$ 阶的已知系数矩阵;$\boldsymbol{\varepsilon}_i$ 是 q 维观测误差的随机误差向量,且满足:

(1)$E\{\boldsymbol{\varepsilon}_i\}=\boldsymbol{0},\ i=1,2,\cdots,k$;

(2)$E\{\boldsymbol{\varepsilon}_i\boldsymbol{\varepsilon}_j^{\mathrm{T}}\}=\boldsymbol{R}_i\delta_{ij}=\begin{cases}\boldsymbol{R}_i,\ i=j,\text{且}\ |\boldsymbol{R}_i|\neq 0\\ \boldsymbol{0},\ i\neq j,\ i,j=1,2,\cdots,k\end{cases}$

若将式(9.2.28)代入式(9.2.27),并联立 k 组方程,则有

$$\boldsymbol{Y}=\boldsymbol{C}\boldsymbol{X}+\boldsymbol{F}\boldsymbol{z}+\boldsymbol{\varepsilon} \tag{9.2.29}$$

式中

$$\boldsymbol{Y}=\begin{bmatrix}\boldsymbol{y}_1\\ \boldsymbol{y}_2\\ \vdots\\ \boldsymbol{y}_k\end{bmatrix},\ \boldsymbol{C}=\begin{bmatrix}\boldsymbol{C}_1 & & & \\ & \boldsymbol{C}_2 & & \\ & & \ddots & \\ & & & \boldsymbol{C}_k\end{bmatrix},\ \boldsymbol{X}=\begin{bmatrix}\boldsymbol{x}_1\\ \boldsymbol{x}_2\\ \vdots\\ \boldsymbol{x}_k\end{bmatrix},\ \boldsymbol{F}=\begin{bmatrix}\boldsymbol{F}_1\\ \boldsymbol{F}_2\\ \vdots\\ \boldsymbol{F}_k\end{bmatrix},\ \boldsymbol{\varepsilon}=\begin{bmatrix}\boldsymbol{\varepsilon}_1\\ \boldsymbol{\varepsilon}_2\\ \vdots\\ \boldsymbol{\varepsilon}_k\end{bmatrix}$$

$$\boldsymbol{R}=E\{\boldsymbol{\varepsilon}\,\boldsymbol{\varepsilon}^{\mathrm{T}}\}=\begin{bmatrix}\boldsymbol{R}_1 & & & \\ & \boldsymbol{R}_2 & & \\ & & \ddots & \\ & & & \boldsymbol{R}_k\end{bmatrix} \tag{9.2.30}$$

当 $kq>kn+l$ 和 $\text{rank}[\boldsymbol{C}\quad \boldsymbol{F}]=kn+l$ 时，利用最小二乘估计同时解得 k 组状态向量 $\boldsymbol{x}_i$ 和误差向量 $\boldsymbol{z}$ 的估计值，这就是 EMBET 方法，其结果如下：

误差系数向量的估计和误差协方差矩阵为

$$\boldsymbol{P}_{\hat{z}} = \left\{\sum_{i=1}^{k}\left[\boldsymbol{F}_i^{\mathrm{T}}\boldsymbol{R}_i^{-1}\boldsymbol{F}_i - \boldsymbol{F}_i^{\mathrm{T}}\boldsymbol{R}_i^{-1}\boldsymbol{C}_i(\boldsymbol{C}_i^{\mathrm{T}}\boldsymbol{R}_i^{-1}\boldsymbol{C}_i)^{-1}\boldsymbol{C}_i^{\mathrm{T}}\boldsymbol{R}_i^{-1}\boldsymbol{F}_i\right]\right\}^{-1} \tag{9.2.31}$$

$$\hat{\boldsymbol{z}} = \boldsymbol{P}_{\hat{z}}\sum_{i=1}^{k}\left[\boldsymbol{F}_i^{\mathrm{T}}\boldsymbol{R}_i^{-1} - \boldsymbol{F}_i^{\mathrm{T}}\boldsymbol{R}_i^{-1}\boldsymbol{C}_i(\boldsymbol{C}_i^{\mathrm{T}}\boldsymbol{R}_i^{-1}\boldsymbol{C}_i)^{-1}\boldsymbol{C}_i^{\mathrm{T}}\boldsymbol{R}_i^{-1}\right]\boldsymbol{y}_i \tag{9.2.32}$$

而第 i 时刻状态向量估计和误差协方差矩阵为

$$\begin{cases}\boldsymbol{P}_{\hat{x}_i} = (\boldsymbol{C}_i^{\mathrm{T}}\boldsymbol{R}_i^{-1}\boldsymbol{C}_i)^{-1} + (\boldsymbol{C}_i^{\mathrm{T}}\boldsymbol{R}_i^{-1}\boldsymbol{C}_i)^{-1}\boldsymbol{C}_i^{\mathrm{T}}\boldsymbol{R}_i^{-1}\boldsymbol{F}_i\boldsymbol{P}_{\hat{z}}\boldsymbol{F}_i^{\mathrm{T}}\boldsymbol{R}_i^{-1}\boldsymbol{C}_i(\boldsymbol{C}_i^{\mathrm{T}}\boldsymbol{R}_i^{-1}\boldsymbol{C}_i)^{-1} \\ \hat{\boldsymbol{x}}_i = (\boldsymbol{C}_i^{\mathrm{T}}\boldsymbol{R}_i^{-1}\boldsymbol{C}_i)^{-1}\boldsymbol{C}_i^{\mathrm{T}}\boldsymbol{R}_i^{-1}(\boldsymbol{y}_i - \boldsymbol{F}_i\hat{\boldsymbol{z}}),\ i=1,2,\cdots,k\end{cases} \tag{9.2.33}$$

应用随未知参数个数变化的递推最小二乘估计很容易得到式(9.2.31)、式(9.2.32)和式(9.2.33)。比较式(9.2.11)和式(9.2.29)有

$$\begin{cases}\boldsymbol{\Phi}_n = \boldsymbol{C} \\ \boldsymbol{\theta}_n = \boldsymbol{X} \\ \boldsymbol{\Phi}_l = \boldsymbol{F} \\ \boldsymbol{\theta}_l = \boldsymbol{z}\end{cases} \tag{9.2.34}$$

首先对式(9.2.29)仅估计状态向量 $\boldsymbol{X}$，由式(9.2.13)和式(9.2.14)得

$$\boldsymbol{P}_{\hat{x}_i^{(1)}} = (\boldsymbol{C}^{\mathrm{T}}\boldsymbol{R}^{-1}\boldsymbol{C})^{-1} \tag{9.2.35}$$

或

$$\boldsymbol{P}_{\hat{x}_i}^{(1)} = (\boldsymbol{C}_i^{\mathrm{T}}\boldsymbol{R}_i^{-1}\boldsymbol{C}_i)^{-1},\ i=1,2,\cdots,k \tag{9.2.36}$$

及

$$\hat{\boldsymbol{X}}^{(1)} = \boldsymbol{P}_{\hat{x}_i}^{(1)}\boldsymbol{C}^{\mathrm{T}}\boldsymbol{R}^{-1}\boldsymbol{Y} \tag{9.2.37}$$

或

$$\hat{\boldsymbol{x}}_i^{(1)} = \boldsymbol{P}_{\hat{x}_i}^{(1)}\boldsymbol{C}_i^{\mathrm{T}}\boldsymbol{R}_i^{-1}\boldsymbol{y}_i,\ i=1,2,\cdots,k \tag{9.2.38}$$

将式(9.2.34)至式(9.2.38)代入式(9.2.19)、式(9.2.20)、式(9.2.24)和式(9.2.26)并经整理后可得到增加误差系数向量后的参数估计表达式

$$\begin{aligned}\boldsymbol{P}_{\hat{z}} &= (\boldsymbol{F}^{\mathrm{T}}\boldsymbol{R}^{-1}\boldsymbol{F} - \boldsymbol{F}^{\mathrm{T}}\boldsymbol{R}^{-1}\boldsymbol{C}\boldsymbol{P}_{\hat{x}_i}^{(1)}\boldsymbol{C}^{\mathrm{T}}\boldsymbol{R}^{-1}\boldsymbol{F})^{-1} = \\ &\left\{\sum_{i=1}^{k}\left[\boldsymbol{F}_i^{\mathrm{T}}\boldsymbol{R}_i^{-1}\boldsymbol{F}_i - \boldsymbol{F}_i^{\mathrm{T}}\boldsymbol{R}_i^{-1}\boldsymbol{C}_i(\boldsymbol{C}_i^{\mathrm{T}}\boldsymbol{R}_i^{-1}\boldsymbol{C}_i)^{-1}\boldsymbol{C}_i^{\mathrm{T}}\boldsymbol{R}_i^{-1}\boldsymbol{F}_i\right]\right\}^{-1}\end{aligned} \tag{9.2.39}$$

$$\begin{aligned}\hat{\boldsymbol{z}} &= \boldsymbol{P}_{\hat{z}}\boldsymbol{F}^{\mathrm{T}}\boldsymbol{R}^{-1}[\boldsymbol{Y} - \boldsymbol{C}(\boldsymbol{C}^{\mathrm{T}}\boldsymbol{R}^{-1}\boldsymbol{C})^{-1}\boldsymbol{C}^{\mathrm{T}}\boldsymbol{R}^{-1}\boldsymbol{Y}] = \\ &\boldsymbol{P}_{\hat{z}}\sum_{i=1}^{k}\left[\boldsymbol{F}_i^{\mathrm{T}}\boldsymbol{R}_i^{-1} - \boldsymbol{F}_i^{\mathrm{T}}\boldsymbol{R}_i^{-1}\boldsymbol{C}_i(\boldsymbol{C}_i^{\mathrm{T}}\boldsymbol{R}_i^{-1}\boldsymbol{C}_i)^{-1}\boldsymbol{C}_i^{\mathrm{T}}\boldsymbol{R}_i^{-1}\right]\boldsymbol{y}_i\end{aligned} \tag{9.2.40}$$

及

$$\boldsymbol{P}_{\hat{x}^{(2)}} = (\boldsymbol{C}^{\mathrm{T}}\boldsymbol{R}^{-1}\boldsymbol{C})^{-1} + (\boldsymbol{C}^{\mathrm{T}}\boldsymbol{R}^{-1}\boldsymbol{C})^{-1}\boldsymbol{C}^{\mathrm{T}}\boldsymbol{R}^{-1}\boldsymbol{F}\boldsymbol{P}_{\hat{z}}\boldsymbol{F}^{\mathrm{T}}\boldsymbol{R}^{-1}\boldsymbol{C}(\boldsymbol{C}^{\mathrm{T}}\boldsymbol{R}^{-1}\boldsymbol{C})^{-1} \tag{9.2.41}$$

即

$$\boldsymbol{P}_{\hat{x}_i}^{(2)} = (\boldsymbol{C}_i^{\mathrm{T}}\boldsymbol{R}_i^{-1}\boldsymbol{C}_i)^{-1} + (\boldsymbol{C}_i^{\mathrm{T}}\boldsymbol{R}_i^{-1}\boldsymbol{C}_i)^{-1}\boldsymbol{C}_i^{\mathrm{T}}\boldsymbol{R}_i^{-1}\boldsymbol{F}_i\boldsymbol{P}_{\hat{z}}\boldsymbol{F}_i^{\mathrm{T}}\boldsymbol{R}_i^{-1}\boldsymbol{C}_i(\boldsymbol{C}_i^{\mathrm{T}}\boldsymbol{R}_i^{-1}\boldsymbol{C}_i)^{-1},\ i=1,2,\cdots,k \tag{9.2.42}$$

$$\hat{\boldsymbol{X}}^{(2)}=\left[\boldsymbol{P}_{\boldsymbol{x}_i}^{(2)}\boldsymbol{C}^{\mathrm{T}}-(\boldsymbol{C}^{\mathrm{T}}\boldsymbol{R}^{-1}\boldsymbol{C})^{-1}\boldsymbol{C}^{\mathrm{T}}\boldsymbol{R}^{-1}\boldsymbol{F}\boldsymbol{P}_{\hat{z}}\boldsymbol{F}^{\mathrm{T}}\right]\boldsymbol{R}^{-1}\boldsymbol{Y} \tag{9.2.43}$$

将式(9.2.41)代入式(9.2.43)并根据式(9.2.40)可得

$$\begin{aligned}\hat{\boldsymbol{X}}^{(2)}=&[(\boldsymbol{C}^{\mathrm{T}}\boldsymbol{R}^{-1}\boldsymbol{C})^{-1}+(\boldsymbol{C}^{\mathrm{T}}\boldsymbol{R}^{-1}\boldsymbol{C})^{-1}\boldsymbol{C}^{\mathrm{T}}\boldsymbol{R}^{-1}\boldsymbol{F}\boldsymbol{P}_{\hat{z}}\boldsymbol{F}^{\mathrm{T}}\boldsymbol{R}^{-1}\boldsymbol{C}(\boldsymbol{C}^{\mathrm{T}}\boldsymbol{R}^{-1}\boldsymbol{C})^{-1}\boldsymbol{C}^{\mathrm{T}}-\\&(\boldsymbol{C}^{\mathrm{T}}\boldsymbol{R}^{-1}\boldsymbol{C})^{-1}\boldsymbol{C}^{\mathrm{T}}\boldsymbol{R}^{-1}\boldsymbol{F}\boldsymbol{P}_{\hat{z}}\boldsymbol{F}^{\mathrm{T}}]\boldsymbol{R}^{-1}\boldsymbol{Y}=\\&(\boldsymbol{C}^{\mathrm{T}}\boldsymbol{R}^{-1}\boldsymbol{C})^{-1}\boldsymbol{C}^{\mathrm{T}}\boldsymbol{R}^{-1}\boldsymbol{Y}-(\boldsymbol{C}^{\mathrm{T}}\boldsymbol{R}^{-1}\boldsymbol{C})^{-1}\boldsymbol{C}^{\mathrm{T}}\boldsymbol{R}^{-1}\boldsymbol{F}\hat{\boldsymbol{z}}\end{aligned} \tag{9.2.44}$$

即

$$\begin{aligned}\hat{\boldsymbol{x}}_i^{(2)}=&(\boldsymbol{C}_i^{\mathrm{T}}\boldsymbol{R}_i^{-1}\boldsymbol{C}_i)^{-1}\boldsymbol{C}_i^{\mathrm{T}}\boldsymbol{R}_i^{-1}\boldsymbol{y}_i-(\boldsymbol{C}_i^{\mathrm{T}}\boldsymbol{R}_i^{-1}\boldsymbol{C}_i)^{-1}\boldsymbol{C}_i^{\mathrm{T}}\boldsymbol{R}_i^{-1}\boldsymbol{F}_i\hat{\boldsymbol{z}}=\\&(\boldsymbol{C}_i^{\mathrm{T}}\boldsymbol{R}_i^{-1}\boldsymbol{C}_i)^{-1}\boldsymbol{C}_i^{\mathrm{T}}\boldsymbol{R}_i^{-1}(\boldsymbol{y}_i-\boldsymbol{F}_i\hat{\boldsymbol{z}}),\ i=1,2,\cdots,k\end{aligned} \tag{9.2.45}$$

式(9.2.39)、式(9.2.40)、式(9.2.42)、式(9.2.45)与式(9.2.31)、式(9.2.32)、式(9.2.33)结果完全一致,表明 EMBET 方法实质上是将仅对状态向量的最小二乘估计扩大成包含对误差系数向量的估计,由随未知参数个数变化的递推最小二乘法公式可以导出。

9.3 辨识 Box-Jenkins 模型的递推广义增广最小二乘法

实际系统有时可用鲍克斯-金肯斯(Box-Jenkins)模型描述,即

$$y(k)=\frac{b(z^{-1})}{a(z^{-1})}u(k)+\frac{g(z^{-1})}{f(z^{-1})}\varepsilon(k) \tag{9.3.1}$$

或

$$a(z^{-1})y(k)=b(z^{-1})u(k)+\frac{d(z^{-1})}{c(z^{-1})}\varepsilon(k) \tag{9.3.2}$$

式中

$$\begin{aligned}a(z^{-1})&=1+a_1z^{-1}+\cdots+a_{n_a}z^{-n_a}\\b(z^{-1})&=b_0+b_1z^{-1}+\cdots+b_{n_b}z^{-n_b}\\c(z^{-1})&=1+c_1z^{-1}+\cdots+c_{n_c}z^{-n_c}\\d(z^{-1})&=1+d_1z^{-1}+\cdots+d_{n_d}z^{-n_d}\end{aligned}$$

式中:z^{-1}为单位滞后算子;$u(k)$,$y(k)$和$\varepsilon(k)$分别为系统的输入、含噪声的输出和不相关的零均值白噪声。

对模型式(9.3.2)进行参数辨识时,假设n_a,n_b,n_c和n_d均已知。令

$$e(k)=\frac{d(z^{-1})}{c(z^{-1})}\varepsilon(k) \tag{9.3.3}$$

或

$$e(k)=-\sum_{i=1}^{n_c}c_ie(k-i)+\sum_{i=1}^{n_d}d_i\varepsilon(k-i)+\varepsilon(k) \tag{9.3.4}$$

将式(9.3.3)代入式(9.3.2)得

$$a(z^{-1})y(k)=b(z^{-1})u(k)+e(k) \tag{9.3.5}$$

或

$$y(k)=-\sum_{i=1}^{n_a}a_iy(k-i)+\sum_{i=0}^{n_b}b_iu(k-i)-\sum_{i=1}^{n_c}c_ie(k-i)+\sum_{i=1}^{n_d}d_i\varepsilon(k-i)+\varepsilon(k) \tag{9.3.6}$$

设

$$\boldsymbol{\theta}=[\boldsymbol{\theta}_1^{\mathrm{T}} \quad \boldsymbol{\theta}_e^{\mathrm{T}}]^{\mathrm{T}}, \quad \boldsymbol{\varphi}(k)=[\boldsymbol{\varphi}_1^{\mathrm{T}}(k) \quad \boldsymbol{\varphi}_e^{\mathrm{T}}(k)]^{\mathrm{T}}$$

$$\boldsymbol{\theta}_1=[a_1 \quad \cdots \quad a_{n_a} \quad b_0 \quad \cdots \quad b_{nb}]^{\mathrm{T}}$$

$$\boldsymbol{\theta}_e=[c_1 \quad \cdots \quad c_{n_c} \quad d_1 \quad \cdots \quad d_{nd}]^{\mathrm{T}}$$

$$\boldsymbol{\varphi}_1(k)=[-y(k-1) \quad \cdots \quad -y(k-n_a) \quad u(k) \quad \cdots \quad u(k-n_b)]^{\mathrm{T}}$$

$$\boldsymbol{\varphi}_e(k)=[-e(k-1) \quad \cdots \quad -e(k-n_c) \quad \varepsilon(k-1) \quad \cdots \quad \varepsilon(k-n_d)]^{\mathrm{T}}$$

可将式(9.3.6)化为最小二乘格式

$$y(k)=\boldsymbol{\varphi}_1^{\mathrm{T}}(k)\boldsymbol{\theta}_1+e(k) \tag{9.3.7}$$

$$y(k)=\boldsymbol{\varphi}^{\mathrm{T}}(k)\boldsymbol{\theta}+\varepsilon(k) \tag{9.3.8}$$

由于式(9.3.8)中的 $\varepsilon(k)$是白噪声,所以利用最小二乘法可得到参数 $\boldsymbol{\theta}$ 的无偏估计。但是,数据向量 $\boldsymbol{\varphi}(k)$中包含不可测量的噪声 $e(k-1),\cdots,e(k-n_c),\varepsilon(k-1),\cdots,\varepsilon(k-n_d)$,只能用其相应的估计值代替。$\varepsilon(k)$可用新息或残差来代替,即

$$\hat{\varepsilon}(k)=y(k)-\boldsymbol{\varphi}^{\mathrm{T}}(k)\hat{\boldsymbol{\theta}}(k-1) \quad (\text{新息}) \tag{9.3.9}$$

$$\hat{\varepsilon}(k)=y(k)-\boldsymbol{\varphi}^{\mathrm{T}}(k)\hat{\boldsymbol{\theta}}(k) \quad (\text{残差}) \tag{9.3.10}$$

$e(k)$的估计值可利用式(9.3.7)计算得到

$$\hat{e}(k)=y(k)-\boldsymbol{\varphi}_1^{\mathrm{T}}(k)\hat{\boldsymbol{\theta}}_1(k) \tag{9.3.11}$$

仿照递推最小二乘法公式的推导方法,可导出递推广义增广最小二乘法公式

$$\hat{\boldsymbol{\theta}}(k)=\hat{\boldsymbol{\theta}}(k-1)+\boldsymbol{K}(k)[y(k)-\boldsymbol{\varphi}^{\mathrm{T}}(k)\hat{\boldsymbol{\theta}}(k-1)] \tag{9.3.12}$$

$$\boldsymbol{K}(k)=\boldsymbol{P}(k-1)\boldsymbol{\varphi}(k)[1+\boldsymbol{\varphi}^{\mathrm{T}}(k)\boldsymbol{P}(k-1)\boldsymbol{\varphi}(k)]^{-1} \tag{9.3.13}$$

$$\boldsymbol{P}(k)=\boldsymbol{P}(k-1)-\boldsymbol{K}(k)\boldsymbol{\varphi}^{\mathrm{T}}(k)\boldsymbol{P}(k-1) \tag{9.3.14}$$

选取初值为 $\hat{\boldsymbol{\theta}}_1(0)=\boldsymbol{\varepsilon}$, $0\leqslant\varepsilon_i\leqslant 1$, ε_i 为向量 $\boldsymbol{\varepsilon}$ 的元素; $\hat{\boldsymbol{\theta}}_c(0)=\mathbf{0}$; $\boldsymbol{P}(0)=\mathrm{diag}[\boldsymbol{P}_1(0),\boldsymbol{P}_e(0)]$, $\boldsymbol{P}_1(0)=c^2\boldsymbol{I}$, $c^2\gg 1$; $\boldsymbol{P}_e(0)=\alpha\boldsymbol{I}$, $0<\alpha\leqslant 1$。当 $n_c=0$ 时,递推广义增广最小二乘法(RGELS)就是递推增广最小二乘法(RELS)。当 $n_d=0$ 时,递推广义增广最小二乘法就是递推广义最小二乘法(RGLS)(非数据滤波)。

9.4 辨识 Box - Jenkins 模型参数的新息修正最小二乘法

设系统可用 Box - Jenkins 模型描述,即

$$y(k)=\frac{b(z^{-1})}{a(z^{-1})}u(k)+\frac{g(z^{-1})}{f(z^{-1})}\varepsilon(k) \tag{9.4.1}$$

式中

$$a(z^{-1})=1+a_1z^{-1}+\cdots+a_nz^{-n}$$

$$b(z^{-1})=b_1z^{-1}+b_2z^{-2}+\cdots+b_nz^{-n}$$

$$g(z^{-1})=1+g_1z^{-1}+\cdots+g_rz^{-r}$$

$$f(z^{-1})=1+f_1z^{-1}+\cdots+f_sz^{-s}$$

式中：z^{-1}为单位滞后算子；$\{y(k)\}$，$\{u(k)\}$和$\{\varepsilon(k)\}$分别为输入、输出和不相关的零均值白噪声序列。假设：

(1)$z^n a(z^{-1})$的零点均在单位圆内；

(2)噪声过程平稳可逆，即 $z^r g(z^{-1})$和 $z^s f(z^{-1})$的零点均在单位圆内；

(3)输入信号$\{u(k)\}$与$\{\varepsilon(k)\}$不相关且是 p 阶持续激励的。

上述假设条件是相当宽的，几乎包括了所有噪声过程具有有理谱密度的平稳线性动态过程，但直接对式(9.4.1)进行参数辨识是困难的。由噪声过程平稳性的假设，可将式(9.4.1)近似地用一个受控自回归移动平均(CARMA)模型表示为

$$a(z^{-1})y(k)=b(z^{-1})u(k)+c(z^{-1})\varepsilon(k)+\varepsilon(k) \tag{9.4.2}$$

式中

$$1+c(z^{-1})=1+\sum_{i=1}^{m}c_i z^{-i} \tag{9.4.3}$$

是$a(z^{-1})g(z^{-1})/f(z^{-1})$的前 $m+1$ 项。当 $i\to\infty$时，$c_i\to 0$，只要适当选取 m，式(9.4.2)可以满足任何精度要求。因此，式(9.4.1)的参数估计可以转化为一个自回归和受控部分结构已知而滑动平均部分阶次未知的 CARMA 模型的参数估计问题。

9.4.1 最小二乘法的增参数递推公式

为避免重复求解基本最小二乘方程，减小计算量，本节将采用增参数递推最小二乘技术，通过对已有的 k 阶参数模型增加新参数，递推出 $k+1$ 阶参数模型的最小二乘估计。

考虑 $k+1$ 阶参数模型，其参数集

$$\overline{\boldsymbol{\theta}}_{k+1}=[\theta_1 \quad \theta_2 \quad \cdots \quad \theta_k \;\vdots\; \theta_{k+1}]^{\mathrm{T}}=[\overline{\boldsymbol{\theta}}_k{}^{\mathrm{T}} \;\vdots\; \theta_{k+1}] \tag{9.4.4}$$

相应的有

$$\boldsymbol{\Phi}_{k+1}=[\boldsymbol{x}_1 \quad \boldsymbol{x}_2 \quad \cdots \quad \boldsymbol{x}_k \;\vdots\; \boldsymbol{x}_{k+1}]=[\boldsymbol{\Phi}_k \;\vdots\; \boldsymbol{x}_{k+1}] \tag{9.4.5}$$

式中

$$\boldsymbol{x}_i=[x_i(1) \quad x_i(2) \quad \cdots \quad x_i(N)]^{\mathrm{T}} \tag{9.4.6}$$

假设已得到 k 阶参数模型的最小二乘估计$\hat{\hat{\overline{\boldsymbol{\theta}}}}_k$和 $\boldsymbol{P}_k=(\boldsymbol{\Phi}_k^{\mathrm{T}}\boldsymbol{\Phi}_k)^{-1}$，欲递推估计 $k+1$ 阶参数模型。由最小二乘估计公式

$$\hat{\overline{\boldsymbol{\theta}}}_k=(\boldsymbol{\Phi}^{\mathrm{T}}\boldsymbol{\Phi})^{-1}\boldsymbol{\Phi}^{\mathrm{T}}\boldsymbol{y} \tag{9.4.7}$$

和分块矩阵求逆公式(9.2.18)可得

$$\boldsymbol{P}_{k+1}=(\boldsymbol{\Phi}_k^{\mathrm{T}}\boldsymbol{\Phi}_k)^{-1}=\begin{bmatrix} \boldsymbol{P}_k+\boldsymbol{e}\boldsymbol{x}_{k+1}\boldsymbol{\Phi}_k\boldsymbol{P}_k & -\boldsymbol{e} \\ -\boldsymbol{e}^{\mathrm{T}} & b \end{bmatrix} \tag{9.4.8}$$

式中

$$\boldsymbol{e}=\boldsymbol{P}_k\boldsymbol{\Phi}_k^{\mathrm{T}}\boldsymbol{x}_{k+1}b, \quad b=1/(\boldsymbol{x}_{k+1}^{\mathrm{T}}\boldsymbol{x}_{k+1}-\boldsymbol{x}_{k+1}^{\mathrm{T}}\boldsymbol{\Phi}_k\boldsymbol{P}_k\boldsymbol{\Phi}_k^{\mathrm{T}}\boldsymbol{x}_{k+1})$$

以及

$$\hat{\overline{\boldsymbol{\theta}}}_k=-\hat{\hat{\overline{\boldsymbol{\theta}}}}_k-\boldsymbol{e}\boldsymbol{x}_{k+1}^{\mathrm{T}}(\boldsymbol{y}-\boldsymbol{\Phi}_k\hat{\hat{\overline{\boldsymbol{\theta}}}}_k) \tag{9.4.9}$$

$$\hat{\overline{\boldsymbol{\theta}}}_{k+1}=b\boldsymbol{x}_{k+1}^{\mathrm{T}}(\boldsymbol{y}-\boldsymbol{\Phi}_k\hat{\overline{\boldsymbol{\theta}}}_k) \tag{9.4.10}$$

式(9.4.8)、式(9.4.9)和式(9.4.10)构成了完整的递推算法。

9.4.2 CAR(p)模型的辨识

为了得到 CARMA 模型的参数估计，首先对一个 CAR(p)模型进行辨识。假设模型为

$$\sum_{i=0}^{p} \alpha_i z^{-i} y(k) = \sum_{i=1}^{p} \beta_i z^{-i} u(k) + \xi(k), \alpha_0 = 1 \tag{9.4.11}$$

选取指标函数

$$J = \sum_{k=p}^{N+p} \left[\sum_{i=0}^{p} \hat{\alpha}_i z^{-i} y(k) - \sum_{i=1}^{p} \hat{\beta}_i z^{-i} u(k) \right]^2 \tag{9.4.12}$$

并且估计 $\hat{\alpha}_i$ 和 $\hat{\beta}_i$ 使 J 极小。

由于本算法采用增阶递推最小二乘算法，因而在拟合 CAR(p)模型的过程中得到的是 CARMA 模型式(9.4.2)的有偏最小二乘估计，即 CAR(n)的估计值。

因为已假设 $z^r g(z^{-1})$的零点均在单位圆内，所以只要阶次 p 足够高，CAR(p)模型式(9.4.11)将以足够的精度近似 CARMA 模型式(9.4.2)。由于噪声过程未知，事先给出既满足精度要求又不使计算量过大的 p 值是困难的，因此采用 F 检验定阶。下面给出增阶辨识 CAR 模型和确定 p 值的方法。

按增参递推式(9.4.8)至式(9.4.10)，从零参数模型开始，依 $\alpha_1, \beta_1, \cdots, \alpha_p, \beta_p$，顺序增加参数 α_i 或β_i($i=1,2,\cdots,p$)，相应的 $\boldsymbol{x}_{k+1}$为$[y(m-i) \cdots y(m-i+N)]^{\mathrm{T}}$ 或$[u(m-i) \cdots u(m-i+N)]^{\mathrm{T}}$，$m \geqslant p$，增阶递推估计 CAR 模型，同时计算统计量

$$F_i = \frac{A_{i-1} - A_i}{A_i} \cdot \frac{N-2i}{2} \tag{9.4.13}$$

式中：A_{i-1}和 A_i 分别为$i-1$ 阶和 i 阶 CAR 模型的残差平方和；N 为观测数据组数。

当 $i-1 \geqslant p$ 时，统计量 F_i 服从($N-2i$,2)的 F 分布，显著性水平 $\alpha=0.01$ 或 0.05，由 F 分布表可查得相应的 F 分布值 F_α。当 $F_i < F_\alpha$ 时，可以认为继续增大阶次不会使新息估值精度有显著提高，应结束增阶辨识。

按公式

$$\hat{\xi}(k) = \sum_{i=0}^{p} \alpha_i y(k-i) - \sum_{i=1}^{p} \beta_i u(k-i) \tag{9.4.14}$$

计算残差，$\{\hat{\xi}(k)\}$即是所需要的新息估值。

9.4.3 偏差的消除及 MA 阶次的确定

用 $\hat{\xi}(k-1), \hat{\xi}(k-2), \cdots, \hat{\xi}(k-m)$代替式(9.4.2)中的 $\varepsilon(k-1), \varepsilon(k-2), \cdots, \varepsilon(k-m)$，以 $c_1, c_2, \cdots, c_m$ 顺序，按增参数递推式(9.4.8)至式(9.4.10)逐个增加移动平均(MA)参数，修正已得到的 CAR(n)模型，使指标函数

$$J = \sum_{k=n}^{n+N} \left[\sum_{i=0}^{n} \hat{a}_i z^{-i} y(k) - \sum_{i=0}^{n} \hat{b}_i z^{-i} u(k) - \sum_{i=0}^{m} c_i z^{-i} \hat{\xi}(k) \right]^2 \tag{9.4.15}$$

极小化。满足精度要求的 MA 阶次 m 则由 F 检验确定，即在逐个增加参数 c_j 时，计算统计量

$$F_j = \frac{V_{j-1} - V_j}{V_j}(N-2n-j) \tag{9.4.16}$$

式中：V_{j-1}为 CARMA$(n,n,j-1)$模型的残差平方和；V_j 为 CARMA(n,n,j)模型的残差平方和。

当 $j>m$ 时，F_j 服从$F(1,N-2i-j)$分布，由 F 分布表查得给定显著性水平 α 的临界分布值F_α。若 $F_j<F_\alpha$ 时，$j-1$ 即为合理的 MA 阶次 m，CARMA$(n, n, j-1)$模型的参数估值就是式(9.4.2)模型参数的无偏估计。

例 9.3 已知用 Box－Jenkins 模型描述的系统

$$y(k)=\frac{b(z^{-1})}{a(z^{-1})}u(k)+\frac{g(z^{-1})}{f(z^{-1})}\varepsilon(k) \tag{9.4.17}$$

式中

$$a(z^{-1})=1-2.851z^{-1}+2.717z^{-2}-0.865z^{-3}$$
$$b(z^{-1})=1+z^{-1}+z^{-2}+z^{-3}$$
$$g(z^{-1})=1+0.7z^{-1}+0.2z^{-2}$$
$$f(z^{-1})=c(z^{-1})a(z^{-1})$$

其中

$$c(z^{-1})=1+0.3z^{-1}+0.02z^{-2}$$

$\varepsilon(k)$是服从 $N(0,1)$分布的不相关随机噪声，输入信号 $u(k)$采用幅值为 1 的伪随机二进制序列，噪信比 $N/S=\sqrt{D[n(k)]/D[y(k)]}$，$D$ 为方差算子，$n(k)=g(z^{-1})\varepsilon(k)/f(z^{-1})$，观测数据长度 $L=500$，参数估计误差指标

$$\delta=\sqrt{\sum_{i=1}^{N}(\hat{\theta}_i-\theta_i)^2\Big/\sum_{i=1}^{N}\theta_i^2},N=2n+1$$

θ_i 为参数真值，$\hat{\theta}_i$ 为 θ_i 的估计值，仿真计算结果如表 9.1 和表 9.2 所列。

表 9.1 $N/S=8.50\%$ 时的仿真计算结果

参数 / 真值 / 辨识方法	a_1	a_2	a_3	b_0	b_1	b_2	b_3	δ/%
真值	−2.85100	2.71700	−0.86500	1.00000	1.00000	1.00000	1.00000	0
递推广义增广最小二乘法	−2.85721	2.72938	−0.87112	1.00363	1.00146	0.99563	0.98276	0.527
新息修正最小二乘法	−2.85018	2.71511	−0.86338	0.99765	0.99449	0.98884	0.99043	0.357

表 9.2 $N/S=51.00\%$ 时的仿真计算结果

参数 / 真值 / 辨识方法	a_1	a_2	a_3	b_0	b_1	b_2	b_3	δ/%
真值	−2.85100	2.71700	−0.86500	1.00000	1.00000	1.00000	1.00000	0
递推广义增广最小二乘法	−2.87215	2.75928	−0.88629	1.00172	1.01849	1.00176	0.93375	1.915
新息修正最小二乘法	−2.77121	2.55823	−0.78484	0.91990	1.05695	1.00045	1.03295	4.905

仿真结果表明：当噪信比较小时，新息修正最小二乘法(IMA)估值优于递推广义增广最小二乘法估值；当噪信比较大时，递推广义增广最小二乘法估值优于新息修正最小二乘法估值。递推广义增广最小二乘法只需一步最小二乘法就可完成，新息修正最小二乘法实际上是两步最小二乘法，所以递推广义增广最小二乘法的计算量近似为新息修正最小二乘法的 1/2。精度要求不太高时，用递推广义增广最小二乘法进行辨识，可大大减小计

算量。但是,递推广义增广最小二乘法和递推广义最小二乘法一样,当噪信比较大或模型参数较多时,参数估值可能出现较大的误差,产生局部收敛点。

思 考 题

9.1 式(9.1.47)属于本节所介绍随机逼近法中的哪一种算法?请证明式(9.1.47)所给出算法的收敛性。

9.2 请导出式(9.2.4)在 l 个观测值的误差向量与前面 m 个观测值的误差向量相关情况下的参数向量 $\boldsymbol{\theta}$ 的递推最小二乘估计公式。

9.3 请参考未知参数个数增加时的递推最小二乘估计公式推导过程来推导未知参数个数减少时的递推最小二乘估计公式。

9.4 试结合例 9.3 仿真结果分析和比较递推广义增广最小二乘法和新息修正最小二乘法的优缺点,并定性分析产生这些缺点的原因。

第 10 章 随机时序列模型的建立

在前面几章中，讨论的系统都有输入 $u(k)$和输出 $y(k)$，根据输入和输出的观测值来辨识系统模型的参数。如果说输入 $u(k)$是“因”，输出 $y(k)$是“果”，则在上述系统中，因果关系是比较明确的。但对于大量的环境系统、社会系统和工程系统，因果关系不是很明确的。在这些系统中，其输出值或效果往往容易测量或观测，但其输入量或原因往往难以测量或观测。举例来说，一条河的流量是可以测量的，这就是输出值，但其输入值是不知道的，这是一种只有输出没有输入的系统。河流的年流量每年不同，是一种时间的序列，称为时序列。因为这种时序列具有随机性，所以又称为随机时序列。我们要想根据过去所记录的年流量资料来预测将来的年流量，以便对河水的利用、防洪和抗旱等作统筹安排，就需要建立河流年流量的数学模型，因此就遇到了随机时序列模型的建立问题。关于随机时序列模型还可以举出很多例子。例如，一个国家人口和国民经济增长率的预测，一个城市日平均温度和某一地区电力需求增长率的预测等等。对于这类问题，要根据过去的记录数据建立数学模型，预测未来的值，为统筹安排提供依据。我们把观测到的数据称为时序列，又称为随机时序列，把所建立的数学模型称为随机时序列模型。我们希望所建立的数学模型精度比较高，参数比较少。随机时序列模型有很多种，大致可分为回归模型、自回归模型、移动平均模型和自回归移动平均模型。下面将分别介绍这些随机时序列模型的建立方法。

10.1 回归模型

我们用线性回归法，以估计误差的方差为最小，来建立回归模型(Regressive Model)并确定其参数。

10.1.1 一阶线性回归模型

设 $y(k)$为随机时序列，可用下列一阶线性回归模型来表示，即

$$y(k)=a+bk+\varepsilon(k),k=1,2,\cdots,N \tag{10.1.1}$$

式中$\{\varepsilon(k)\}$是均值为 0 的白噪声序列。设 $y(k)$的估值为

$$\hat{y}(k)=\hat{a}+\hat{b}k \tag{10.1.2}$$

估计误差为

$$e(k)=y(k)-\hat{y}(k) \tag{10.1.3}$$

要求估计误差的方差为最小，即要求

$$J = \frac{1}{N}\sum_{k=1}^{N} e^2(k) = \frac{1}{N}\sum_{k=1}^{N}[y(k) - \hat{a} - \hat{b}k]^2 \tag{10.1.4}$$

为最小。分别求 J 关于 $\hat{a}$ 和 $\hat{b}$ 的偏导数并令其为 0,可得

$$\frac{\partial J}{\partial \hat{a}} = -\frac{2}{N}\sum_{k=1}^{N}[y(k) - \hat{a} - \hat{b}k] = 0 \tag{10.1.5}$$

$$\frac{\partial J}{\partial \hat{b}} = -\frac{2}{N}\sum_{k=1}^{N}[y(k) - \hat{a} - \hat{b}k]k = 0 \tag{10.1.6}$$

由上述二式可得

$$\sum_{k=1}^{N} y(k) - N\hat{a} - \hat{b}\sum_{k=1}^{N} k = 0 \tag{10.1.7}$$

$$\sum_{k=1}^{N} ky(k) - \hat{a}\sum_{k=1}^{N} k - \hat{b}\sum_{k=1}^{N} k^2 = 0 \tag{10.1.8}$$

设

$$\begin{cases} \bar{y} = \dfrac{1}{N}\sum\limits_{k=1}^{N} y(k) \\ \bar{k} = \dfrac{1}{N}\sum\limits_{k=1}^{N} k \end{cases} \tag{10.1.9}$$

则由式(10.1.7)得

$$\hat{a} = \bar{y} - \hat{b}\,\bar{k} \tag{10.1.10}$$

将式(10.1.10)代入式(10.1.8)可得

$$\hat{b} = \frac{\sum\limits_{k=1}^{N} ky(k) - N\bar{k}\,\bar{y}}{\sum\limits_{k=1}^{N} k^2 - N\bar{k}^2} \tag{10.1.11}$$

因而有

$$\hat{a} = \bar{y} - \frac{\bar{k}\left[\sum\limits_{k=1}^{N} ky(k) - N\bar{k}\,\bar{y}\right]}{\sum\limits_{k=1}^{N} k^2 - N\bar{k}^2} \tag{10.1.12}$$

$$J_{\min} = \frac{1}{N}\sum_{k=1}^{N}[y(k) - \hat{a} - \hat{b}k]^2 \tag{10.1.13}$$

10.1.2 多项式回归模型

对多数时序列来说,一阶线性回归模型的精度较低,可用下列的多项式回归模型来表示,即

$$y(k) = a_0 + a_1 k + a_2 k^2 + \cdots + a_n k^n + \varepsilon(k) \tag{10.1.14}$$

式中:$a_0, a_1, \cdots, a_n$ 为待估参数;$\varepsilon(k)$ 是均值为 0 的白噪声序列。设 $y(k)$ 的预测值为

$$\hat{y}(k) = \hat{a}_0 + \hat{a}_1 k + \hat{a}_2 k^2 + \cdots + \hat{a}_n k^n \tag{10.1.15}$$

要求按指标函数

$$J = \frac{1}{N}\sum_{k=1}^{N}[y(k) - \hat{a}_0 - \hat{a}_1 k - \cdots - \hat{a}_n k^n]^2 \tag{10.1.16}$$

为最小来确定 $\hat{a}_0,\hat{a}_1,\cdots,\hat{a}_n$。分别求 J 关于 $\hat{a}_0,\hat{a}_1,\cdots,\hat{a}_n$ 的偏导数并令其等于 0,可得

$$\begin{cases}\dfrac{\partial J}{\partial \hat{a}_0}=-\dfrac{2}{N}\sum_{k=1}^{N}[y(k)-\hat{a}_0-\hat{a}_1k-\cdots-\hat{a}_nk^n]=0\\ \dfrac{\partial J}{\partial \hat{a}_1}=-\dfrac{2}{N}\sum_{k=1}^{N}[y(k)-\hat{a}_0-\hat{a}_1k-\cdots-\hat{a}_nk^n]k=0\\ \qquad\vdots\\ \dfrac{\partial J}{\partial \hat{a}_n}=-\dfrac{2}{N}\sum_{k=1}^{N}[y(k)-\hat{a}_0-\hat{a}_1k-\cdots-\hat{a}_nk^n]k^n=0\end{cases}\tag{10.1.17}$$

令

$$\begin{cases}\overline{y}=\dfrac{1}{N}\sum_{k=1}^{N}y(k)\\ \overline{k^j}=\dfrac{1}{N}\sum_{k=1}^{N}k^j\\ \overline{k^jy}=\dfrac{1}{N}\sum_{k=1}^{N}k^jy(k)\end{cases}\tag{10.1.18}$$

式中 $j=1,2,\cdots,2n$,则由式(10.1.17)可得

$$\begin{cases}\hat{a}_0+\overline{k}\hat{a}_1+\overline{k}^2\hat{a}_2+\cdots+\overline{k}^n\hat{a}_n=\overline{y}\\ \overline{k}\hat{a}_0+\overline{k^2}\hat{a}_1+\overline{k^3}\hat{a}_2+\cdots+\overline{k^{n+1}}\hat{a}_n=\overline{ky}\\ \overline{k^2}\hat{a}_0+\overline{k^3}\hat{a}_1+\overline{k^4}\hat{a}_2+\cdots+\overline{k^{n+2}}\hat{a}_n=\overline{k^2y}\\ \qquad\vdots\\ \overline{k^n}\hat{a}_0+\overline{k^{n+1}}\hat{a}_1+\overline{k^{n+2}}\hat{a}_2+\cdots+\overline{k^{2n}}\hat{a}_n=\overline{k^ny}\end{cases}\tag{10.1.19}$$

式(10.1.19)可写成矩阵 - 向量形式

$$\begin{bmatrix}1 & \overline{k} & \overline{k^2} & \cdots & \overline{k^n}\\ \overline{k} & \overline{k^2} & \overline{k^3} & \cdots & \overline{k^{n+1}}\\ \overline{k^2} & \overline{k^3} & \overline{k^4} & \cdots & \overline{k^{n+2}}\\ \vdots & \vdots & \vdots & & \vdots\\ \overline{k^n} & \overline{k^{n+1}} & \overline{k^{n+2}} & \cdots & \overline{k^{2n}}\end{bmatrix}\begin{bmatrix}\hat{a}_0\\ \hat{a}_1\\ \hat{a}_2\\ \vdots\\ \hat{a}_n\end{bmatrix}=\begin{bmatrix}\overline{y}\\ \overline{ky}\\ \overline{k^2y}\\ \vdots\\ \overline{k^ny}\end{bmatrix}\tag{10.1.20}$$

解式(10.1.20)可确定 $\hat{a}_0,\hat{a}_1,\cdots,\hat{a}_n$ 以及

$$J_{\min}=\frac{1}{N}\sum_{k=1}^{N}\left[y(k)-\sum_{i=0}^{n}\hat{a}_ik^i\right]^2\tag{10.1.21}$$

在实际问题中,n 一般不大于 5。

下面讨论平稳随机时序列模型的建立问题。

10.2 平稳时序列的自回归模型

在"随机过程"或"概率论与数理统计"课程中已经介绍过平稳时序列的基本概念,这里作一个简短的回顾。

如果对于任意的 $n(n=1,2,\cdots)$，$t_1,t_2,\cdots,t_n\in T$ 和任意的实数 h，当 $t_1+h,t_2+h,\cdots,t_n+h\in T$ 时，n 维随机变量 $(x(t_1),x(t_2),\cdots,x(t_n))$ 和 $(x(t_1+h),x(t_2+h),\cdots,x(t_n+h))$ 具有相同的分布函数，则称随机过程 $\{x(t),t\in T\}$ 具有平稳性，并称此随机过程为平稳随机过程，或简称平稳过程。其中 T 为平稳随机过程的参数集，一般为 $(-\infty,\infty)$，$(0,\infty)$，$\{0,\pm1,\pm2,\cdots\}$ 或 $\{0,1,2,\cdots\}$。当平稳随机过程的参数集 T 取为离散集 $\{0,\pm1,\pm2,\cdots\}$ 或 $\{0,1,2,\cdots\}$ 时，则该平稳随机过程称为平稳随机序列或平稳时间序列，也简称为平稳时序列。

本节研究平稳时序列自回归模型（Autoregressive Model，缩写为 AR）的建立问题。

假定平稳时序列 $\{y(k)\}$ 的平均值为 0，则平稳时序列 $\{y(k)\}$ 可用下列自回归模型来表示，即

$$y(k)=a_1y(k-1)+a_2y(k-2)+\cdots+a_ny(k-n) \tag{10.2.1}$$

式中 $a_1,a_2,\cdots,a_n$ 为待估参数。$y(k)$ 的最优估值或预测值为

$$\hat{y}(k)=\hat{a}_1y(k-1)+\hat{a}_2y(k-2)+\cdots+\hat{a}_ny(k-n) \tag{10.2.2}$$

式（10.2.1）所示模型之所以称为自回归模型是由于随机变量 y 在 k 时刻的预测值是由随机变量 y 在 k 时刻之前的测量值的线性组合来表示，就像是 $y(k)$ 的预测值退回到 $y(k)$ 的过去值，因而有"自回归"之称。

如果平稳时序列 $\{y(k)\}$ 的平均值不为 0 而为 $\overline{y}$，则在式（10.2.1）中，等号两边的每一个 $y(i)(i=0,1,2,\cdots)$ 必须减去数值 $\overline{y}$，则有

$$y(k)-\overline{y}=a_1[y(k-1)-\overline{y}]+a_2[y(k-2)-\overline{y}]+\cdots+a_n[y(k-n)-\overline{y}] \tag{10.2.3}$$

或写为

$$\begin{aligned}y(k)=&a_1y(k-1)+a_2y(k-2)+\cdots+a_ny(k-n)+\\&(1-a_1-a_2-\cdots-a_n)\overline{y}\end{aligned} \tag{10.2.4}$$

设 $y(k)$ 的预测值为

$$\begin{aligned}\hat{y}(k)=&\hat{a}_1y(k-1)+\hat{a}_2y(k-2)+\cdots+\hat{a}_ny(k-n)+\\&(1-\hat{a}_1-\hat{a}_2-\cdots-\hat{a}_n)\overline{y}\end{aligned} \tag{10.2.5}$$

或写为

$$\hat{y}(k)=\sum_{i=1}^{n}\hat{a}_iy(k-i)+\Big(1-\sum_{i=1}^{n}\hat{a}_i\Big)\overline{y} \tag{10.2.6}$$

则预测误差为

$$e(k)=y(k)-\hat{y}(k)=y(k)-\sum_{i=1}^{n}\hat{a}_iy(k-i)-\Big(1-\sum_{i=1}^{n}\hat{a}_i\Big)\overline{y} \tag{10.2.7}$$

预测误差的方差为

$$J=\frac{1}{N}\sum_{k=1}^{N}e^2(k)=\frac{1}{N}\sum_{k=1}^{N}\Big[y(k)-\sum_{i=1}^{n}\hat{a}_iy(k-i)-\Big(1-\sum_{i=1}^{n}\hat{a}_i\Big)\overline{y}\Big]^2 \tag{10.2.8}$$

分别求 J 关于参数 $\hat{a}_1,\hat{a}_2,\cdots,\hat{a}_n$ 的偏导数并令其为 0，可得

$$\begin{aligned}\frac{\partial J}{\partial\hat{a}_j}=&-\frac{2}{N}\sum_{k=1}^{N}\Big[y(k)-\sum_{i=1}^{n}\hat{a}_iy(k-i)-\Big(1-\sum_{i=1}^{n}\hat{a}_i\Big)\overline{y}\Big]\cdot\\&[y(k-j)-\overline{y}]=0,j=1,2,\cdots,n\end{aligned} \tag{10.2.9}$$

因而有

$$\frac{1}{N}\sum_{k=1}^{N}\left\{[y(k)-\overline{y}]-\sum_{i=1}^{n}\hat{a}_i[y(k-i)-\overline{y}]\right\}[y(k-j)-\overline{y}]=0,j=1,2,\cdots,n \tag{10.2.10}$$

或写为

$$\frac{1}{N}\sum_{k=1}^{N}\left\{[y(k)-\overline{y}][y(k-j)-\overline{y}]-\left[\sum_{i=1}^{n}\hat{a}_i(y(k-i)-\overline{y})\right][y(k-j)-\overline{y}]\right\}=0$$

$$j=1,2,\cdots,n \tag{10.2.11}$$

估计参数时，需用知道时序列$\{y(k)\}$的自相关系数。设

$$r_j=\frac{R_j}{R_0},j=0,1,2,\cdots,n \tag{10.2.12}$$

式中

$$R_j=\lim_{N\to\infty}\frac{1}{N-j}\sum_{k=1}^{N-j}[y(k)-\overline{y}][y(k-j)-\overline{y}] \tag{10.2.13}$$

由式(10.2.11)和式(10.2.13)可得

$$R_j-\hat{a}_1R_{j-1}-\hat{a}_2R_{j-2}-\cdots-\hat{a}_jR_0-\hat{a}_{j+1}R_1-\cdots-\hat{a}_nR_{n-j}=0,j=0,1,2,\cdots,n \tag{10.2.14}$$

用 R_0 除上式，可得用相关系数 r_i 表示的方程

$$\hat{a}_1r_{j-1}+\hat{a}_jr_{j-2}+\cdots+\hat{a}_j+\hat{a}_{j+1}r_1+\cdots+\hat{a}_nr_{n-j}=r_j \tag{10.2.15}$$

在上式中已考虑到

$$r_0=\frac{R_0}{R_0}=1 \tag{10.2.16}$$

令 $j=1,2,\cdots,n$，可得 n 个方程，即

$$\begin{aligned}
\hat{a}_1+\hat{a}_2r_1+\hat{a}_3r_2+\cdots+\hat{a}_nr_{n-1}&=r_1\\
\hat{a}_1r_1+\hat{a}_2+\hat{a}_3r_1+\cdots+\hat{a}_nr_{n-2}&=r_2\\
&\vdots\\
\hat{a}_1r_{n-1}+\hat{a}_2r_{n-2}+\hat{a}_3r_{n-3}+\cdots+\hat{a}_n&=r_n
\end{aligned}$$

把上述 n 个方程可成向量 – 矩阵形式

$$\begin{bmatrix}1&r_1&r_2&\cdots&r_{n-1}\\r_1&1&r_1&\cdots&r_{n-2}\\r_2&r_1&1&\cdots&r_{n-3}\\\vdots&\vdots&\vdots&&\vdots\\r_{n-1}&r_{n-2}&r_{n-3}&\cdots&1\end{bmatrix}\begin{bmatrix}\hat{a}_1\\\hat{a}_2\\\hat{a}_3\\\vdots\\\hat{a}_n\end{bmatrix}=\begin{bmatrix}r_1\\r_2\\r_3\\\vdots\\r_n\end{bmatrix} \tag{10.2.17}$$

解上式可得 $\hat{a}_1,\hat{a}_2,\cdots,\hat{a}_n$。

为了使模型稳定，要求方程

$$z^n-\hat{a}_1z^{n-1}-\hat{a}_2z^{n-2}-\cdots-\hat{a}_{n-1}z-\hat{a}_n=0 \tag{10.2.18}$$

的所有根均在 z 平面的单位圆内。

根据自回归模型 n 的数值不同，可分为一阶自回归模型(AR1)，二阶自回归模型(AR2)及 n 阶自回归模型(ARn)，一般 n 不大于 5。

10.3 平稳时序列的移动平均模型

设平稳时序列$\{y(k)\}$的平均值为$\overline{y}$,则其移动平均模型(Moving Average Model,缩写为MA)可用下式来表示,即

$$y(k)=\overline{y}+b_1e(k-1)+b_2e(k-2)+\cdots+b_ne(k-n) \tag{10.3.1}$$

式中$\{e(k)\}$是均值为0的白噪声序列,具有相同的方差。之所以把式(10.3.1)称为移动平均模型是因为$y(k)$的数学模型是以平均值$\overline{y}$为基础在序列$\{e(k)\}$上移动着运算而得到的。将式(10.3.1)中的$e(k)$用$y(k)-\overline{y}(k)$来代替,可得$y(k)$的预测值

$$\begin{aligned}\hat{y}(k)=\overline{y}+\hat{b}_1[y(k-1)-\hat{y}(k-1)]+\hat{b}_2[y(k-2)-\hat{y}(k-2)]+\cdots+\\ \hat{b}_n[y(k-n)-\hat{y}(k-n)]\end{aligned} \tag{10.3.2}$$

当估值$\hat{y}(k)$比较准确时,可把$\{y(k)-\hat{y}(k)\}$看做均值为0的白噪声序列,具有相同的方差σ_e^2。由式(10.3.2)可得

$$\begin{aligned}y(k)-\hat{y}(k)=y(k)-\overline{y}-\hat{b}_1[y(k-1)-\hat{y}(k-1)]-\\ \hat{b}_2[y(k-2)-\hat{y}(k-2)]-\cdots-\hat{b}_n[y(k-n)-\hat{y}(k-n)]\end{aligned} \tag{10.3.3}$$

上式又可写为

$$\begin{aligned}y(k)-\overline{y}=y(k)-\hat{y}(k)+\hat{b}_1[y(k-1)-\hat{y}(k-1)]+\\ \hat{b}_2[y(k-2)-\hat{y}(k-2)]+\cdots+\hat{b}_n[y(k-n)-\hat{y}(k-n)]\end{aligned} \tag{10.3.4}$$

或

$$\begin{aligned}y(k-i)-\overline{y}=y(k-i)-\hat{y}(k-i)+\hat{b}_1[y(k-i-1)-\hat{y}(k-i-1)]+\\ \hat{b}_2[y(k-i-2)-\hat{y}(k-i-2)]+\cdots+\\ \hat{b}_n[y(k-i-n)-\hat{y}(k-i-n)]\end{aligned} \tag{10.3.5}$$

由于$\{y(k)-\hat{y}(k)\}$是均值为0的白噪声序列,故

$$E\{[y(k)-\hat{y}(k)][y(j)-\hat{y}(j)]\}=\begin{cases}\sigma_e^2, & k=j\\ 0, & k\neq j\end{cases} \tag{10.3.6}$$

以式(10.3.5)等号两边分别乘以式(10.3.3)等号两边,对乘积取数学期望,考虑到式(10.3.6),可得

$$\begin{aligned}R_i=\hat{b}_i\sigma_e^2+\hat{b}_{i+1}\hat{b}_1\sigma_e^2+\cdots+\hat{b}_{n-i}\hat{b}_n\sigma_e^2=\\ (\hat{b}_i+\hat{b}_{i+1}\hat{b}_1+\cdots+\hat{b}_{n-i}\hat{b}_n)\sigma_e^2, i=0,1,\cdots,n\end{aligned} \tag{10.3.7}$$

式中

$$R_i=E\{[y(k)-\overline{y}(k)][y(k-i)-\overline{y}]\} \tag{10.3.8}$$

当$i=0$时,可得

$$R_0=\sigma_e^2+\hat{b}_1^2\sigma_e^2+\hat{b}_2^2\sigma_e^2+\cdots+\hat{b}_n^2\sigma_e^2=(1+\hat{b}_1^2+\cdots+\hat{b}_n^2)\sigma_e^2 \tag{10.3.9}$$

$$r_i=\frac{R_i}{R_0}=\frac{\hat{b}_i^2+\hat{b}_{i+1}\hat{b}_1+\hat{b}_{i+2}\hat{b}_2+\cdots+\hat{b}_{n-i}\hat{b}_n}{1+\hat{b}_1^2+\hat{b}_2^2+\cdots+\hat{b}_n^2}, i=1,2,\cdots,n \tag{10.3.10}$$

由于$i=1,2,\cdots,n$,故从式(10.3.10)可得n个非线性方程,解之可得$\hat{b}_1,\hat{b}_2,\cdots,\hat{b}_n$。

为了使模型稳定，要求多项式

$$z^n + \hat{b}_1 z^{n-1} + \hat{b}_2 z^{n-2} + \cdots + \hat{b}_{n-1} z + \hat{b}_n = 0 \tag{10.3.11}$$

的所有根均在 z 平面的单位圆内。

因 $R_0 = \sigma_y^2$，其中 σ_y^2 为时序列 $\{y(k)\}$ 的方差，故由式(10.3.9)可得 $y(k)$ 的预测误差方差

$$\sigma_e^2 = \frac{\sigma_y^2}{1 + \hat{b}_1^2 + \hat{b}_2^2 + \cdots + \hat{b}_n^2} \tag{10.3.12}$$

如果令 $n = 1,2,\cdots$，可得一阶移动平均模型(MA1)、二阶移动平均模型(MA2)等。

1）一阶移动平均模型(MA1)

$$y(k) = \overline{y} + b_1 e(k) \tag{10.3.13}$$

$y(k)$ 的预测值为

$$\hat{y}(k) = \overline{y} + \hat{b}_1[y(k-1) - \hat{y}(k-1)] \tag{10.3.14}$$

式中 $\hat{b}_1$ 满足关系式

$$\hat{b}_1^2 = \frac{r_1}{1 - r_1} \tag{10.3.15}$$

为了使模型稳定，取

$$\hat{b}_1 = \sqrt{\frac{r_1}{1 - r_1}} \tag{10.3.16}$$

$y(k)$ 的预测误差方差为

$$\sigma_e^2 = \frac{\sigma_y^2}{1 + \hat{b}_1^2} = (1 - r_1)\sigma_y^2 \tag{10.3.17}$$

2）二阶移动平均模型(MA2)

$$y(k) = \overline{y} + b_1 e(k-1) + b_2 e(k-2) \tag{10.3.18}$$

$y(k)$ 的预测值为

$$\hat{y}(k) = \overline{y} + \hat{b}_1[y(k-1) - \hat{y}(k-1)] + \hat{b}_2[y(k-2) - \hat{y}(k-2)] \tag{10.3.19}$$

$\hat{b}_1$ 和 $\hat{b}_2$ 可从下列二式求得，即

$$\hat{b}_2^4 + \left(2 - \frac{1}{r_2}\right)\hat{b}_2^3 + \left(2 - \frac{2}{r_2} + \frac{r_1^2}{r_2^2}\right)\hat{b}_2^2 + \left(2 - \frac{1}{r_2}\right)\hat{b}_2 + 1 = 0$$

$$\hat{b}_1 = -\frac{r_1 \hat{b}_2}{r_2(1 + \hat{b}_2)}$$

$y(k)$ 的预测误差方差为

$$\sigma_e^2 = \frac{\sigma_y^2}{1 + \hat{b}_1^2 + \hat{b}_2^2}$$

其它各阶移动平均模型可依此类推。

10.4 平稳时序列的自回归移动平均模型

把前面两节的自回归模型和移动平均模型结合在一起可得平稳时序列的自回归移动

平均模型(Autoregressive Moving Average Model,缩写为 ARMA)

$$y(k)=\overline{y}+a_1[y(k-1)-\overline{y}]+a_2[y(k-2)-\overline{y}]+\cdots+a_n[y(k-n)-\overline{y}]+b_1e(k-1)+b_2e(k-2)+\cdots+b_ne(k-n) \quad (10.4.1)$$

式中$\{e(k)\}$是均值为0的白噪声序列,具有相同的方差。把$e(k)$用$y(k)-\hat{y}(k)$来代替,可得$y(k)$的预测值

$$\hat{y}(k)=\overline{y}+\hat{a}_1[y(k-1)-\overline{y}]+\hat{a}_2[y(k-2)-\overline{y}]+\cdots+\hat{a}_n[y(k-n)-\overline{y}]+\hat{b}_1[y(k)-\hat{y}(k)]+\hat{b}_2[y(k-1)-\hat{y}(k-1)]+\cdots+\hat{b}_n[y(k-n)-\hat{y}(k-n)] \quad (10.4.2)$$

当估值$\hat{y}(k)$比较准确时,可把$\{y(k)-\hat{y}(k)\}$看做均值为0的白噪声序列,具有相同的方差σ_e^2。可按式(10.2.17)和式(10.3.9)分别求出$\hat{a}_i$和$\hat{b}_i(i=1,2,\cdots,n)$

一阶自回归一阶移动平均模型(ARMA(1,1))为

$$\hat{y}(k)=\overline{y}+\hat{a}_1[y(k-1)-\overline{y}]+\hat{b}_1[y(k-1)-\hat{y}(k-1)] \quad (10.4.3)$$

式中

$$\hat{a}_1=\frac{r_2}{r_1} \quad (10.4.4)$$

$$\hat{b}_1^2-\frac{1-2r_2+\hat{a}_1^2}{r_1-\hat{a}_1}\hat{b}_1+1=0 \quad (10.4.5)$$

$y(k)$的预测误差方差为

$$\sigma_e^2=\frac{(1-\hat{a}_1^2)\sigma_y^2}{1+2\hat{a}_1\hat{b}_1+\hat{b}_1^2} \quad (10.4.6)$$

10.5 非平稳时序列模型

很多随机时序列是非平稳的,在某些情况下,可认为这些非平稳随机时序列的差是平稳的。在这种情况下,可建立非平稳随机时序列的自回归积分移动平均模型(Autoregressive Integrated Moving Average Model,缩写为 ARIMA)。

一阶自回归-单重积分-一阶移动平均模型(ARIMA(1,1,1))可用下式来表示,即

$$\hat{y}(k)-\hat{y}(k-1)=\hat{a}_1[y(k-1)-y(k-2)]+\hat{b}_1[y(k-1)-\hat{y}(k-1)] \quad (10.5.1)$$

经过整理可得

$$\hat{y}(k)=(\hat{a}_1+\hat{b}_1)y(k-1)-\hat{a}_1y(k-2)+(1-\hat{b}_1)\hat{y}(k-1) \quad (10.5.2)$$

$\hat{a}_1$和$\hat{b}_1$可按 ARMA(1,1)模型的方法计算,但在计算时要将 ARMA(1,1)模型中的时序列值更换为时序列差值。

例 10.1 给出 1948 年至 1971 年美国的人口数据,试建立美国人口的数学模型。

各种模型的公式及误差如表 10.1 所列。所给出的人口数据及详细计算结果如表 10.2 所列。

表 10.1 各种模型的公式及误差

序号	模型类型	模型方程	平均误差	均方误差
1	线性回归	$\hat{y}(k)=144.813+6.287k$	0	0.985
2	ARMA(1,1)	$\hat{y}(k)=1.0125y(k-1)-0.1072\hat{y}(k-1)+0.0947\bar{y}$	2.17	6.55
3	ARIMA(1,1,0)	$\hat{y}(k)=2.007153y(k-1)-1.007153y(k-2)$	-0.038	0.020
4	ARIMA(2,1,0)	$\hat{y}(k)=2.056214y(k-1)-1.104927y(k-2)+0.0487126y(k-3)$	-0.038	0.020
5	ARIMA(1,1,1)	$\hat{y}(k)=1.05623y(k-1)-1.00785y(k-2)-0.048482\hat{y}(k-1)$	-0.038	0.020

表 10.2 美国人口数据及计算结果对照表

年份	实际人口 $/10^6$	线性回归	ARMA(1,1)	ARIMA(1,1,0)	年份	实际人口 $/10^6$	线性回归	ARMA(1,1)	ARIMA(1,1,0)
1948	147.1	147.5	—	—	1960	180.8	179.7	178.1	180.7
1949	149.8	150.2	150.2	—	1961	183.7	182.4	180.8	183.6
1950	152.3	152.9	152.5	152.4	1962	186.5	185.1	183.5	186.7
1951	154.9	155.6	154.8	154.8	1963	189.2	187.8	186.1	189.3
1952	157.6	158.2	157.1	157.5	1964	191.9	190.5	188.5	191.9
1953	160.2	160.9	159.6	160.3	1965	194.3	193.2	191.0	194.6
1954	163.0	163.6	162.0	162.8	1966	196.6	195.9	193.1	196.7
1955	165.9	166.3	164.6	165.8	1967	198.7	198.5	195.2	198.9
1956	168.9	169.0	167.2	168.8	1968	200.7	201.5	197.1	200.8
1957	172.0	171.7	170.0	171.9	1969	202.7	203.9	199.0	202.7
1958	174.9	174.4	172.8	175.1	1970	204.9	206.6	200.8	204.7
1959	177.8	177.0	175.5	177.8	1971	207.0	209.3	202.8	207.1

思 考 题

10.1 本思考题给出了线性回归模型的一个应用:如果2个变量 x,y 存在相互关系,其中 y 的值是难以测量的,而 x 的值却是容易测量的,则可以根据 x 的测量值利用 y 关于 x 的线性回归模型去估计 y 的值。表10.3例出了18个5岁～8岁儿童的质量(容易测量)和体积(难以测量)。求 y 关于 x 的线性回归模型

$$\hat{y}=\hat{a}+\hat{b}x$$

表 10.3 思考题 10.1 数据表

序号	1	2	3	4	5	6	7	8	9
质量 x /kg	17.1	10.5	13.8	15.7	11.9	10.4	15.0	16.0	17.8
体积 y /dm^3	16.7	10.4	13.5	15.7	11.6	10.2	14.5	15.8	17.6
序号	10	11	12	13	14	15	16	17	18
质量 x /kg	15.8	15.1	12.1	18.4	17.1	16.7	16.5	15.1	15.1
体积 y /dm^3	15.2	14.8	11.9	18.3	16.7	16.6	15.9	15.1	14.5

10.2　利用表10.2中的数据建立二阶和三阶线性回归模型,并计算其平均误差和均方误差。

10.3　推导出一阶自回归模型、二阶自回归模型和 n 阶自回归模型(ARn)的预测误差方差的计算公式。

10.4　请验证下述公式是否正确:

(1) 一阶自回归模型

$$y(k) = a_1 y(k-1) + (1-a_1)\overline{y}$$

$$\hat{a}_1 = r_1$$

$y(k)$ 的预测误差方差为

$$\sigma^2 = (1-\hat{a}_1^2)\sigma_y^2$$

(2) 二阶自回归模型

$$y(k) = a_1 y(k-1) + a_2 y(k-2) + (1-a_1-a_2)\overline{y}$$

$$\hat{a}_1 = \frac{r_1-(1-r_2)}{1-r_1^2},\hat{a}_2 = \frac{r_2-r_1^2}{1-r_1^2}$$

为使模型稳定,要求

$$\hat{a}_1+\hat{a}_2<1,\hat{a}_2-\hat{a}_1<1,-1<\hat{a}_2<1$$

$y(k)$ 的预测误差方差为

$$\sigma^2 = (1-\hat{a}_1 r_1-\hat{a}_2 r_2)\sigma_y^2$$

(3) 对于 n 阶自回归模型,$y(k)$ 的预测误差方差为

$$\sigma^2 = (1-\hat{a}_1 r_1-\hat{a}_2 r_2-\cdots-\hat{a}_n r_n)\sigma_y^2$$

上述公式中的 σ_y^2 为 $y(k)$ 的测量误差方差。

第 11 章　系统结构辨识

11.1　模型阶的确定

在前面各章讨论差分方程参数的辨识方法时，都假定差分方程的阶是已知的。在一些实际问题中，模型的阶可以按理论推导获得，而在另一些实际问题中，模型的阶却无法用理论推导的方法确定，需要对模型的阶进行辨识。下面介绍几种常用的模型阶的确定方法。

11.1.1　按残差方差定阶

一种简单而有效的方法就是选定模型阶数 n 的不同值，按估计误差方差最小或 F 检验法来确定模型的阶。

1)按估计误差方差最小定阶

考虑系统模型

$$a(z^{-1})y(k)=b(z^{-1})u(k)+\varepsilon(k) \tag{11.1.1}$$

式中：$y(k)$为输出；$u(k)$为输入。

设 $\varepsilon(k)$是均值为 0、方差为 σ^2 的白噪声序列。用最小二乘法求出 $\boldsymbol{\theta}$ 的估值。根据 5.1 节的结果有

$$\boldsymbol{Y}=\boldsymbol{\Phi\theta}+\boldsymbol{e} \tag{11.1.2}$$

$$J_n=\sum_{k=n+1}^{n+N}e^2(k) \tag{11.1.3}$$

$$\hat{\boldsymbol{\theta}}=(\boldsymbol{\Phi}^{\mathrm{T}}\boldsymbol{\Phi})^{-1}\boldsymbol{\Phi}^{\mathrm{T}}\boldsymbol{Y} \tag{11.1.4}$$

残差为

$$\hat{e}(k)=\hat{a}(z^{-1})y(k)-\hat{b}(z^{-1})u(k) \tag{11.1.5}$$

$$J_n=\sum_{k=n+1}^{n+N}e^2(k) \tag{11.1.6}$$

如果模型为

$$a(z^{-1})y(k)=b(z^{-1})u(k)+c(z^{-1})\varepsilon(k) \tag{11.1.7}$$

则残差为

$$\hat{e}(k)=\hat{a}(z^{-1})y(k)-\hat{b}(z^{-1})u(k)-\sum_{i=1}^{n}\hat{c}_iz^{-i}\hat{e}(k) \tag{11.1.8}$$

$$J_n=\sum_{k=n+1}^{n+N}\hat{e}^2(k) \tag{11.1.9}$$

如图 11.1 所示，对某一系统，当 $n=1,2,\cdots$时，J_n 随着 n 的增加而减小。如果 n_0 为

正确的阶,则在 $n=n_0-1$ 时,J_n 出现最后一次陡峭的下降,n 再增大,则 J_n 保持不变或只有微小的变化。图 11.1 所示的例子,$n_0=3$。

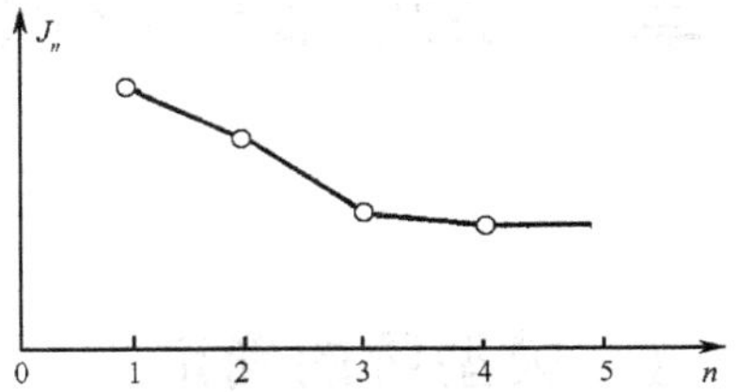

图 11.1 J_n 曲线图

2)确定模型阶的 F 检验法

由于 J_n 随着 n 的增加而减小,在阶数 n 的增大过程中,我们对那个使 J_n 显著减小的阶 n_{i+1}感兴趣。为此,引入准则

$$t(n_i,n_{i+1})=\frac{J_i-J_{i+1}}{j_{i+1}}\cdot\frac{N-2n_{i+1}}{2(n_{i+1}-n_i)} \tag{11.1.10}$$

式中 J_i 表示具有 N 对输入和输出数据、有 $2n_i+1$ 个模型参数的系统估计误差的平方和。

对某一系统的计算结果如表 11.1 所列。

表 11.1 某一系统计算结果

n_i	1	2	3	4	5	6
J_i	592.65	469.64	447.25	426.40	418.73	416.56
t		50.94	9.67	9.43	3.15	0.99

计算时取 $n_{i+1}=n_i+1, J_i=J_n, J_{i+1}=J_{n+1}$。从表 11.1 可以看出:当 $n_i<3$ 时,t 的减小是显著的;当 $n_i>3$ 时,t 的减小是不显著的。所以该系统的阶数可选为 3。

由于统计量 t 是服从 F 分布的,对于式(11.1.10)所示统计量 t 则有

$$t(n_i,n_{i+1})\sim F(2n_{i+1}-2n_i,N-2n_{i+1}) \tag{11.1.11}$$

对于单输入-单输出系统模型,由于 $n_{i+1}=n_i+1$,所以统计量 t 可写成

$$t(n,n+1)=\frac{J_n-J_{n+1}}{J_{n+1}}\cdot\frac{N-2n-2}{2}\sim F(2,N-2n-2) \tag{11.1.12}$$

若取风险水平为 α,查 F 分布表可得 $t_\alpha=F(2,N-2n-2)$,试选定模型阶次 n_0,如果

$$\begin{cases} t(n,n+1)>t_\alpha, \text{当 } n<n_0 \text{ 时} \\ t(n,n+1)<t_\alpha, \text{当 } n\geqslant n_0 \text{ 时} \end{cases} \tag{11.1.13}$$

则系统模型的阶次应取 n_0+1。

11.1.2 确定阶的 Akaike 信息准则

与上述 2 个准则不同，Akaike 信息准则（AIC，Akaike Information Criterion）是一个考虑了模型复杂性的准则。这个准则定义为

$$\text{AIC} = -2\ln L + 2p \tag{11.1.14}$$

式中：L 是模型的似然函数；p 是模型中的参数数目。当 AIC 为最小的那个模型就是最佳模型。这个准则是 Akaike 总结了时间序列统计建模的发展历史，在企图对一个复杂系统寻找近似模型的概率论的大量探索启示下，借助信息论而提出的一个合理的确定阶的准则。在一组可供选择的随机模型中，AIC 最小的那个模型是一个可取的模型。这个准则的优点就在于它是一个完全客观的准则，应用这个准则时，不要求建模人员主观地判断"陡峭的下降"。

1）白噪声情况下的 AIC 定阶公式

考虑系统模型

$$a(z^{-1})y(k) = b(z^{-1})u(k) + e(k) \tag{11.1.15}$$

式中

$$a(z^{-1}) = 1 + a_1 z^{-1} + \cdots + a_{n_a} z^{-n_a}, b(z^{-1}) = b_0 + b_1 z^{-1} + \cdots + b_{n_b} z^{-n_b}$$

假定 $e(k)$ 是均值为 0、方差为 σ_e^2 并且服从正态分布的不相关随机噪声。根据前面几章的讨论和定义，由式（11.1.15）可写出关系式

$$\boldsymbol{Y} = \boldsymbol{\Phi\theta} + \boldsymbol{e} \tag{11.1.16}$$

输出变量 $\boldsymbol{Y}$ 在 $\boldsymbol{\theta}$ 条件下的似然函数为

$$L(\boldsymbol{Y}|\boldsymbol{\theta}) = (2\pi\sigma_e^2)^{-\frac{N}{2}} \exp\left\{ -\frac{1}{2\sigma_e^2}(\boldsymbol{Y} - \boldsymbol{\Phi\theta})^{\mathrm{T}}(\boldsymbol{Y} - \boldsymbol{\Phi\theta}) \right\} \tag{11.1.17}$$

对上式取对数可得

$$\ln L = -\frac{N}{2}\ln 2\pi - \frac{N}{2}\ln\sigma_e^2 - \frac{1}{2\sigma_e^2}(\boldsymbol{Y} - \boldsymbol{\Phi\theta})^{\mathrm{T}}(\boldsymbol{Y} - \boldsymbol{\Phi\theta}) \tag{11.1.18}$$

求使 $\ln L$ 为最大的 $\boldsymbol{\theta}$ 估值 $\hat{\boldsymbol{\theta}}$。根据 $\frac{\partial \ln L}{\partial \boldsymbol{\theta}} = \boldsymbol{0}$ 可得

$$\hat{\boldsymbol{\theta}} = (\boldsymbol{\Phi}^{\mathrm{T}}\boldsymbol{\Phi})^{-1}\boldsymbol{\Phi}^{\mathrm{T}}\boldsymbol{Y} \tag{11.1.19}$$

与前述的最小二乘估计一致。按照 $\frac{\partial \ln L}{\partial \sigma_e^2} = 0$ 可得

$$\hat{\sigma}_e^2 = \frac{1}{N}(\boldsymbol{Y} - \boldsymbol{\Phi}\hat{\boldsymbol{\theta}})^{\mathrm{T}}(\boldsymbol{Y} - \boldsymbol{\Phi}\hat{\boldsymbol{\theta}}) = \frac{1}{N}\hat{\boldsymbol{e}}^{\mathrm{T}}\hat{\boldsymbol{e}} \tag{11.1.20}$$

因此

$$\ln L = -\frac{N}{2}\ln 2\pi - \frac{N}{2}\ln\sigma_e^2 - \frac{N\hat{\sigma}_e^2}{2\hat{\sigma}_e^2} \tag{11.1.21}$$

即

$$\ln L = -\frac{N}{2}\ln\sigma_e^2 + c \tag{11.1.22}$$

式中 c 为一常数。

式（11.1.22）给出了 AIC 定义中的第 1 项。待估的参数为 $a_1, a_2, \cdots, a_{n_a}, b_0, b_1, \cdots,$

b_{n_b}及σ_e^2,共有 n_a+n_b+2 个,即 $p=n_a+n_b+2$,因而有

$$\text{AIC}=-2\ln L+2p=-2\left(-\frac{N}{2}\ln\sigma_e^2+c\right)+2(n_a+n_b+2) \tag{11.1.23}$$

即

$$\text{AIC}=N\ln\hat{\sigma}_e^2+2(n_a+n_b+2)+c \tag{11.1.24}$$

可去掉上式中的常数项,则

$$\text{AIC}=N\ln\hat{\sigma}_e^2+2(n_a+n_b) \tag{11.1.25}$$

选取不同的阶数 n_a 和 n_b,按式(11.1.25)计算 AIC,可得最优阶数 n_a 和 n_b。在式(11.1.25)中加进 $2(n_a+n_b)$项,表示对不同 n_a+n_b,若 $\hat{\sigma}_e^2$ 相近时,则取 n_a+n_b 较小的模型。

例 11.1 设系统模型为

$$\begin{aligned}y(k)=&1.8y(k-1)-1.3y(k-2)+0.4y(k-3)+\\&1.1u(k-1)+0.288u(k-2)+e(k)\end{aligned} \tag{11.1.26}$$

式中:$e(k)$是均值为 0、方差为 1 且服从正态分布的不相关随机噪声;输入信号 $u(k)$采用伪随机数。辨识模型采用的形式为

$$y(k)+\sum_{i=1}^{n_a}a_iy(k-i)=\sum_{i=1}^{n_b}b_iu(k-i)+e(k) \tag{11.1.27}$$

数据长度取 $N=1024$。为了避免非平稳过程的影响,去掉前 300 个数据,取 $\hat{n}_a=1,2,3,4$,$\hat{n}_b=1,3,3,4$,分别计算 AIC$(\hat{n}_a,\hat{n}_b)$,即

$$\text{AIC}(\hat{n}_a,\hat{n}_b)=N\ln\sigma_e^2+2(\hat{n}_a+\hat{n}_b) \tag{11.1.28}$$

计算结果如表 11.2 所列。显然,应取 $\hat{n}_a=3$,$\hat{n}_b=2$,可见利用 AIC 确定的模型阶次与系统的真实阶次相同。

表 11.2 不同 $\hat{n}_a$ 和 $\hat{n}_b$ 所对应的 AIC

$\hat{n}_a$ \ $\hat{n}_b$	1	2	3	4
1	1022.94	341.766	97.353	23.380
2	280.046	51.085	30.393	16.800
3	25.864	14.070	15.599	17.649
4	15.931	15.108	16.218	

2) 有色噪声情况下的 AIC 定阶公式

有色噪声情况下的系统模型可以表示为

$$a(z^{-1})y(k)=b(z^{-1})u(k)+c(z^{-1})\varepsilon(k) \tag{11.1.29}$$

式中

$$a(z^{-1})=1+a_1z^{-1}+\cdots+a_{n_a}z^{-n_a}$$

$$b(z^{-1})=b_0+b_1z^{-1}+\cdots+b_{n_b}z^{-n_b}$$

$$c(z^{-1})=1+c_1z^{-1}+\cdots+c_{n_c}z^{-n_c}$$

$\varepsilon(k)$是均值为0、方差为σ_ε^2且服从正态分布的不相关随机噪声。

与前面的讨论相类似，可得

$$\ln L = -\frac{N}{2}\ln 2\pi - \frac{N}{2}\ln\sigma_\varepsilon^2 - \frac{1}{2\sigma_\varepsilon^2}\sum_{k=1}^{N}\varepsilon^2(k) \tag{11.1.30}$$

$$\hat{\sigma}_\varepsilon^2 = \frac{1}{N}\sum_{k=1}^{N}\hat{\varepsilon}^2(k) \tag{11.1.31}$$

式中

$$\hat{\varepsilon}(k) = y(k) + \sum_{i=1}^{\hat{n}_a}\hat{a}_i y(k-i) - \sum_{i=0}^{\hat{n}_b}\hat{b}_i u(k-i) - \sum_{i=1}^{\hat{n}_c}\hat{c}_i\hat{\varepsilon}(k-i) \tag{11.1.32}$$

因而有

$$\ln L = -\frac{N}{2}\ln\hat{\sigma}_\varepsilon^2 + c \tag{11.1.33}$$

式中c为一常数。将式(11.1.33)代入式(11.1.14)，考虑到$p = n_a + n_b + n_c + 2$，去掉常数项，则有

$$\mathrm{AIC} = N\ln\hat{\sigma}_\varepsilon^2 + 2(\hat{n}_a + \hat{n}_b + \hat{n}_c) \tag{11.1.34}$$

例 11.2 设系统模型为

$$a(z^{-1})y(k) = b(z^{-1})u(k) + c(z^{-1})\varepsilon(k) \tag{11.1.35}$$

式中

$$a(z^{-1}) = 1 - 2.851z^{-1} + 2.717z^{-2} - 0.865z^{-3}$$
$$b(z^{-1}) = z^{-1} + z^{-2} + z^{-3}$$
$$c(z^{-1}) = 1 + 0.7z^{-1} + 0.2z^{-1}$$

$\varepsilon(k)$服从正态分布$N(0,1)$，$u(k)$为二位式伪随机序列，数据长度$N = 300$。假定模型阶次取$\hat{n}_a = \hat{n}_b = \hat{n}_c = 1,2,3,4$，利用极大似然法估计模型参数，AIC的计算结果如表11.3所列。当$\hat{n}_a = \hat{n}_b = \hat{n}_c = 3$时，AIC最小，其结果与所给系统模型相符合。

表 11.3 例 11.2 参数估计及 AIC 计算结果

$\hat{n}_a = \hat{n}_b = \hat{n}_c$	J	AIC	$\hat{a}_i$		$\hat{b}_i$		$\hat{c}_i$	
1	2.4×10^6	2910.10	$\hat{a}_1$	−0.995	$\hat{b}_1$	62.10	$\hat{c}_1$	1.00
2	1728	745.23	$\hat{a}_1$	−1.979	$\hat{b}_1$	4.90	$\hat{c}_1$	1.66
			$\hat{a}_2$	0.985	$\hat{b}_2$	4.37	$\hat{c}_2$	0.79
3	139.3	−4.20	$\hat{a}_1$	−2.851	$\hat{b}_1$	1.06	$\hat{c}_1$	0.72
			$\hat{a}_2$	2.717	$\hat{b}_2$	0.81	$\hat{c}_2$	0.20
			$\hat{a}_3$	−0.865	$\hat{b}_3$	1.05	$\hat{c}_3$	0.03
4	138.0	−1.01	$\hat{a}_1$	−2.278	$\hat{b}_1$	1.08	$\hat{c}_1$	1.31
			$\hat{a}_2$	1.080	$\hat{b}_2$	1.49	$\hat{c}_2$	0.65
			$\hat{a}_3$	0.697	$\hat{b}_3$	1.51	$\hat{c}_3$	0.21
			$\hat{a}_4$	−0.498	$\hat{b}_4$	0.47	$\hat{c}_4$	0.09
参数真实值			a_1	−2.851	b_1	1.0	c_1	0.7
			a_2	2.717	b_2	1.0	c_2	0.2
			a_3	−0.865	b_3	1.0	c_3	0.0

11.1.3 按残差白色定阶

如果模型的设计合适，则残差为白噪声，因此计算残差的估计值 $\hat{e}(k)$ 的自相关函数，检查其白色性，即可验证模型的估计是否合适。残差的自相关函数为

$$\hat{R}(i) = \frac{1}{N}\sum_{k=n+1}^{n+N}\hat{e}(k)\hat{e}(k+i) \tag{11.1.36}$$

$$\hat{R}(0) = \frac{1}{N}\sum_{k=n+1}^{n+N}\hat{e}^2(k) \tag{11.1.37}$$

把 $\hat{R}(i)$ 写成规格化

$$\hat{r}(i) = \frac{\hat{R}(i)}{\hat{R}(0)} \tag{11.1.38}$$

图 11.2 示出了某一系统取不同阶次时的 $\hat{r}(i)$ 曲线。从图中可看出该系统为 2 阶系统。

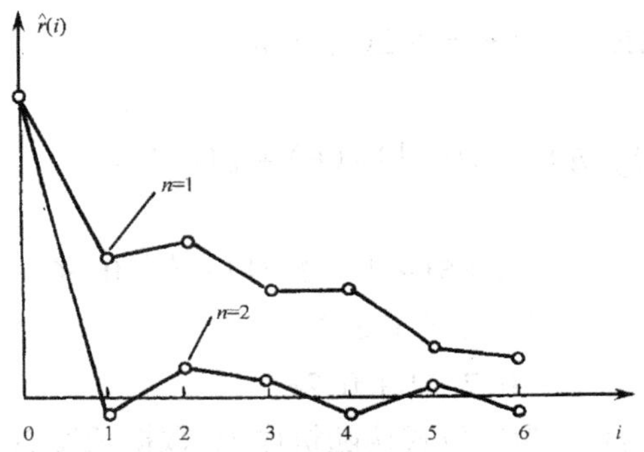

图 11.2 $\hat{r}(i)$ 曲线图

11.1.4 零极点消去检验

如果实际系统的阶数为 n_0，当系统模型的阶数 $n > n_0$ 时，将出现 $n - n_0$ 个附加的零极点对，这些零极点对至少是近似地能互相对消。对不同的模型阶数 n，通过计算多项式 $a(z^{-1})$ 和 $b(z^{-1})$ 的根，就可利用零极点对消作为阶的检验。

11.1.5 利用行列式比法定阶

考虑系统无观测噪声时的情况，这时系统的模型为

$$y(k) = -a_1 y(k-1) - \cdots - a_n y(k-n) + b_0 u(k) + \cdots + b_n u(k-n) \tag{11.1.39}$$

设

$$\boldsymbol{Y} = [y(n+1) \quad y(n+2) \quad \cdots \quad y(n+N)]^{\mathrm{T}}$$
$$\boldsymbol{\theta} = [a_1 \quad \cdots \quad a_n \quad b_0 \quad \cdots \quad b_n]^{\mathrm{T}}$$

$$\boldsymbol{\Phi} = \begin{bmatrix} -y(n) & \cdots & -y(1) & u(n+1) & \cdots & u(1) \\ -y(n+1) & \cdots & -y(2) & u(n+2) & \cdots & u(2) \\ \vdots & & \vdots & \vdots & & \vdots \\ -y(n+N-1) & \cdots & -y(N) & u(n+N) & \cdots & u(N) \end{bmatrix}$$

则有

$$\boldsymbol{Y} = \boldsymbol{\Phi\theta} \tag{11.1.40}$$

$$\hat{\boldsymbol{\theta}} = (\boldsymbol{\Phi}^{\mathrm{T}}\boldsymbol{\Phi})^{-1}\boldsymbol{\Phi}^{\mathrm{T}}\boldsymbol{Y} \tag{11.1.41}$$

如果输入 $u(k)$ 满足可辨识条件(持续激励条件),则有

$$\mathrm{rank}\boldsymbol{\Phi} = \min[2n_0+1, 2n+1] \tag{11.1.42}$$

式中 n_0 是系统真实的阶数。当 $n \leqslant n_0$ 时,$\boldsymbol{\Phi}$ 是满秩的;当 $n > n_0$ 时,$\boldsymbol{\Phi}$ 的秩等于 $2n_0 + 1$。这可解释如下:由式(11.1.39)可得

$$y(k) = -a_1 y(k-1) - \cdots - a_{n_0} y(k-n_0) + b_0 u(k) + \cdots + b_{n_0} u(k-n_0) \tag{11.1.43}$$

当 $n > n_0$ 时,矩阵 $\boldsymbol{\Phi}$ 的第 1 列元素是其它几列相应元素的线性组合,因而 $\boldsymbol{\Phi}$ 的秩只能为 $2n_0+1$。设 $\boldsymbol{Q}(n) = \dfrac{1}{N}\boldsymbol{\Phi}^{\mathrm{T}}\boldsymbol{\Phi}$,$\boldsymbol{Q}(n)$ 是非负的,则当 $n > n_0$ 时,$\det\boldsymbol{Q}(n) = 0$;当 $n < n_0$ 时,$\det\boldsymbol{Q}(n) > 0$。因而,用 $n = 1,2,\cdots$ 依次研究 $\det\boldsymbol{Q}(n)$,求出最先使 $\det\boldsymbol{Q}(n) = 0$ 的 n 值,$n-1$ 就是系统的阶数。为使此法便于应用,定义行列式比

$$R_{\mathrm{D}}(n) = \det\boldsymbol{Q}(n) / \det\boldsymbol{Q}(n+1) \tag{11.1.44}$$

式中 $n = 1,2,\cdots$。若在 $n = n_0$ 时,$R_{\mathrm{D}}(n) \to \infty$,则可判定系统的阶数为 n_0。此方法称为行列式比法,其特点是不利用参数的估值,而是采用系统输入和输出的量测值,因而在开始估计参数之前就能确定系统的阶次。

当系统有噪声时,$\boldsymbol{\Phi}$ 几乎对所有 n 都是满秩的,$\det\boldsymbol{Q}(n) = 0$ 不成立,用此法定阶就比较困难。

11.1.6 利用 Hankel 矩阵定阶

给出系统的脉冲响应序列 $g_0, g_1, \cdots, g_N$,可从 Hankel 矩阵的秩来确定系统的阶数。Hankel 矩阵定义为

$$\boldsymbol{H}(l,k) = \begin{bmatrix} g_k & g_{k+1} & \cdots & g_{k+l-1} \\ g_{k+1} & g_{k+2} & \cdots & g_{k+l} \\ \vdots & \vdots & & \vdots \\ g_{k+l-1} & g_{k+l} & \cdots & g_{k+2l-2} \end{bmatrix} \tag{11.1.45}$$

如果 $l > n$,则 Hankel 矩阵的秩等于系统的阶 n。我们可对每个 k 值及不同的 l 值计算 $\boldsymbol{H}(l,k)$ 的行列式,当 $l = n+1$ 时,对于所有 k,$\boldsymbol{H}(l,k)$ 的行列式都等于 0。在实际中,由于存在噪声,这个行列式不会刚好等于 0,但会突然变小。为此,采用行列式比

$$D_l = \left| \frac{\boldsymbol{H}(l,k)\text{行列式的平均值}}{\boldsymbol{H}(l+1,k)\text{行列式的平均值}} \right| \tag{11.1.46}$$

作为指标,当 D_l 达到极大值时的 l 值就是系统的阶。

另一种方法是先求出脉冲响应序列的相关函数估值

$$\hat{R}_g(i)=\frac{1}{N-i+1}\sum_{k=0}^{n-i}g_k g_{k-i} \tag{11.1.47}$$

给出 $\hat{R}_g(i)$ 的规格化值,即相关系数值

$$\rho_i=\frac{\hat{R}_g(i)}{\hat{R}_g(0)},i=1,2,\cdots \tag{11.1.48}$$

以 ρ_i 为元素构成Hankel矩阵。当 $l=n+1$ 时,Hankel矩阵的行列式也可能不会刚好等于0,仍采用式(11.1.46)计算 D_l,当 D_l 达到极大值时的 l 值就是系统的阶。

例 11.3 已知系统的脉冲响应序列如表11.4所列。

表 11.4 例 11.3 系统脉冲响应序列

k	0	1	2	3	4	5	6	7	8
g_k	1.0	0.8	0.65	0.54	0.46	0.39	0.35	0.31	0.28
k	9	10	11	12	13	14	15	16	17
g_k	0.26	0.24	0.23	0.22	0.21	0.20	0.19	0.19	0.18
k	18	19	20	21	22	23	24	25	26
g_k	0.18	0.18	0.17	0.17	0.17	0.16	0.16	0.15	0.15
k	27	28	29	30	31	32	33	34	35
g_k	0.15	0.15	0.14	0.14	0.14	0.13	0.13	0.13	0.13
k	36	37	38	39	40	41	42	43	44
g_k	0.12	0.12	0.12	0.12	0.12	0.11	0.11	0.11	0.11
k	45	46	47	48					
g_k	0.10	0.10	0.10	0.10					

矩阵 $\boldsymbol{H}(2,k)$ 行列式的平均值 $=0.00087872$

矩阵 $\boldsymbol{H}(3,k)$ 行列式的平均值 $=-0.00029311$

矩阵 $\boldsymbol{H}(4,k)$ 行列式的平均值 $=-3.214\times10^{-7}$

矩阵 $\boldsymbol{H}(5,k)$ 行列式的平均值 $=-5.709\times10^{-9}$

$D_2=2.998,\quad D_3=913.1,\quad D_4=64.2$

因此可确定系统的阶数为3。

求出脉冲响应序列的相关系数值为

$$\rho_0=1,\quad \rho_1=0.88052126,\quad \rho_2=0.79025506$$
$$\rho_3=0.72231277,\quad \rho_4=0.67060564,\quad \rho_5=0.62999127$$
$$\rho_6=0.60107303,\quad \rho_7=0.57697552,\quad \cdots$$

以 ρ_i 为元素构造Hankel矩阵并计算Hankel矩阵的行列式,得

$$\det\boldsymbol{H}(2,0)=0.014937371,\det\boldsymbol{H}(3,0)=-0.00001282,\det\boldsymbol{H}(4,0)=-0.000000058$$
$$D_2=1165.1615,D_3=221.03448$$

由行列式的值可知,系统模型的阶次可以定为3阶,也可定为2阶,因为 $\det\boldsymbol{H}(3,0)$ 已经很

小。由行列式比值可知,系统的阶次可定为 2 阶。

由以上 2 种定阶方法的计算结果来看,这 2 种方法在定阶时是存在一定差异的。

11.2 模型的阶和参数同时辨识的非递推算法

设单输入 - 单输出线性定常系统的差分方程为

$$a(z^{-1})y(k) = b(z^{-1})u(k) + \varepsilon(k) \tag{11.2.1}$$

式中

$$a(z^{-1}) = 1 + a_1 z^{-1} + \cdots + a_n z^{-n}$$

$$b(z^{-1}) = b_0 + b_1 z^{-1} + \cdots + b_n z^{-n}$$

$y(k)$,$u(k)$和$\varepsilon(k)$分别是系统在 k 时刻的输出、输入和噪声。系统阶次 n 和参数 a_i,b_j $(i=1,2,\cdots,n;j=0,1,\cdots,n)$ 均为未知的待辨识参数。

设

$$\boldsymbol{Y}_i = [y(i) \quad y(i+1) \quad \cdots \quad y(i+N)]^{\mathrm{T}}, i=1,2,\cdots,n+1$$

$$\boldsymbol{U}_i = [u(i) \quad u(i+1) \quad \cdots \quad u(i+N-1)]^{\mathrm{T}}, i=1,2,\cdots,n+1$$

$$\boldsymbol{\Phi}_n = [\boldsymbol{U}_1 \quad \boldsymbol{Y}_1 \quad \boldsymbol{U}_2 \quad \boldsymbol{Y}_2 \quad \cdots \quad \boldsymbol{U}_n \quad \boldsymbol{Y}_n \quad \boldsymbol{U}_{n+1}]$$

$$\boldsymbol{\theta}_n = [b_n \quad -a_n \quad b_{n-1} \quad -a_{n-1} \quad \cdots \quad b_1 \quad -a_1 \quad b_0]^{\mathrm{T}}$$

$$\boldsymbol{\varepsilon}_n = [\varepsilon(n+1) \quad \varepsilon(n+2) \quad \cdots \quad \varepsilon(n+N)]^{\mathrm{T}}$$

式(11.2.1)的矩阵 - 向量形式为

$$\boldsymbol{Y}_{n+1} = \boldsymbol{\Phi}_n \boldsymbol{\theta}_n + \boldsymbol{\varepsilon}_n \tag{11.2.2}$$

如果 $\varepsilon(k)$ 为白噪声序列,则式(11.2.2)的最小二乘解为

$$\hat{\boldsymbol{\theta}}_n = (\boldsymbol{\Phi}_n^{\mathrm{T}} \boldsymbol{\Phi}_n)^{-1} \boldsymbol{\Phi}_n^{\mathrm{T}} \boldsymbol{Y}_{n+1} \tag{11.2.3}$$

定义指标函数

$$J_n = \widetilde{\boldsymbol{Y}}_{n+1}^{\mathrm{T}} \widetilde{\boldsymbol{Y}}_{n+1} = \boldsymbol{Y}_{n+1}^{\mathrm{T}} \boldsymbol{Y}_{n+1} - \boldsymbol{Y}_{n+1}^{\mathrm{T}} \boldsymbol{\Phi}_n (\boldsymbol{\Phi}_n^{\mathrm{T}} \boldsymbol{\Phi}_n)^{-1} \boldsymbol{\Phi}_n^{\mathrm{T}} \boldsymbol{Y}_{n+1} \tag{11.2.4}$$

则当 $\boldsymbol{\theta}_n$ 的估计值为 $\hat{\boldsymbol{\theta}}_n$ 时指标函数 J_n 为最小。

现将符号改动一下,令

$$\boldsymbol{\varphi}(i-1) = [u(i-n) \quad y(i-n) \quad \cdots \quad u(i-1) \quad y(i-1) \quad u(i)]$$

$$\boldsymbol{\Phi}_n = [\boldsymbol{\varphi}(n) \quad \boldsymbol{\varphi}(n+1) \quad \cdots \quad \boldsymbol{\varphi}(n+N-1)] = [\boldsymbol{X}_{n-1} \mid \boldsymbol{U}_{n+1}]$$

$$\boldsymbol{X}_n = [\boldsymbol{\Phi}_n \mid \boldsymbol{Y}_{n+1}], \boldsymbol{S}_n = \boldsymbol{X}_n^{\mathrm{T}} \boldsymbol{X}_n, \boldsymbol{S}_{nu} = \boldsymbol{\Phi}_n^{\mathrm{T}} \boldsymbol{\Phi}_n$$

可得

$$\boldsymbol{S}_n = \begin{bmatrix} \boldsymbol{S}_{nu} & \boldsymbol{\Phi}_n^{\mathrm{T}} \boldsymbol{Y}_{n+1} \\ \boldsymbol{Y}_{n+1}^{\mathrm{T}} \boldsymbol{\Phi}_n & \boldsymbol{Y}_{n+1}^{\mathrm{T}} \boldsymbol{Y}_{n+1} \end{bmatrix} \tag{11.2.5}$$

$$\boldsymbol{S}_{nu} = \begin{bmatrix} \boldsymbol{S}_{n-1} & \boldsymbol{X}_{n-1}^{\mathrm{T}} \boldsymbol{U}_{n+1} \\ \boldsymbol{U}_{n+1}^{\mathrm{T}} \boldsymbol{X}_{n-1} & \boldsymbol{U}_{n+1}^{\mathrm{T}} \boldsymbol{U}_{n+1} \end{bmatrix} \tag{11.2.6}$$

将式(11.2.5)和式(11.2.6)代入式(11.2.3)和式(11.2.4)可得

$$\hat{\boldsymbol{\theta}}_n = \boldsymbol{S}_{nu}^{-1} \boldsymbol{\Phi}_n^{\mathrm{T}} \boldsymbol{Y}_{n+1} \tag{11.2.7}$$

$$J_n = \boldsymbol{Y}_{n+1}^{\mathrm{T}} \boldsymbol{Y}_{n+1} - \boldsymbol{Y}_{n+1}^{\mathrm{T}} \boldsymbol{\Phi}_n \boldsymbol{S}_{nu}^{-1} \boldsymbol{\Phi}_n^{\mathrm{T}} \boldsymbol{Y}_{n+1} \tag{11.2.8}$$

如果 $\boldsymbol{S}_n$ 矩阵可逆,其逆矩阵为

$$\boldsymbol{S}_n^{-1} = (\boldsymbol{X}_n^{\mathrm{T}}\boldsymbol{X}_n)^{-1} = \begin{bmatrix} \boldsymbol{S}_{nu} & \boldsymbol{\Phi}_n^{\mathrm{T}}\boldsymbol{Y}_{n+1} \\ \boldsymbol{Y}_{n+1}^{\mathrm{T}}\boldsymbol{\Phi}_n & \boldsymbol{Y}_{n+1}^{\mathrm{T}}\boldsymbol{Y}_{n+1} \end{bmatrix}^{-1} \tag{11.2.9}$$

利用分块矩阵求逆公式,由式(11.2.9)进一步可得

$$\boldsymbol{S}_n^{-1} = \begin{bmatrix} \boldsymbol{S}_{nu}^{-1} & \boldsymbol{0} \\ -J_n^{-1}\hat{\boldsymbol{\theta}}_n^{\mathrm{T}} & J_n^{-1} \end{bmatrix} \tag{11.2.10}$$

仿最小二乘定义作以下记号

$$\hat{\boldsymbol{\theta}}_{nu} = (\boldsymbol{X}_{n-1}^{\mathrm{T}}\boldsymbol{X}_{n-1})^{-1}\boldsymbol{X}_{n-1}^{\mathrm{T}}\boldsymbol{U}_{n+1},\ \widetilde{\boldsymbol{U}}_{n+1} = \boldsymbol{U}_{n+1} - \boldsymbol{X}_{n-1}\hat{\boldsymbol{\theta}}_{nu}$$

$$\boldsymbol{J}_{nu} = \widetilde{\boldsymbol{U}}_{n+1}^{\mathrm{T}}\widetilde{\boldsymbol{U}}_{n+1} = \boldsymbol{U}_{n+1}^{\mathrm{T}}\boldsymbol{U}_{n+1} - \boldsymbol{U}_{n+1}^{\mathrm{T}}\boldsymbol{X}_{n-1}(\boldsymbol{X}_{n-1}^{\mathrm{T}}\boldsymbol{X}_{n-1})^{-1}\boldsymbol{X}_{n-1}^{\mathrm{T}}\boldsymbol{U}_{n+1}$$

$\boldsymbol{S}_n$ 阵称之为信息压缩矩阵,它含有 $\boldsymbol{S}_{nu}$ 矩阵和 $\boldsymbol{\Phi}_n^{\mathrm{T}}\boldsymbol{Y}_{n+1}$ 向量,具有计算 n 阶及 n 阶以下各阶的参数和指标函数的全部信息,故称 $\boldsymbol{S}_n$ 为信息压缩矩阵。由式(11.2.9)知

$$\boldsymbol{S}_n = \boldsymbol{X}_n^{\mathrm{T}}\boldsymbol{X}_n = \begin{bmatrix} \boldsymbol{S}_{nu} & \boldsymbol{\Phi}_n^{\mathrm{T}}\boldsymbol{Y}_{n+1} \\ \boldsymbol{Y}_{n+1}^{\mathrm{T}}\boldsymbol{\Phi}_n & \boldsymbol{Y}_{n+1}^{\mathrm{T}}\boldsymbol{Y}_{n+1} \end{bmatrix}$$

经过初等变换可得

$$\boldsymbol{S}_n = \begin{bmatrix} \boldsymbol{S}_{nu} & \boldsymbol{\Phi}_n^{\mathrm{T}}\boldsymbol{Y}_{n+1} \\ \boldsymbol{0} & J_n \end{bmatrix} \tag{11.2.11}$$

而 $\boldsymbol{S}_{nu}$ 由式(11.2.6)经过初等变换可得

$$\boldsymbol{S}_{nu} = \begin{bmatrix} \boldsymbol{S}_{n-1} & \boldsymbol{X}_{n-1}^{\mathrm{T}}\boldsymbol{Y}_{n-1} \\ \boldsymbol{0} & J_{nu} \end{bmatrix} \tag{11.2.12}$$

代入 $\boldsymbol{S}_n$ 的式中,然后又求 $\boldsymbol{S}_{n-1}$ 和 $\boldsymbol{S}_{n-1,u}$,一直变换下去,最后可将 $\boldsymbol{S}_n$ 矩阵化为上三角矩阵

$$S_n = \begin{bmatrix} J_{0u} & \cdots & & \\ & J_0 & & \vdots \\ & & \vdots & \\ & & J_{un} & \\ & & & J_n \end{bmatrix} \tag{11.2.13}$$

这样,由 $\boldsymbol{S}_n$ 的对角线得到了 n 阶及 n 阶以下各阶的指标函数 $J_0, J_1, \cdots, J_n$,系统定阶的问题就解决了,其中指标函数突然变小的阶次就是系统的阶次。另外,从理论上避免了矩阵求逆的病态问题,因为当 $\boldsymbol{S}_n$ 矩阵中的第 i 阶发生奇异时,则有 $J_i \approx 0$,所以由 $\boldsymbol{S}_n$ 的上三角矩阵可以判定其是否奇异。

与上面的变换相似,由式(11.2.10)可将 $\boldsymbol{S}_n^{-1}$ 化为下三角矩阵

$$\boldsymbol{S}_n^{-1} = \begin{bmatrix} J_{0u} & & & & \\ -J_0^{-1}\hat{\boldsymbol{\theta}}_0^{\mathrm{T}} & J_0^{-1} & & & \\ \vdots & \vdots & \ddots & & \\ -J_{nu}^{-1}\hat{\boldsymbol{\theta}}_{nu} & \cdots & \cdots & \boldsymbol{J}_{nu}^{-1} & \\ -J_n^{-1}\hat{\boldsymbol{\theta}}_n^{\mathrm{T}} & \cdots & \cdots & & J_n^{-1} \end{bmatrix} \tag{11.2.14}$$

由式(11.2.14)按行可提出各阶的参数估计值 $\hat{\boldsymbol{\theta}}_1, \hat{\boldsymbol{\theta}}_2, \cdots, \hat{\boldsymbol{\theta}}_n$ 和指标函数 $J_1, J_2, \cdots, J_n$。对

应于给定的一批实验数据，其各阶参数估计值和指标函数是确定的，它们之间的关系可由式(11.2.14)一次给出。因此，系统定阶和参数辨识的计算量较小。

例 11.4　已知系统模型的差分方程为

$$y(k+1) = 1.5y(k) - 0.7(k-1) + u(k) + 0.5u(k-1) + \varepsilon(k)$$

$\varepsilon(k)$是均值为0、方差为0.2的白噪声序列，数据长度 $N = 400$，采用本节所介绍的一次性辨识算法的计算结果如表11.5所列。

表 11.5　例 11.4 计算结果

参数		$-a_1$	b_1	$-a_2$	b_2	$-a_3$	b_3	$-a_4$	b_4	J	
真实值		1.5	1	-0.7	0.5						
一阶	$\hat{\boldsymbol{\theta}}_1$	0.901	1.006							1131.5	J_1
二阶	$\hat{\boldsymbol{\theta}}_2$	1.508	1.017	-0.703	0.503					14.17	J_2
三阶	$\hat{\boldsymbol{\theta}}_3$	1.579	1.016	-0.807	0.430	0.047	-0.0467			14.68	J_3
四阶	$\hat{\boldsymbol{\theta}}_4$	1.578	1.016	-0.785	0.431	0.0164	-0.0675	0.0135	-0.0143	14.68	J_4

由表11.4可知，$\boldsymbol{S}_n^{-1}$的下三角矩阵同时给出一至四阶参数估计值和指标函数，指标函数突然减小时的阶数为2，所以判别定系统为二阶系统，和实际系统一致，而且二阶参数估计值和参数真实很接近，说明本节所介绍的辨识方法是一种可行的有效方法。

11.3　同时获得模型阶次和参数的递推辨识算法

设单输入－单输出系统的差分方程为

$$y(k) + a_1 y(k-1) + \cdots + a_n y(k-n) = b_1 u(k-1) + \cdots + b_n u(k-n) + \varepsilon(k) + d_1 \varepsilon(k-1) + \cdots + d_n \varepsilon(k-n) \tag{11.3.1}$$

式中：$u(k)$和$y(k)$分别为系统的输入和输出量；$\varepsilon(k)$为零均值白噪声；系统阶次 n 和参数 $a_i, b_i, d_i (i = 1,2,\cdots,n)$ 均为未知的待辨识参数。

设数据向量和参数向量分别为

$$\boldsymbol{h}_n^{\mathrm{T}}(k) = [-y(k-n)\quad \varepsilon(k-n)\quad u(k-n)\quad \cdots\quad -y(k-1)\quad \varepsilon(k-1)\quad u(k-1)] \tag{11.3.2}$$

$$\boldsymbol{\theta}_n(k) = [a_n\quad d_n\quad b_n\quad \cdots\quad a_1\quad d_1\quad b_1]^{\mathrm{T}} \tag{11.3.3}$$

则式(11.3.1)可以写为

$$y(k) = \boldsymbol{h}_n^{\mathrm{T}}(k)\boldsymbol{\theta}_n + \varepsilon(k) \tag{11.3.4}$$

在数据向量中加入当前的数据信息可得

$$\begin{cases} \boldsymbol{\Phi}_n(k) = \begin{bmatrix} \boldsymbol{h}_n(k) \\ -y(k) \end{bmatrix} \\ \boldsymbol{\psi}_n(k) = \begin{bmatrix} \boldsymbol{\Phi}_n(k) \\ \varepsilon(k) \end{bmatrix} \\ \boldsymbol{h}_n(k) = \begin{bmatrix} \boldsymbol{\psi}_{n-1}(k-1) \\ u(k-1) \end{bmatrix} \end{cases} \tag{11.3.5}$$

式(11.3.5)构成了数据向量的移位性质。令

$$\begin{cases}\boldsymbol{R}_n(k)=\sum_{j=1}^{k}\boldsymbol{h}_n(j)\boldsymbol{h}_n^{\mathrm{T}}(j)\\ \boldsymbol{R}_{n-1}(k-1)=\sum_{j=0}^{k-1}\boldsymbol{h}_{n-1}(j)\boldsymbol{h}_{n-1}^{\mathrm{T}}(j)\end{cases}\tag{11.3.6}$$

$$\begin{cases}\boldsymbol{S}_n(k)=\sum_{j=1}^{k}\boldsymbol{\Phi}_n(j)\boldsymbol{\Phi}_n^{\mathrm{T}}(j)\\ \boldsymbol{S}_{n-1}(k-1)=\sum_{j=0}^{k-1}\boldsymbol{\Phi}_{n-1}(j)\boldsymbol{\Phi}_{n-1}^{\mathrm{T}}(j)\end{cases}\tag{11.3.7}$$

$$\begin{cases}\boldsymbol{T}_n(k)=\sum_{j=1}^{k}\boldsymbol{\psi}_n(j)\boldsymbol{\psi}_n^{\mathrm{T}}(j)\\ \boldsymbol{T}_{n-1}(k-1)=\sum_{j=0}^{k-1}\boldsymbol{\psi}_{n-1}(j)\boldsymbol{\psi}_{n-1}^{\mathrm{T}}(j)\end{cases}\tag{11.3.8}$$

利用式(11.3.5),可以将式(11.3.7)分解为

$$\boldsymbol{S}_n(k)=\begin{bmatrix}\sum_{j=1}^{k}\boldsymbol{h}_n(j)\boldsymbol{h}_n^{\mathrm{T}}(j) & -\sum_{j=1}^{k}\boldsymbol{h}_n(j)y(j)\\ -\sum_{j=1}^{k}\boldsymbol{h}_n^{\mathrm{T}}(j)y(j) & \sum_{j=1}^{k}y^2(j)\end{bmatrix}=$$

$$\begin{bmatrix}\boldsymbol{I}_{3n} & \boldsymbol{0}\\ -\hat{\boldsymbol{\theta}}_n^{\mathrm{T}}(k) & 1\end{bmatrix}\begin{bmatrix}\boldsymbol{R}_n(k) & \boldsymbol{0}\\ \boldsymbol{0} & J_n(k)\end{bmatrix}\begin{bmatrix}\boldsymbol{I}_{3n} & -\hat{\boldsymbol{\theta}}_n(k)\\ \boldsymbol{0} & 1\end{bmatrix}\tag{11.3.9}$$

式中

$$\hat{\boldsymbol{\theta}}_n(k)=\boldsymbol{R}_n^{-1}(k)\sum_{j=1}^{k}\boldsymbol{h}_n(j)y(j)\tag{11.3.10}$$

$$J_n(k)=\sum_{j=1}^{k}y^2(j)-\hat{\boldsymbol{\theta}}_n^{\mathrm{T}}(k)\boldsymbol{R}_n(k)\hat{\boldsymbol{\theta}}_n(k)\tag{11.3.11}$$

不难看出,$\hat{\boldsymbol{\theta}}_n(k)$恰为式(11.3.4)中参数向量$\boldsymbol{\theta}_n(k)$的增广最小二乘估计值,$J_n(k)$是对应的指标函数值。数据向量$\boldsymbol{h}_n(\cdot)$中的不可测噪声变量$\varepsilon(\cdot)$将用它的估计值$\hat{\varepsilon}(\cdot)$代替。

同样,利用式(11.3.5)的移位性质,可将式(11.3.6)和式(11.3.8)分解为

$$\boldsymbol{R}_n(k)=\begin{bmatrix}\boldsymbol{I}_{3n-1} & \boldsymbol{0}\\ \hat{\boldsymbol{\theta}}_{(n-1)u}(k-1) & 1\end{bmatrix}\begin{bmatrix}\boldsymbol{T}_{n-1}(k-1) & \boldsymbol{0}\\ \boldsymbol{0} & J_{(n-1)u}(k-1)\end{bmatrix}\begin{bmatrix}\boldsymbol{I}_{3n-1} & \hat{\boldsymbol{\theta}}_{(n-1)u}(k-1)\\ \boldsymbol{0} & 1\end{bmatrix}\tag{11.3.12}$$

$$\boldsymbol{T}_n(k)=\begin{bmatrix}\boldsymbol{I}_{3n-2} & \boldsymbol{0}\\ \hat{\boldsymbol{\theta}}_{(n-1)\varepsilon}(k-1) & 1\end{bmatrix}\begin{bmatrix}\boldsymbol{S}_{n-1}(k-1) & \boldsymbol{0}\\ \boldsymbol{0} & J_{(n-1)\varepsilon}(k-1)\end{bmatrix}\begin{bmatrix}\boldsymbol{I}_{3n-2} & \hat{\boldsymbol{\theta}}_{(n-1)\varepsilon}(k-1)\\ \boldsymbol{0} & 1\end{bmatrix}\tag{11.3.13}$$

式中$\hat{\boldsymbol{\theta}}_{(n-1)u}(k-1)$,$\hat{\boldsymbol{\theta}}_{(n-1)\varepsilon}(k-1)$,$J_{(n-1)u}(k-1)$,$J_{(n-1)\varepsilon}(k-1)$的定义与式(11.3.10)和式(11.3.11)相似,这里并无明确的物理意义。

注意到式(11.3.9)、式(11.3.12)和式(11.3.13)间的递推关系,不断分解下去,并记

$\boldsymbol{C}_n(k)=\boldsymbol{S}_n^{-1}(k)$ 为信息压缩矩阵,则有

$$\boldsymbol{C}_n(k)\triangleq\boldsymbol{S}_n^{-1}(k)\triangleq\boldsymbol{U}_n(k)\boldsymbol{D}_n(k)\boldsymbol{U}_n^{\mathrm{T}}(k)\tag{11.3.14}$$

$$\boldsymbol{U}_n(k)=\begin{bmatrix}1 & \hat{\boldsymbol{\theta}}_{0\varepsilon}(k-n) & & & & & & \\ & 1 & \hat{\boldsymbol{\theta}}_{0u}(k-n) & & & & & \\ & & 1 & \hat{\boldsymbol{\theta}}_1(k-n+1) & & & & \\ & & & 1 & \ddots & & & \\ & & & & \ddots & \hat{\boldsymbol{\theta}}_{(n-1)u}(k-1) & & \\ & & & & & 1 & \hat{\boldsymbol{\theta}}_n(k) \\ & & & & & & 1\end{bmatrix}\tag{11.3.15}$$

$$\begin{aligned}\boldsymbol{D}_n(k)=\operatorname{diag}[&J_0^{-1}(k-n),J_{0\varepsilon}^{-1}(k-n+1),J_{0u}^{-1}(k-n+1),\cdots,\\&J_{(n-1)\varepsilon}^{-1}(k-1),J_{(n-1)u}^{-1}(k-1),J_n^{-1}(k)]\end{aligned}\tag{11.3.16}$$

可以看出,$\boldsymbol{C}_n(k)$ 中包含了各阶参数和指标函数的全部信息,根据各阶指标函数值可以方便地确定模型的阶次。同时,$\boldsymbol{D}_n(k)$ 的各元素还可用来监视 $\boldsymbol{C}_n(k)$ 的正定性。

式(11.3.14)的 UD 分解形式可以通过对 $\boldsymbol{U}_n(k)$ 和 $\boldsymbol{D}_n(k)$ 递推使 $\boldsymbol{C}_n(k)$ 得到更新。若数据向量 $\boldsymbol{\Phi}_n(k)$ 中的不可测噪声变量 $\varepsilon(\cdot)$ 用其对应的估计量 $\hat{\varepsilon}(\cdot)$ 来代替,则最后可得到如下信息压缩矩阵的递推分解算法。

(1) $f(k)=\boldsymbol{U}_n^{\mathrm{T}}(k-1)\boldsymbol{\Phi}_n(k)$,$\boldsymbol{g}(k)=\boldsymbol{D}_n(k-1)f(k)$。

(2) $\hat{\varepsilon}(k)=-f_N(k)/\beta_{n-1}(k)$。

(3) 令 $\beta_0(k)=\lambda(k)$,$\lambda(k)$ 为遗忘因子,从 $j=1$ 到 $N=3n+1$ 计算步骤(4)至(6)。

(4) $\beta_j(k)=\beta_{j-1}(k)+f_j(k)g_{jj}(k)$;

$d_{jj}(k)=d_{jj}(k-1)\beta_{j-1}(k)/\beta_j(k)\lambda(k)$,其中 $d_{jj}(k)$ 为 $\boldsymbol{D}_n(k)$ 的元素;

$\upsilon_j=g_{jj}(k)$,$\mu_j=-f_j(k)/\beta_{j-1}(k)$。

(5) 从 $i=1$ 到 $j-1$ 计算步骤(6),如 $j=1$,跳回步骤(4)。

(6) $u_{ij}(k)=u_{ij}(k-1)+\upsilon_i\mu_j$;

$\upsilon_{i+1}=\upsilon_i+u_{ij}(k-1)\upsilon_j$。

至此,便得到了一种能同时进行阶次辨识和参数估计的递推辨识算法。由于运用了 UD 分解技术,该算法具有良好的数值计算品质。

例 11.5 已知系统差分方程为

$$y(k)-0.9y(k-1)+0.2y(k-2)=u(k-1)+0.5u(k-2)+\varepsilon(k)+0.4\varepsilon(k-1)$$

式中:$u(k)$ 和 $y(k)$ 分别为输入和输出变量;$\varepsilon(k)$ 是零均值白噪声。用 5 阶幅度为 1.0 的 M 序列作为输入激励信号,数据长度取 1000,遗忘因子取为常数 1.0,最大可能阶次取为 4,利用本节算法对系统模型进行辨识,得到 1 阶 ~ 4 阶参数估计值如表 11.6 所列,不同噪信比下各阶指标函数与系统模型阶次的关系如表 11.7 所列。

利用各阶指标函数值,可以很方便地根据 AIC 准则或 F 检验法判断出系统模型的阶次应为 2 阶,与所给出的系统差分方程相符合。

表 11.6 各阶模型参数估计值(噪信比 $N/S = 0.483$)

$\hat{n}$	$\hat{a}_1$	$\hat{b}_1$	$\hat{d}_1$	$\hat{a}_2$	$\hat{b}_2$	$\hat{d}_2$	$\hat{a}_3$	$\hat{b}_3$	$\hat{d}_3$	$\hat{a}_4$	$\hat{b}_4$	$\hat{d}_4$
4	-1.222	0.994	0.106	0.490	0.192	-0.136	-0.072	-0.188	-0.011	0.011	-0.010	-0.019
3	-1.219	0.994	0.107	0.482	0.194	-0.140	-0.055	-0.192	-0.001			
2	-0.885	0.995	0.442	0.191	0.531	0.022						
1	-0.821	0.998	0.543									
真值	-0.9	1.0	0.4	0.2	0.5							

表 11.7 不同噪信比下各阶指标函数值

N/S	J_0	J_1	J_2	J_3	J_4
1.079	8485.9	1654.3	1112.5	1108.7	1108.7
0.763	6189.4	1060.0	556.1	554.2	554.1
0.483	4862.9	693.7	222.4	221.6	221.6
0.219	4180.3	484.5	49.21	49.05	48.68

11.4 多变量受控自回归滑动平均模型的结构辨识

多变量受控自回归滑动平均模型(CARMA)广泛应用于预报和控制领域,因此对这类模型的参数估计和结构辨识引起了广泛的兴趣。结构辨识包括模型的阶、子阶和时滞的确定。

设动态系统用多变量 CARMA 模型描述为

$$\boldsymbol{A}(z^{-1})\boldsymbol{y}(k) = \boldsymbol{B}(z^{-1})\boldsymbol{u}(k) + \boldsymbol{C}(z^{-1})\boldsymbol{\varepsilon}(k) \tag{11.4.1}$$

式中:$\boldsymbol{y}(k)$ 是 p 维输出向量;$\boldsymbol{u}(k)$ 是 r 维输入向量;$\boldsymbol{\varepsilon}(k)$ 是 p 维零均值高斯白噪声,并且

$$\boldsymbol{A}(z^{-1}) = \boldsymbol{I} - \boldsymbol{A}_1 z^{-1} - \cdots - \boldsymbol{A}_n z^{-n}$$

$$\boldsymbol{B}(z^{-1}) = \boldsymbol{B}_0 + \boldsymbol{B}_1 z^{-1} + \cdots + \boldsymbol{B}_n z^{-n}$$

$$\boldsymbol{C}(z^{-1}) = \boldsymbol{I} + \boldsymbol{C}_1 z^{-1} + \cdots + \boldsymbol{C}_n z^{-n}$$

式中:$\boldsymbol{A}_i = (a_{ij}^i)$,$\boldsymbol{B}_i = (b_{ij}^i)$,$\boldsymbol{C}_i = (c_{ij}^i)$ 分别是元素为 $a_{ij}^i, b_{ij}^i, c_{ij}^i$ 的 $p \times p, p \times r, p \times p$ 系数矩阵;$\boldsymbol{I}$ 是单位矩阵。

假设 $\det\boldsymbol{A}(z^{-1})$ 和 $\det\boldsymbol{C}(z^{-1})$ 的零点均在单位圆外,n 为模型的阶,且记式(11.4.1)为 CARMA(n)。可能有下述 4 种情形:

(1) 如果 $\boldsymbol{A}_n \neq \boldsymbol{0}$,或 $\boldsymbol{A}_n = \cdots = \boldsymbol{A}_{m+1} = \boldsymbol{0}$,而 $\boldsymbol{A}_m \neq \boldsymbol{0}$,则 AR 子阶(自回归部分的阶)为 n 或 m;

(2) 如果 $\boldsymbol{C}_n \neq \boldsymbol{0}$,或 $\boldsymbol{C}_n = \cdots = \boldsymbol{C}_{l+1} = \boldsymbol{0}$,而 $\boldsymbol{C}_l \neq \boldsymbol{0}$,则 MA 子阶(滑动平均部分的阶)为 n 或 l;

(3) 如果 $\boldsymbol{B}_n \neq \boldsymbol{0}$,或 $\boldsymbol{B}_n = \cdots = \boldsymbol{B}_{s+1} = \boldsymbol{0}$,而 $\boldsymbol{B}_s \neq \boldsymbol{0}$,则 C 子阶(受控部分的阶)为 n 或 s;

(4) 如果 $\boldsymbol{B}_0 = \boldsymbol{0}$,或 $\boldsymbol{B}_0 = \cdots = \boldsymbol{B}_{d-1} = \boldsymbol{0}$,而 $\boldsymbol{B}_d \neq \boldsymbol{0}$,则模型的时滞为 0 或 d。

显然,情况(1)至(4)的判别归结为检验 CARMA(n)模型中某些参数矩阵是否为零矩阵的统计假设检验问题,这是本节方法的出发点。

11.4.1 递推最小二乘法参数估计

式(11.4.1)所示模型可改写成 p 个多输入－单输出子模型,即

$$y_i(k)=\boldsymbol{\varphi}^{\mathrm{T}}(k)\boldsymbol{\theta}_i+\varepsilon_i(k),i=1,2,\cdots,p \tag{11.4.2}$$

式中

$$\boldsymbol{\theta}_i^{\mathrm{T}}=[a_{i1}^1\quad\cdots\quad a_{ip}^1\quad\cdots\quad b_{i1}^n\quad\cdots\quad b_{ir}^n\quad c_{i1}^n\quad\cdots\quad c_{ip}^n]$$

$$\boldsymbol{\varphi}^{\mathrm{T}}(k)=[\boldsymbol{y}^{\mathrm{T}}(k-1)\cdots\ \boldsymbol{y}^{\mathrm{T}}(k-n)\ \boldsymbol{u}^{\mathrm{T}}(k)\ \cdots\ \boldsymbol{u}^{\mathrm{T}}(k-n)\ \boldsymbol{\varepsilon}^{\mathrm{T}}(k-1)\ \cdots\ \boldsymbol{\varepsilon}^{\mathrm{T}}(k-n)]$$

对 $y_i(k)$ 而言,它是带外生变量的自回归模型,含有 $2np+(n+1)r$ 个参数,记为 ARX(n)。因而辨识模型式(11.4.1)归结为辨识 p 个子模型 ARX(n)。

基于数据$\{\boldsymbol{u}(i),\boldsymbol{y}(i)\},i=1,2,\cdots,k,\boldsymbol{\theta}_i$ 的递推最小二乘估值为

$$\hat{\boldsymbol{\theta}}_i(k)=\hat{\boldsymbol{\theta}}_i(k-1)+\boldsymbol{K}_i(k)\hat{\varepsilon}_i(k) \tag{11.4.3}$$

$$\hat{\varepsilon}_i(k)=\boldsymbol{y}_i(k)-\hat{\boldsymbol{\varphi}}^{\mathrm{T}}(k)\hat{\boldsymbol{\theta}}_i(k-1) \tag{11.4.4}$$

$$\hat{\boldsymbol{\varphi}}^{\mathrm{T}}(k)=[\boldsymbol{y}^{\mathrm{T}}(k-1)\ \cdots\ \boldsymbol{y}^{\mathrm{T}}(k-n)\ \boldsymbol{u}^{\mathrm{T}}(k)\ \cdots\ \boldsymbol{u}^{\mathrm{T}}(k-n)\ \hat{\boldsymbol{\varepsilon}}^{\mathrm{T}}(k-1)\ \cdots\ \hat{\boldsymbol{\varepsilon}}^{\mathrm{T}}(k-n)] \tag{11.4.5}$$

$$\hat{\boldsymbol{\varepsilon}}^{\mathrm{T}}(k-j)=[\hat{\varepsilon}_1(k-j)\ \cdots\ \hat{\varepsilon}_p(k-j)],j=1,2,\cdots,n \tag{11.4.6}$$

$$\boldsymbol{K}_i(k)=\boldsymbol{P}_i(k-1)\hat{\boldsymbol{\varphi}}(k)[\lambda+\hat{\boldsymbol{\varphi}}^{\mathrm{T}}(k)\boldsymbol{P}_i(k-1)\hat{\boldsymbol{\varphi}}(k)]^{-1} \tag{11.4.7}$$

$$\boldsymbol{P}_i(k)=[1-\boldsymbol{K}_i(k)\hat{\boldsymbol{\varphi}}^{\mathrm{T}}(k)]\boldsymbol{P}_i(k-1)/\lambda \tag{11.4.8}$$

式中:$i=1,2,\cdots,p$;λ 为遗忘因子,$0<\lambda\leqslant 1$。初始值为 $\hat{\boldsymbol{\varphi}}_i(0)=\boldsymbol{\theta}_{i0},\boldsymbol{P}_i(0)=\boldsymbol{P}_{i0},\hat{\boldsymbol{\varepsilon}}(j)=\boldsymbol{u}(j)=\boldsymbol{y}(j)=0,j=0,-1,\cdots,1-n$。

基于数据$\{\boldsymbol{u}(i),\boldsymbol{y}(i),i=1,2,\cdots,N\}$,残差平方和为

$$V_i(n)=\sum_{k=n+1}^{N}\hat{e}_i^2(k) \tag{11.4.9}$$

式中残差

$$\hat{e}_i(k)=y_i(k)-\hat{\boldsymbol{\varphi}}^{\mathrm{T}}(k)\hat{\boldsymbol{\theta}}(N),i=1,2,\cdots,N$$

$\varepsilon_i(k)$ 的方差 σ_i^2 的采样估计值为

$$\hat{\sigma}_i^2=V_i(n)/(N-n) \tag{11.4.10}$$

11.4.2 子模型阶的确定

由式(11.4.2)所示的子模型 ARX(n)的阶可能比 n 小,因为其中某些参数可能为0。基于 N 组数据$\{\boldsymbol{u}(k),\boldsymbol{y}(k),k=1,2,\cdots,N\}$,为了确定第 i 个子模型(11.4.2)的真实阶 n_i,可由低阶到高阶相继拟合 ARX(n)模型($n=1,2,\cdots$)。对于合适的阶 n_i,当阶数再增加时,ARX(n_i)的残差平方和的变化是不显著的,可用 F 检验法判断模型阶变化时相应残差平方和变化的显著性。

对于 ARX(n)与 ARX($n+1$)而言,统计量

$$F_i=\frac{V_i(n)-V_i(n+1)}{V_i(n+1)}\cdot\frac{N-2(n+1)P-(n+2)r}{2P+r} \tag{11.4.11}$$

渐近于 $F(2P+r, N-2(n+1)P-(n+2)r)$ 分布。

取风险水平为 α(例如 $\alpha = 0.01$ 或 $\alpha = 0.05$),查 F 分布表得临界值 F_α,如果 $F_i < F_\alpha$,则 ARX(n) 是合适的(F 检验不显著);如果 $F_i > F_\alpha$,则 ARX(n) 是不合适的(F 检验显著)。

对于 $n = 1,2,\cdots$,在每 2 个相邻模型之间用上述 F 检验,直到 ARX(n_i) 模型是合适的为止。n_i 叫做第 i 个子模型的阶,也叫结构指数。为了求 n_i,仅需拟合(n_i+1)个 ARX(n),$n = 1,2,\cdots,(n_i+1)$,这可用软件包自动完成。

11.4.3 简练参数模型、子阶和时滞的确定

为了得到简练参数模型,在得到的子模型 ARX(n_i)($i = 1,2,\cdots,p$)中,必须删去某些实际上可以认为是 0 的参数,虽然它们的估值近似于 0 而不等于 0。子阶和时滞只有在删去这些不显著异于 0 的参数之后才能辨识出来。这归结为检验 ARX(n_i) 模型中某些参数是否为 0 的统计问题。

对于子模型 ARX(n_i),在已知数据 $\{\boldsymbol{u}(k), \boldsymbol{y}(k), k = 1,2,\cdots,N\}$ 的条件下,$\boldsymbol{\theta}_i$ 的条件分布渐近于均值为 $\hat{\boldsymbol{\theta}}_i(N)$、协方差矩阵为 $\sigma_i^2\boldsymbol{P}_i(N)$ 的正态分布,其中 $\hat{\boldsymbol{\theta}}_i(N)$ 和 $\boldsymbol{P}_i(N)$ 用递推最小二乘法式(11.4.3)至式(11.4.8)计算,而 σ_i^2 的估值 $\hat{\sigma}_i^2$ 用式(11.4.10)计算。$\boldsymbol{\theta}_i$ 的第 j 个分量 θ_i^j 的条件分布也是渐近于均值为 $\hat{\theta}_i^j(N)$、方差为 $\sigma_i^2 p_i^{jj}(N)$ 的正态分布,其中 $\hat{\theta}_i^j(N)$ 是 $\hat{\boldsymbol{\theta}}_i(N)$ 的第 j 个分量,$p_i^{jj}(N)$ 是 $\boldsymbol{P}_i(N)$ 的第 (j,j) 对角元素。于是 $\boldsymbol{\theta}_i^j$ 的 95% 置信区间为

$$\hat{\theta}_i^j(N) - 1.96\hat{\sigma}_i\sqrt{p_i^{jj}(N)} < \theta_i^j < \hat{\theta}_i^j(N) + 1.96\hat{\sigma}_i\sqrt{p_i^{jj}(N)} \tag{11.4.12}$$

式中 $j = 1,2,\cdots,2np+(n+1)r$。式(11.4.12)也可写为

$$\theta_i^j = \hat{\theta}_i^j(N) \pm 1.96\hat{\sigma}_i\sqrt{p_i^{jj}(N)} \tag{11.4.13}$$

显然,假如 $\hat{\theta}_i^j(N) \approx 0$,则 θ_i^j 的 95% 置信区间将包含零点,这就产生了下述的简练参数模型及其子阶和时滞的 F 检验判决方法。

(1) 在 ARX(n_i) 模型中首先删去 95% 置信区间包含零点的参数,然后用递推最小二乘法重建简练参数的 ARX(n_i) 模型,它不包含所删去的参数,记为 ARX$^-$(n_i)。

(2) 用 F 检验法判定所删去的参数是否不显著异于 0。注意统计量

$$F_i = \frac{V_i^-(n_i) - V_i(n_i)}{V_i(n_i)} \cdot \frac{N - 2n_ip - (n_i+1)r}{M_i} \tag{11.4.14}$$

渐近于 $F(M_i, N-2n_ip-(n_i+1)r)$ 分布,其中 $V_i^-(n_i)$ 是简练参数模型 ARX$^-$(n_i) 的残差平方和,M_i 为所删去的参数个数。

取风险水平为 α,查 F 分布表得临界值 F_α。若 $F_i < F_\alpha$,则简练参数模型 ARX$^-$(n) 被接受(即所删去的参数都不显著异于 0)。若 $F_i \geqslant F_\alpha$,则应进一步分析。

对于 $F_i \geqslant F_\alpha$ 这种个别情形,并不意味着删去的参数都不显著异于 0。由式(11.4.13)知,此时可能显著异于 0 的参数的 95% 置信区间也包含零点,这是因为 σ_i^2 较大或 $p_i^{jj}(N)$ 较大(由 N 较小引起)将导致置信区间的扩大,从而把零点也扩大到置信区间中。在这种情况下,应进一步在这些删去的参数中保留那些显著异于 0 的参数,去掉不显著异于 0 的参数,而每个参数是否显著异于 0 可逐一用 F 检验法判别,进而得到简练参数模型 ARX$^-$(n_i)。

(3)合并所得的 p 个简练参数子模型 $\mathrm{ARX}^{-}(n_i)(i=1,2,\cdots,p)$,写成向量 - 矩阵形式,可得到简练参数的多变量 $\mathrm{CARMA}^{-}(n)$ 模型。显然,模型的阶为

$$n = \max(n_1, n_2, \cdots, n_p) \tag{11.4.5}$$

因为在子模型 $\mathrm{ARX}^{-}(n_i)$ 中已删去了子模型 $\mathrm{ARX}(n_i)$ 中不显著异于 0 的参数,因而在所得到的简练参数的多变量 $\mathrm{CARMA}^{-}(n)$ 模型中的某些系数矩阵可能为 0,即可能出现前面所述的 4 种情形,由此立刻可确定模型的子阶和时滞。这样就同时得到了简练参数模型、模型的阶、子阶和时滞,实现了多变量 CARMA 模型完整的结构辨识。

例 11.6 设双输入 - 双输出一阶 CARMA(1) 模型为

$$\boldsymbol{y}(k) = \boldsymbol{A}_1\boldsymbol{y}(k-1) + \boldsymbol{B}_1\boldsymbol{u}(k-1) + \boldsymbol{\varepsilon}(k) + \boldsymbol{C}_1\boldsymbol{\varepsilon}(k-1) \tag{11.4.16}$$

其中模型的阶和各子阶均为 1,时滞 $d=1$,且

$$\begin{cases} \boldsymbol{A}_1 = \begin{bmatrix} 0.5 & 0 \\ 1.3 & -0.4 \end{bmatrix} \\ \boldsymbol{B}_1 = \begin{bmatrix} 1 & -0.3 \\ 0 & 1.5 \end{bmatrix} \\ \boldsymbol{C}_1 = \begin{bmatrix} 0.6 & 1 \\ 0.2 & -0.5 \end{bmatrix} \end{cases} \tag{11.4.17}$$

$\boldsymbol{\varepsilon}(k) = [\varepsilon_1(k) \quad \varepsilon_2(k)]^{\mathrm{T}}$ 是零均值、方差矩阵为 $\mathrm{diag}(0.0729, 0.00324)$ 的高斯白噪声,输入 $\boldsymbol{u}(k) = [u_1(k) \quad u_2(k)]^{\mathrm{T}}$ 是零均值、方差阵为 $\mathrm{diag}(1,1)$ 的独立于 $\boldsymbol{\varepsilon}(k)$ 的高斯白噪声。

记录式(11.4.16)所示模型的 100 组输入输出数据 $\{\boldsymbol{u}(k), \boldsymbol{y}(k), k=1,2,\cdots,100\}$,用本节中的方法确定模型参数矩阵估值 $\hat{\boldsymbol{A}}_1$, $\hat{\boldsymbol{B}}_1$ 和 $\hat{\boldsymbol{C}}_1$ 及其模型的阶、子阶和时滞。

首先建立全参数的 CARMA(1) 模型,各参数矩阵的估值为

$$\begin{cases} \hat{\boldsymbol{A}}_1 = \begin{bmatrix} 0.451624 & \underline{2.702267 \times 10^{-4}} \\ 1.289323 & -0.397201 \end{bmatrix} \\ \hat{\boldsymbol{B}}_0 = \begin{bmatrix} \underline{-0.061099} & \underline{-0.019741} \\ \underline{-6.3616258 \times 10^{-3}} & \underline{-0.025763} \end{bmatrix} \\ \hat{\boldsymbol{B}}_1 = \begin{bmatrix} 0.930229 & -0.366100 \\ \underline{-0.043224} & 1.510582 \end{bmatrix} \\ \hat{\boldsymbol{C}}_1 = \begin{bmatrix} 0.382730 & \underline{-9.588089 \times 10^{-3}} \\ 0.156087 & -0.268142 \end{bmatrix} \end{cases} \tag{11.4.18}$$

每个子模型的残差平方和分别为

$$\begin{cases} V_1(1) = 9.011070 \\ V_2(1) = 4.926072 \end{cases} \tag{11.4.19}$$

然后建立全参数的 CARMA(2) 模型,可得它的每个子模型的残差平方和分别为

$$\begin{cases} V_1(2) = 7.661304 \\ V_2(2) = 4.218527 \end{cases} \tag{11.4.20}$$

取风险水平 $\alpha = 0.01$,对 $N=100$,查分布表可得临界值 $F_\alpha = 3.03$,而各模型的 F 值分别为

$$\begin{cases} F_1 = 2.554606 < F_\alpha \\ F_2 = 2.431990 < F_\alpha \end{cases} \tag{11.4.21}$$

因而对每个子模型拟合 ARX(1) 模型是合适的，即合适的全参数(非简练参数) 模型为 CARMA(1)。

在全参数的CARMA(1)模型中，系数阵(11.4.18)中下面画线的参数的95% 置信区间包含零点。删去这些参数后，重新用递推最小二乘法建立简练参数子模型，可得各子模型残差平方和

$$\begin{cases} V_1^-(1) = 9.224483 \\ V_2^-(1) = 5.172495 \end{cases} \tag{11.4.22}$$

进一步用 F 检验法比较简练参数与全参数的子模型，取风险水平 $\alpha = 0.01$，对 $N = 100$，查 F 分布表得 $F_\alpha > 3.5$，由此可算出

$$\begin{cases} F_1 = 0.734185 < F_\alpha \\ F_2 = 1.550751 < F_\alpha \end{cases} \tag{11.4.23}$$

因此所建立的 2 个简练参数子模型为最终被接受的模型。把它们写成向量 – 矩阵形式就得到最终被接受的简练参数多变量 CARMA(1) 模型

$$\boldsymbol{y}(k) = \hat{\boldsymbol{A}}_1\boldsymbol{y}(k-1) + \hat{\boldsymbol{B}}_1\boldsymbol{u}(k-1) + \boldsymbol{\varepsilon}(k) + \hat{\boldsymbol{C}}_1\boldsymbol{\varepsilon}(k) \tag{11.4.24}$$

式中

$$\begin{cases} \hat{\boldsymbol{A}}_1 = \begin{bmatrix} 0.482953 & 0 \\ 1.292680 & -0.400296 \end{bmatrix} \\ \hat{\boldsymbol{B}}_1 = \begin{bmatrix} 0.966308 & -0.350084 \\ 0 & 1.492530 \end{bmatrix} \\ \hat{\boldsymbol{C}}_1 = \begin{bmatrix} 0.222468 & 0 \\ 0.111053 & -0.406390 \end{bmatrix} \end{cases} \tag{11.4.25}$$

由此立即得到模型的阶和各子阶均为 1 且时滞为 1。把式(11.4.25) 中各参数矩阵的估值与式(11.4.17) 中各参数矩阵的真实值相比较，可知递推最小二乘法有较好的收敛性。

用递推最小二乘法估计CARMA模型的参数时，通常 MA 部分 $\boldsymbol{C}(z^{-1})$ 的参数估值收敛速度很慢。本节限定数据组数 $N = 100$，为了不增加数据组数而又给出模型参数较好的估值，在此例中采用了循环递推增广最小二乘法，即以递推次数 $N = 100$ 为 1 个循环，前一个循环的最终参数估值作为后一个循环的参数初始值，第 1 个循环的参数初值取为 $\hat{\boldsymbol{\theta}}_i(0) = 0$，$\boldsymbol{P}_i(0) = 10^4\boldsymbol{I}$，共进行5个循环(共递推500次)，式(11.4.25)是最终的参数估值。计算结果表明，本节中的参数估计具有一致性。

思　考　题

11.1　分析例 11.3 中 2 种定阶方法的计算结果不完全一致的原因。

11.2　以例 11.1 中的系统模型为仿真对象，利用 11.1 节中的各种定阶方法确定系统模型的阶次，并比较各种定阶方法的优缺点。

11.3　推导 11.3 节中信息压缩矩阵的递推分解算法，并编制相应的软件。

第 12 章　闭环系统辨识

在前面讨论各种辨识方法时，都是假定辨识对象是在开环条件下工作的，因此前面各章所介绍的辨识方法适用于开环系统辨识。在许多实际问题中，辨识不一定都能在开环状态下进行。例如有的系统只能在闭环条件工作，如果断开反馈通道，系统就不稳定。有的系统可能是大系统的一部分，而在这个大系统中不允许或不可能断开反馈通道，例如经济系统和生物系统等，由于它们内部存在的反馈是客观的、无法解除的，因此它们的辨识只能在有反馈作用的状态下进行。所以闭环系统辨识是一个实际上经常遇到的问题。研究闭环系统辨识时有 2 个问题必须注意：一是当系统的反馈作用不明显或隐含时，必须首先判明系统是否存在反馈，如果将存在反馈作用的系统作为开环系统进行辨识，将存在很大的辨识误差，也可能导致不可辨识；二是开环辨识方法需要附加什么样的条件才能用于闭环辨识。例如，在前面研究最小二乘法时，我们假定输入信号与输出测量噪声不相关，但在闭环条件下这个假定是不可能成立的，因为输出测量噪声通过反馈必定与输入信号相关。

本章将介绍闭环系统判别方法、闭环系统辨识条件和闭环系统辨识方法。

12.1　闭环系统判别方法

有些闭环系统的反馈作用是明显的，可以直截了当地作出判断。例如自校正控制系统，要求在闭环控制条件下辨识控制对象的参数，根据参数估值形成自校正控制律，这类系统只能在闭环条件下工作。对于导弹和航天器及控制工程中的大多数控制系统来说，系统中是否存在反馈作用都是比较明显的。但对于经济系统、社会系统和生物系统等反馈作用隐含的系统，例如载人航天中所需要的人体出汗模型，生物导弹在人体中的作用机理模型等，就难以直接判断系统中是否存在反馈作用，只有经过计算，才能作出明确判断。下面介绍 2 种常用的闭环系统判别方法。

12.1.1　谱因子分解法

对于如图 12.1 所示的确定性系统，若不能直接确定输出 $y(t)$与 $u(t)$输入之间是否存在反馈，则可以通过对输入输出数据的谱密度进行谱因子分解来确定。

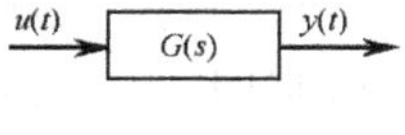

图 12.1　系统方块图

设系统的输入输出数据序列为$\{u(k)\}$和$\{y(k)\}$，$R_u(i)$ 和 $R_{uy}(i)$ 为数据的相关函数，对应的 z 变换（实际上就是数据的离散谱密度）为 $S_u(z)$ 和 $S_{uy}(z)$，当数据是平稳随

机序列时,不管系统是否存在反馈,都有关系式

$$G(z) = S_{uy}(z)S_u^{-1}(z) \tag{12.1.1}$$

式中 $G(z)$ 为系统前向通道的脉冲传递函数。

如果系统的输出与输入之间不存在反馈作用,或者说系统的输出是输入信号激励的结果,两者之间存在因果关系,则数据的离散谱密度一定可分解成

$$\begin{cases} S_u(z) = D(z)D^*(z) \\ S_{uy}(z) = B(z)D^*(z) \end{cases} \tag{12.1.2}$$

式中:$D(z)$ 是 $S_u(z)$ 的稳定可逆谱因子;$D^*(z)$ 是 $D(z)$ 的共轭形式。系统前向通道的脉冲传递函数又可表示为

$$G_+(z) = \left[S_{uy}(z)(D^*(z))^{-1}\right]_+ D(z^{-1}) \tag{12.1.3}$$

式中:$G_+(z) \triangleq \sum_{i=1}^{\infty} g_i x^{-i}$ 是 $G(z) = \sum_{i=-\infty}^{\infty} g_i z^{-i}$ 的因果截断;g_i 表示系统前向通道的脉冲响应函数。将式(12.1.2)分别代入式(12.1.1)和式(12.1.3)可得

$$G(z) = G_+(z) = B(z)D(z) \tag{12.1.4}$$

说明当系统不存在反馈作用,或者说输出与输入之间满足因果关系时,其前向通道的脉冲传递函数既可以表示成式(12.1.1),也可以表示成式(12.1.3)。式(12.1.4)表明:当时间小于0时,没有反馈作用的系统脉冲响应等于0;反之,如果系统输出与输入之间存在反馈作用,则系统前向通道的脉冲传递函数就只能表示成式(12.1.1),而不能表示成式(12.1.3)。这说明当系统存在反馈作用时,即使时间小于0,其脉冲响应也不会等于0。根据这一原理,可制定出利用谱因子分解法判别系统是否存在反馈作用的步骤。

(1)根据输入输出数据$\{u(k)\}$和$\{y(k)\}$,计算相应的离散谱密度 $S_u(z)$ 和 $S_{uy}(z)$,即

$$\begin{cases} S_u(z) = \sum_{i=-\infty}^{\infty} R_u(i)z^{-i} \\ S_{uy}(z) = \sum_{i=-\infty}^{\infty} R_{uy}(i)z^{-i} \end{cases} \tag{12.1.5}$$

式中 $R_u(i)$ 和 $R_{uy}(i)$ 为数据的相关函数。

(2)将 $S_u(z)$ 化为有理函数形式。根据式(12.1.5),由于 $R_u(i)$ 是偶函数,故 $S_u(z)$ 可写成

$$S_u(z) = \sum_{i=0}^{\infty} r_i z^{-i} + \sum_{i=0}^{\infty} r_i z^{i} \tag{12.1.6}$$

式中 $r_0 = \frac{1}{2}R_u(0)$,$r_i = R_u(i)$。上式又可化为

$$S_u(z) = \frac{P(z^{-1})}{Q(z^{-1})} + \frac{P(z)}{Q(z)} \tag{12.1.7}$$

式中多项式函数 $P(z)$ 和 $Q(z)$ 的系数可利用 Hankel 矩阵法,通过比较式(12.1.6)和式(12.1.7)z 的同次幂系数来确定。

(3)如果系统不存在反馈作用,$S_u(z)$和 $S_{uy}(z)$一定可分解为式(12.1.2)的形式,且 $B(z)$和 $D(z)$的所有极点都在 z 平面的单位圆内,否则系统必然存在反馈。其中 $B(z)$可用长除法求得

$$B(z)=S_{uy}(z)/D^*(z) \tag{12.1.8}$$

12.1.2 似然比检验法

当系统是否存在反馈作用无法明确判断时，可将系统暂时描述为

$$\begin{cases} y(k)=\dfrac{B(z^{-1})}{A(z^{-1})}u(k)+\dfrac{D(z^{-1})}{A(z^{-1})}\varepsilon(k) \\ u(k)=\dfrac{Q(z^{-1})}{P(z^{-1})}y(k)+\dfrac{E(z^{-1})}{P(z^{-1})}\upsilon(k) \end{cases} \tag{12.1.9}$$

式中：$u(k)$和$y(k)$为系统的输入输出变量；$\varepsilon(k)$和$\upsilon(k)$为噪声变量；$A(z^{-1})$，$B(z^{-1})$，$D(z^{-1})$，$P(z^{-1})$，$Q(z^{-1})$，$E(z^{-1})$均为延迟算子z^{-1}的多项式函数。如果经过计算可确认$Q(z^{-1})=0$，则可判定系统为开环系统，内部不存在反馈。

式(12.1.9)可写成

$$\begin{bmatrix} y(k) \\ u(k) \end{bmatrix}=\left[1-\frac{B(z^{-1})Q(z^{-1})}{A(z^{-1})P(z^{-1})}\right]^{-1}\begin{bmatrix} \dfrac{D(z^{-1})}{A(z^{-1})} & \dfrac{B(z^{-1})E(z^{-1})}{A(z^{-1})P(z^{-1})} \\ \dfrac{Q(z^{-1})D(z^{-1})}{P(z^{-1})A(z^{-1})} & \dfrac{E(z^{-1})}{P(z^{-1})} \end{bmatrix}\begin{bmatrix} \varepsilon(k) \\ \upsilon(k) \end{bmatrix}\triangleq$$

$$\begin{bmatrix} H_{11}(z^{-1}) & H_{12}(z^{-1}) \\ H_{21}(z^{-1}) & H_{22}(z^{-1}) \end{bmatrix}\begin{bmatrix} \varepsilon(k) \\ \upsilon(k) \end{bmatrix}\triangleq \boldsymbol{H}(z^{-1})\begin{bmatrix} \varepsilon(k) \\ \upsilon(k) \end{bmatrix} \tag{12.1.10}$$

如果系统存在反馈作用，则$H_{21}(z^{-1})=\dfrac{Q(z^{-1})D(z^{-1})}{P(z^{-1})A(z^{-1})}\neq 0$，否则$H_{21}(z^{-1})$将为0。这样就把判别系统是否存在反馈作用的问题转化为下述2个模型的选择问题，即

$$\begin{cases} \boldsymbol{H}_{\mathrm{o}}(z^{-1})=\begin{bmatrix} H_{11\mathrm{o}}(z^{-1}) & H_{12\mathrm{o}}(z^{-1}) \\ 0 & H_{22\mathrm{o}}(z^{-1}) \end{bmatrix} \\ \boldsymbol{H}_{\mathrm{c}}(z^{-1})=\begin{bmatrix} H_{11\mathrm{c}}(z^{-1}) & H_{12\mathrm{c}}(z^{-1}) \\ H_{21\mathrm{c}}(z^{-1}) & H_{22\mathrm{c}}(z^{-1}) \end{bmatrix} \end{cases} \tag{12.1.11}$$

脚标“o”和“c”分别表示系统是在开环假设或闭环假设下的模型结构。下面给出用似然比方法判断系统模型结构是$\boldsymbol{H}_{\mathrm{o}}(z^{-1})$还是$\boldsymbol{H}_{\mathrm{c}}(z^{-1})$的步骤。

(1) 在$\boldsymbol{H}_{\mathrm{o}}(z^{-1})$和$\boldsymbol{H}_{\mathrm{c}}(z^{-1})$模型结构假设下，利用系统的输入输出数据，分别获得估计模型$\hat{\boldsymbol{H}}_{\mathrm{o}}(z^{-1})$和$\hat{\boldsymbol{H}}_{\mathrm{c}}(z^{-1})$。

(2) 定义似然比函数

$$\lambda=\frac{L(\hat{\boldsymbol{\theta}}_{\mathrm{o}})}{L(\hat{\boldsymbol{\theta}}_{\mathrm{c}})} \tag{12.1.12}$$

式中：$\hat{\boldsymbol{\theta}}_{\mathrm{o}}$和$\hat{\boldsymbol{\theta}}_{\mathrm{c}}$表示模型结构分别为$\boldsymbol{H}_{\mathrm{o}}(z^{-1})$和$\boldsymbol{H}_{\mathrm{c}}(z^{-1})$时的参数估计值；$L(\cdot)$为似然函数。式(12.1.12)又等价于

$$\lambda=\left[\frac{\sigma^2(\hat{\boldsymbol{\theta}}_{\mathrm{o}})}{\sigma^2(\hat{\boldsymbol{\theta}}_{\mathrm{c}})}\right]^{\frac{N}{2}} \tag{12.1.13}$$

式中：N为数据长度；$\sigma^2(\hat{\boldsymbol{\theta}}_{\mathrm{o}})$和$\sigma^2(\hat{\boldsymbol{\theta}}_{\mathrm{c}})$表示模型结构分别为$\boldsymbol{H}_{\mathrm{o}}(z^{-1})$和$\boldsymbol{H}_{\mathrm{c}}(z^{-1})$时的输

出残差的方差。式(12.1.13)又可写为

$$\lambda = \left[1 + \frac{p_c - p_o}{N - p_c} t\right]^{\frac{N}{2}} \tag{12.1.14}$$

式中 p_o 和 p_c 代表模型结构分别为 $\boldsymbol{H}_o(z^{-1})$ 和 $\boldsymbol{H}_c(z^{-1})$ 时的参数个数,并且

$$t = \frac{\sigma^2(\hat{\boldsymbol{\theta}}_o) - \sigma^2(\hat{\boldsymbol{\theta}}_c)}{\sigma^2(\hat{\boldsymbol{\theta}}_c)} \cdot \frac{N - p_c}{p_c - p_o} \sim F(p_c - p_o, N - p_c) \tag{12.1.15}$$

当 N 充分大时,有

$$-2\ln\lambda \sim \chi^2(p_c - p_o) \tag{12.1.16}$$

(3)利用估计模型 $\hat{\boldsymbol{H}}_o(z^{-1})$ 和 $\hat{\boldsymbol{H}}_c(z^{-1})$ 计算相应的输出残差,并求出残差的方差

$$\begin{cases} \sigma^2(\hat{\boldsymbol{\theta}}_o) = \dfrac{1}{N}\sum_{k=1}^{N} e_o^2(k) \\ \sigma^2(\hat{\boldsymbol{\theta}}_c) = \dfrac{1}{N}\sum_{k=1}^{N} e_c^2(k) \end{cases} \tag{12.1.17}$$

式中 $e_o(k)$ 和 $e_c(k)$ 表示模型分别为 $\boldsymbol{H}_o(z^{-1})$ 和 $\boldsymbol{H}_c(z^{-1})$ 时的输出残差。

(4)取风险水平为 α,由F分布表查得 $t_\alpha = F_\alpha, (p_c - p_o, N - p_c)$ 由式(12.1.15)知,若 $t \leqslant t_\alpha$,则接受模型结构为 $\boldsymbol{H}_o(z^{-1})$ 的假设,说明系统不存在反馈作用,否则应接受模型结构为 $\boldsymbol{H}_c(z^{-1})$ 的假设,说明系统存在反馈作用。由式(12.1.16)知,也可以利用 χ^2 检验判断系统是否存在反馈作用。取风险水平 α,由 χ^2 分布表查得 $r_\alpha = \chi_\alpha^2(p_c - p_o)$,如果 $-2\ln\lambda \leqslant r_\alpha$,则接受模型结构为 $\boldsymbol{H}_o(z^{-1})$ 的假设,否则接受模型结构 $\boldsymbol{H}_c(z^{-1})$ 的假设。

例 12.1 已知系统模型

$$\begin{cases} y(k) = \dfrac{0.7z^{-1}}{1 + 0.9z^{-1}} u(k) + \dfrac{1 + 0.4z^{-1}}{1 + 0.6z^{-1}} \varepsilon(k) \\ u(k) = v(k) \end{cases} \tag{12.1.18}$$

式中 $\varepsilon(k) \sim N(0,1)$,$v(k) \sim N(0,0.25)$,且为互不相关的白噪声。

显然

$$\boldsymbol{H}(z^{-1}) = \begin{bmatrix} \dfrac{1 + 0.4z^{-1}}{1 + 0.6z^{-1}} & \dfrac{0.7}{1 + 0.9z^{-1}} \\ 0 & 1 \end{bmatrix} \tag{12.1.19}$$

系统无反馈作用。假设模型结构为

$$\begin{cases} \boldsymbol{H}_o(z^{-1}) = \begin{bmatrix} \dfrac{1 + b_1 z^{-1}}{1 + a_1 z^{-1}} & \dfrac{b_2 z^{-1}}{1 + a_2 z^{-1}} \\ 0 & 1 \end{bmatrix} \\ \boldsymbol{H}_c(z^{-1}) = \begin{bmatrix} \dfrac{1 + b_3 z^{-1}}{1 + a_3 z^{-1}} & \dfrac{b_4 z^{-1}}{1 + a_4 z^{-1}} \\ cz^{-1} & 1 \end{bmatrix} \end{cases} \tag{12.1.20}$$

取数据长度 $N = 200$,利用辨识方法获得估计模型为

$$\begin{cases} \hat{\boldsymbol{H}}_{\text{o}}(z^{-1}) = \begin{bmatrix} \dfrac{1+0.429z^{-1}}{1+0.610z^{-1}} & \dfrac{0.722z^{-1}}{1+0.913z^{-1}} \\ 0 & 1 \end{bmatrix} \\ \hat{\boldsymbol{H}}_{\text{c}}(z^{-1}) = \begin{bmatrix} \dfrac{1+0.414z^{-1}}{1+0.590z^{-1}} & \dfrac{0.723z^{-1}}{1+0.913z^{-1}} \\ -0.014z^{-1} & 1 \end{bmatrix} \end{cases} \tag{12.1.21}$$

然后求得 $\sigma^2(\hat{\boldsymbol{\theta}}_{\text{o}}) = 0.541$，$\sigma^2(\hat{\boldsymbol{\theta}}_{\text{c}}) = 0.544$，已知 $N = 200$，$p_{\text{o}} = 4$，$p_{\text{c}} = 5$，选取 $\alpha = 0.05$，查 F 分布表知 $t_\alpha = F_\alpha(1,195) = 3.84$，由式(12.1.15)求得 $t = 1.065 < t_\alpha$，应当接受模型为 $\boldsymbol{H}_{\text{o}}(z^{-1})$ 的假设，系统不存在反馈。若采用 χ^2 检验法，取风险水平 $\alpha = 0.05$，查 χ^2 分布表知 $r_\alpha = \chi^2(1) = 3.84$，由式(12.1.13)得 $-2\ln\lambda = 0.48 < r_\alpha$，故接受模型结构为 $\boldsymbol{H}_{\text{o}}(z^{-1})$ 的假设。2 种检验方法得出的结论均与所给的系统模型一致。

12.2 闭环系统的可辨识性概念

有些闭环系统可以辨识，而有些闭环系统不可辨识，下面用一个简单例子来说明。

例 12.2 设一闭环系统的控制对象和控制器方程分别为

$$\begin{cases} y(k) = -ay(k-1) + bu(k-1) + \varepsilon(k) \\ u(k) = dy(k) \end{cases} \tag{12.2.1}$$

式中：a 和 b 为未知参数；d 为常数；$\{\varepsilon(k)\}$ 是均值为 0 的白噪声序列。现在看一下用最小二乘法能否估计出来未知参数 a 和 b。设

$$\begin{cases} \boldsymbol{Y} = [y(1+1) \quad y(1+2) \quad \cdots \quad y(1+N)]^{\text{T}} \\ \boldsymbol{\varepsilon} = [\varepsilon(1+1) \quad \varepsilon(1+2) \quad \cdots \quad \varepsilon(1+N)]^{\text{T}} \\ \boldsymbol{\Phi} = \begin{bmatrix} -y(1) & -y(2) & \cdots & -y(N) \\ u(1) & u(2) & \cdots & u(N) \end{bmatrix}^{\text{T}} \\ \boldsymbol{\theta} = [a \quad b]^{\text{T}} \end{cases} \tag{12.2.2}$$

则

$$\boldsymbol{Y} = \boldsymbol{\Phi\theta} + \boldsymbol{\varepsilon} \tag{12.2.3}$$

$\hat{\boldsymbol{\theta}}$ 的估值为

$$\hat{\boldsymbol{\theta}} = (\boldsymbol{\Phi}^{\text{T}}\boldsymbol{\Phi})^{-1}\boldsymbol{\Phi}^{\text{T}}\boldsymbol{Y} \tag{12.2.4}$$

由于 $u(k) = dy(k)$，则

$$\boldsymbol{\Phi} = \begin{bmatrix} -y(1) & dy(1) \\ -y(2) & dy(2) \\ \vdots & \vdots \\ -y(N) & dy(N) \end{bmatrix} \tag{12.2.5}$$

$\boldsymbol{\Phi}$ 的 2 列元素线性相关，$\boldsymbol{\Phi}^{\text{T}}\boldsymbol{\Phi}$ 是奇异矩阵，用最小二乘法得不到参数 a 和 b 的估值，系统不可辨识。如果把控制器方程改为 $u(k) = dy(k-1)$，则

$$\boldsymbol{\Phi} = \begin{bmatrix} -y(1) & dy(0) \\ -y(2) & dy(1) \\ \vdots & \vdots \\ -y(N) & dy(N-1) \end{bmatrix} \tag{12.2.6}$$

$\boldsymbol{\Phi}$ 的 2 列元素线性独立，$\boldsymbol{\Phi}^{\mathrm{T}}\boldsymbol{\Phi}$ 为非奇异矩阵，用最小二乘法可得到 a 和 b 的估值，因此系统成为可辨识的了。

从这一简单例子可以看出，闭环系统的可辨识性与控制器的结构和阶次有关。当采用最小二乘法时，究竟控制器需要满足什么条件时被控对象才是可辨识的，将在后面讨论。下面就一般情况阐述闭环系统的可辨识性概念。设被辨识的闭环系统如图 12.2 所示。图中：$G(z^{-1})$ 为前向通道中控制对象的脉冲传递函数；$H(z^{-1})$ 为反馈通道中控制器的脉冲传递函数；$F_\varepsilon(z^{-1})$ 和 $F_s(z^{-1})$ 分别为前向通道噪声 $\varepsilon(k)$ 和反馈通道噪声 $s(k)$ 的滤波器；$r(k)$ 为给定的外输入信号，通常设为 0。

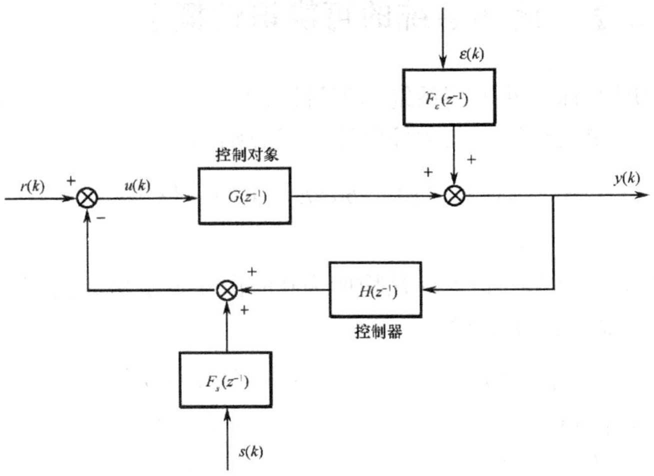

图 12.2　闭环系统方块图

设 $\boldsymbol{\theta}$ 为前向通道的参数向量，对不同的 $\boldsymbol{\theta}$ 构成一组模型类，记为 M。用 $\hat{\boldsymbol{\theta}}(N,S,M,F,L)$ 表示在模型类 M、辨识方法 F、实验条件 L 和数据长度 N 条件下，对系统 S 的辨识结果。

令

$$D_{\mathrm{T}}(S,M) = \{\hat{\boldsymbol{\theta}} \mid \hat{G}(z^{-1}) = G_0(z^{-1}), \hat{F}_\varepsilon(z^{-1}) = F_{\varepsilon 0}(z^{-1}), \text{a.s.}\} \tag{12.2.7}$$

$D_{\mathrm{T}}(S,M)$ 表示使

$$\begin{cases} \hat{G}(z^{-1}) = G_0(z^{-1}), \text{a.s.} \\ \hat{F}_\varepsilon(z^{-1}) = F_{\varepsilon 0}(z^{-1}), \text{a.s.} \end{cases} \tag{12.2.8}$$

的所有参数估计值 $\hat{\boldsymbol{\theta}}$ 的集合，式中 $G_0(z^{-1})$ 和 $F_{\varepsilon 0}(z^{-1})$ 分别表示控制对象和前向通道噪声滤波器的真实模型。于是给出闭环可辨识性的下述定义。

定义 12.1 如果

$$\hat{\boldsymbol{\theta}}(N,S,M,F,L)\xrightarrow[N\to\infty]{\text{w.p.1}} D_{\mathrm{T}}(S,M) \tag{12.2.9}$$

$$\inf_{\hat{\boldsymbol{\theta}}\in D_{\mathrm{T}}(S,M)} \left|\hat{\boldsymbol{\theta}}(N,S,M,F,L)-\boldsymbol{\theta}_0\right| \xrightarrow[N\to\infty]{\text{w.p.1}} 0 \tag{12.2.10}$$

式中 $\boldsymbol{\theta}_0$ 为前向通道真实参数向量,则称系统 S 在模型类 M、辨识方法 F 及实验条件 L 下是系统可辨识的,记作 SI(M, F, L)。

定义 12.2 如果系统 S 对一切使得 $D_{\mathrm{T}}(S,M)$ 非空的模型 M 都是 SI(M,F,L)的,则称系统 S 在辨识方法 F 和实验条件 L 下是强系统可辨识的,记作 SSI(F,L)

定义 12.3 如果系统 S 是 SI(M,F,L)的,并且 $D_{\mathrm{T}}(S,M)$ 中仅含有 1 个元素,则称系统 S 在辨识方法 F 和实验条件 L 下是参数可辨识的,记作 PI(M,F,L)。

12.3 单输入 – 单输出闭环系统辨识

12.3.1 直接辨识

设具有反馈的单输入 – 单输出离散系统如图 12.2 所示,要求在不断开反馈通道的前提下,辨识前向通道的传递函数。设前向通道和反馈通道都受到噪声干扰,并假定这 2 个噪声都是均值为 0 的白噪声且互不相关。设前向通道的差分方程为

$$y(k)=-\sum_{i=1}^{n_a}a_i y(k-i)+\sum_{i=q}^{n_b}b_i u(k-i)+\varepsilon(k) \tag{12.3.1}$$

式中:$u(k)$ 为控制量;$y(k)$ 为输出量;$\varepsilon(k)$ 是均值为 0 的白噪声序列,其分布为 $N(0,\sigma_\varepsilon^2)$。设 $r(k)=0$,反馈通道的差分方程为

$$u(k)=-\sum_{i=1}^{n_c}c_i u(k-i)+\sum_{j=p}^{n_d}d_i y(k-i)+s(k) \tag{12.3.2}$$

式中 $s(k)$ 是均值为 0 的白噪声序列,其分布为 $N(0,\sigma_s^2)$,$\varepsilon(k)$ 与 $s(k)$ 互不相关。p 和 q 分别是反馈通道和前向通道的滞后时间。

设前向通道的被估参数向量为

$$\boldsymbol{\theta}=[a_1\quad\cdots\quad a_{n_a}\quad b_q\quad\cdots\quad b_{n_b}]^{\mathrm{T}} \tag{12.3.3}$$

并设

$$\boldsymbol{\varphi}^{\mathrm{T}}(k)=[-y(k-1)\quad\cdots\quad -y(k-n_a)\quad u(k-q)\quad\cdots\quad u(k-n_b)] \tag{12.3.4}$$

则式(12.3.1) 可写为

$$y(k)=\boldsymbol{\varphi}^{\mathrm{T}}(k)\boldsymbol{\theta}+\varepsilon(k) \tag{12.3.5}$$

设已得到 $u(k)$ 和 $y(k)$ 的 $N+n_a$ 对观测值($N>n_a+n_b-q+1$),则有

$$\boldsymbol{Y}=\boldsymbol{\Phi\theta}+\boldsymbol{\varepsilon} \tag{12.3.6}$$

式中

$$\boldsymbol{Y}=\begin{bmatrix}y(k)\\y(k+1)\\\vdots\\y(k+N)\end{bmatrix},\boldsymbol{\varepsilon}=\begin{bmatrix}\varepsilon(k)\\\varepsilon(k+1)\\\vdots\\\varepsilon(k+N)\end{bmatrix}$$

$$\boldsymbol{\Phi} = \begin{bmatrix} -y(k-1) & \cdots & -y(k-n_a) & u(k-q) & \cdots & u(k-n_b) \\ -y(k) & \cdots & -y(k-n_a+1) & u(k-q+1) & \cdots & u(k-n_b+1) \\ \vdots & & \vdots & \vdots & & \vdots \\ -y(k+N-1) & \cdots & -y(k+N-n_a) & u(k+N-q) & \cdots & u(k+N-n_b) \end{bmatrix} \tag{12.3.7}$$

$\boldsymbol{\Phi}$ 为$(N+1)\times(n_a+n_b-q+1)$矩阵。矩阵的第 i 行为$\boldsymbol{\varphi}^{\mathrm{T}}(k+i-1)$。

应用最小二乘法可得 $\boldsymbol{\theta}$ 的估值为

$$\hat{\boldsymbol{\theta}} = (\boldsymbol{\Phi}^{\mathrm{T}}\boldsymbol{\Phi})^{-1}\boldsymbol{\Phi}^{\mathrm{T}}\boldsymbol{Y} \tag{12.3.8}$$

下面来看在什么条件下 $\hat{\boldsymbol{\theta}}$ 是一致性和惟一性估计。

1）估计的一致性

对于开环系统来说，如果 $\varepsilon(k)$ 是白噪声序列，则估计是一致性的。但对于闭环系统来说，虽然 $\varepsilon(k)$ 是白噪声序列，也不能保证估计是一致性的，还要考虑到 $u(k)$ 与 $y(k)$ 和 $\varepsilon(k)$ 之间的关系。$\boldsymbol{\theta}$ 的估计误差为

$$\tilde{\boldsymbol{\theta}} = \boldsymbol{\theta} - \hat{\boldsymbol{\theta}} = -(\boldsymbol{\Phi}^{\mathrm{T}}\boldsymbol{\Phi})^{-1}\boldsymbol{\Phi}^{\mathrm{T}}\varepsilon = -\left(\frac{1}{N}\boldsymbol{\Phi}^{\mathrm{T}}\boldsymbol{\Phi}\right)^{-1}\left(\frac{1}{N}\boldsymbol{\Phi}^{\mathrm{T}}\boldsymbol{\varepsilon}\right) \tag{12.3.9}$$

假定 $\lim\limits_{N\to\infty}\left(\frac{1}{N}\boldsymbol{\Phi}^{\mathrm{T}}\boldsymbol{\Phi}\right)^{-1}$ 存在，要求估计是一致性的，就是要求 $\frac{1}{N}\boldsymbol{\Phi}^{\mathrm{T}}\boldsymbol{\varepsilon}$ 的数学期望和方差都为 $\mathbf{0}$。要求 $\frac{1}{N}\boldsymbol{\Phi}^{\mathrm{T}}\boldsymbol{\varepsilon}$ 的数学期望为 $\mathbf{0}$ 即是要求

$$\lim_{N\to\infty}\left(\frac{1}{N}\boldsymbol{\Phi}^{\mathrm{T}}\boldsymbol{\varepsilon}\right) \xrightarrow{\text{w.p.1}} \mathbf{0} \tag{12.3.10}$$

$$\frac{1}{N}\boldsymbol{\Phi}^{\mathrm{T}}\boldsymbol{\varepsilon} = \frac{1}{N}\begin{bmatrix} -y(k-1) & -y(k) & \cdots & -y(k-1+N) \\ \vdots & \vdots & & \vdots \\ -y(k-n_a) & -y(k-n_a+1) & \cdots & -y(k-n_a+N) \\ u(k-q) & u(k-q+1) & \cdots & u(k-q+N) \\ \vdots & \vdots & & \vdots \\ u(k-n_b) & u(k-n_b+1) & \cdots & u(k-n_b+N) \end{bmatrix}\begin{bmatrix} \varepsilon(k) \\ \varepsilon(k+1) \\ \vdots \\ \varepsilon(k+N) \end{bmatrix} =$$

$$\begin{bmatrix} -\sum\limits_{i=0}^{N} y(k-1+i)\varepsilon(k+i) \\ \vdots \\ -\sum\limits_{i=0}^{N} y(k-n_a+i)\varepsilon(k+i) \\ \sum\limits_{i=0}^{N} u(k-q+i)\varepsilon(k+i) \\ \vdots \\ \sum\limits_{i=0}^{N} u(k-n_b+i)\varepsilon(k+i) \end{bmatrix} \tag{12.3.11}$$

因为已假定 $\varepsilon(k)$ 为不相关随机序列，$y(k)$ 只与 $\varepsilon(k)$ 及其之前的 $\varepsilon(k-1)$，$\varepsilon(k-2)$，… 有关，而与 $\varepsilon(k+1)$ 及其之后的 $\varepsilon(k+2)$，$\varepsilon(k+3)$，… 无关，所以在式(12.3.11)中，$\{y(k)\}$与$\{\varepsilon(k)\}$无关。但$\{u(k)\}$是$\{y(k)\}$的函数，因而也是$\{\varepsilon(k)\}$的函数，在什么情况下$\{u(k)\}$与$\{\varepsilon(k)\}$无关呢？由式(12.3.1)和式(12.3.2)可以看出，只要 $p>0$ 或 q

>0，即不存在瞬时反馈通道。例如 $p=1,q=0$，则 $u(k)$ 中含有 $y(k-1),y(k-2),\cdots$，$u(k)$ 与 $\varepsilon(k)$ 不相关。如果 $p=0,q=1$，则 $u(k-q)=u(k-1)$，$u(k-1)$ 中含有 $y(k-1),y(k-2),\cdots,u(k-1)$ 与 $\varepsilon(k)$ 不相关。因此，只要 $p>0$ 或 $q>0$，则 $\{u(k-q)\}$ 与 $\{\varepsilon(k)\}$ 不相关，即

$$\lim_{N\to\infty}\frac{1}{N}\boldsymbol{\Phi}^{\mathrm{T}}\boldsymbol{\varepsilon}\xrightarrow{\text{w.p.1}}\mathbf{0} \tag{12.3.12}$$

因而 $\hat{\boldsymbol{\theta}}$ 为无偏估计。

为了有一致性估计，当 $N\to\infty$ 时，$\frac{1}{N}\boldsymbol{\Phi}^{\mathrm{T}}\boldsymbol{\varepsilon}$ 的方差向量应为零向量，即 $\frac{1}{N}\boldsymbol{\Phi}^{\mathrm{T}}\boldsymbol{\varepsilon}$ 的第 j 行 $(1\leqslant j\leqslant n_a+n_b-q+1)$ 的方差 $\mathrm{Var}(\boldsymbol{h}_j)$ 应为 0。下面讨论在什么条件下 $\mathrm{Var}(\boldsymbol{h}_j)$ 为 0。由于 $\varepsilon(k)$ 和 $s(k)$ 都是均值为 0 且服从正态分布的白噪声序列，$\boldsymbol{h}_j$ 的方差可用 4 阶以下的互相关矩来表示。为了计算 $\mathrm{Var}(\boldsymbol{h}_j)$，需要用到多个随机变量乘积的数学期望计算公式。对于均值为 0 且都服从正态分布的 4 个随机变量 x_1,x_2,x_3 和 x_4 来说，其乘积的数学期望计算公式为

$$E(x_1x_2x_3x_4)=R_{12}R_{34}+R_{13}R_{24}+R_{14}R_{23} \tag{12.3.13}$$

式中 R_{ij} 为 x_i 与 x_j 的互相关矩。

对于 $1\leqslant j\leqslant n_a$，利用式(12.3.13)可得

$$\begin{aligned}\mathrm{Var}(\boldsymbol{h}_j)=&\frac{1}{N^2}\sum_{i=0}^{N}\sum_{l=0}^{N}E\{y(k-j+i)\varepsilon(k+i)y(k-j+l)\varepsilon(k+l)\}=\\&\frac{1}{N^2}\sum_{i=0}^{N}\sum_{l=0}^{N}\{R_{y\varepsilon}^2(j)+R_{y\varepsilon}(j-i+l)R_{y\varepsilon}(j+i-l)+\\&R_y(i-l)R_\varepsilon(i-l)\}=R_{y\varepsilon}^2(j)+\\&\frac{1}{N^2}\sum_{i=0}^{N}\sum_{l=0}^{N}\{R_{y\varepsilon}(j-i+l)R_{y\varepsilon}(j+i-l)+R_y(i-l)R_\varepsilon(i-l)\}\end{aligned} \tag{12.3.14}$$

在式(12.3.14)中，第 1 项 $R_{y\varepsilon}^2(j)$ 为 $y(k-j+i)$ 与 $\varepsilon(k+i)$ 的互相关函数的平方，因 $y(k-j+i)$ 与 $\varepsilon(k+i)$ 不相关，所以 $R_{y\varepsilon}^2(j)=0$。在第 2 项中，令 $i-l=\xi$，则

$$R_{y\varepsilon}(j-i+l)R_{y\varepsilon}(j+i-l)=R_{y\varepsilon}(j-\xi)R_{y\varepsilon}(j+\xi) \tag{12.3.15}$$

在上式中，不论 ξ 为何值，$j-\xi$ 和 $j+\xi$ 总有 1 个为正值，因而 $R_{y\varepsilon}(j-\xi)$ 和 $R_{y\varepsilon}(j+\xi)$ 总有 1 个为 0，所以第 2 项为 0。第 3 项中的 $R_\varepsilon(i-l)$ 只有在 $i=l$ 时 $R_\varepsilon(0)=\sigma_\varepsilon^2$，在 $i\neq l$ 时，$R_\varepsilon(i-l)=0$。因此第 3 项为

$$\frac{1}{N^2}\sum_{i=1}^{N}\sum_{l=0}^{N}R_y(i-l)R_\varepsilon(i-l)=\frac{1}{N^2}[NR_y(0)\sigma_\varepsilon^2]=\frac{1}{N}R_y(0)\sigma_\varepsilon^2 \tag{12.3.16}$$

由于闭环系统应该稳定，R_y 是有限值，当 $N\to\infty$ 时，式(12.3.16)为 0，即式(12.3.14)中的第 3 项为 0。因而对于 $1\leqslant j\leqslant n_a$，$\mathrm{Var}(\boldsymbol{h}_j)=0$。

对于 $n_a<j\leqslant n_a+n_b-q+1$，$u(k)$ 与 $\varepsilon(k)$ 之间也有同样的结果，$\mathrm{Var}(\boldsymbol{h}_j)=0$，故一致性成立。

因此，在线性系统模型中，如果前项通道噪声 $\varepsilon(k)$ 为白噪声，在前项通道或反馈通道中若 $q>0$ 或 $p>0$，亦即在回路中至少有 1 拍以上的延迟，并且闭环系统是稳定的，则用最小二乘法可得到前向通道参数的一致性估计。

2）估计的惟一性

为了使估计的惟一性成立，要求矩阵

$$\lim_{N\to\infty}\left(\frac{1}{N}\boldsymbol{\Phi}^{\mathrm{T}}\boldsymbol{\Phi}\right)\xrightarrow{\text{w.p.1}}\boldsymbol{R}_{\boldsymbol{\Phi}} \tag{12.3.17}$$

的逆存在。即 $\boldsymbol{R}_{\boldsymbol{\Phi}}^{-1}$ 存在。为了使逆阵 $\boldsymbol{R}_{\boldsymbol{\Phi}}^{-1}$ 存在，要求 $\boldsymbol{R}_{\boldsymbol{\Phi}}$ 为正定矩阵或者要求 $\boldsymbol{\Phi}$ 为满秩矩阵。

把式(12.3.1)和式(12.3.2)写成下列形式，即

$$y(k)=x(k)+\varepsilon(k) \tag{12.3.18}$$

$$u(k)=z(k)+s(k) \tag{12.3.19}$$

则 $\boldsymbol{R}_{\boldsymbol{\Phi}}$ 可表示为

$$\boldsymbol{R}_{\boldsymbol{\Phi}}=\begin{bmatrix}\boldsymbol{R}_x & \boldsymbol{R}_{xz}\\ \boldsymbol{R}_{zx} & \boldsymbol{R}_z\end{bmatrix}+\begin{bmatrix}\sigma_\varepsilon^2\boldsymbol{I} & \boldsymbol{0}\\ \boldsymbol{0} & \sigma_s^2\boldsymbol{I}\end{bmatrix} \tag{12.3.20}$$

式中 $\boldsymbol{R}_x,\boldsymbol{R}_{xz},\boldsymbol{R}_{zx},\boldsymbol{R}_z$ 为 $(n_a\times n_a)$，$n_a\times(n_b-q+1)$，$(n_b-q+1)\times n_a$，$(n_b-q+1)\times(n_b-q+1)$ 矩阵。若在前向通道和反馈通道都有噪声，即 $\sigma_\varepsilon^2>0,\sigma_s^2>0$，由于式(12.3.20)等号右边第1个矩阵是非负矩阵，第2个矩阵是正定矩阵，因此 $\boldsymbol{R}_{\boldsymbol{\Phi}}$ 为正定矩阵，$\boldsymbol{R}_{\boldsymbol{\Phi}}^{-1}$ 存在，故有惟一性估计。

下面考虑在反馈通道上没有噪声，即 $\sigma_s^2=0$ 时的情况。当 $\sigma_s^2=0$ 时有

$$\boldsymbol{R}_{\boldsymbol{\Phi}}=\begin{bmatrix}\boldsymbol{R}_x & \boldsymbol{R}_{xu}\\ \boldsymbol{R}_{ux} & \boldsymbol{R}_u\end{bmatrix}+\begin{bmatrix}\sigma_\varepsilon\boldsymbol{I} & \boldsymbol{0}\\ \boldsymbol{0} & \boldsymbol{0}\end{bmatrix}=\begin{bmatrix}\boldsymbol{R}_y & \boldsymbol{R}_{yu}\\ \boldsymbol{R}_{uy} & \boldsymbol{R}_u\end{bmatrix} \tag{12.3.21}$$

为了判别 $\boldsymbol{R}_{\boldsymbol{\Phi}}$ 是否正定，即判别 $\boldsymbol{R}_{\boldsymbol{\Phi}}^{-1}$ 是否存在，只需判别 $\boldsymbol{\Phi}$ 是否满秩，若 $\boldsymbol{\Phi}$ 满秩，则 $\boldsymbol{R}_{\boldsymbol{\Phi}}^{-1}$ 存在。由前面的研究可知

$$\boldsymbol{\Phi}=\begin{bmatrix}-y(k-1) & \cdots & -y(k-n_a) & u(k-q) & \cdots & u(k-n_b)\\ -y(k) & \cdots & -y(k-n_a+1) & u(k-q+1) & \cdots & u(k-n_b+1)\\ \vdots & & \vdots & \vdots & & \vdots\\ -y(k-1+N) & \cdots & -y(k-n_a+N) & u(k-q+N) & \cdots & u(k-n_b+N)\end{bmatrix} \tag{12.3.22}$$

另外，在式(12.3.2)中，令 $s(k)=0$ 可得

$$\begin{aligned}u(k)=&-c_1u(k-1)-c_2u(k-2)-\cdots-c_{n_c}u(k-n_c)+\\ &d_py(k-p)+\cdots+d_{n_d}y(k-n_d)\end{aligned} \tag{12.3.23}$$

由式(12.3.22)和式(12.3.23)来判别 $\boldsymbol{\Phi}$ 在什么条件下是满秩的。由式(12.3.23)可以看到，$u(k)$ 是 $u(k-1),u(k-2),\cdots,u(k-n_c),y(k-p),y(k-p-1),\cdots,y(k-n_d)$ 的线性函数，$u(k-q)$ 为 $u(k-q-1),u(k-q-2),\cdots,u(k-q-n_c),y(k-q-p),y(k-q-p-1),\cdots,y(k-q-n_d)$ 的线性函数等。为了保证估计的一致性，这里已假定 $p>0$ 或 $q>0$。为了 $\boldsymbol{\Phi}$ 满秩，$\boldsymbol{\Phi}$ 的各列要线性独立。例如，为了使 $u(k-q)$ 与 $y(k-1),y(k-2),\cdots,y(k-n_a),u(k-q-1),\cdots,u(k-n_b)$ 线性独立，要求在矩阵 $\boldsymbol{\Phi}$ 中，从 $u(k-q-1)$ 至 $u(k-n_b)$ 的项数要小于式(12.3.23)中 u 的项数 n_c，即

$$(k-q-1)-(k-n_b)+1<n_c \tag{12.3.24}$$

或

$$n_c>n_b-q$$

或者要求矩阵 $\boldsymbol{\Phi}$ 中 $y(k-n_a)$ 项的 $k-n_a>k-q-n_d$，即

$$n_d>n_a-q \tag{12.3.25}$$

只要满足式(12.3.24)或式(12.3.25)所给出的条件，则 $\boldsymbol{\Phi}$ 为满秩，$\boldsymbol{R}_{\boldsymbol{\Phi}}^{-1}$ 存在，估计是惟一的。

如果前项通道噪声 $\varepsilon(k)=0$，即 $\sigma_{\varepsilon}^2=0$，也可用同样方法进行讨论。在式(12.3.1)中，令 $\varepsilon(k)=0$ 可得

$$y(k)=-a_1y(k-1)-\cdots-a_{n_a}y(k-n_a)+b_qu(k-q)+\cdots+b_{n_b}u(k-n_b) \tag{12.3.26}$$

从上式可以看出，只有 $y(k)=0$ 时，$y(k-1),\cdots,y(k-n_a),u(k-q),\cdots,u(k-n_b)$ 才是线性相关的。由于 $y(k)$ 是一个随机序列，不可能恒为 0，因此上述数列不相关，即矩阵 $\boldsymbol{\Phi}$ 的列不相关，矩阵 $\boldsymbol{\Phi}$ 满秩，$\boldsymbol{R}_{\boldsymbol{\Phi}}^{-1}$ 存在，估计是惟一的。

对上面的讨论作一小结，可得出下面几点结论：

(1) 当 $\varepsilon(k)$ 和 $s(k)$ 都存在时，若 $p>0$ 或 $q>0$，则前向通道参数的最小二乘估计为一致性和惟一性估计；

(2) 当 $\varepsilon(k)$ 存在，$s(k)=0$ 时，若 $p>0$ 或 $q>0$，则前项通道参数的最小估计为一致性估计，当 $n_c>n_b-q$ 或 $n_d>n_a-q$ 时是惟一性估计；

(3) 当 $\varepsilon(k)=0$ 时，前向通道参数的最小二乘估计为一致性和惟一性估计；

(4) 当 $\varepsilon(k)$ 为有色噪声或虽为白色噪声但有任意特性时，用最小二乘法得不到前向通道参数的一致性估计，可用辅助变量法、广义最小二乘法等得到一致性估计。当 $s(k)=0$ 时，如果 $n_c>n_b-q$ 或 $n_d>n_a-q$，则仍为惟一性估计。

从上面的讨论可以看到，如果存在反馈噪声 $s(k)$，则闭环系统的前向通道是可辨识的，因此在辨识中最好在反馈通道加一持续激励信号。如果加激励信号会影响闭环系统的正常工作，则应选取 $n_c>n_b-q$ 或 $n_d>n_a-q$，以确保闭环系统的可辨识性。

例 12.3 设闭环系统的前向通道方程为

$$y(k)=-1.4y(k-1)-0.45y(k-2)+u(k-1)+0.7u(k-2)+\varepsilon(k)$$

设 $\varepsilon(k)$ 和 $s(k)$ 的分布律为 $N(0,1)$，计算不同反馈时的最小二乘估计。

解 因 $q=1$，故估计是一致性的。经过2000次递推最小二乘法计算，得到表 12.1 所列结果。

表 12.1 例 12.3 闭环系统不同反馈时的最小二乘估计结果

反馈通道 \ 估值 \ 参数真值	a_1	a_2	b_1	b_2
	-1.4	-0.45	1.0	0.7
$u(k)=0.33y(k)+0.033y(k-1)-0.4y(k-2)$ $s(k)\neq 0$	-1.4014	-0.4461	0.9857	0.7147
$u(k)=0.33y(k)+0.033y(k-1)-0.4y(k-2)$ $s(k)=0$	-1.4213	-0.4709	1.0288	0.7297
$u(k)=y(k)+0.2y(k-1)$ $s(k)\neq 0$	-1.4117	-0.4790	0.9982	0.7297
$u(k)=y(k)+0.2y(k-1)$ $s(k)=0$	0.1408	-0.1920	0.3214	0.6827

由表 12.1 可看到：在第 1 种情况下，$n_d=2>n_a-q=2-1$，并且 $s(k)\neq 0$，估计是一致性和惟一性的，得到了正确的估值；在第 2 种情况下，$n_d=2>n_a-q=2-1$，虽

然 $s(k)=0$,估计仍有惟一性,得到了正确的估值;在第3种情况下,虽然不满足 $n_d > n_a - q$ 的条件,但由于 $s(k)\neq 0$,估计仍有惟一性,得到了正确的估值;在第4种情况下,条件 $n_d > n_a - q$ 不满足,且 $s(k)=0$,估计不具有惟一性,可收敛于不同的值,估计结果与真值相差很大。

12.3.2 间接辨识

设系统方块图如图12.2所示,令 $r(k)=0, s(k)=0$。前向通道和反馈通道方程如式(12.3.1)和式(12.3.2)所示,为了方便起见,令式(12.3.1)中的 $n_a=n, q=1, n_b=n$,式(12.3.2)中的 $n_c=m, p=0, n_d=m$,则有

$$a(z^{-1}) = 1 + a_1 z^{-1} + \cdots + a_n z^{-n} \tag{12.3.27}$$

$$b(z^{-1}) = b_1 z^{-1} + \cdots + b_n z^{-n} \tag{12.3.28}$$

$$c(z^{-1}) = 1 + c_1 z^{-1} + \cdots + c_m z^{-m} \tag{12.3.29}$$

$$d(z^{-1}) = d_0 + d_1 z^{-1} + \cdots + d_m z^{-m} \tag{12.3.30}$$

式中:$a_1,\cdots,a_n,b_1,\cdots,b_n$ 为待估计参数;$c_1,\cdots,c_m,d_0,\cdots,d_m$ 都是给定值。

系统从干扰 $\varepsilon(k)$ 到输出 $y(k)$ 的闭环传递函数为

$$\frac{y(k)}{\varepsilon(k)} = \frac{c(z^{-1})}{a(z^{-1})c(z^{-1}) + b(z^{-1})d(z^{-1})} = \frac{c(z^{-1})}{p(z^{-1})} \tag{12.3.31}$$

式中

$$p(z^{-1}) = a(z^{-1})c(z^{-1}) + b(z^{-1})d(z^{-1}) = 1 + p_1 z^{-1} + \cdots + p_{n+m} z^{-(n+m)} \tag{12.3.32}$$

为了使闭环系统可辨识,首先要求闭环系统稳定,因为只有闭环系统稳定,输出 $y(k)$ 才可能是平衡随机过程。以

$$p(z^{-1})y(k) = c(z^{-1})\varepsilon(k) \tag{12.3.33}$$

为数学模型,用最小二乘法或极大似然法可求得 $p(z^{-1})$ 的估计 $\hat{p}(z^{-1})$,根据 $\hat{p}(z^{-1})$ 可求出 $a(z^{-1})$ 和 $b(z^{-1})$ 中的参数。

把 $a(z^{-1}), b(z^{-1}), c(z^{-1})$ 和 $d(z^{-1})$ 代入 $p(z^{-1})$ 的表达式(12.3.32),式中的 $p(z^{-1})$ 用 $\hat{p}(z^{-1})$ 代替,可得

$$\begin{aligned}&(1 + a_1 z^{-1} + \cdots + a_n z^{-n})(1 + c_1 z^{-1} + \cdots + c_m z^{-m}) + (b_1 z^{-1} + \cdots + b_n z^{-n}) \times \\ &\quad (d_0 + d_1 z^{-1} + \cdots + d_m z^{-m}) = 1 + \hat{p}_1 z^{-1} + \cdots + \hat{p}_{n+m} z^{-(n+m)}\end{aligned} \tag{12.3.34}$$

比较式(12.3.34)等号两边 z^{-1} 同次项的系数,可得

$$\begin{cases} a_1 + b_1 d_0 = \hat{p}_1 - c_1 \\ a_1 c_1 + a_2 + b_1 d_1 + b_2 d_0 = \hat{p}_2 - c_2 \\ a_1 c_2 + a_2 c_1 + a_3 + b_1 d_2 + b_2 d_1 + b_3 d_0 = \hat{p}_3 - c_3 \\ \qquad \vdots \\ a_1 c_{m-1} + \cdots + a_m + b_1 d_{m-1} + \cdots + b_m d_0 = \hat{p}_m - c_m \\ \qquad \vdots \\ a_n c_m + b_n d_m = \hat{p}_{n+m} \end{cases} \tag{12.3.35}$$

上述方程组可写成向量 – 矩阵形式

$$
\begin{bmatrix}
1 & & & & & d_0 & & & & \\
c_1 & 1 & & & & d_1 & d_0 & & & \\
c_2 & c_1 & 1 & & & d_2 & d_1 & d_0 & & \\
\vdots & \vdots & \vdots & \ddots & & \vdots & \vdots & \vdots & \ddots & \\
c_m & c_{m-1} & c_{m-2} & & 1 & d_m & d_{m-1} & d_{m-2} & & d_0 \\
 & c_m & c_{m-1} & & \vdots & & d_m & d_{m-1} & & \vdots \\
 & & c_m & \ddots & \vdots & & & d_m & & \vdots \\
 & & & \ddots & c_{m-1} & & & & \ddots & d_{m-1} \\
 & & & & c_m & & & & & d_m
\end{bmatrix}
\begin{bmatrix} a_1 \\ a_2 \\ \vdots \\ a_n \\ b_1 \\ b_2 \\ \vdots \\ b_n \end{bmatrix}
=
\begin{bmatrix} \hat{p}_1 - c_1 \\ \hat{p}_2 - c_2 \\ \vdots \\ \hat{p}_m - c_m \\ \hat{p}_{1+m} \\ \hat{p}_{2+m} \\ \vdots \\ \hat{p}_{n+m} \end{bmatrix}
\tag{12.3.36}
$$

令上述方程组的系数矩阵为 $\boldsymbol{S}$，参数向量为 $\boldsymbol{\theta}$，方程组右端向量为 $\hat{\boldsymbol{P}}$，则式(12.3.36)可写为

$$\boldsymbol{S\theta} = \hat{\boldsymbol{P}} \tag{12.3.37}$$

当矩阵 $\boldsymbol{S}$ 的秩为 $2n$ 时，$\boldsymbol{\theta}$ 有惟一的最小二乘解

$$\hat{\boldsymbol{\theta}} = (\boldsymbol{S}^{\mathrm{T}}\boldsymbol{S})^{-1}\boldsymbol{S}^{\mathrm{T}}\hat{\boldsymbol{P}} \tag{12.3.38}$$

因此 $\boldsymbol{S}$ 的行数应等于或大于 $2n$，也就是要求多项式 $c(z^{-1})$ 和 $d(z^{-1})$ 的阶至少都应等于 n。由此可见，闭环系统的可辨识条件为反馈通道中调节器的阶应至少等于 n。

按上述分析方法，可分析 $a(z^{-1})$，$b(z^{-1})$，$c(z^{-1})$ 和 $d(z^{-1})$ 有不同阶时的可辨识条件。

12.4 多输入－多输出闭环系统的辨识

由于开环多输入－多输出系统的辨识已很复杂，闭环多输入－多输出系统的辨识就更复杂。从理论上来说，对闭环多输入－多输出系统有几种不同的辨识方法，例如自回归模型辨识法、谱分解辨识法、更换反馈矩阵辨识法等。在此仅讨论自回归模型辨识法和更换反馈矩阵辨识法，对于谱分解等其它辨识方法可参考有关资料，受篇幅限制此处不再讨论。下面先讨论自回归模型辨识法。

12.4.1 自回归模型辨识法

系统模型方块图如图 12.3 所示。前向通道和反馈通道都采用脉冲响应矩阵来描述，分别由有色噪声来驱动。

设前向通道的差分方程为

$$\boldsymbol{y}(k) = \sum_{s=1}^{M} \boldsymbol{G}_s \boldsymbol{u}(k-s) + \boldsymbol{v}(k) \tag{12.4.1}$$

式中 $\boldsymbol{y}(k)$ 为 m 维输出向量，且

$$\boldsymbol{y}(k) = [y_1(k) \quad y_2(k) \quad \cdots \quad y_m(k)]^{\mathrm{T}} \tag{12.4.2}$$

$\boldsymbol{u}(k)$ 为 r 维控制向量，且

$$\boldsymbol{u}(k) = [u_1(k) \quad u_2(k) \quad \cdots \quad u_r(k)]^{\mathrm{T}} \tag{12.4.3}$$

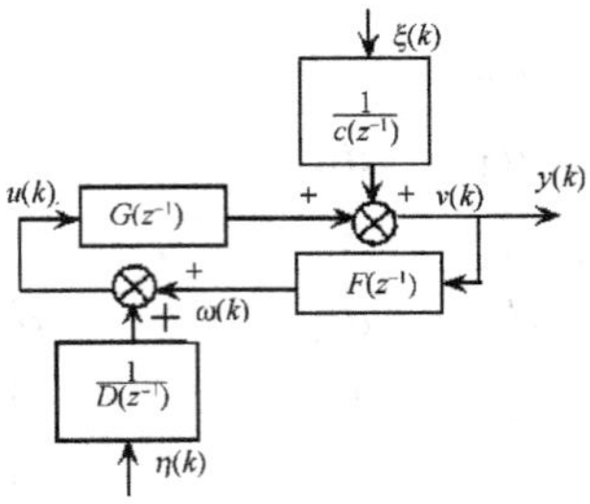

图 12.3　多输入－多输出闭环系统方块图

噪声 $\boldsymbol{\upsilon}(k)$ 为 m 维向量，且

$$\boldsymbol{\upsilon}(k) = [\upsilon_1(k) \quad \upsilon_2(k) \quad \cdots \quad \upsilon_m(k)]^{\mathrm{T}} \tag{12.4.4}$$

$\boldsymbol{G}_s$ 为 $m \times r$ 矩阵。$\boldsymbol{\upsilon}(k)$ 可用自回归模型来描述，即

$$\boldsymbol{\upsilon}(k) = \sum_{l=1}^{L} \boldsymbol{C}_l \boldsymbol{\upsilon}(k-l) + \boldsymbol{\xi}(k) \tag{12.4.5}$$

式中：$\boldsymbol{\xi}(k)$ 是 m 维正态分布白噪声向量；$\boldsymbol{C}_l$ 是 $m \times m$ 矩阵。

考虑到式(12.4.5)，可把式(12.4.1)扩写成

$$\boldsymbol{y}(k) - \sum_{l=1}^{L} \boldsymbol{C}_l \boldsymbol{y}(k-l) = \sum_{s=1}^{M} \boldsymbol{G}_s \left[\boldsymbol{u}(k-s) - \sum_{l=1}^{L} \boldsymbol{C}_l \boldsymbol{u}(k-s-l) \right] + \boldsymbol{\upsilon}(k) - \sum_{l=1}^{L} \boldsymbol{C}_l \boldsymbol{\upsilon}(k-l) \tag{12.4.6}$$

把式(12.4.5)代入式(12.4.6)，经过整理可得

$$\boldsymbol{y}(k) = \sum_{l=1}^{L} \boldsymbol{C}_l \boldsymbol{y}(k-l) + \sum_{s=1}^{M+L} \widetilde{\boldsymbol{G}}_s \boldsymbol{u}(k-s) + \boldsymbol{\xi}(k) \tag{12.4.7}$$

当 $l > L$ 时，$\boldsymbol{C}_l = \boldsymbol{0}$。$\widetilde{\boldsymbol{G}}_s$ 是 $m \times r$ 矩阵，并且

$$\begin{cases} \widetilde{\boldsymbol{G}}_1 = \boldsymbol{G}_1 \\ \widetilde{\boldsymbol{G}}_s = \boldsymbol{G}_s - \sum_{l=1}^{s-1} \boldsymbol{C}_l \boldsymbol{G}_{s-l}, s = 2,3,\cdots,M+L \end{cases} \tag{12.4.8}$$

设反馈通道的差分方程为

$$\boldsymbol{u}(k) = \sum_{s=1}^{M} \boldsymbol{F}_s \boldsymbol{y}(k-s) + \boldsymbol{\omega}(k) \tag{12.4.9}$$

式中：$\boldsymbol{F}_s$ 为 $r \times m$ 矩阵；$\boldsymbol{\omega}(k)$ 为 r 维噪声。$\boldsymbol{\omega}(k)$ 可用自回归模型来描述，即

$$\boldsymbol{\omega}(k) = \sum_{l=1}^{L} \boldsymbol{D}_l \boldsymbol{\omega}(k-l) + \boldsymbol{\eta}(k) \tag{12.4.10}$$

式中：$\boldsymbol{\eta}(k)$ 为 r 维正态白噪声；$\boldsymbol{D}_l$ 为 $r \times r$ 矩阵。与式(12.4.7)的推导过程类似，可由式(12.4.9)和式(12.4.10)得

$$\boldsymbol{u}(k) = \sum_{l=1}^{L} \boldsymbol{D}_l \boldsymbol{u}(k-l) + \sum_{s=1}^{M+L} \widetilde{\boldsymbol{F}}_s \boldsymbol{y}(k-s) + \boldsymbol{\eta}(k) \tag{12.4.11}$$

式中

$$\begin{cases} \widetilde{\boldsymbol{F}}_1 = \boldsymbol{F}_1 \\ \widetilde{\boldsymbol{F}}_s = \boldsymbol{F}_s - \sum_{l=1}^{s-1} \boldsymbol{D}_l \boldsymbol{F}_{s-l}, s = 2,3,\cdots,M+L \end{cases} \tag{12.4.12}$$

自回归模型辨识法的实质是把不可观测的外部噪声 $\boldsymbol{\omega}(k)$ 和 $\boldsymbol{v}(k)$ 当成系统的输入，把 $\boldsymbol{u}(k)$ 和 $\boldsymbol{y}(k)$ 组成一个新的观测向量，把式(12.4.7)和式(12.4.12)合在一起组成自回归模型。设

$$\boldsymbol{x}(k) = \begin{bmatrix} \boldsymbol{y}(k) \\ \boldsymbol{u}(k) \end{bmatrix}, \boldsymbol{\varepsilon}(k) = \begin{bmatrix} \boldsymbol{\xi}(k) \\ \boldsymbol{\eta}(k) \end{bmatrix}$$

则可得

$$\boldsymbol{x}(k) = \sum_{s=1}^{L+M} \boldsymbol{A}(s) \boldsymbol{x}(k-s) + \boldsymbol{\varepsilon}(k) \tag{12.4.13}$$

式中

$$\boldsymbol{A}(s) = \begin{bmatrix} \boldsymbol{C}_s & \widetilde{\boldsymbol{G}}_s \\ \widetilde{\boldsymbol{F}}_s & \boldsymbol{D}_s \end{bmatrix} \tag{12.4.14}$$

当 $s > L$ 时，$\boldsymbol{C}_s = \boldsymbol{0}, \boldsymbol{D}_s = \boldsymbol{0}$。根据式(12.4.13)，可用最小二乘法求出 $\boldsymbol{A}(s)$。

由于多输入－多输出反馈系统的辨识很复杂，到目前为止，利用自回归模型辨识法时，还不能像单输入－单输出反馈系统那样给出可辨识条件。

下面讨论多次转换反馈通道传递函数矩阵的闭环辨识方法，用这种方法可给出多输入－多输出反馈系统的可辨识条件。

12.4.2 更换反馈矩阵辨识法

设系统方块图如图 12.4 所示。$\boldsymbol{F}(z^{-1})$ 为已知，$\boldsymbol{G}(z^{-1})$ 和 $\boldsymbol{C}(z^{-1})$ 的系数待求。$\boldsymbol{y}(k)$ 为 m 维向量，$\boldsymbol{u}(k)$ 为 r 维向量。

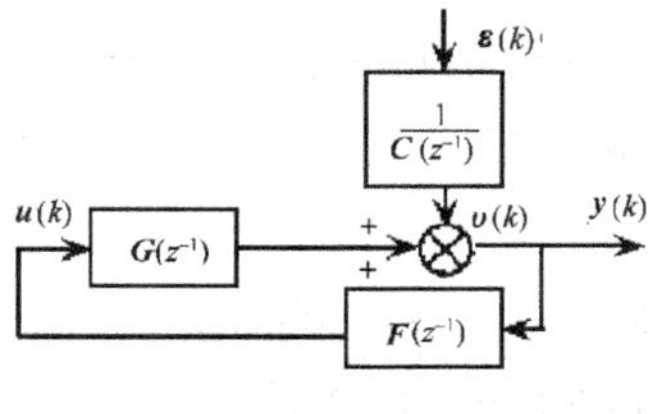

图 12.4　系统方块图

设 $\boldsymbol{F}(1), \boldsymbol{F}(2), \cdots, \boldsymbol{F}(l)$ 为不同的反馈通道传递函数矩阵，$\boldsymbol{M}$ 为从 $\boldsymbol{\varepsilon}(k)$ 到 $\boldsymbol{y}(k)$ 的闭环传递函数矩阵。当使用第 i 个反馈通道传递函数矩阵时，$\boldsymbol{F} = \boldsymbol{F}(i)$，这时的闭环传递函数矩阵记为 $\boldsymbol{M}(i)$，经过辨识，可得 $\boldsymbol{M}(i)$ 的估计 $\hat{\boldsymbol{M}}(i)$。闭环系统传递函数矩阵为

$$\boldsymbol{M} = [\boldsymbol{I} - \boldsymbol{GF}]^{-1} \boldsymbol{C}^{-1} \tag{12.4.15}$$

或

$$\boldsymbol{M}=[\boldsymbol{I}-\boldsymbol{G}\boldsymbol{F}(i)]^{-1}\boldsymbol{C}^{-1}, i=1,2,\cdots,l \tag{12.4.16}$$

为了研究闭环系统可辨识条件,把式(12.4.16)改写成

$$\boldsymbol{M}^{-1}(i)=\boldsymbol{C}[\boldsymbol{I}-\boldsymbol{G}\boldsymbol{F}(i)] \tag{12.4.17}$$

以及

$$[\boldsymbol{M}^{-1}(1) \quad \boldsymbol{M}^{-1}(2) \cdots \boldsymbol{M}^{-1}(l)]=[\boldsymbol{C} \ \boldsymbol{C}\boldsymbol{G}]\begin{bmatrix} \boldsymbol{I} & \boldsymbol{I} & \cdots & \boldsymbol{I} \\ -\boldsymbol{F}(1) & -\boldsymbol{F}(2) & \cdots & -\boldsymbol{F}(l) \end{bmatrix} \tag{12.4.18}$$

为了能从式(12.4.18)解出 $\boldsymbol{C}$ 和 $\boldsymbol{C}\boldsymbol{G}$,即求出 $\boldsymbol{C}$ 和 $\boldsymbol{G}$,要求

$$\operatorname{rank}\begin{bmatrix} \boldsymbol{I} & \boldsymbol{I} & \cdots & \boldsymbol{I} \\ -\boldsymbol{F}(1) & -\boldsymbol{F}(2) & \cdots & -\boldsymbol{F}(l) \end{bmatrix}=r+m \tag{12.4.19}$$

式(12.4.19)即是闭环系统可辨识的充分条件。

为了使充分条件式(12.4.19)成立,式中矩阵的列 lm 应不小于其行数 $r+m$。因此,反馈调节器 $\boldsymbol{F}(i)$ 的个数 l 应满足

$$l \geqslant 1+\frac{r}{m} \tag{12.4.20}$$

当输入 $\boldsymbol{u}(k)$ 和输出 $\boldsymbol{y}(k)$ 的维数相同时,$m=r$,则 $l=2$ 就可以了,这时式(12.4.19)所示条件简化为

$$\det[\boldsymbol{F}(1)-\boldsymbol{F}(2)] \neq 0 \tag{12.4.21}$$

如果选用 2 个对角线比例控制规律

$$\boldsymbol{F}(1)=\operatorname{diag}[k_1(1) \quad k_2(1) \quad \cdots \quad k_r(1)] \tag{12.4.22}$$

$$\boldsymbol{F}(2)=\operatorname{diag}[k_1(2) \quad k_2(2) \quad \cdots \quad k_r(2)] \tag{12.4.23}$$

且 $k_i(1) \neq k_i(2), i=1,2,\cdots,r$,则式(12.4.19)所示条件很容易得到满足。

例 12.4 设单输入–单输出系统为

$$y(k)-1.5y(k-1)+0.7y(k-2)=u(k-1)+0.5u(k-2)+\varepsilon(k) \tag{12.4.24}$$

式中 $\{\varepsilon(k)\}$ 是 $N(0,1)$ 白噪声序列。选取参数辨识模型为

$$y(k)+\hat{a}_1 y(k-1)+\hat{a}_2 y(k-2)=\hat{b}_1 u(k-1)+\hat{b}_2 u(k-2)+\varepsilon(k) \tag{12.4.25}$$

如果系统不加控制信号,即 $u(k)=0$,$y(k)$ 的方差为 8.854。如果系统的控制信号为

$$u(k)=-0.2y(k) \tag{12.4.26}$$

则 $y(k)$ 的方差为 5.807,这是最小方差。

控制对象和调节器的阶不满足上一节中式(12.3.24)和式(12.3.25)所给出的条件,因此参数估计不是惟一的,估计结果如表 12.2 所列,显然其参数估计值不可信。

如果采用 2 个周期性转换的调节规律

$$\begin{cases} u^{(1)}(k)=-0.2y(k) \\ u^{(2)}(k)=-0.1y(k) \end{cases} \tag{12.4.27}$$

就能很好地辨识参数,辨识结果如表 12.2 所示。表中所有辨识结果均利用了 2000 个采样

数据。式(12.4.27)中,调节规律 $u^{(1)}(k)$ 和 $u^{(2)}(k)$ 各占转换周期的一半。从表 12.2 可以看出,采用转换规律的方法,闭环系统的辨识效果是比较好的。如果不允许转换调节规律,就不能利用这种方法来辨识闭环系统。

表 12.2 例 12.4 闭环系统辨识结果

参 数	真 值	按式(12.4.26)调节规律直接辨识	按式(12.4.27)调节规律直接辨识	按式(12.4.27)调节规律间接辨识
a_1	-1.5	5.03	-1.508 ± 0.044	-1.514 ± 0.044
a_2	0.70	-6.06	0.713 ± 0.044	0.718 ± 0.044
b_1	1.00	-31.79	0.90 ± 0.21	0.94 ± 0.21
b_2	0.05	34.42	0.53 ± 0.21	0.50 ± 0.21

思 考 题

12.1 设闭环系统前向通道模型为

$$y(k) = -1.4y(k-1) - 0.45y(k-2) + u(k-1) + 0.7u(k-2) + \varepsilon(k)$$

式中 $\varepsilon(k)$ 是服从正态分布 $N(0,1)$ 的白噪声。取反馈控制信号为

(1) $u(k) = 1.2y(k)$;

(2) $u(k) = y(k) + 0.2y(k-1)$;

(3) $u(k) = 0.33y(k) + 0.033y(k-1) - 0.4y(k-2)$。

在反馈通道噪声 $s(k) = 0$ 和 $s(k) \neq 0$ 2种情况下,利用递推最小二乘法辨识闭环系统前向通道的模型参数。

12.2 对于例 12.3 所给出的系统前向通道方程和反馈控制规律,在相同条件下,利用间接辨识法计算不同反馈时的前向通道模型参数的最小二乘法估值,并与直接辨识法计算结果进行比较。

第 13 章　系统辨识在飞行器参数辨识中的应用

13.1　引　言

飞行器是个极其复杂的系统,飞行器研制是包括设计、试制、试验、定型、生产的庞大系统。飞行器设计包括外形设计、结构设计、控制系统设计、制导系统设计、动力系统设计、供电系统设计等。设计应确保飞行器有足够的刚度、强度、热防护性能、飞行稳定性、飞行品质和作战性能,并应考虑经济性和可维护性。在飞行器的方案设计阶段、初步设计阶段和型号设计阶段,都必须建立各个分系统具有不同的近似程度、反映系统不同侧面的数学模型,进行系统的分析和系统仿真,以确保整个系统的性能达到战术技术指标,满足设计技术要求。为了确保建立正确的系统数学模型,在不同设计、试制、试验阶段,要进行多次分系统和全系统的试验,包括在地面缩比尺度的模型试验、地面全尺寸的模拟试验、空中缩比模型试验和全尺寸飞行器的飞行试验,利用这些试验的实测数据,通过系统辨识,建立飞行器各分系统的数学模型是飞行器研制过程中有力的工具。

13.1.1　气动力参数辨识

在飞行器系统仿真中,气动力数学模型是仿真软件的关键,模型正确与否决定着仿真系统的置信度。大气层内飞行器的飞行轨迹、飞行稳定性、机动性和可控性都取决于飞行器所承受的气动力。

气动力数学模型是建立作用于飞行器的空气动力(升力、阻力、侧向力、俯仰、偏航和滚转气动力矩)与飞行器运动状态参数(速度、角速度、攻角、侧滑角、飞行高度等)和控制输入(升降舵、副翼、方向舵及各控制舵面的偏转角等)之间的解析关系式。数学模型的参变量采用满足相似律的无量纲参数表示。

气动力参数辨识通过假设飞行器是刚体动力学系统,其状态方程满足牛顿第二定律,因此试验时观测量是反映质心运动和绕质心转动的物理量。对于在风洞中和导弹靶的缩比模型自由飞,观测量是模型质心的位置和模型相对于地球坐标系的姿态角;对于飞行试验,观测量常常是过载和角速度。也可测量质心位置和姿态角,有时还测量攻角、侧滑角等。

气动力参数辨识是飞行器系统辨识中发展最成熟的一个领域,已成功地应用于飞机、战术导弹、战略导弹,并拓展应用到其它运动体,例如水雷的水动力参数识别。目前,国内外各主要飞行器设计部都开发了自己的气动参数辨识软件包,其中应用最广泛的有最大似然法、增广的广义卡尔曼滤波法,还有分割辨识法和建模估计法。已发展了适用于不同观测噪声和过程噪声特性的辨识算法,正在发展非线性系统、带有迟滞效应的非定常气动力数学模型。

13.1.2 气动热参数辨识

超高声速飞行器再入大气层时，表面形成高达几千摄氏度的等离子气体层，热防护设计成了再入体设计中的关键课题。特别是再入飞船的最大热流量发生在非平衡气流区域，非平衡气流的计算和直接测量在理论上和地面模拟都不很成熟。因此，从飞行试验数据辨识气动热参数更显出其重要性。

气动热流辨识是在已知导热系数的条件下通过测量飞行器内部温度历程数据，辨识飞行器表面气动加热的热流参数和热流历程；也可以通过测量表面热流和内部温度历程，辨识飞行器材料的导热系数。在某些条件下，也可以通过测量温度的分布和温度历程，辨识热流和导热系数。它可以是参数估计，也可以是函数估计问题。热传导问题是个分布参数系统问题，热传导方程是含有时间和空间自变量的偏微分方程组。气动热流辨识是个在偏微分方程组约束下的泛函极值问题，而且是数学病态问题。除了极简单的一元线性热传导问题的特定情况有解析解外，通常要求采用有限差分法、有限元法或有限体积法求解偏微分方程并进行极值的迭代求解，其计算比气动参数辨识复杂得多。

飞行器气动热辨识的试验主要是在地面的电弧加热器上进行缩比模型试验，通常测量的是热流或温度。飞行试验时，由于飞行器外壁处于高温状态无法测量热流，因此仅测量飞行器内各层温度历程。再入体防热材料的导热系数很小，内壁温升很小，为获得较多热流信息，需要在飞行器壁上嵌装特殊设计的温度传感器。

当系统的物性参数与温度无关时，系统是线性的，已发展了较成熟的热流辨识算法，不仅可作参数估计，而且可进行函数估计，特定条件下还有解析解。当系统物性参数与温度有关时，热流辨识成了非线性辨识问题，虽已发展了特定函数法和正则化法等算法，但还有待于改进。

13.1.3 结构动力学参数辨识

飞行器的弹性振动频率、振型和形变直接影响飞行器的结构稳定性、运动稳定性和控制系统的设计，建立正确的飞行器结构动力学数学模型是飞行器研制中的一个重要课题。

弹性飞行器的结构动力学状态方程是偏微分方程组，故结构动力学参数辨识也是分布参数系统辨识。分布参数难于直接进行辨识，通常采用系统的固有频率和固有振型建立相应的常微分方程型的动力学方程组，将结构动力学参数辨识化为辨识振型、频率、阻尼、刚度矩阵、质量矩阵和结构动态载荷等参数。振型、频率和阻尼等模态参数可以直接采用相应动力学方程组从试验测量的传递函数辨识求得。但刚度矩阵、质量矩阵等结构物理参数若直接采用结构力学方程组进行辨识，误差很大。目前的做法是，应用有限元法求解结构力学方程组得到刚度矩阵和质量矩阵的理论结果，然后采用系统辨识技术，通过结构振动试验，以质量阵正交性条件、刚度阵对称性条件和系统特征方程作为约束条件，辨识有限元理论模型的刚度矩阵和质量矩阵的修正量。

飞行器结构动力学试验先进行地面上结构参数相似的缩比模型试验、全尺寸的部件试验、全机(弹)结构振动试验，最后经过飞行试验验证。试验时测量参数包括振动位移、速度、加速度、角速度及应变。结构动力学参数辨识包括结构模态参数辨识(辨识振型、频率和阻尼)、动态载荷辨识(辨识结构的动载荷)和结构物理参数辨识(辨识系统的刚度矩阵、质量矩阵和阻尼矩阵)三部分。结构模态参数辨识发展得比较成熟,已在大型运载火箭和飞机的地面试验获取有用数据,并成功地用大型飞机的飞行试验数据辨识各阶振动频率和振型;动态载荷辨识已形成较完备的理论体系并在飞行器设计中得到了应用;结构物理参数辨识仍处于理论研究阶段,有待于进一步开发应用。

13.1.4 液体晃动模态参数辨识

大型液体火箭贮箱内液体晃动形成的附加力矩曾导致飞行运动不稳定而坠毁;空间站姿态角微调发动机的燃料晃动与控制系统耦合也将导致姿态角振动而消耗燃料,减少使用寿命。建立不同贮箱下液体晃动的正确数学模型是飞行器研制中必须解决的问题。对于形状复杂、有隔板和挡板的贮箱的正确数学模型主要是通过试验、辨识确定的。

理论分析和实验表明,贮箱内的液体晃动等价于几个相互独立的"弹簧－质量－阻尼器"和"单摆－阻尼器"的等效力学系统的振动。液体晃动模态辨识就是通过试验辨识等效力学模型的质量、频率和阻尼的。晃动试验可用满足相似律准则的缩尺模型和全尺寸贮箱进行,试验时采用应变式测力计和压电式力传感器测量晃动引起的力和力矩。等效力学系统的液体晃动模态参数辨识方法已发展成熟并已用于型号研制中。晃动阻尼是飞行器贮箱设计中最关心的参数,它与挡板、隔板有关,随晃动振幅呈非线性关系,非线性阻尼辨识算法还在进一步发展中。

大型液体火箭贮箱、传输管道、喷管的弹性振动和液体传输的耦合振动可能导致火箭纵向结构振动,形成跷振现象。建立跷振的数学模型,辨识其中的关键参数也是飞行器系统辨识的一个应用,这一领域的工作还处于开发阶段。

13.1.5 惯性仪表误差系数辨识

洲际导弹的落点精度主要取决于导弹主动段火箭停火点状态参数的误差。导致停火点参数误差的主要因素是惯性制导系统惯性仪表的测量误差。建立惯性仪表误差系数的正确数学模型,可以实时校正关机点参数,提高导弹命中精度,故惯性仪表误差系数辨识是系统辨识在飞行器研制中的一个重要应用。

惯性仪表误差系数数学模型是建立误差系数和飞行器状态参数及其导数的关系式。其辨识建模的基本思想是利用弹上遥测系统和外测(雷测、光测)系统 2 种测量手段同时测量飞行状态参数之差进行误差系数辨识。遥测系统采用惯性仪表进行测量,其测量值含有惯性仪表与飞行状态参数有关的系统误差和测量随机误差。外测的测量误差与飞行状态参数关系很小,主要是测量随机误差,故遥测值与外测值之差可以作为辨识惯性仪表误差系数的信息源。目前还没有找到误差系数与状态参数之间的物理定律,无法建立状态方程,误差系数辨识是作为黑箱问题处理的,目前其候选数学模型取为多项式模型集,通过 F 检验和主成分分析法等确定数学模型构式,再进行参数估计。由于各误差系数相关性较强,为提高辨识准度可采用特别设计的飞行弹道。此问题并没有很好解决,可望通过建立惯性仪表的数学模型而开发出更有效的方法。

13.2 极大似然法辨识导弹导引头噪声模型

为了适应现代战场环境,新一代空空导弹必须在复杂的气象条件、光电对抗环境、不同的发射条件下,都具有很高的制导精度。在进行这种先进的导引头研究、试验和评估的过程中,要求提供相应的环境条件,但在当前技术水平下,半实物仿真实验室还不能逼真地模拟。主要原因是目标、背景及人为干扰特性所依赖的模型很难从理论上导出。

导弹导引头系统系留试验,是将导引头系统挂装在飞机上,在空中进行实际目标跟踪试验。通过对试验结果分析,可以进一步了解导引头在空中的性能。因为该方法使用的是真实导引头,并且在空中处于真实环境条件下,所以得到的结果比较可靠。可以说,这是除了打靶以外最接近实际情况的方法。

导引头系统系留试验着重从制导的角度评估空空导弹的性能。在精确制导的情况下,导引头的噪声特性极大地影响导弹的制导精度。获取导引头噪声特性的方法主要有2种:第1种获取导引头输出信号的真值是解决问题的关键,而利用地面设施对飞行器轨迹进行测量可以得到导引头输出信号的真实估计;第2种方法是把导引头输出信号看成非平稳时间序列,利用时间序列分析的手段,通过对该信号的零均值化处理和参数辨识,最终得到噪声的统计特性,该方法只需要获取导引头的输出值。

13.2.1 导引头噪声模型的描述

对导引头而言,通常要考虑3类噪声。

第1类噪声是与导弹和目标之间距离成反比的噪声。这种噪声表明,其影响随着距离的减小而加剧,目标的角闪烁属于这一类噪声。它可用白噪声通过频带为 ω_1 的成型滤波器再乘以 $1/r(t)$ 来模拟。作为一次近似,在导引头角跟踪系统输入端的角起伏均方值为 $\sigma_1 = k \cdot L$,其中 L 为目标翼展长,k 为比例系数,其变化范围在 $0.15 \sim 0.33$ 之间。

第2类噪声是与导弹和目标之间距离成正比的噪声。这种噪声的有效电平随着导弹接近目标而降低,导引头接收机的内部热噪声属于这一类噪声。它可用白噪声通过频带为 ω_2 的成型滤波器再乘以 $r(t)$ 来模拟。导引头角跟踪系统输入端角起伏的均方根值取决于接收机本身的质量和体制。

第3类噪声是与导弹和目标之间的距离无关的噪声。这种噪声的影响与信噪比无关,通常目标幅度闪烁噪声和导引头伺服系统噪声是这种噪声的典型例子。它可用白噪声通过频带为 ω_3 的成型滤波器来模拟。在导引头角跟踪系统的输入端的角起伏均方根,取决于导引头的体制和性能。

导引头的噪声模型如图13.1所示。

图中:$k_1/(P+\omega_1)$,$k_2/(P+\omega_2)$ 及 $k_3/(P+\omega_3)$ 是成型滤波器,参数 $k_1, \omega_1, k_2, \omega_2, k_3, \omega_3$ 应根据频谱密度确定;n_1, n_2, n_3 分别为角噪声、接收机内部噪声及与距离无关的噪声;$r(t)$ 是导弹与目标之间的距离。由导引头噪声模型方块图可得导引头噪声模型的数学表达式为

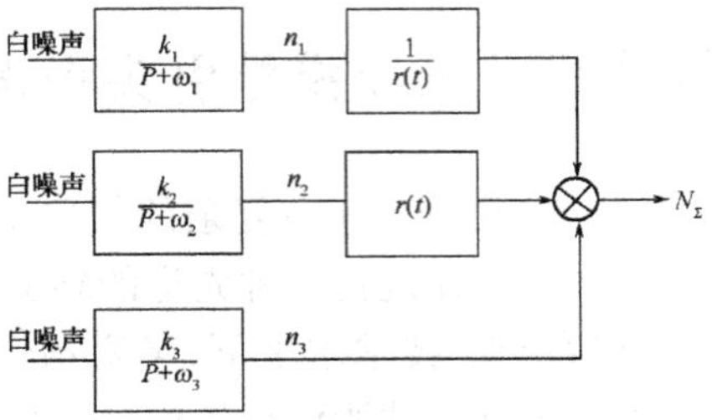

图 13.1　导引头噪声模型方块图

$$\begin{cases} n_q = n_0 + n_1 + n_2 + n_3 \\ n_0 = n_b \\ n_1 = \dfrac{1}{r(t)} x_{n1} \\ n_2 = r(t) x_{n2} \\ n_3 = x_{n3} \end{cases} \tag{13.2.1}$$

$$\begin{cases} \dot{x}_{n1} = -\omega_1 x_{n1} + k_1 w_1 \\ \dot{x}_{n2} = -\omega_2 x_{n2} + k_2 w_2 \\ \dot{x}_{n3} = -\omega_3 x_{n3} + k_3 w_3 \end{cases} \tag{13.2.2}$$

$$\dot{n}_V = -\omega_4 n_V + k_4 w_4 \tag{13.2.3}$$

式中：n_q 为导引头目标视线角速度测量噪声；n_0 为导引头零位偏置；n_1 为导引头距离反比噪声；n_2 为导引头距离正比噪声；n_3 为导引头距离无关噪声；n_V 为导引头接近噪声；w_i 为服从于$N(0,1)$分布的白噪声$(i=1,\cdots,4)$；k_i,ω_i 分别为需辨识的导引头噪声模型参数$(i=1,\cdots,4)$。上述方程经整理有(导引头目标视线角速度噪声模型)

$$\begin{bmatrix} \dot{n}_1 \\ \dot{n}_2 \\ \dot{n}_3 \end{bmatrix} = \begin{bmatrix} -\omega_1 - \dfrac{\dot{r}(t)}{r(t)} & 0 & 0 \\ 0 & -\omega_2 + \dfrac{\dot{r}(t)}{r(t)} & 0 \\ 0 & 0 & -\omega_3 \end{bmatrix} \begin{bmatrix} n_1 \\ n_2 \\ n_3 \end{bmatrix} + \begin{bmatrix} \dfrac{k_1}{r(t)} & 0 & 0 \\ 0 & k_2 r(t) & 0 \\ 0 & 0 & -k_3 \end{bmatrix} \begin{bmatrix} w_1 \\ w_2 \\ w_3 \end{bmatrix} \tag{13.2.4}$$

$$n_q = n_V + [1 \quad 1 \quad 1] \begin{bmatrix} n_1 \\ n_2 \\ n_3 \end{bmatrix} \tag{13.2.5}$$

写成线性系统状态方程形式为

$$\begin{cases} \dot{\boldsymbol{X}} = \boldsymbol{F}(\boldsymbol{\theta},t)\boldsymbol{X} + \boldsymbol{\Gamma}(\boldsymbol{\theta},t)\boldsymbol{w} \\ \boldsymbol{y}(t_i) = \boldsymbol{H}(\boldsymbol{\theta},t_i)\boldsymbol{X} + \boldsymbol{D}(\boldsymbol{\theta},t_i)u, i = 1,\cdots,N \end{cases} \tag{13.2.6}$$

式中

$$\boldsymbol{X} = [n_1 \quad n_2 \quad n_3]^{\mathrm{T}}$$

$$y(t_i) = n_q(t_i)$$

$$\boldsymbol{\Gamma}(\boldsymbol{\theta}, t) = \begin{bmatrix} \dfrac{k_1}{r(t)} & 0 & 0 \\ 0 & k_2 r(t) & 0 \\ 0 & 0 & -k_3 \end{bmatrix}$$

$$\boldsymbol{F}(\boldsymbol{\theta}, t) = \begin{bmatrix} -\omega_1 - \dfrac{\dot{r}(t)}{r(t)} & 0 & 0 \\ 0 & -\omega_2 + \dfrac{\dot{r}(t)}{r(t)} & 0 \\ 0 & 0 & -\omega_3 \end{bmatrix}$$

$$\boldsymbol{H}(\boldsymbol{\theta}, t_i) = [1 \quad 1 \quad 1]$$

$$\boldsymbol{D}(\boldsymbol{\theta}, t_i) = n_b$$

$$u = 1$$

$$\boldsymbol{\theta} = [\omega_1 \quad \omega_2 \quad \omega_3 \quad k_1 \quad k_2 \quad k_3 \quad n_b]^T$$

同理导引头接近速度噪声模型写成状态方程为

$$\begin{cases} \dot{\boldsymbol{X}}_V = \boldsymbol{F}_V(\boldsymbol{\theta}_V, t)\boldsymbol{X}_V + \boldsymbol{\Gamma}_V(\boldsymbol{\theta}_V, t)\boldsymbol{w} \\ \boldsymbol{Y}_V = \boldsymbol{H}_V(\boldsymbol{\theta}_V, t)\boldsymbol{X}_V + \boldsymbol{D}_V(\boldsymbol{\theta}_V, t)u_V \end{cases}$$

式中各矩阵分别为

$$\boldsymbol{X}_V = n_V$$

$$\boldsymbol{Y}_V = n_V$$

$$\boldsymbol{F}_V(\boldsymbol{\theta}_V, t) = -\omega_4$$

$$\boldsymbol{\Gamma}_V(\boldsymbol{\theta}_V, t) = k_4$$

$$\boldsymbol{H}_V(\boldsymbol{\theta}_V, t) = 1$$

$$\boldsymbol{D}_V(\boldsymbol{\theta}_V, t) = 0$$

$$\boldsymbol{\theta}_V = [\omega_4 \quad k_4]$$

13.2.2 极大似然法辨识噪声模型参数

由于标准的极大似然法采用非线性迭代计算，故有可能造成迭代结果的不收敛。通过大量计算和分析发现，对于导引头噪声的辨识，采用标准的极大似然法进行非线性迭代运算无法使迭代结果收敛，因此这里介绍一种极大似然法的简化形式——方法误差法。

13.2.2.1 极大似然法的简化形式——方法误差法

当系统有过程噪声，而测量噪声较小可以忽略时，最好直接测量状态方程的左端项 $\dot{\boldsymbol{X}}$，则状态方程成了观测方程，这时对数似然函数 J 成为

$$J = \sum_{i=1}^{N} [\dot{\boldsymbol{X}}_m - f(\boldsymbol{X}, u, \boldsymbol{\theta}, t)]^T \boldsymbol{R}^{-1} [\dot{\boldsymbol{X}}_m - f(\boldsymbol{X}, u, \boldsymbol{\theta}, t)] \qquad (13.2.7)$$

式中 $\dot{\boldsymbol{X}}_m$ 为 $\dot{\boldsymbol{X}}$ 的观测值，误差协方差矩阵 $\boldsymbol{R}$ 为

$$\boldsymbol{R} = \frac{1}{N}\left\{\sum_{i=1}^{N}[\dot{\boldsymbol{X}}_{\mathrm{m}} - f(\boldsymbol{X},u,\boldsymbol{\theta},t)]\cdot[\dot{\boldsymbol{X}}_{\mathrm{m}} - f(\boldsymbol{X},u,\boldsymbol{\theta},t)^{\mathrm{T}}]\right\} \quad (13.2.8)$$

上式相当于以 $\boldsymbol{R}^{-1}$ 为权系数的方法误差法。当动力学系统是线性系统时，方程误差法可以不必进行迭代计算，直接求解线性代数方程组获得待识别的参数。

设动力学系统的状态方程可表示为

$$\dot{\boldsymbol{X}} = \boldsymbol{F}(\boldsymbol{\theta})\boldsymbol{X} + \boldsymbol{G}(\boldsymbol{\theta})\boldsymbol{u} \quad (13.2.9)$$

式中：$\boldsymbol{X}$ 是 n 维矢量；$\boldsymbol{u}$ 是 l 维矢量；$\boldsymbol{F}$ 是 $n\times n$ 矩阵；$\boldsymbol{G}$ 是 $n\times l$ 矩阵。若矩阵 $\boldsymbol{F},\boldsymbol{G}$ 的元素是待辨识的参数，我们定义下列待辨识参数矩阵 $\boldsymbol{\theta}$ 和增广状态矢量 $\boldsymbol{X}_{\mathrm{a}}$，即

$$\boldsymbol{\theta} = \begin{bmatrix}\boldsymbol{F}\\ \boldsymbol{G}\end{bmatrix},\quad \boldsymbol{X}_{\mathrm{a}} = \begin{bmatrix}\boldsymbol{X}\\ \boldsymbol{u}\end{bmatrix}$$

式中：$\boldsymbol{\theta}$ 是 $(n+l)\times n$ 矩阵；$\boldsymbol{X}_{\mathrm{a}}$ 为 $n+l$ 维矢量。式(13.2.9)成为

$$\dot{\boldsymbol{X}} = \boldsymbol{\theta}^{\mathrm{T}}\boldsymbol{X}_{\mathrm{a}} \quad (13.2.10)$$

则最大似然准则函数 J 的表达式成为

$$J = \sum_{i=1}^{N}[\dot{\boldsymbol{X}}_{\mathrm{m}} - \boldsymbol{\theta}^{\mathrm{T}}\boldsymbol{X}_{\mathrm{a}}]^{\mathrm{T}}\boldsymbol{R}^{-1}[\dot{\boldsymbol{X}}_{\mathrm{m}} - \boldsymbol{\theta}^{\mathrm{T}}\boldsymbol{X}_{\mathrm{a}}] \quad (13.2.11)$$

$\boldsymbol{\theta}$ 的最优估计 $\hat{\boldsymbol{\theta}}$ 必须满足 $\frac{\partial J}{\partial\boldsymbol{\theta}} = \boldsymbol{0}$，对式(13.2.11)求导得

$$\frac{\partial J}{\partial\boldsymbol{\theta}} = -\sum_{i=1}^{N}\boldsymbol{X}_{\mathrm{a}}(\dot{\boldsymbol{X}}_{\mathrm{m}} - \hat{\boldsymbol{\theta}}^{\mathrm{T}}\boldsymbol{X}_{\mathrm{a}})^{\mathrm{T}}\boldsymbol{R}^{-1} = \boldsymbol{0} \quad (13.2.12)$$

式中 $\frac{\partial J}{\partial\boldsymbol{\theta}}$ 是 $(n+l)\times n$ 矩阵。故式(13.2.12)是关于待辨识参数 $\boldsymbol{F},\boldsymbol{G}$ 的 $(n+l)\times n$ 个线性代数方程，由(13.2.12)有

$$\sum_{i=1}^{N}\boldsymbol{X}_{\mathrm{a}}\boldsymbol{X}_{\mathrm{a}}{}^{\mathrm{T}}\hat{\boldsymbol{\theta}}\boldsymbol{R}^{-1} = \sum_{i=1}^{N}\boldsymbol{X}_{\mathrm{a}}\dot{\boldsymbol{X}}_{\mathrm{m}}{}^{\mathrm{T}}\boldsymbol{R}^{-1} \quad (13.2.13)$$

利用线性代数方程的标准程序，由式(13.2.13)可以解出待辨识的参数 $\boldsymbol{F}$ 和 $\boldsymbol{G}$。

13.2.2.2 方法误差法在噪声模型参数辨识中的应用

方法误差法要求直接测量状态方程左端项 $\dot{\boldsymbol{X}}$，即导引头噪声模型中的 $[\dot{n}_1\quad \dot{n}_2\quad \dot{n}_3]^{\mathrm{T}}$ 和 $\dot{n}_V$ 项。n_V 作为导引头接近速度噪声可直接测量到，再进行求导可得到 $\dot{n}_V$，直接利用方程误差法即可求得 ω_4 与 k_4；而由导引头目标视线角速度测量噪声 n_q 却无法推算出 $[n_1\quad n_2\quad n_3]^{\mathrm{T}}$ 及 $[\dot{n}_1\quad \dot{n}_2\quad \dot{n}_3]^{\mathrm{T}}$。因此在采用方程误差法进行导引头噪声模型参数辨识时，需要对导引头目标视线角速度噪声模型进行适当的处理。

由噪声模型可知，n_1,n_2,n_3 是分别由白噪声 w_1,w_2,w_3 激励起来并通过成型滤波器得到的有色噪声，因此对输出方程两端求均方值得到 n_{b}，再由 $n_q - n_{\mathrm{b}}$ 可求得 n_1,n_2,n_3 的和序列 $(n_1+n_2+n_3)_i$，$i = 1,2,\cdots,N$。

令 $\boldsymbol{X} = n_1+n_2+n_3$，将状态方程写为

$$\dot{\boldsymbol{X}} = \boldsymbol{F}_1\boldsymbol{X}$$

式中 $\dot{\boldsymbol{X}},\boldsymbol{F}_1,\boldsymbol{X}$ 均为 1×1 矩阵。按照方法误差法原理，只要令 $\boldsymbol{\theta} = \boldsymbol{F}_1$，$\boldsymbol{X}_{\mathrm{a}} = \boldsymbol{X}$，即可由式

(13.2.13) 求得 $\boldsymbol{\theta}$ 从而算出 $\boldsymbol{F}_1$ 的值。

但实际上由噪声模型可以得到

$$\dot{n}_1+\dot{n}_2+\dot{n}_3=-\left[\omega_1+\frac{\dot{r}(t)}{r(t)}\right]n_1-\left[\omega_2+\frac{\dot{r}(t)}{r(t)}\right]n_2-\omega_3 n_3 \tag{13.2.14}$$

该式并不符合式(13.2.10)的结构,也就是说求得的 $\boldsymbol{F}_1$ 并不是源模型中的任何一个 ω_i,但是从导引头噪声形成机理可以看出,导引头的噪声是由距离正比噪声、距离反比噪声、距离无关噪声这3种噪声组成的,当相对距离 r 足够大时,距离正比噪声的影响占绝对主导地位,距离反比噪声和距离无关噪声可以近似地予以忽略,这样 n_1,n_2,n_3 可全部看做是白噪声 w_2 激励起来并通过频带为 ω_2 的成型滤波器生成的,即

$$\dot{n}_1+\dot{n}_2+\dot{n}_3=-\left[\omega_2+\frac{\dot{r}(t)}{r(t)}\right](n_1+n_2+n_3) \tag{13.2.15}$$

或

$$\dot{\boldsymbol{X}}=-\left[\omega_2-\frac{\dot{r}(t)}{r(t)}\right]\boldsymbol{X} \tag{13.2.16}$$

在式(13.2.16)中,$\dot{r}(t)/r(t)$ 是时变的,但由于与 t 的各个时刻相对应的 $\dot{r}(t)$,$r(t)$,$\dot{\boldsymbol{X}}(t)$ 和 $\boldsymbol{X}(t)$ 都已经知道,因此只要将式(13.2.16)移项为

$$\dot{\boldsymbol{X}}-\frac{\dot{r}(t)}{r(t)}\boldsymbol{X}=-\omega_2\boldsymbol{X} \tag{13.2.17}$$

用最小二乘法即可求得 ω_2 的值。

在求得 ω_2 后,可由 $\dot{\boldsymbol{X}}+[\omega_2-\dot{r}(t)/r(t)]\boldsymbol{X}$ 得到 $k_1/r(t)w_1+k_2r(t)w_2+k_3w_3$,因为 w_1,w_2,w_3 是互不相关的白噪声序列,所以根据它们的统计特性

$$\begin{cases}E[w_1]=E[w_2]=E[w_3]=0\\ \mathrm{Cov}(w_1)=\mathrm{Cov}(w_2)=\mathrm{Cov}(w_3)=1\end{cases} \tag{13.2.18}$$

可知

$$\mathrm{Cov}[k_1/r(t)+k_2r(t)w_2+k_3w_3]=k_1{}^2/r(t)^2+k_2^2r(t)^2+k_3 \tag{13.2.19}$$

是时间 t 的函数,通过在不同的时刻开数据窗,用该时刻及后续几个时刻的协方差近似代替,即

$$\mathrm{Cov}\begin{bmatrix}\dfrac{k_1}{r(t_i)}+k_2r(t_i)w_2+k_3w_3\\ \dfrac{k_1}{r(t_{i+1})}+k_2r(t_{i+1})w_2+k_3w_3\\ \vdots\\ \dfrac{k_1}{r(t_{i+m})}+k_2r(t_{i+m})w_2+k_3w_3\end{bmatrix}=\frac{k_1{}^2}{r(t_i)^2}+k_2{}^2kr(t_i)^2+k_3{}^2 \tag{13.2.20}$$

式中 m 为数据窗的大小。由此,可得到一系列包含 k_1,k_2,k_3 的方程。同理,分别利用相对距离很小和中等时的导引头目标视线角速度噪声数据还可求出 ω_1,ω_3 和另外一组 k_1,k_2,k_3 有关的方程,将所有这些方程联立并利用最小二乘法求解就可以得到 k_1,k_2,k_3 的值,至此,导引头目标视线角速度噪声模型的7个参数就已被完全辨识出来了。

13.2.3 目标视线角速度噪声模型辨识

方法误差法辨识导引头目标视线角速度噪声模型参数的流程如图 13.2 所示。

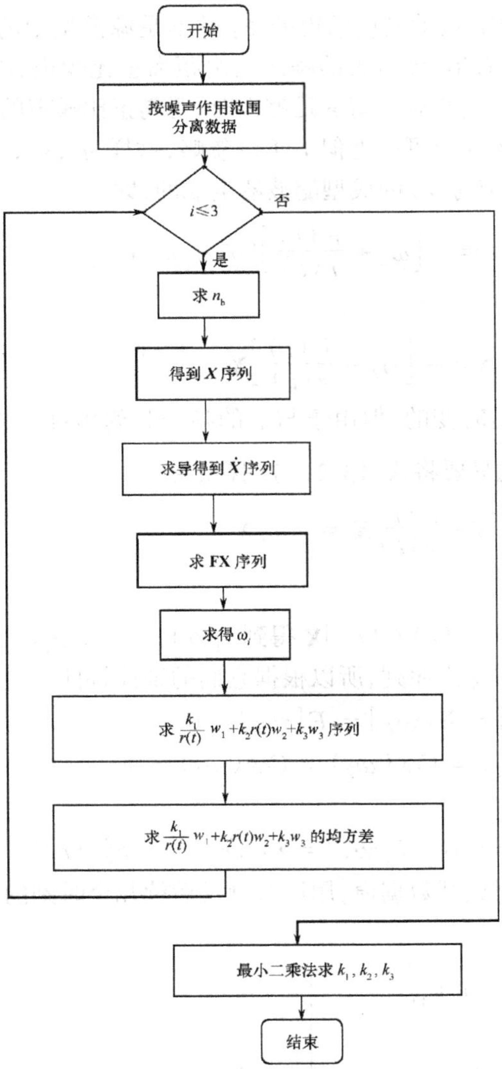

图 13.2　方法误差法辨识目标视线角速度噪声模型流程

计算模型如下：

$$n_b = \frac{1}{N}\sum n_q$$

$$\boldsymbol{X} = n_q - n_b$$

$$\dot{\boldsymbol{X}} = \frac{\mathrm{d}X}{\mathrm{d}t}$$

$$\begin{cases} \mathbf{FX} = \dot{\boldsymbol{X}} - \dfrac{\dot{\boldsymbol{X}}}{r(t)}\boldsymbol{X}, \text{相对距离很大时} \\ \mathbf{FX} = \dot{\boldsymbol{X}}, \text{相对距离中等时} \\ \mathbf{FX} = \dot{\boldsymbol{X}} + \dfrac{\dot{\boldsymbol{X}}}{r(t)}\boldsymbol{X}, \text{相对距离很小时} \end{cases}$$

$$\sum_{j=1}^{N} \omega_i \boldsymbol{X} = \sum_{j=1}^{N} \mathbf{FX}$$

$$\frac{k_1}{r(t)} w_1 + k_2 r(t) w_2 + k_3 w_3 = \dot{\boldsymbol{X}} - \mathbf{FX}$$

$$k_0(t) = \mathrm{Cov}\left(\frac{k_1}{r(t)} w_1 + k_2 r(t) w_2 + k_3 w_3\right)$$

最后用最小二乘法求 k_1, k_2, k_3,即

$$\frac{k_1{}^2}{r(t)^2} + k_2{}^2 r(t)^2 + k_3{}^2 = k_0(t)$$

13.2.4 目标接近速度噪声模型辨识

由于 n_V 可以直接测量,因此大大简化了导引头目标接近速度噪声模型的参数辨识过程,流程如图 13.3 所示。

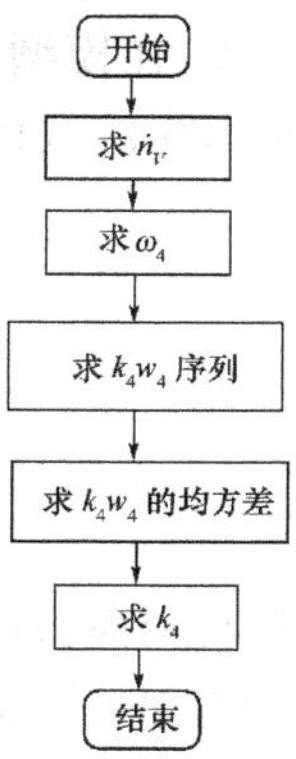

图 13.3 方法误差法识别导引头接近速度噪声模型流程

计算模型如下:

$$\dot{n}_V = \frac{\mathrm{d}n_V}{\mathrm{d}t}$$

$$\sum_{i=1}^{N} n_V n_V^{\mathrm{T}} \omega_4 \boldsymbol{R}^{-1} = \sum_{i=1}^{N} n_V \dot{n}_V \boldsymbol{R}^{-1}$$

$$k_4 w_4 = \dot{n}_V + \omega_4 n_V$$

$$k_4^2 = \mathrm{Cov}(k_4 w_4)$$

$$k_4 = \sqrt{k_4 w_4}$$

13.2.5 噪声模型校验

通过制导系统系留飞行试验,已建立了导引头噪声的数学模型,由于识别过程中含有不少主观因素,因此对识别所得的数学模型和相应参数的正确性进行验证。验证导引头噪声模型有效性的最基本方法就是考察在相同的输入条件下仿真模型输出与系留飞行试验输出是否一致以及一致性程度如何。在模型校验和验证过程中要比较 2 种不同的数据库,即由模型产生的数据库应当同来自系留飞行试验的数据库进行比较。

模型验证的方法有许多种,根据 GJB1.24 – 90,对制导系统模型验证,Theil 不等式系数法(TIC 法)是一种按性能指标验证模型的有效方法,Theil 不等式系数法计算公式如下:

$$\mathrm{TIC} = \frac{\sqrt{\dfrac{1}{n}\sum_{i=1}^{n}(x_i - y_i)^2}}{\sqrt{\dfrac{1}{n}\sum_{i=1}^{n}x_i^2} + \sqrt{\dfrac{1}{n}\sum_{i=1}^{n}y_i^2}} \tag{13.2.21}$$

式中:n 为一个动态参数的时间序列的采样点数;x_i 为动态参数的时间序列第 i 个采样点的预测值;y_i 为动态参数的时间序列第 i 个采样点的实测值。

对于 TIC 的不同取值,表示不同的意义:当 $\mathrm{TIC} = 0$ 时,表示预测值和实测值完全一致;当 $\mathrm{TIC} = 1$ 时,表示预测值和实测值完全不一致。在模型验证时,不同的系统或同一系统在不同的研制阶段,或用不同的研究目的,可取不同的 TIC 值作为标准。对制导系统模型验证时,$\mathrm{TIC} \leqslant 0.3$ 就认为模型通过了验证。

13.2.6 极大似然法辨识算例

13.2.6.1 极大似然法输入数据的产生

极大似然法辨识导引头目标视线角速度噪声模型参数时,输入的是导引头采样时间点、相对距离、接近速度真值估计、目标视线角速度噪声;辨识导引头目标接近噪声模型参数时,输入的是导引头采样点、目标接近速度噪声。

产生极大似然辨识算例的输入数据时,导引头采样时间点、相对距离、接近速度真值估计可以通过测量数据的预处理得到,而目标视线角速度噪声和目标接近速度噪声可以直接利用已生成的导引头目标视线角速度噪声验证序列 n_q 和导引头目标接近速度噪声验证序列 n_V。

13.2.6.2 极大似然法辨识结果

1)导引头目标视线角速度噪声模型参数辨识结果

对输入的导引头目标视线角速度噪声验证序列 n_q 采用极大似然法辨识结果为

$$\omega_1 = 20.924608, \omega_2 = 15.296679, \omega_3 = 15.185047$$
$$k_1 = 136.53847, k_2 = 0.0000945, k_3 = 0.1906797$$
$$n_0 = 0.0108177$$

相对误差为

$$\Delta\omega_1 = 4.62\%, \Delta\omega_2 = 1.98\%, \Delta\omega_3 = 10.68\%$$
$$\Delta k_1 = 8.98\%, \Delta k_2 = 5.50\%, \Delta k_3 = 4.66\%$$
$$\Delta n_0 = 8.18\%$$

经过模型校验分系统的计算,得到识别出的导引头目标视线角速度噪声模型 TIC 为

$$\mathrm{TIC} = 0.0454734 \ll 0.3$$

模型通过验证。

2) 导引头目标接近速度噪声模型参数辨识结果

对输入的导引头目标接近速度噪声验证序列 n_V 采用极大似然法辨识结果为

$$\omega_4 = 13.913565, k_4 = 0.0279547$$

相对误差为

$$\Delta\omega_4 = 7.24\%, \Delta k_4 = 6.82\%$$

经过模型校验系统分析计算,得到辨识出的导引头目标接近速度噪声模型 TIC 为

$$\mathrm{TIC} = 0.0245989 \ll 0.3$$

模型通过验证。

由辨识结果可以看出,不论是导引头目标视线角速度噪声还是目标接近速度噪声,辨识出的噪声模型 TIC 都远小于 0.3,这说明采用极大似然法辨识导引头噪声模型是可行的,其辨识结果可以达到相当高的精确度,因此是可信的。

13.3 时间序列法的导引头系统输出噪声建模

13.3.1 方案设计

当导弹系留试验不能在靶场进行时,由于缺乏外弹道的测量手段,只能利用机载设备来解决问题,即完全通过导引头输出信号的随机序列分析,而不依靠任何外部信息。

时间序列方法就是一种不需要借助外界信息源来获取导引头噪声模型的方法。因为导引头系统输出是一个非平稳的随机信号,获取该非平稳随机信号的统计特性即可以实现对导引头噪声的建模。

通过对非平稳随机信号进行采样,就得到了非平稳时间序列。利用非平稳时间序列的一般模型,即可实现对噪声模型的建模。

时间序列方法建模没有使用外界信息源的信息,在安排系留试验时较方便,也不会将外界信息源中的噪声混入建立的噪声模型中,但是当导引头自身具有确定性偏置误差时,很难得到该项的估值。

13.3.2 噪声模型的建立

13.3.2.1 系统输出信号建模

导引头系统的输出信号为非平稳随机过程，将其定时采样后，得到非平稳序列，用二阶线性模型描述为

$$y_i = (A_0 + A_1 A_i + A_2 {A_i}^2) + \eta_t \tag{13.3.1}$$

式中：$(A_0 + A_1 A_i + A_2 {A_i}^2)$ 为导引头系统视线角速度真值逼近；η_t 为导引头系统的噪声输出系列。其中参数 A_0，A_1 及 A_2 的辨识采用线性最小二乘估计。

13.3.2.2 非平稳随机序列的零均值化

首先假定随机序列均值的变化与噪声相比是慢变的，噪声相关性可以忽略。给定一种线性回归结构，利用最小二乘法，求得该线性回归结构中参数值的初始估计值。因为噪声实际上是相关的，所以这种估计是有偏的。

根据计算出的残差，将其用于噪声模型参数的辨识，得到噪声模型参数的估计值。利用噪声模型参数构造差分算子，将观测量差分运算后给出的时间序列，其残差将是不相关的。若噪声模型为 AR(1) 模型，有

$$y(k) = f(x(k)) + \frac{a}{1 - \phi_1 Z^{-1}} \omega(k) \tag{13.3.2}$$

$$(1 - \phi_1 Z^{-1}) y(k) = (1 - \phi_1 Z^{-1}) f(x(k)) + \alpha\omega(k) \tag{13.3.3}$$

令

$$\bar{y}(k) = (1 - \phi_1 Z^{-1}) y(k)$$

$$\bar{f}(x(k)) = (1 - \phi_1 Z^{-1}) f(x(k))$$

首先求得 $\bar{f}(x(k))$，最终得到 $f(x(k))$，这样的过程反复迭代，最终求得的是非平稳随机序列零均值化的线性函数模型。

13.3.2.3 导引系统的噪声模型描述

通过对非平稳随机序列的零均值化处理，得到了零均值随机噪声序列，利用最小二乘法可以实现对该噪声序列的建模。

首先给出导引头随机模型的离散模型描述（利用欧拉法离散化），即

$$n = n_0 + n_1 + n_2 + n_3 \tag{13.3.4}$$

$$n_0 = n_b \tag{13.3.5}$$

$$x_{n1}(k) = (1 - T\omega_1) x_{n1}(k-1) - Tk_1 \omega(k) \tag{13.3.6}$$

$$x_{n2}(k) = (1 - T\omega_2) x_{n2}(k-1) - Tk_2 \omega(k) \tag{13.3.7}$$

$$x_{n3}(k) = (1 - T\omega_3) x_{n3}(k-1) - Tk_3 \omega(k) \tag{13.3.8}$$

$$n_1(k) = \frac{1}{r(k)} x_{n1}(k) \tag{13.3.9}$$

$$n_2(k) = r(k) x_{n2}(k) \tag{13.3.10}$$

$$n_3(k) = x_{n3}(k) \tag{13.3.11}$$

$$n_r(k) = (1 - T\omega_4)n_r(k-1) + Tk_4\omega(k) \tag{13.3.12}$$

式中 T 为采样周期。将 $n_1(k), n_2(k), n_3(k)$ 代入差分方程有

$$n_1(k) = (1 - T\omega_1)n_1(k-1) - \frac{Tk_1}{r(k)}\omega(k) \tag{13.3.13}$$

$$n_2(k) = (1 - T\omega_2)n_2(k-1) - Tk_2 r(k)\omega(k) \tag{13.3.14}$$

$$n_3(k) = (1 - T\omega_3)n_3(k-1) - Tk_3\omega(k) \tag{13.3.15}$$

取 $\omega_0 = \omega_1 = \omega_2 = \omega_3$，有

$$n(k) = (1 - T\omega_0)n(k-1) + \left[\frac{Tk_1}{r(k)} + Tk_2 r(k) + Tk_3\right]\omega(k) \tag{13.3.16}$$

从方程中可以看出，它是带有特征参数 $r(k)$ 的 ARMA 模型。

为了处理这个问题，对系留试验提出试验要求。在数据处理窗口对应的飞行时间内，目标机与载机相对距离的变化小于 10%，可以认定相对距离基本不变。

令 $k_0 = \frac{k_1}{r(k)} + k_2 r(k) + k_3$，得

$$n(k) = (1 - T\omega_0)n(k-1) + Tk_0\omega(k) \tag{13.3.17}$$

取 $1 - T\omega_0 = \phi_1, Tk_0\omega(k) = \alpha_t$，有

$$n(k) = \phi_1 n(k-1) + \alpha_t \tag{13.3.18}$$

这是一个典型得 AR(1) 模型，用最小二乘估计方法，求得

$$\hat{\phi}_1 = \frac{\sum_{k=2}^{N} n(k)n(k-1)}{\sum_{k=2}^{N} n^2(k-1)}$$

$$\sigma_\alpha^2 = \frac{1}{N-1}\sum_{k=2}^{N}\left[n(k) - \hat{\phi}_1 n(k-1)\right]^2$$

由此得出

$$\begin{cases} \omega_0 = \dfrac{1-\phi_1}{T} \\ k_0 = \dfrac{\sigma_\alpha}{T} \end{cases} \tag{13.3.19}$$

在不同的飞行距离上求取 k_0，利用公式 $k_0 = \frac{k_1}{r(k)} + k_2 r(k) + k_3$ 和最小二乘法，最终求得 k_1, k_2, k_3。

对于接近速度可用类似的方法处理。

在导引头输出信号的二阶线性模型中，n_t 描述了导引系统视线角速度的噪声序列。我们已经知道导引系统的噪声有四部分构成：零位偏置 η_0、距离反比噪声 η_1、距离正比噪声 η_2 和距离无关噪声 η_3。由于导引头系统的输出信号采用式(13.3.1)描述，故而零位偏置噪声全并到了式(13.3.1)的 A_0 中，故而求得的导引系统噪声 η_t 不含 η_0 项，所以，导引系统噪声建模的时间序列方法不能辨识出零位偏置项 η_0，这是该方法的一个遗憾之处。

13.3.3 噪声模型的参数辨识

重写导引系统输出信号模型,即式(13.3.1)

$$y_i = (A_0 + A_1A_i + A_2A_i^2) + \eta_t$$

可以看出这是一个典型的线性最小二乘法辨识问题。但是应注意到实际的导引系统输出并不是单独的一条二次曲线,而只是在一段区间内可以用二次曲线来近似表达。因此在进行最小二乘辨识前必须对导引系统输出信号进行分段,再对每一段采用二次曲线拟合,从而得到各段的参数估计值(A_0,A_1,A_2)以及输出噪声序列 η_t。下面简述进行最小二乘法辨识的具体方法和公式。

取$\{1,t,t^2\}$为基函数,列写正则方程组为

$$\begin{bmatrix} N & \sum_{i=1}^{N} t_i & \sum_{i=1}^{N} t_i^2 \\ \sum_{i=1}^{N} t_i & \sum_{i=1}^{N} t_i^2 & \sum_{i=1}^{N} t_i^3 \\ \sum_{i=1}^{N} t_i^2 & \sum_{i=1}^{N} t_i^3 & \sum_{i=1}^{N} t_i^4 \end{bmatrix} \begin{bmatrix} A_0 \\ A_1 \\ A_2 \end{bmatrix} = \begin{bmatrix} \sum_{i=1}^{N} y_i \\ \sum_{i=1}^{N} t_i y_i \\ \sum_{i=1}^{N} t_i^2 y_i \end{bmatrix} \tag{13.3.20}$$

只要逐个计算出式(13.3.20)中系数矩阵与右端项的各个元素,就可以求出正规方程组的解(A_0,A_1,A_2),从而得到拟合的二次曲线 $y_i = A_0 + A_1t_i + A_2t_i^2$,并进而得到噪声序列 η_t。

由于噪声序列由式(13.3.18)描述,即

$$\eta_t(k) = \phi_1\eta_t(k-1) + \alpha_t$$

式中:$\phi_1 = 1 - T\omega_0$;$\alpha_t = Tk_0\omega(k)$。

式(13.3.19)是一个AR(1)模型,其辨识结果为

$$\hat{\phi}_1 = \frac{\sum_{k=2}^{N} \eta_t(k)\eta_t(k-1)}{\sum_{k=2}^{N} \eta_t^2(k-1)} \tag{13.3.21}$$

$$\sigma_\alpha^2 = \frac{1}{N-1}\sum_{k=2}^{N}\left[\eta_t(k) - \hat{\phi}_1\eta_t(k-1)\right]^2 \tag{13.3.22}$$

式中 σ_α 为 α_t 的均方差,则 k_0,ω_0 为

$$k_0 = \sigma_\alpha/T \tag{13.3.23}$$

$$\omega_0 = (1-\hat{\phi}_1)/T \tag{13.3.24}$$

由于不同区间内的 $r(k)$ 各不相同,所以由

$$k_0 = \frac{k_1}{r(k)} + k_2r(k) + k_3 \tag{13.3.25}$$

采用最小二乘法可以求得 k_1,k_2,k_3。

辨识导引头噪声模型流程如图 13.4 所示。

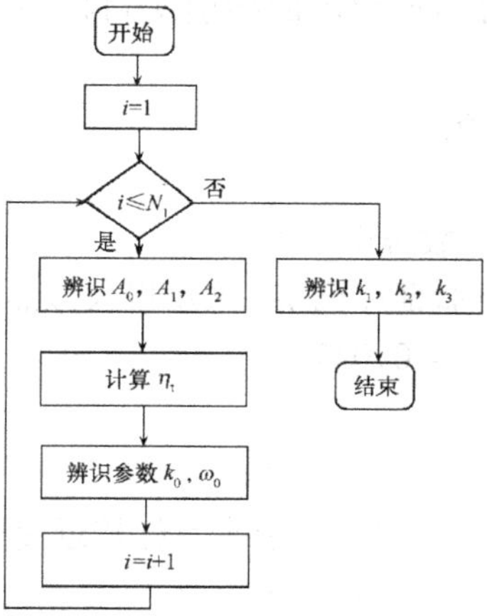

图 13.4 时间序列方法辨识导引头噪声模型流程

13.3.4 时间序列法辨识算例

13.3.4.1 时间序列法输入数据的产生

采用时间序列法辨识导引头目标视线角速度噪声模型参数时，输入的是导引头采样时间点、相对距离、目标视线角速度、辨识导引头目标接近速度噪声模型参数时，输入的是导引头采样时间点、目标接近速度。

产生时间序列法辨识算例的输入数据时，导引头采样时间点、相对距离可以通过测量数据预处理得到，但目标视线角速度和目标接近速度必须采用其它方式生成。

已知导引头目标视线角速度输出信号可以用二阶线性模型描述为

$$y_i = (A_0 + A_1 t_i + A_2 t_i^2) + n_t$$

式中：$(A_0 + A_1 t_i + A_2 t_i^2)$ 为导引头目标视线角速度的真实逼近；n_t 为导引头的噪声输出。只要分段给出 A_0, A_1, A_2 的值，产生若干段二次曲线，并将其同已得到的导引头目标视线角速度噪声验证序列 n_q 相叠加，即可生成包含了噪声的导引头目标视线角速度验证 $\dot{q}$。同理可得到包含了噪声的导引头目标接近速度验证信号 V_{dm}。

13.3.4.2 时间序列法辨识结果

1）引头目标视线角速度噪声模型参数辨识结果

对输入的导引头目标视线角速度验证信号 $\dot{q}$ 采用时间序列法辨识结果为

$$\omega_1 = 12.9212,\quad \omega_2 = 12.9212,\quad \omega_3 = 12.9212$$
$$k_1 = 127.0047,\quad k_2 = 0.0001,\quad k_3 = 0.0899$$

相对误差为

$$\Delta\omega_1 = 35.39\%,\quad \Delta\omega_2 = 13.86\%,\quad \Delta\omega_3 = 23.99\%$$
$$\Delta k_1 = 15.33\%,\quad \Delta k_2 = 0,\quad \Delta k_3 = 55.05\%$$

经过模型校验分析系统的计算，得到辨识出的导引头目标视线角速度噪声模型的TIC值为

$$TIC = 0.2713892 < 0.3$$

模型通过检验。

2）导引头目标接近速度噪声模型参数辨识结果

对输入的导引头目标接近速度噪声验证序列 n_V 采用极大似然法辨识结果为

$$\omega_4 = 13.2185, \quad k_4 = 0.0474$$

相对误差为

$$\Delta\omega_4 = 11.88\%, \ \Delta k_4 = 58.00\%$$

经过模型校验分系统的计算，得到辨识出的导引头目标接近速度噪声模型 TIC 为

$$TIC = 0.2549902 < 0.3$$

模型通过验证。

由辨识结果可以看出，采用时间序列法辨识导引头噪声模型是可行的，但是辨识结果的精确度与极大似然法相比有很大的差距，因此建议在辨识导引头噪声模型参数时应尽量采用极大似然法。

13.4 系统辨识在飞行器气动参数辨识中的应用

系统辨识在 20 世纪 70 年代用于解决飞行器研制问题时，首先是在气动参数上的应用，30 多年来，气动参数辨识依然是飞行器辨识发展得最快，应用最成功的领域。下面详细阐述气动参数辨识在飞行器研制中的具体应用。

气动参数辨识包括气动力参数和气动热参数辨识两大部分，这是完全不同的 2 类参数辨识。作用于飞行器上的气动力决定着飞行器的运动状态，飞行状态满足由牛顿第二运动定律导出的六自由度运动方程组，是常微分方程组，时间 t 是自变量，所以气动力辨识属于集中参数系统的参数辨识。作用于飞行器的气动热决定着飞行器上的温度分布历程，它既是时间的函数，又是空间位置的函数。系统状态方程组是从热导定律和能量守恒定律导出的偏微分方程组，故气动热辨识属于分布参数的参数辨识和函数辨识。

气动力参数辨识的目的是建立空气动力系数的数学模型，也即建立气动力系数与飞行器参数的关系式。关系式可以是代数方程式、微分方程式或积分方程式。最早建立的气动力数学模型是线性代数方程式，它仅适用于小攻角飞行器状态。线性模型在飞行器研制中得到了广泛的应用，至今仍是飞行器运动稳定性、飞行品质和飞行性能分析的基础。线性气动参数辨识已发展得很成熟，各国主要飞行器研制单位都备有自己的线性气动参数辨识软件包，其中最实用、有效的是最大似然辨识软件包。当飞行器处于大攻角飞行状态时，例如飞机的失速区 /尾旋区，战术导弹的大机动状态，线性气动力模型就不适用了。现已研究了多项式、样条函数、阶跃响应函数、微分方程式等各种形式的非线性气动力数学模型。目前气动力参数辨识的研究工作重点是非定常气动力迟滞效应、非线性气动参数、非线性闭环系统的参数辨识方法和应用。

气动热参数辨识包括 2 个主题，一是热流率时间历程辨识，主要是辨识外界传入再入飞行器的热流速率。热流率随再入过程是变化的，其影响因素很多，目前还不可能通过系

统辨识建立热流率与飞行状态参数、防热材料物理参数之间的数学模型。问题的提法是根据已知防热材料的热传导系数、比热、密度等物理参数和再入体壁内的温度历程测量数据,辨识传入再入体的热流率时间历程,这是一个函数辨识的问题。另一主题是建立热传导系数的数学模型。在几千摄氏度的高温条件下,防热材料的热传导系数不是常数,是温度的非线性函数,建立热传导系数的数学模型就是建立热传导系数与温度的解析关系式。在地面的加热器进行防热材料试验时,可以测量传入防热材料的热流率和防热材料内部的温度变化历程。气动热参数辨识虽然有 30 年的研究历史,但由于它是个病态问题,辨识结果对测量误差比较敏感,难于得到准确的辨识结果,因而目前在工程上还没有得到广泛应用。

13.4.1　战术导弹气动力参数辨识

战术导弹泛指中近程导弹,包括地地导弹、地空导弹、海防导弹和反坦克导弹等。由于战术任务不同,飞行器气动外形不同,飞行轨道和控制方式各不相同,飞行试验时的测试系统也有差异,因此气动力参数辨识的状态方程、观测方程和灵敏度方程也各不相同。本节根据各类导弹惯用的参考坐标系,建立其气动力参数辨识的数学模型,给出具体辨识算法和具体公式。文中提供部分仿真计算结果和飞行试验实测数据的辨识结果。

13.4.1.1　飞航导弹气动力参数辨识

飞航导弹是指攻击地面和海面目标的有翼导弹。这种导弹的特点是:始终在稠密的大气层内飞行;一般具有较大的气动力面,如弹翼,用于产生升力来平衡自身的重力及作必要的机动飞行;具有轴对称或飞机型气动外形;它的弹道一般由过渡段、平飞段、俯冲段 3 种典型弹道组成。过渡段根据装载设备的不同,又可分为助推段、爬高段或下滑段。弹道主要部分是以巡航速度作水平直线飞行,又称为定高飞行。根据控制方式的不同,可将弹道分为自控段和自导段。在自控段,导弹按照预定的弹道作方案飞行;在自导段,在制导系统的作用下,导弹按一定的导引规律飞向目标。

导弹的参数辨识都必须有控制输入,以激发弹体振荡,提供参数辨识所必需的信息,根据控制输入施加的方法不同,可以分为开环系统和闭环系统。对于闭环系统的参数辨识,有 2 种处理方法:一种是把它当作开环系统来处理,即将飞行器和反馈系统人为地断开,用等效开环系统来代替;另一种处理方法是,建立包括控制系统在内的动力学系统数学模型,将气动参数与控制参数一同进行辨识。由于控制参数常常具有饱和非线性特性,其数学模型比较复杂,难以建立统一的数学模型,因而增加了这种处理方法的复杂性,有时甚至是不可辨识的。飞航导弹的气动参数辨识,往往是在闭环系统的情况下采用等效开环系统进行的。

13.4.1.2　飞航导弹动力学数学模型

将导弹视为刚体时,导弹在空间的运动可以由 3 个线位移和 3 个角位移,即 6 个自由度来描述,只要输入信号能激发刚体运动的所有模态,就可以辨识出刚体飞行器的全部气动参数。本节选用弹体坐标系建立动力学数学模型。导弹的外作用力有气动力、发动机推力、重力以及由他们形成的力矩。

飞航导弹助推器工作时间比总飞行时间要短得多，一般只有 1s ~ 6s，但助推器的推力很大，通常助推器推力产生的过载 N_X 可达 15g ~ 20g。在助推器推力存在的情况下，空气动力几乎可以忽略不计，且助推段很难获得满足参数辨识要求的响应参数，因此本方程组中不考虑助推器的推力。

在上述条件下，飞航导弹六自由度动力学数学模型为

$$V_x = \omega_x V_y - \omega_y V_x + g(N_x - \sin\vartheta) \tag{13.4.1}$$

$$V_y = \omega_x V_z - \omega_z V_x + g(N_y - \cos\vartheta\sin\gamma) \tag{13.4.2}$$

$$V_z = \omega_y V_z - \omega_x V_y + g(N_z - \cos\vartheta\sin\gamma) \tag{13.4.3}$$

$$\dot{\omega}_x = \frac{M_x}{J_x} + \frac{J_y - J_z}{J_x}\omega_y\omega_z \tag{13.4.4}$$

$$\dot{\omega}_y = \frac{M_y}{J_y} + \frac{J_z - J_x}{J_y}\omega_z\omega_x \tag{13.4.5}$$

$$\dot{\omega}_z = \frac{M_z}{J_z} + \frac{J_x - J_y}{J_z}\omega_z\omega_x + \frac{M_R}{J_z} \tag{13.4.6}$$

$$\dot{\vartheta} = \omega_y \sin\gamma + \omega_z \cos\gamma \tag{13.4.7}$$

$$\dot{\varphi} = \frac{1}{\cos\vartheta}(\omega_y \cos\gamma - \omega_z \cos\gamma) \tag{13.4.8}$$

$$\dot{\gamma} = \omega_x - \dot{\varphi}\sin\vartheta \tag{13.4.9}$$

$$\dot{h} = V_x \sin\vartheta + V_y \cos\gamma\cos\vartheta - V_z \cos\vartheta\sin\gamma \tag{13.4.10}$$

式中

$$N_x = \frac{1}{mg}(R - X_t) \tag{13.4.11}$$

$$N_y = \frac{1}{mg}Y_t \tag{13.4.12}$$

$$N_z = \frac{1}{mg}Z_t \tag{13.4.13}$$

其中

$$X_t = C_x qS \tag{13.4.14}$$

$$Y_t = (C_y + C_y^{\delta_z}\delta_z)qS \tag{13.4.15}$$

$$Z_t = (C_z + C_z^{\delta_y}\delta_y)qS \tag{13.4.16}$$

$$q = \frac{1}{2}\rho V^2 \tag{13.4.17}$$

$$\rho = \rho_0(1 - \frac{h}{44308})^{4.2553} \tag{13.4.18}$$

$$g = 9.80665 - 0.000003086h \tag{13.4.19}$$

$$V = \sqrt{(V_x - W_x)^2 + (V_y - W_y)^2 + (V_z - W_z)^2} \tag{13.4.20}$$

$$W_{xd} = W\cos\varphi_W \tag{13.4.21}$$

$$W_{zd} = - W\sin\varphi_W \tag{13.4.22}$$

在以上各式中：M_R 为推力偏心矩；R 为发动机推力；W 为风速；φ_W 为风向角；W_{xd}，W_{zd}

为风速在地面坐标系的分量；W_x, W_y, W_z 为风速在弹体坐标系的分量。

风速在地面坐标系和弹体坐标系之间的转换关系式为

$$W_x = W_{xd}\cos\vartheta - W_{zd}\sin\varphi\cos\vartheta \tag{13.4.23}$$

$$W_y = W_{xd}(-\cos\varphi\cos\gamma\sin\vartheta + \sin\varphi\sin\gamma) + W_{zd}(\cos\varphi\sin\gamma + \sin\varphi\sin\vartheta\cos\gamma) \tag{13.4.24}$$

$$W_y = W_{xd}(\cos\varphi\sin\gamma\sin\vartheta + \sin\varphi\cos\gamma) + W_{zd}(\cos\varphi\cos\gamma - \sin\varphi\sin\vartheta\sin\gamma) \tag{13.4.25}$$

气动系数的模型应根据导弹气动外形的特点来确定，一般情况下可以表示为

$$C_x = C_{x0} + C_{xB}\alpha^2 \tag{13.4.26}$$

$$C_y = C_{y0} + C_y^{\alpha}\alpha \tag{13.4.27}$$

$$C_z = C_{z0} + C_y^{\beta}\beta \tag{13.4.28}$$

$$M_x = qSl\left(m_{x0} + m_x^{\beta}\beta + m_x^{\delta_x}\delta_x + m_x^{\delta_y}\delta_y + m_x^{\omega_x}\frac{\omega_x l}{2V} + m_x^{\omega_y}\omega_y\right) \tag{13.4.29}$$

$$M_y = qSl\left(m_{y0} + m_y^{\beta}\beta + m_y^{\delta_y}\delta_y + m_y^{\delta_y}\delta_y + m_y^{\omega_y}\frac{\omega_y l}{2V} - m_z^{\beta}\frac{\beta l}{2V} + m_y^{\omega_x}\frac{\omega_x l}{2V}\right) \tag{13.4.30}$$

$$M_z = qSb_A\left(m_{z0} + m_z^{\alpha}\alpha + m_z^{\delta_x}\delta_x + m_x^{\omega_z}\frac{\omega_z b_A}{V} + m_z^{\dot\alpha}\frac{\dot\alpha b_A}{V}\right) \tag{13.4.31}$$

式中

$$\alpha = \arctan\left(\frac{-V_y + W_y}{V_x - W_x}\right) \tag{13.4.32}$$

$$\beta = \arcsin\left(\frac{V_z - W_z}{V}\right) \tag{13.4.33}$$

以上方程再加上控制方程就成为一个完整的方程组，以自控段为例，飞航导弹的调节规律方程通常可以简化表示为

$$\delta_x = k_\gamma\gamma + k_{\dot\gamma}\dot\gamma + k_{j1}\int_{t_1}^{t}\gamma\mathrm{d}t \tag{13.4.34}$$

$$\delta_y = k_\varphi\varphi + k_{\dot\varphi}\dot\varphi + k_{j2}\int_{t_2}^{t}\varphi\mathrm{d}t \tag{13.4.35}$$

$$\delta_z = k_\vartheta\vartheta + k_{\dot\vartheta}\dot\vartheta + k_H\cdot\Delta H + k_{\dot H}\Delta\dot H + k_{j3}\int_{t_3}^{t}\vartheta\mathrm{d}t + k_{j4}\int_{t_4}^{t}\Delta H\mathrm{d}t \tag{13.4.36}$$

式中：ΔH 为高度差信号；$\Delta\dot H$ 为高度差微分信号；t_i 为积分信号接入时间，$i = 1,2,3,4$；$k_\gamma, k_{\dot\gamma}, k_\varphi, k_{\dot\varphi}, k_\vartheta, k_{\dot\vartheta}, k_H, k_{\dot H}, k_{j1}, k_{j2}, k_{j3}, k_{j4}$ 均为具有非线性特性的控制系统模型参数。

从以上方程可以看出，飞航导弹在实际的飞行中是一个闭环系统，它的输入与响应变量密切相关，在进行参数辨识时，应将气动参数和控制参数一起进行参数评估。这就要求参数不仅要提供足够的信息量，而且要具有更高的精度和较为准确的噪声模型。达到这些要求是比较困难的，因此在飞航导弹的参数辨识中，并不进行控制参数的估值，而是采用等效开环的方法，将控制输入的测量值作为已知数据代入状态方程中。

从调节规律的简化方程还可以看出，飞航导弹 3 个通道的控制是相互独立的，正常飞行情况下，飞行过程中的扰动较小，因此可以将六自由度动力学数学模型，简化为纵向和

侧向 2 个三自由度的动力学模型。

13.4.1.3 参数辨识基本方程

参数辨识是根据飞行经验数据确定 13.4.1.2 节动力学数学模型中气动参数的，即参数估计。本节给出采用最大似然法准则和改进的牛顿－拉夫逊(Newton-Raphson)算法辨识飞航导弹气动力参数的具体算式。

1) 状态方程

六自由度状态方程为

$$V_x = \omega_x V_y - \omega_y V_x + g(N_x - \sin\vartheta) \tag{13.4.37}$$

$$V_y = \omega_x V_z - \omega_z V_x + g(N_y - \cos\vartheta\sin\gamma) \tag{13.4.38}$$

$$V_z = \omega_y V_z - \omega_x V_y + g(N_z - \cos\vartheta\sin\gamma) \tag{13.4.39}$$

$$\dot{\omega}_x = \frac{J_y - J_z}{J_x}\omega_y\omega_z + \frac{qSl}{J_x}\cdot\left(m_{x0} + m_x^{\beta}\beta + m_x^{\delta_x}\delta_x + m_x^{\delta}\delta_y + m_x^{\omega_x}\frac{l\omega_x}{2V} + m_x^{\omega_y}\frac{l\omega_y}{2V}\right) \tag{13.4.40}$$

$$\dot{\omega}_y = \frac{J_z - J_x}{J_y}\omega_x\omega_z + \frac{qSl}{J_y}\cdot\left(m_{y0} + m_y^{\beta}\beta + m_y^{\delta}\delta_y + m_y^{\omega_y}\frac{l\omega_y}{2V} + m_y^{\omega_x}\frac{l\omega_x}{2V}\right) \tag{13.4.41}$$

$$\dot{\omega}_z = \frac{J_x - J_y}{J_z}\omega_x\omega_y + \frac{M_R}{J_z} + \frac{qSb_A}{J_x}\cdot\left(m_{z0} + m_z^{\alpha}\alpha + m_z^{\delta_z}\delta_z + m_z^{\omega_z}\frac{b_A\omega_z}{V} + m_z^{\alpha}\frac{b_A\alpha}{V}\right) \tag{13.4.42}$$

$$\dot{\vartheta} = \omega_y\sin\gamma + \omega_z\cos\gamma \tag{13.4.43}$$

$$\dot{\psi} = \frac{1}{\cos\vartheta}(\omega_y\cos\gamma - \omega_z\sin\gamma) \tag{13.4.44}$$

$$\dot{\gamma} = \omega_x - \dot{\psi}\sin\vartheta \tag{13.4.45}$$

2) 观测方程

根据飞行试验的实际测量条件确定观测量的数目，一般观测量可选为

$$\begin{aligned} \boldsymbol{y} &= (\omega_x, \omega_y, \omega_z N_x, N_y, N_z, \psi, \vartheta, \gamma, \alpha, \beta)^{\mathrm{T}} \\ \boldsymbol{\Delta} &= (y_1, y_2, \cdots, y_{11})^{\mathrm{T}} \end{aligned} \tag{13.4.46}$$

观测方程为

$$\omega_x = \omega'_x + \nu_1 \tag{13.4.47}$$

$$\omega_y = \omega'_y + \nu_2 \tag{13.4.48}$$

$$\omega_z = \omega'_z + \nu_3 \tag{13.4.49}$$

$$N_x = \frac{1}{mg}[R - qS(C_{x0} + C_{xB}\alpha^2)] + \nu_4 \tag{13.4.50}$$

$$N_y = \frac{1}{mg}qS(C_{y0} + C_y^{\alpha} + C_y^{\delta_z}\delta_z) + \nu_5 \tag{13.4.51}$$

$$N_z = \frac{1}{mg}qS(C_{z0} + C_z^{\beta}\beta + C_z^{\delta_z}\delta_y) + \nu_6 \tag{13.4.52}$$

$$\vartheta = \vartheta' + \nu_7 \tag{13.4.53}$$

$$\psi = \psi' + \nu_8 \tag{13.4.54}$$

$$\gamma = \gamma' + \nu_9 \tag{13.4.55}$$

$$\alpha = \arctan\left(\frac{-V_y + W_y}{V_x - W_x}\right) + \nu_{10} \tag{13.4.56}$$

$$\beta = \arcsin\left(\frac{V_z - W_z}{V}\right) + \nu_{11} \tag{13.4.57}$$

式中：ν_i 为观测噪声；R 为发动机推力；$\omega'_x,\omega'_y,\omega'_z,\vartheta',\psi'$ 及 γ' 为弹体输出角。

3）待测参数

待测参数为

$$\boldsymbol{\theta} = \begin{bmatrix} m_{x0}, m_x^\beta, m_x^{\delta_x}, m_x^{\delta_y}, m_x^{\omega_x}, m_y^{\omega_y}, m_{y0}, m_y^\beta, m_y^{\delta_y}, m_y^{\omega_y}, m_y^{\omega_x}, m_{z0}, \\ m_z^\alpha, m_z^{\delta_z}, m_z^{\omega_z}, m_z^\alpha, C_{x0}, C_{x1}, C_{y0}, C_y^\alpha, C_y^{\delta_z}, C_{z0}, C_z^\beta, C_z^{\delta y}, \\ V_{x0}, V_{y0}, V_{z0}, \omega_{x0}, \omega_{y0}, \omega_{z0}, \vartheta_0, \psi_0, \gamma_0 \end{bmatrix}^{\mathrm{T}}$$

$$\boldsymbol{\Delta} = (\theta_1, \theta_2, \theta_3, \cdots, \theta_{33})^{\mathrm{T}} \tag{13.4.58}$$

4）灵敏度方程

将状态方程和观测方程对 ϑ 求导，得到灵敏度方程

$$\frac{\mathrm{d}}{\mathrm{d}t}\left(\frac{\partial V_x}{\partial \theta_l}\right) = V_y\frac{\partial \omega_z}{\partial \theta_l} + \omega_z\frac{\partial V_y}{\partial \theta_l} - V_z\frac{\partial \omega_y}{\partial \theta_l} - \omega_y\frac{\partial V_z}{\partial \theta_l} + g\left(\frac{\partial N_x}{\partial \theta_l} - \cos\vartheta\frac{\partial \vartheta}{\partial \vartheta_l}\right) \tag{13.4.59}$$

$$\frac{\mathrm{d}}{\mathrm{d}t}\left(\frac{\partial V_y}{\partial \theta_l}\right) = V_z\frac{\partial \omega_x}{\partial \theta_l} + \omega_x\frac{\partial V_z}{\partial \theta_l} - V_x\frac{\partial \omega_z}{\partial \theta_l} - \omega_z\frac{\partial V_z}{\partial \theta_l} \cdot \left(g\frac{\partial N_y}{\partial \theta_l} + \sin\vartheta\cos\gamma\frac{\partial \vartheta}{\partial \theta_l} + \cos\vartheta\sin\gamma\frac{\partial \gamma}{\partial \theta_l}\right) \tag{13.4.60}$$

$$\frac{\mathrm{d}}{\mathrm{d}t}\left(\frac{\partial V_y}{\partial \theta_l}\right) = V_x\frac{\partial V_y}{\partial \theta_l} + \omega_y\frac{\partial V_x}{\partial \theta_l} - V_y\frac{\partial \omega_z}{\partial \theta_l} - \omega_y\frac{\partial \omega_x}{\partial \theta_l} \cdot \left(g\frac{\partial N_z}{\partial \theta_l} - \sin\vartheta\sin\gamma\frac{\partial \vartheta}{\partial \theta_l} + \cos\vartheta\cos\gamma\frac{\partial \gamma}{\partial \theta_l}\right) \tag{13.4.61}$$

$$\frac{\mathrm{d}}{\mathrm{d}t}\left(\frac{\partial \omega_x}{\partial \theta_l}\right) = \frac{J_y - J_z}{J_x}\left(\omega_y\frac{\partial \omega_z}{\partial \theta_l} + \omega_z\frac{\partial \omega_y}{\partial \theta_l}\right) + \frac{qSl}{J_x} \cdot \left(m_x^\beta\frac{\partial \beta}{\partial \theta_l} + m_x^{\omega_x}\frac{l}{2V}\frac{\partial \omega_x}{\partial \theta_l} + m_x^{\omega_x}\frac{l}{2V}\frac{\partial \omega_y}{\partial \theta_l}\right) + V_{1,l} \tag{13.4.62}$$

$$\frac{\mathrm{d}}{\mathrm{d}t}\left(\frac{\partial \omega_y}{\partial \theta_l}\right) = \frac{J_z - J_x}{J_y}\left(\omega_x\frac{\partial \omega_z}{\partial \theta_l} + \omega_z\frac{\partial \omega_x}{\partial \theta_l}\right) + \frac{qSl}{J_y} \cdot \left(m_y^\delta\frac{\partial \beta}{\partial \theta_l} + m_x^{\omega_x}\frac{l}{2V}\frac{\partial \omega_x}{\partial \theta_l} + m_y^{\omega_y}\frac{l}{2V}\frac{\partial \omega_x}{\partial \theta_l}\right) + V_{2,l} \tag{13.4.63}$$

$$\frac{\mathrm{d}}{\mathrm{d}t}\left(\frac{\partial \omega_z}{\partial \theta_l}\right) = \frac{J_x - J_y}{J_z}\left(\omega_x\frac{\partial \omega_y}{\partial \theta_l} + \omega_y\frac{\partial \omega_x}{\partial \theta_l}\right) + \frac{qSb_{\mathrm{A}}}{\partial \theta_l} \cdot \left(m_z^\alpha\frac{\partial \alpha}{\partial \theta_l} + m_z^{\omega_z}\frac{b_{\mathrm{A}}}{V}\frac{\partial \omega_z}{\partial \theta_l} + m_z^\alpha\frac{b_{\mathrm{A}}}{V}\frac{\partial \alpha}{\partial \theta_l}\right) + V_{3,l} \tag{13.4.64}$$

$$\frac{\mathrm{d}}{\mathrm{d}t}\left(\frac{\partial \vartheta}{\partial \theta_l}\right) = \frac{\partial \omega_y}{\partial \theta_l}\sin\gamma + \omega_y\cos\gamma\frac{\partial \gamma}{\partial \theta_l} + \frac{\partial \omega_z}{\partial \theta_l}\cos\gamma - \omega_z\sin\gamma\frac{\partial \gamma}{\partial \theta_l} \tag{13.4.65}$$

$$\frac{\mathrm{d}}{\mathrm{d}t}\left(\frac{\partial\vartheta}{\partial\theta_l}\right)=\frac{\partial\omega_x}{\partial\theta_l}-\sec^2(\omega_y\cos\gamma-\omega_z\sin\gamma)\frac{\partial\vartheta}{\partial\theta_l}-$$
$$\tan\vartheta\left(\frac{\partial\omega_y}{\partial\theta_l}\cos\gamma-\omega_y\sin\gamma\frac{\partial\gamma}{\partial\theta_l}-\frac{\partial\omega_z}{\partial\theta_l}\sin\gamma-\omega_z\cos\gamma\frac{\partial\gamma}{\partial\theta_l}\right)\quad(13.4.66)$$

$$\frac{\mathrm{d}}{\mathrm{d}t}\left(\frac{\partial\varphi}{\partial\theta_l}\right)=\frac{\partial\sin\vartheta}{\partial\cos_l^2\vartheta}(\omega_y\cos\gamma-\omega_z\sin\gamma)\frac{\partial\vartheta}{\partial\theta_l}+\frac{1}{\cos\vartheta}\cdot$$
$$\left(\frac{\partial\omega_y}{\partial\theta_l}\cos\gamma-\omega_y\sin\gamma-\frac{\partial\gamma}{\partial\theta_l}\sin\gamma-\omega_z\cos\gamma\frac{\partial\gamma}{\partial\theta_l}\right)\quad(13.4.67)$$

$$\frac{\mathrm{d}N_x}{\mathrm{d}\theta_l}=\frac{2qS}{mg}C_{x\mathrm{B}l\alpha}\frac{\partial\alpha}{\partial\theta_l}+V_{4,l}\quad(13.4.68)$$

$$\frac{\mathrm{d}N_y}{\mathrm{d}\theta_l}=\frac{qS}{mg}C_y^\alpha\frac{\partial\alpha}{\partial\theta_l}+V_{5,l}\quad(13.4.69)$$

$$\frac{\mathrm{d}N_z}{\mathrm{d}\theta_l}=\frac{2qS}{mg}C_z^\beta\frac{\partial\alpha}{\partial\theta_l}+V_{6,l}\quad(13.4.70)$$

$$\frac{\mathrm{d}\alpha}{\mathrm{d}\theta_l}=\frac{(V_y-W_y)\dfrac{\partial V_x}{\partial\theta_l}-(V_x-W_x)\dfrac{\partial V_y}{\partial\theta_l}}{(V_x-W_x)^2+(V_y-W_y)^2}\quad(13.4.71)$$

$$\frac{\mathrm{d}\beta}{\mathrm{d}\theta_l}=\frac{1}{V\cos\beta}\frac{\partial V_z}{\partial\theta_l},l=1,2,\cdots,33\quad(13.4.72)$$

式中

$$V_{1,1}=\frac{qSl}{J_x}\qquad V_{1,2}=V_{1,1}\beta\qquad V_{1,3}=V_{1,1}\delta_x$$
$$V_{1,4}=V_{1,1}\delta_y\qquad V_{1,5}=\frac{1}{2V}V_{1,1}\omega_x\qquad V_{1,6}=\frac{1}{2V}V_{1,1}\omega_y$$
$$V_{2,7}=\frac{qSl}{J_y}\qquad V_{2,8}=V_{2,7}\beta\qquad V_{2,9}=V_{2,7}\delta_y$$
$$V_{2,10}=V_{2,7}\frac{1}{2V}\omega_y\qquad V_{2,11}=\frac{1}{2V}V_{2,7}\omega_x\qquad V_{3,12}=\frac{qSb_\mathrm{A}}{J_z}$$
$$V_{3,13}=V_{3,12}\alpha\qquad V_{3,14}=V_{3,12}\delta_z\qquad V_{3,15}=\frac{b_\mathrm{A}}{V}V_{3,12}\omega_z$$
$$V_{3,16}=\frac{b_\mathrm{A}}{V}V_{3,12}\alpha\qquad V_{4,17}=-\frac{qS}{mg}\qquad V_{4,18}=V_{4,17}\alpha^2$$
$$V_{5,19}=\frac{qS}{mg}\qquad V_{5,20}=V_{5,19}\alpha\qquad V_{5,21}=V_{5,19}\delta_z$$
$$V_{6,22}=\frac{qS}{mg}\qquad V_{6,23}=V_{6,22}\beta\qquad V_{6,24}=V_{6,22}\delta_y$$

其余 $V_{i,j}=0$,其中:$i=1,2,\cdots,6;j=1,2,\cdots,33$。

初值为

$$\frac{\partial V_x}{\partial\theta_{25}}=\frac{\partial V_y}{\partial\theta_{26}}=\frac{\partial V_z}{\partial\theta_{27}}=\frac{\partial\omega_z}{\partial\theta_{28}}=\frac{\partial\omega_y}{\partial\theta_{29}}=\frac{\partial\omega_{zx}}{\partial\theta_{30}}=1$$
$$\frac{\partial\vartheta}{\partial\theta_{31}}=\frac{\partial\varphi}{\partial\theta_{32}}=\frac{\partial\gamma}{\partial\theta_{33}}=0$$

5）输入数据

导弹的结构参数包括导弹质量 m，转动惯量 J_x, J_y, J_z，导弹质心 X_T, Y_T，参考面积 S，参考长度 b_A, l，过载传感器的安装位置及攻角侧角传感器的安装位置等。

外弹道测量参数包括导弹速度 V, V_x, V_y, V_z，飞行高度 h 等。

气象测量参数包括密度 ρ（若密度无实测值可根据飞行高度计算）、风速 W、风向角 φ_W 等。

导弹测量参数包括舵偏角 $\delta_x, \delta_y, \delta_z$，导弹姿态角 $\varphi, \vartheta, \gamma$，导弹旋转角速度 $\omega_x, \omega_y, \omega_z$，导弹过载 N_x, N_y, N_z，发动机推力 R，攻角 α 及侧滑角 β 等。

6）迭代算法

采用牛顿－拉夫逊迭代公式

$$\theta_{k+1} = \theta_k + \Delta\theta_k \tag{13.4.73}$$

式中修正量 $\Delta\theta_k$ 可由下列线性代数方程组计算，即

$$\sum_{l=1}^{33}\sum_{i=1}^{N}\left(\sum_{j=1}^{11}\sum_{k=1}^{11}\frac{\partial\nu_j(i)}{\partial\theta_l}B_{jk}{}^{-1}\frac{\partial\nu_k(i)}{\partial\theta_m}\right)\Delta\theta_l = \sum_{i=1}^{11}\left(\sum_{j=1}^{11}\sum_{k=1}^{11}\nu_j(i)B_{ik}{}^{-1}\frac{\partial\hat{y}(i)}{\partial\theta_m}\right), m = 1,2,3,\cdots,33 \tag{13.4.74}$$

其中

$$B_{jk} = \frac{1}{N}\sum_{i-1}^{N}\{[y_i(i) - \hat{y}_j][y_k(i) - \hat{y}_k(i)]\} \tag{13.4.75}$$

$$\nu_j(i) = y_j(i) - \hat{y}_j(i) \tag{13.4.76}$$

式中：y_i 为测量值；$\hat{y}$ 为预测值。

具体迭代过程为：根据飞行器风洞试验和理论计算结果，给出气动参数估值的初值 θ_0。由状态方程、观测方程和灵敏度方程积分出飞行器的状态值 X、观测值灵敏度阵 $\frac{\partial y}{\partial\theta}$，然后解线性代数方程组求出 $\Delta\theta_0$，再以 $\theta_1 = \theta_0 + \Delta\theta_0$ 代替原来的 θ_0，重复以上计算过程，每迭代 1 次都需要计算似然准则函数 J_k 和 J_k / J_{k-1}。当

$$\left|1 - \frac{J_k}{J_{k-1}}\right| \leqslant \varepsilon \tag{13.4.77}$$

时，则认为迭代收敛，此时的待估计参数 θ_k，即为所求的气动参数。一般情况下 ε 取 0.01。

13.4.1.4 辨识精度分析

1）影响气动参数辨识精度的因素

影响气动参数辨识精度的因素很多，归纳起来由以下几个方面。

（1）观测量的测量误差。观测量的测量误差是影响辨识精度的重要因素。利用飞行试验数据进行参数辨识时，观测量一般取弹体旋转角速度 $\omega_x, \omega_y, \omega_z$；姿态角 ψ, ϑ, γ；过载 N_x, N_y, N_z；导弹攻角 α；侧滑角 β。它们分别由角传感器及侧滑角传感器，通过遥测获得的这些传感器的零位漂移、死区、安装误差是很困难的。选择高精度的传感器可以减小误差。为满足气动参数辨识的需要，遥测传感器应满足如下要求。

① 对测量噪声的限制：噪声的强度系数不高于 2%。

② 对传感器死区的限制：闭环飞行试验中，角速率、角位移、过载传感器的死区分别在0.05％以内。

③ 传感器死区的限制：传感器的标定误差应小于0.5％。

④ 对传感器的零位漂移的限制：角位移传感器的零位漂移速度应小于0.3°/min。角速率传感器的零位漂移小于峰值的0.5％，过载传感器零位漂移应小于峰值的1％。

⑤ 对传感器安装误差的限制：角速率传感器安装角的不对准度要小于0.15°，过载传感器安装角的不准度要小于0.3°，过载传感器安装位置及质心位置的误差要小于5mm。

(2) 物理、几何参数的误差：物理参数包括质量 m，惯性矩 J_x、J_y、J_z，动压 q；几何参数包括特征长度和面积。这些量中的任何一个存在误差，则气动系数的估值也会有相同的误差。因此这些量的测量精度对俯仰导数、法向力以及阻力系数的估值影响较大。

几何参数一般是比较准的，导弹的起飞质量在飞行前也可以较准确地测定，燃料消耗量也可以直接和间接地测得，因而 q 是主要的误差源，$q=\frac{1}{2}\rho V^2$，必须提高大气密度 ρ 和空速 V 的测量精度，尤其是空速 V，它与动压成平方关系，影响更大。空速 V 虽有空速管可以直接测量，但空速管的安装位置影响较大，一般空速管测得的空速为表速，需要加上空速修正量才能得到真正的空速。由于导弹是一次使用的，空速修正量很难测准，因此空速只能用光测的地速和气象测量的风速求向量和而得到。气象测量只能测量发射点的风速、风向，当导弹的射程较长的时候，它与实际飞行中的风速、风向存在一定的差异，因而也形成了参数辨识的误差。

此外，简化动力学模型、气动力数学模型结构形式以及输入设计的优劣都会影响辨识准度，因此还需要进行辨识结果正确性检验。

2）辨识结果正确性的检验

当迭代收敛以后，所求出的气动系数是否正确，在工程应用中可以用以下方法检验。

(1) 可比性检验。目前获取导弹气动特性的3种方法是理论计算、风洞试验和飞行试验。可比性检验就是用参数辨识所得结果与风洞试验结果或理论计算结果相比较（一般用根据风洞试验修正的理论计算结果），以便互相校核、综合分析，最后确定导弹的气动特性。

导弹在飞行试验以前，应进行过一系列的风洞试验和理论计算，并在风洞试验与理论计算基本一致的基础上，进行导弹的初样设计，因此辨识结果与计算结果或风洞试验结果相比较是有一定基础的。为了便于比较，参数辨识所用的气动力模型与理论计算或风洞试验模型，最好具有同样的结构形式。

(2) 重构导弹校验。虽然导弹在飞行试验以前，已进行过一系列的风洞试验与理论计算，由于这些计算与试验是在一定的条件下进行的，因此得出的气动系数也存在一定误差。根据目前飞航导弹气动系数预测的结果，相对误差在10％以内属于高准确度，相对误差大于25％，则认为准确度较差。一般由风洞试验或理论计算所得力系数的相对误差可在10％以内，而滚动力矩系数、动导数和铰链力矩系数的相对误差会超过30％，因而对于滚动力矩系数、动导数等真值是未知的，单纯用辨识结果与风洞试验结果或理论计算结果相比较来判断参数辨识结果的正确性是不够全面的，当参数辨识所用气动系数模型的结构形式与理论计算或风洞试验时的模型不一致时，更无法进行比较，因此还应用重构的弹道参数进行比较。

弹道重构时采用实测的控制参数，即 $\delta_x(t),\delta_y(t),\delta_z(t)$ 用实测数据，分别采用参数辨识所得的气动参数、气动模型与理论计算的气动参数、气动模型，将这 2 组弹道参数与实测弹道参数进行比较，以确定参数辨识结果的正确性是十分必要的。值得指出的是：参数辨识所得的结果，在所给时间区间内是常数，因此只能在该时间区间内进行比较。要想反映气动系数随马赫数及质心的变化，就需要提供不同飞行状态下弹体的响应数据、参数辨识结果，才能反映出他们的变化。

(3) 残差序列校验。辨识收敛后的残差序列 $v(i)$ 应接近零均值随机噪声，结果才可信，否则说明辨识结果含有系统误差。

13.4.2 闭环的辨识仿真算例

本节给出采用最大似然法，对闭环控制的某飞航式导弹仿真数据进行参数辨识的算例。

1) 可辨识性分析

用 $\dot{\omega}_x,\dot{\omega}_y,\dot{\omega}_z$ 与动力学方程中各个力矩项相比较，来判别参数的可辨识性(采用力矩系数的理论值来估算各个力矩项)，以 $\dot{\omega}_z$ 为例，有

$$\dot{\omega}_z+\frac{J_y-J_x}{J_z}\omega_x\omega_y\approx\frac{qSb_A}{J_z}\left(m_{z0}+m_z^{\alpha}\alpha+m_z^{\delta_z}\delta_z+m_z^{\omega_z}\frac{b_A}{V}\omega_z+m_z^{\dot{\alpha}}\dot{\alpha}\right)\tag{13.4.78}$$

若右端某一项远小于左端，则该项是不可辨识的，若左端接近于 0，也是不可辨识的，只能辨识气动导数的比值。其余类同。

仿真数据取自某飞航式导弹自导段的六自由度弹道数据，从 145.55s ~ 146.55s，仿真数据包括：遥测采样数据 $\omega_x,\omega_y,\omega_z,N_x,N_y,N_z,\delta_x,\delta_y,\delta_z,\alpha,\beta$；光测数据 t,V,h,θ,φ_c；气象数据 ρ,W,φ_W；弹道体结构参数 l,b_A,S,m,J_x,J_y,J_z 等。

为了分析这段数据的可辨识性，将动力学方程的各项分别逐项计算，结果列于表 13.1 至表 13.3。可以看出 $\dot{\omega}_x,\dot{\omega}_y,\dot{\omega}_z$ 与各项的数量级相当，这表明仿真数据纵向、侧向气动系数均可进行辨识，可以采用六自由度参数辨识的基本方程组进行辨识。

表 13.1 仿真数据

t	$\dot{\omega}_x$	ω_{yz}	M_{x0}	$M_x^{\delta_x}$	M_x^{β}	M_{xy}^{δ}	$M_x^{\omega_x}$	M_{xy}^{ω}
145.55	5.0431	−0.0000214	6.4780	−1.4337	0.95096	0.37056	−1.1505	−0.17228
146.15	−2.2381	−0.0001576	6.4721	−9.2097	0.19789	1.6492	−1.1480	−0.19946
146.55	1.3045	−0.00000175	6.4535	−7.7731	2.7643	2.8159	−2.9499	−0.006202

表 13.2 仿真数据

t	$\dot{\omega}_y$	ω_{zx}	M_{y0}	M_y^{β}	M_{yy}^{δ}	M_{yy}^{ω}
145.55	−0.10444	−0.000086	0.34040	−0.59528	0.152859	−0.0023347
146.15	−0.169286	−0.002549	0.341659	−1.2330	0.751387	−0.026786
146.55	0.036853	0.005042	0.342392	−1.43677	1.15355	−0.027362

表 13.3 仿真数据

t	$\dot{\omega}_z$	ω_{xy}	M_{z0}	M_z^{α}	$M_z^{\delta_z}$	$M_z^{\omega_z}$
145.55	−0.03865	−0.000032	0.87238	−2.18229	1.2677	0.003593
146.15	−0.25036	0.0024579	0.87569	−2.6891	1.56755	−0.00697
146.55	0.294385	−0.008996	0.87759	−2.21015	1.6506	−0.01466

2) 辨识结果

对仿真数据采用最大似然法,按六自由度参数辨识的基本方程对这段数据进行辨识。

状态变量为

$$\boldsymbol{X} = (V_x, V_y, V_z, \omega_x, \omega_y, \omega_z, \varphi, \vartheta, \gamma)^{\mathrm{T}} \tag{13.4.79}$$

观测量为

$$\boldsymbol{Y} = (\omega_x, \omega_y, \omega_z, N_x, N_y, N_z\varphi, \vartheta, \gamma, \alpha, \beta)^{\mathrm{T}} \tag{13.4.80}$$

待估计参数为

$$\begin{aligned}\boldsymbol{\theta} = (&m_{x0}, m_x^{\alpha}, m_x^{\beta}, m_x^{\delta_x}, m_x^{\delta_y}, m_x^{\omega_x}, m_x^{\omega_y}, m_{y0}, m_y^{\beta}, m_y^{\delta_y}, m_y^{\omega_y}, m_y^{\omega_y},\\ &m_{z0}, m_z^{\alpha}, m_z^{\delta_z}, m_z^{\omega_z}, m_z^{\dot{\alpha}}, C_{x0}, C_{x1}, C_y^{\alpha}, C_y^{\delta_z}, C_{z0}, C_z^{\delta_y}, C_z^{\beta}, V_{x0},\\ &V_{y0}, V_{z0}, \omega_{x0}, \omega_{y0}, \omega_{z0}, \varphi_0, \vartheta_0, \gamma_0)^{\mathrm{T}}\end{aligned} \tag{13.4.81}$$

共辨识出 21 个气动参数,辨识结果如表 13.4 所列。

表 13.4 气动参数辨识结果

参数	理论值 \ 数据点	1 ~ 45	46 ~ 60	61 ~ 70
m_{x0}	0.000065	0.00006268	0.0011769	0.0013293
m_x^{α}		−0.0097178	−0.025861	−0.02905
m_x^{β}	−0.026	−0.044627	−0.049801	−0.049538
$m_x^{\delta_x}$	−0.08296	−0.083997	−0.088312	−0.091133
$m_x^{\delta_y}$	−0.0229	−0.01914	−0.01996	−0.01819
$m_x^{\omega_x}$	−0.09	−0.03942	−0.08641	−0.08367
$m_x^{\omega_y}$	−0.033	−0.06057	−0.23310	−0.32550
m_{y0}	0.002	−0.000104	−0.0000453	0.000453
m_y^{β}	−0.228	−0.2154	−0.2146	−0.1940
$m_y^{\delta_y}$	−0.224	−0.2127	−0.2127	−0.1797
$C_z^{\delta_y}$	−0.166	−0.1725	−0.1033	−0.1835
$m_y^{\omega_y}$	−1.4	−1.3672	−1.2687	−1.8108
m_{z0}	0.006	0.006057	0.006505	0.005920
m_z^{α}	−0.357	−0.3448	−0.3561	−0.3529
$m_z^{\delta_z}$	−0.39	−0.3758	−0.3765	−0.3914
$m_z^{\omega_z}$	−1.6	−1.9786	−2.0055	−1.8406
C_{x0}	0.01	0.01922	0.01945	0.02005
C_{x1}		−0.21241	−0.29674	−0.48566
C_y^{α}	2.18	2.0446	1.8562	2.0121
$C_y^{\delta_z}$	0.261	0.451	0.2798	0.3416
C_z^{β}	−0.6	−0.5922	−0.5138	−0.4909

第 14 章　神经网络在系统辨识中的应用

14.1　神经网络简介

14.1.1　神经网络的发展概况

1943 年心理学家 W. Mcculloch 和数理逻辑学家 W. Pitts 首先提出了一个简单的神经网络模型，其神经元的输入输出关系为

$$y_j = \mathrm{sgn}(\sum_i w_{ji} x_i - \theta_j)$$

式中：输入输出均为二值量；w_{ji} 为固定的权值。利用该简单网络可以实现一些逻辑关系。虽然该模型过于简单，但它为进一步的研究打下了基础。

1949 年 D. O. Hebb 首先提出了一种调整神经网络连接权值的规则，通常称为 Hebb 学习规则，其基本思想是，当 2 个神经元同时兴奋或同时抑制时，他们之间的连接强度便增加。这可表示为

$$w_{ji} = \begin{cases} \sum_{k=1}^{n} x_i^{(k)} x_j^{(k)}, i \neq j \\ 0, i = j \end{cases}$$

这种学习规则的意义在于，连接权值的调整正比于 2 个神经元活动状态的乘积，连接权值是对称的，神经元到自身的连接权值为 0。现在仍有不少神经网络采用这种学习规则。

14.1.2　神经网络的结构及类型

神经网络由许多并行运算、功能简单的单元组成，这些单元类似于生物神经系统的单元。神经网络是一个非线性动力学系统，其特色在于信息的分布式存储和并行协同处理。虽然单个神经元的结构极其简单，功能有限，但大量神经元构成的网络系统所能实现的行为却是极其丰富多彩的。和数字计算机相比，神经网络系统具有集体运算能力和自适应的学习能力。此外，它还具有很强的容错性和鲁棒性，善于联想、综合和推广。

一般而言，神经网络是一个并行和分布式的信息处理网络结构，它一般由许多个神经元组成，每个神经元有一个输出，它可以连接到很多其它的神经元，每个神经元输入有多个连接通路，每个连接通路对应于一个连接权系数。

严格地说，神经网络是一个具有下列性质的有向图：

(1) 每个节点有一个状态变量 x_j；

(2) 节点 i 到节点 j 有一个连接权系数 w_{ji}；

(3) 每个节点有一个阈值 θ_j;

(4) 每个节点定义一个变换函数 $f_j(x_i, w_{ji}, \theta_j (i \neq j))$,最常见的情形为

$$f(\sum_i w_{ji} x_i - \theta_j)$$

神经网络模型各种各样,它们是从不同的角度对生物神经系统不同层次的描述和模拟,代表性的网络模型有感知器、多层映射 BP 网络(即反向传播神经网络,Back - Propagation Neural Networks)、REF 网络、双向联想记忆(BAM)、Hopfield 模型等。利用这些网络模型可实现函数逼近、数据聚类、模式分类、优化计算等功能。因此,神经网络广泛应用于人工智能、自动控制、机器人、统计学及系统辨识等领域的信息处理中。

14.2 线性系统辨识

14.2.1 基于单层神经网络的线性系统辨识

14.2.1.1 单层神经网络建模原理

单层神经网络采用基于梯度的最速下降法(LMS 算法)。用单层神经网络进行二阶系统的辨识试验,原理框图如图 14.1 所示。

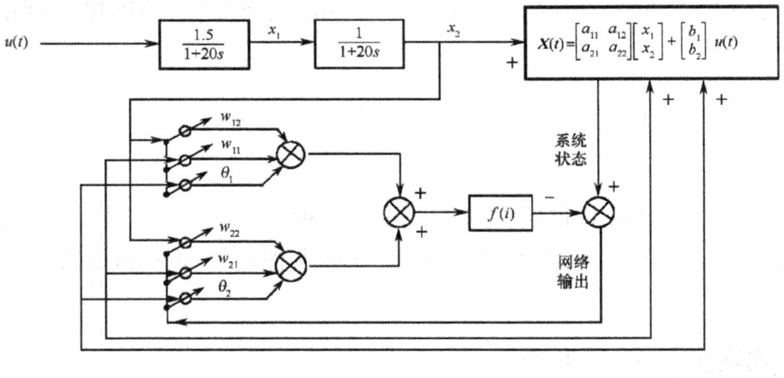

图 14.1 单层神经网络进行二阶系统辨识的原理框图

14.2.1.2 单层神经网络辨识实例

给定一个二阶系统 $G(s) = \dfrac{1.5}{(1 + 20s)^2}$ 进行辨识试验,则该系统所对应的状态方程为

$$\boldsymbol{X}(t) = \begin{bmatrix} -0.05 & 0 \\ 0.05 & -0.05 \end{bmatrix} \boldsymbol{X}(t) + \begin{bmatrix} 0.075 \\ 0 \end{bmatrix} u(t)$$

无论加入阶跃扰动、M 序列或是随机扰动,无论进行开环或是闭环辨识,单层神经网络辨识都能得出准确的数学模型。

下面,给出加入随机扰动情况下开环与闭环辨识的结果(随机扰动幅值范围为[0,1])。

选择随机函数作为激励函数,取采样时间为100s,采样步长为0.1s,学习率 $\lambda = 0.1$,开环辨识结果和闭环辨识结果如表14.1所列。

表14.1 开环辨识结果和闭环辨识结果

项目 \ 辨识方法	开环	闭环
运算精度	0.000001	0.000001
学习次数	1815	42459
系数矩阵 $\boldsymbol{A}$	$\begin{bmatrix} -0.050004 & 0.000005 \\ 0.049994 & -0.049994 \end{bmatrix}$	$\begin{bmatrix} -0.050002 & 0.000012 \\ 0.049997 & -0.049982 \end{bmatrix}$
系数矩阵 $\boldsymbol{B}$	$[0.07001 \quad 0.000001]$	$[0.075000 \quad 0.000000]$

试验表明:单层神经网络只能用于线性系统辨识,对信号要求不高,加入随机扰动也可以得到对象精确的数学模型,网络结构简单,收敛速度快,精度高。网络连接权值具有实际意义,代表单入单出系统状态方程 $\boldsymbol{X} = \boldsymbol{AX} + \boldsymbol{BU}$ 的系数矩阵 $\boldsymbol{A}$、$\boldsymbol{B}$。其缺点是抗干扰能力差,需要已知系统阶次以及每个采样时刻状态变量的值。然而,现场却存在各种无法预测的干扰信号,许多系统中间状态的值是无法测量的,系统的阶次一般无法预先得知或无法辨识得非常准确,这就限制了该网络在实际中的应用。

14.2.2 基于单层Adaline网络的线性系统辨识方法

14.2.2.1 单层Adaline网络建模原理

自适应线性神经元(Adaline)可以组成自适应滤波器并用于系统建模。用单层Adaline网络建模时的原理框图如图14.2所示。

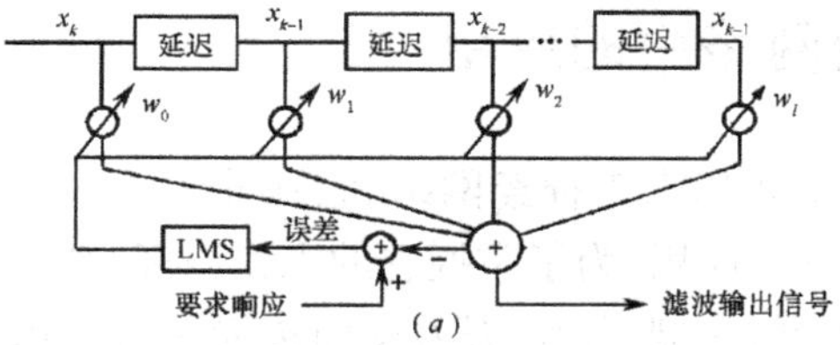

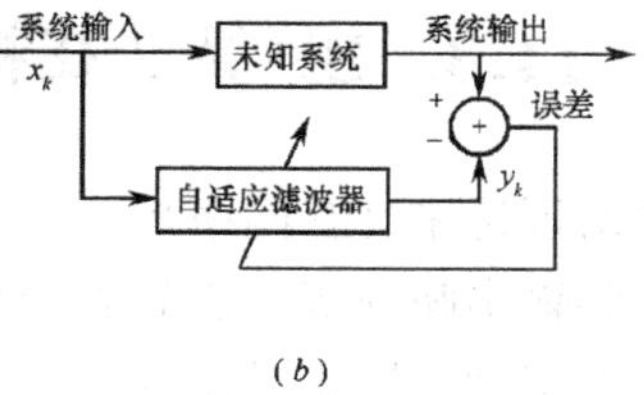

图14.2 Adaline组成的自适应滤波器建模时的原理框图
(a)滤波结构图;(b)控制系统结构图。

14.2.2.2 单层Adaline网络辨识实例

设一个二阶系统的传递函数为 $G(s) = \dfrac{1.0}{(1+s)^2}$,取仿真时间为50s,采样步长为0.1s,应用连续与离散传递函数之间的双线性变换,计算出该系统对应的差分方程为

$$W(z)=\frac{0.002268+0.004535z^{-1}+0.002268z^{-2}}{1-1.809524z^{-1}+0.818594z^{-2}}$$

单层 Adaline 网络要求输入的信号是频谱较宽的白噪声或 δ 脉冲，可以选择 M 序列和随机扰动作为激励进行开环辨识试验。单层 Adaline 网络均能得出准确的数学模型，这里只给出加入随机扰动情况下进行开环辨识的结果，如图 14.3 所示（随机扰动幅值范围为 [−1,1]）。幅值持续的采样点数限为 10，辨识出系统的离散传递函数为

$$W(z)=\frac{0.906}{1.00000-1.80964z^{-1}+0.81870z^{-2}}$$

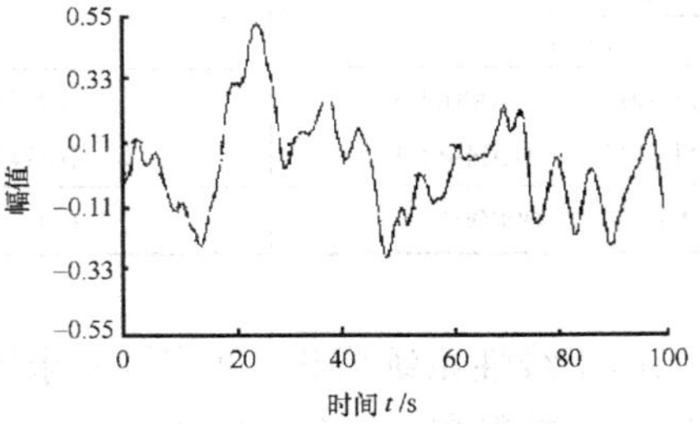

图 14.3　随机扰动激励 Adaline 神经网络辨识结果

试验表明：单层 Adaline 网络只能用于线性系统辨识，网络结构简单，收敛速度快，精度高，对信号要求不高，在随机扰动激励下进行辨识也可得到对象的数学模型；网络的连接权值存在实际意义，代表单入单出系统差分方程 $W(z)=(a_0+a_1z^{-1}+\cdots+a_mz^{-m})/(1+b_1z^{-1}+\cdots+b_nz^{-n})$ 的分子分母的系数 $a_0,a_1,\cdots,a_m,b_0,b_1,\cdots,b_n$，且不需要已知每个采样时刻状态变量的值。其缺点有 2 个：一是设定的延迟器数目必须与系统阶次相等，即系统阶次必须已知或者辨识得非常准确，才能获得满意的辨识结果；二是网络较脆弱，抗干扰能力差，限制了该网络在实际中的应用。

14.3　BP 算法在神经网络中的应用

在人工神经网络理论中，BP 网络是一个非常重要的人工神经网络。它在非线性分类和高维非线性输入到输出映射等方面有着十分广泛的应用。为了掌握它的工作原理，必须透彻地了解建立在人工神经网络基础理论上的 BP 算法，即称为“误差反向传播算法”。由于人工神经网络是建立在模仿和模拟人类实际神经反应行为的生物学基础上的学问，期间存在着一些晦涩难懂的名词术语，增添了人工神经网络理论的神秘色彩。本节用经典控制理论中的系统辨识理论来阐明 BP 算法的数学原理。

14.3.1　BP 网络简介

图 14.4 为一基本的 BP 网络，网络结构共分 3 层：最下面一层为输入层，共有 n 个输入变量；中间一层为隐层，共有 p 个单元节点；最上面一层为输出层，共有 q 个输出。输入层与隐层间的连接权值用 v_{hi} 表示，隐层与输出层件的连接权值用 w_{ij} 表示。输入信号通过

权值 v_{hi} 与中间层的每一个节点相联系,中间层的每一个节点又通过权值 w_{ij} 将传递信号与输出层的每一个节点相联系,信号从输入层向输出层正向传播。图中 a_h, b_i, c_j 分别为各个节点的输出信号,而 a_h^k 为第 k 次样本的第 h 个输入值,c_j^k 为第 k 次样本的第 j 个输出值。现在假定有 m 个样本对,即 $(a_1{}^k, a_2{}^k, \cdots, a_h{}^k, \cdots, a_n{}^k, c_1{}^k, c_2{}^k, \cdots, c_j^k, \cdots, c_q{}^k)$。其中:$k = 1,2,\cdots,n; h = 1,2,\cdots,n; j = 1,2\cdots,q$。网络采用这 m 个样本对进行训练(即决定各个连接权值 v_{hi}, w_{ij})。

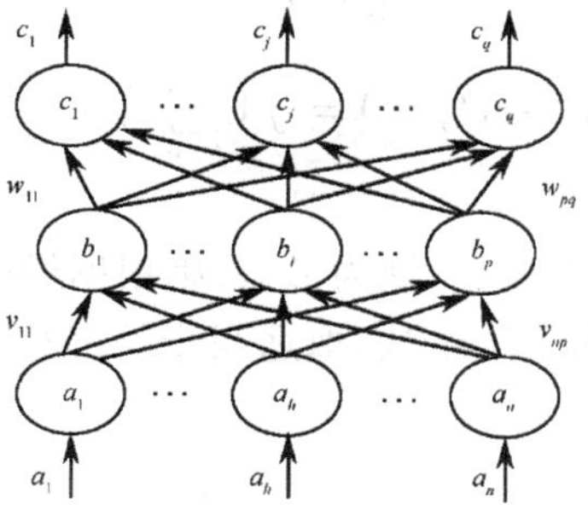

图 14.4　最基本的 BP 网络拓扑结构

14.3.2 BP 网络数学原理

为了不将 $a_h{}^k$ 误认为是 a_h 的 k 次方,特将样本对改记为 $(\hat{a}_1{}^{(k)}, \hat{a}_2{}^{(k)}, \cdots, \hat{a}_n{}^{(k)}, \hat{c}_1{}^{(k)}, \hat{c}_2{}^{(k)}, \cdots, \hat{c}_q{}^{(k)})$,其决定权值的标准是考虑实际的输出 $\hat{c}_j{}^{(k)}$ 与计算的输出 $c_j{}^{(k)}$ 的差值的平方为最小,即整个 $(c_j{}^{(k)} - \hat{c}_j{}^{(k)})^2$ 为最小。BP 的数学原理,即是如何决定各连接权值 v_{hi}, w_{ij} 的过程,因此,它实际上是已知输入输出,如何决定系统内各有关参数。此即系统的辨识问题,完全可以按照系统辨识的理论来解决。

设输出层上第 j 个节点的输出误差为

$$\delta_j = (c_j{}^{(k)} - \hat{c}_j{}^{(k)})^2$$

则整个输出节点上的误差为

$$E_k = \sum_{j=1}^{q} \delta_j = \sum_{j=1}^{q} (c_j{}^{(k)} - \hat{c}_j{}^{(k)})^2$$

对于全部样本值来说,其总误差为 $E_z = \sum\limits_{k=1}^{m} E_k$,不失一般性,将 E_z 换成 $E = \dfrac{1}{2}E_z$,则

$$E = \frac{1}{2}\sum_{k=1}^{m}\sum_{j=1}^{q} (c_j{}^{(k)} - \hat{c}_j{}^{(k)})^2 \tag{14.3.1}$$

E 即为全局代价函数(目标函数)。对全部样本来说,E 为最小时,所对应的权值 v_{hi}, w_{ij} 即为所求的参数(用人工神经网络的术语来说,即是已经训练过或学习后的数值)。

令输出层上节点 j 的加权输入为 $\mathrm{Net}C_j$,则输出层上节点 j 的第 k 次样本的加权输入(将阈值归入权系数中)为

$$\mathrm{Net}C_j = \sum_{i=0}^{p} w_{ij} b_i{}^{(k)} \tag{14.3.2}$$

式中：$j=1,2,\cdots,q$；$w_{0j}=1$；$b_0=-\theta_j$。节点的计算输出为

$$c_j^{(k)}=f(\mathrm{Net}C_j^{(k)})=f(\sum_{i=0}^{p}w_{ij}b_i^{(k)}) \tag{14.3.3}$$

同理，隐层节点的第 k 次样本的加权输入为

$$\mathrm{Net}b_i^{(k)}=\sum_{h=0}^{n}v_{hi}\hat{a}_h^{(k)} \tag{14.3.4}$$

式中：$i=1,2,\cdots,p$；$v_{0i}=1$；$\hat{a}=-\theta_j$。该节点的计算输出为

$$b_j^{(k)}=f(\mathrm{Net}b_j^{(k)})=f\left(\sum_{h=0}^{n}v_{hi}\hat{a}_h^{(k)}\right) \tag{14.3.5}$$

1）w_{ij} 的辨识

将系统隐层和输出层之间的权值 w_{ij} 视为参数，则根据最速下降法（最优梯度法），当 w_{ij} 沿E的负梯度方向变化时，E将下降最快。取适当步长，设迭代前的值为 w_{ij}，迭代后的值为 w'_{ij}，于是有

$$w'_{ij}=w_{ij}-\lambda\frac{\partial E}{\partial w_{ij}} \tag{14.3.6}$$

式中 $\lambda>0$，一般取 $0<\lambda<1$。考察$\frac{\partial E}{\partial w_{ij}}$有

$$\frac{\partial E}{\partial w_{ij}}=\partial\left(\frac{1}{2}\sum_{k=1}^{m}E_k\right)/\partial w_{ij}=\frac{1}{2}\sum_{k=1}^{m}\sum_{j=1}^{q}[\partial(c_j^{(k)}-\hat{c}_j^{(k)})^2/\partial w_{ij}]=$$
$$\sum_{k=1}^{m}[(c_j^{(k)}-\hat{c}_j^{(k)})\frac{\partial c_j^{(k)}}{\partial w_{ij}}] \tag{14.3.7}$$

再考察$\frac{\partial c_j^{(k)}}{\partial w_{ij}}$有

$$\frac{\partial c_j^{(k)}}{\partial w_{ij}}=\frac{\partial c_j^{(k)}}{\partial \mathrm{Net}C_j^{(k)}}\cdot\frac{\partial \mathrm{Net}C_j^{(k)}}{\partial w_{ij}}=[\partial f(\mathrm{Net}C_j^{(k)})/\partial\mathrm{Net}C_j^{(k)}]\times$$
$$\left[\partial\left(\sum_{i=0}^{p}w_{ij}\cdot b_i^{(k)}\right)/\partial w_{ij}\right]=f'(\mathrm{Net}C_j^{(k)})\cdot b_i^{(k)} \tag{14.3.8}$$

则式（14.3.7）的值可为

$$\frac{\partial E}{\partial w_{ij}}=\sum\sum[(c_j^{(k)}-\hat{c}_j^{(k)})\times f'(\mathrm{Net}C_j^{(k)})\cdot b_i^{(k)}]=F(\hat{a}_h^{(k)},v_{hi},w_{ij}) \tag{14.3.9}$$

将式（14.3.9）代入式（14.3.6）有迭代式

$$w'_{ij}=w_{ij}-\lambda\cdot F(\hat{a}_h^{(k)},v_{hi},w_{ij}) \tag{14.3.10}$$

2）v_{hi} 的辨识

将系统输入层和隐层之间的权 v_{hi} 视为参数，同样有

$$v'_{hi}=v_{hi}-\beta\frac{\partial E}{\partial v_{hi}} \tag{14.3.11}$$

式中 $\beta>0$，一般取 $0<\beta<1$。考察$\frac{\partial E}{\partial v_{hi}}$有

$$\frac{\partial E}{\partial v_{hi}}=\partial\left(\frac{1}{2}\sum_{k=1}^{m}E_k\right)/\partial v_{hi}=\frac{1}{2}\sum_{k=1}^{m}\sum_{j=1}^{q}[\partial(c_j^{(k)}-\hat{c}_j^{(k)})^2/\partial v_{hi}]=$$

$$\sum_{k=1}^{m}\sum_{j=1}^{q}[(c_j^{(k)}-\hat{c}_j^{(k)})\frac{\partial c_j^{(k)}}{\partial v_{hi}}] \tag{14.3.12}$$

再考察$\frac{\partial c_j^{(k)}}{\partial v_{hi}}$有

$$\frac{\partial c_j^{(k)}}{\partial v_{hi}} = \frac{\partial c_j^{(k)}}{\partial \mathrm{Net}C_j^{(k)}}\cdot\frac{\partial \mathrm{Net}C_j^{(k)}}{\partial b_i^{(k)}}\times\frac{\partial b_i^{(k)}}{\partial \mathrm{Net}b_i^{(k)}}\cdot\frac{\partial \mathrm{Net}b_i^{(k)}}{\partial v_{hi}} =$$

$$f'(\mathrm{Net}C_j^{(k)})\cdot f'(\mathrm{Net}b_i^{(k)})\cdot w_{ij}\cdot\hat{a}_h^{(k)} = G(\hat{a}_h^{(k)},v_{hi},w_{ij}) \tag{14.3.13}$$

结合式(14.3.11)、式(14.3.12)、式(14.3.13)可知

$$v'_{hi} = v_{hi} - \beta\cdot G(\hat{a}_h^{(k)},v_{hi},w_{ij}) \tag{14.3.14}$$

3)$\min E$

有了w'_{ij},v'_{hi}后,再利用样本$(\hat{a}_1^{(k)},\cdots,\hat{a}_n^{(k)},\hat{c}_1^{(k)},\cdots,\hat{c}_q^{(k)})$求出新的$E'$,用$\forall\varepsilon>0$,将$|E'-E|<\varepsilon$作为循环结束条件,当条件满足,停止循环,否则,继续循环。

4)确定系统参数值

当循环结束时,此时的w'_{ij},v'_{hi}就是所确定出的权值,这样系统就可以做高度非线性输入到输出映射了。

14.4 线性时变系统辨识

动态系统的建模与辨识是控制理论中具有重要应用价值的研究领域之一。由于人工神经网络在处理模型未知的对象所具有的特殊功能,使其在解决动态系统的建模与辨识问题中蕴含着巨大的应用潜力。近10年来,国内外许多学者在这方面做了大量的研究工作,取得了许多研究结果。本节研究下列线性时变系统的辨识问题:

$$\boldsymbol{X} = \boldsymbol{A}(t)\boldsymbol{X} + \boldsymbol{B}(t)u,\ t\in[0,t_1],\ \boldsymbol{X}(0) = \boldsymbol{X}_0 \tag{14.4.1}$$

式中:$\boldsymbol{A}(\cdot)\in C([0,t_1];\boldsymbol{R}^{n\times n})$;$\boldsymbol{B}(\cdot)\in C([0,t_1];\boldsymbol{R}^{n\times m})$;$u(\cdot)\in\Omega$,$\Omega$是$\mathbf{L}^2([0,t_1];\boldsymbol{R}^m)$的有界子集;$\boldsymbol{X}_0\in\boldsymbol{R}^n$。设$\boldsymbol{\Phi}(t,s)$是由式(14.4.1)所描述的系统的状态转移矩阵,则式(14.4.1)的Caratheodory意义下的解为

$$\boldsymbol{X}(t) = \boldsymbol{\Phi}(t,0)[\boldsymbol{X}_0 + \int_0^t\boldsymbol{\Phi}^{-1}(\tau,0)\boldsymbol{B}(\tau)u(\tau)\mathrm{d}\tau] \tag{14.4.2}$$

为了研究式(14.4.1)的辨识问题,只需研究式(14.4.2)的辨识问题。

14.4.1 网络结构与逼近能力分析

由式(14.4.2)所描述系统的辨识问题也就是对函数$\boldsymbol{\Phi}(t,0)$和$\boldsymbol{\Phi}^{-1}(t,0)\boldsymbol{B}(t)$的辨识问题。它们都是连续函数矩阵,可以用3层网络来逼近。据此给出用于控制式(14.4.2)的辨识的神经网络示意,如图14.5所示。其中$N_i(i=1,2)$是图14.6所示的3层网络。N_i的隐层由排列成r_i行m_i列的$r_i\times m_i$个神经元组成,输出层有排列成n行m_i列的$n\times m_i$个节点组成,r_i是根据逼近精度要求而选取的正整数,$m_1=m$,$m_2=n$。网络N_i的输入层只有1个结点,它与隐层的每个神经元都相连。图14.7给出了输入结点与隐层第k列神经元、输出层第k列结点的连接示意图。

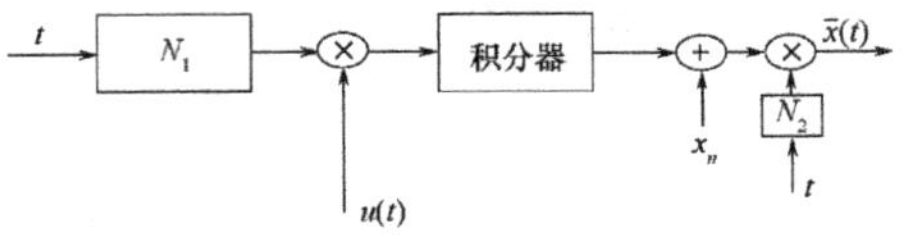

图 14.5　线性时变系统辨识网络的示意图

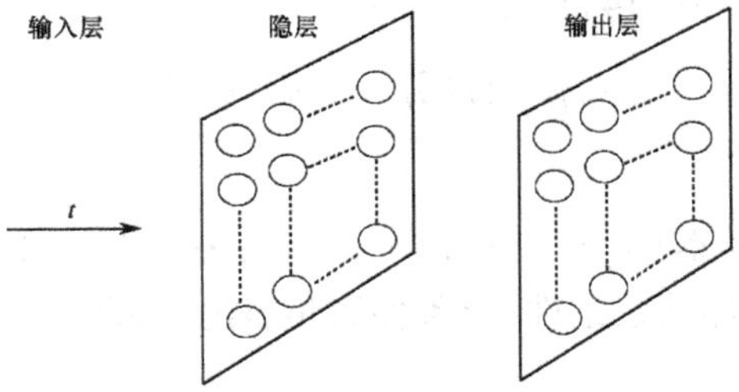

图 14.6　神经网络 N_i 的示意图

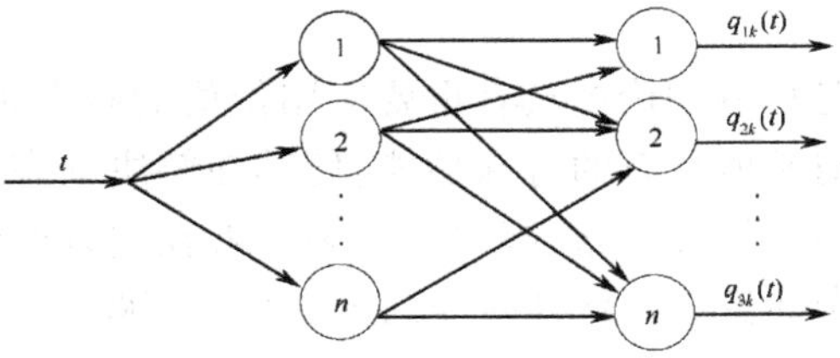

图 14.7　神经网络 N_i 的第 k 列示意图

在网络 N_i 中,用 a_{kj} 表示输入结点与隐层第 k 列第 j 行的神经元之间的连接权,$w_{ij}{}^{(k)}$ 表示隐层第 k 列第 j 行的神经元与输出层第 k 列第 i 行的结点之间的连接权,b_{kj} 表示该隐层神经元的阈值,该神经元的输出为 $\sigma(a_{kj}t+b_{kj})$,其中 $\sigma(t)$ 是某个 sigmoidal 函数。于是,隐层第 k 列的输出为

$$\boldsymbol{F}^{(k)}(t)=[\sigma(a_{k1}t+b_{k1})\quad\sigma(a_{k2}t+b_{k2})\quad\cdots\quad\sigma(a_{kr_1}t+b_{kr_1})]^{\mathrm{T}}$$

而输出层的输出矩阵为

$$\boldsymbol{Q}(t)=[\boldsymbol{W}^{(1)}F^{(1)}(t)\quad\boldsymbol{W}^{(2)}F^{(2)}(t)\quad\cdots\quad\boldsymbol{W}^{(m)}F^{(m)}(t)]$$

式中 $\boldsymbol{W}^{(k)}=[w_{ij}{}^{(k)}]$ 是隐层第 k 列与输出层第 k 列之间连接权构成的 $n\times r_1$ 阶的权矩阵。

类似地,网络 N_2 中输出层的输出矩阵为

$$\boldsymbol{H}(t)=[\boldsymbol{V}^{(1)}G^{(1)}(t)\quad\boldsymbol{V}^{(2)}G^{(2)}(t)\quad\cdots\quad\boldsymbol{V}^{(n)}G^{(n)}(t)]$$

式中 $V^{(k)}=[v_{ij}^{(k)}]$是隐层第 k 列与输出层第k 列之间连接权构成的$n\times r_2$ 阶的权矩阵。又

$$G^{(k)}(t)=[\sigma(a_{k1}t+\beta_{k1})\quad \sigma(a_{k2}t+\beta_{k2})\quad \cdots\quad \sigma(a_{kr2}t+\beta_{kr2})]^{\mathrm{T}}$$

此处 a_{kj} 表示输入结点与隐层第 k 列第 j 行神经元间的连接权，β_{kj} 表示隐层该神经元的阈值。

由图 14.5 所示的神经网络的输出为

$$\bar{X}(t)=H(t)[X_0+\int_0^t Q(\tau)u(\tau)\mathrm{d}\tau] \tag{14.4.3}$$

定理 1 对任意 $\varepsilon>0$ 存在正整数 r_1 和 r_2 以及相应的权值和阈值，使得由图 14.5 所确定的神经网络的输出 $\bar{X}(t)$ 与式(14.4.2)所描述系统的状态 $X(t)$ 对一切 $u(\cdot)\in\Omega$ 和 $t\in[0,t_1]$一致地满足

$$\|X(t)-\bar{X}(t)\|<\varepsilon$$

此处 $\|\cdot\|$ 表示矢量 $X(t)$ 的欧几里得范数。

证明：因为 $\boldsymbol{\Phi}^{-1}(t,0)$ 和 $B(t)$ 都是$[0,t_1]$上的连续函数矩阵，Ω 是 $\mathbf{L}^2([0,t_1];R^m)$ 的有界子集，所以存在常数 $M_1>0$，使得对一切 $u(\cdot)\in\Omega$ 都有

$$\int_0^{t_1}|\boldsymbol{\Phi}^{-1}(t,0)B(t)u(t)|\mathrm{d}t\leqslant M_1$$

由 $\boldsymbol{\Phi}(\cdot,0)\in C([0,t_1];R^{n\times n})$，根据含有1个隐层的3层神经网络的逼近理论，存在正整数 r_2、连接权 a_{kj}、权矩阵 $V^{(k)}$ 和阈值 $\beta_{kj}(k=1,\cdots,n;j=1,\cdots,r_1)$，使得由图 14.6 所示的网络 N_2 的输出 $H(t)$ 在 $[0,t_1]$上一致地满足

$$\|\boldsymbol{\Phi}(t,0)-H(t)\|<\frac{\varepsilon}{2(|x_0|+M_1)}$$

式中 $\|\cdot\|$ 表示方阵 $H(t)$ 的谱范数。因为 $H(\cdot)\in C([0,t_1];R^{n\times n})$，所以存在常数 $M_2>0$ 使得对一切 $t\in[0,t_1]$都有 $\|H(t)\|\leqslant M_2$。再由 Ω 是 $\mathbf{L}^2([0,t_1];R^m)$ 的有界子集，存在常数 $M_3>0$ 使得对一切 $u(\cdot)\in\Omega$ 都有$\int_0^1|u(t)|\mathrm{d}t\leqslant M_3$。因为 $\boldsymbol{\Phi}^{-1}(\cdot,0)B(\cdot)\in C([0,t_1];R^{n\times m})$，所以存在正整数 r_1、连接权 a_{kj}、权矩阵 $W(k)$ 和阈值 $b_{kj}(k=1,\cdots,m;j=1,\cdots,r_1)$，使得由图 14.8 所示的网络 N_1 的输出 $Q(t)$ 在$[0,t_1]$上一致地满足

$$\|\boldsymbol{\Phi}^{-1}(t,0)B(t)-Q(t)\|<\frac{\varepsilon}{2M_2M_3}$$

于是图 14.7 所示的网络的输出 $\bar{X}(t)$ 满足

$$|X(t)-\bar{X}(t)|=|\boldsymbol{\Phi}(t,0)[X_0+\int_0^t\boldsymbol{\Phi}^{-1}(\tau,0)B(\tau)u(\tau)\mathrm{d}\tau-H(t)[X_0+\int_0^t Q(\tau)u(\tau)\mathrm{d}\tau]|\leqslant$$

$$\|\boldsymbol{\Phi}(t,0)-H(t)\|\cdot|X_0|+|\int^t[_0\boldsymbol{\Phi}(\tau,0)\boldsymbol{\Phi}^{-1}(\tau,0)B(\tau)-H(t)Q(\tau)]u(\tau)\mathrm{d}\tau|\leqslant$$

$$\|\boldsymbol{\Phi}(t,0)-H(t)\|[|X_0|+\int_0^t|\boldsymbol{\Phi}^{-1}(\tau,0)B(\tau)u(\tau)|\mathrm{d}\tau+$$

$$\|H(t)\|\int_0^{t_1}\|\boldsymbol{\Phi}^{-1}(\tau,0)B(\tau)-Q(\tau)\|\;|u(\tau)|\mathrm{d}\tau<\varepsilon$$

14.4.2 学习算法

对于 $\boldsymbol{X}(\cdot)\in \mathbf{L}^2([0,t_1];\boldsymbol{R}^n)$ 和 $u(\cdot)\in \mathbf{L}^2[0,t_1];\boldsymbol{R}^m)$，用 $\|\boldsymbol{X}(\cdot)\|$ 和 $\|u(\cdot)\|$ 分别表示它们的范数，即

$$\|\boldsymbol{X}(\cdot)\| = \left|\int_0^{t_1} |\boldsymbol{X}(t)|^2 \mathrm{d}t\right|^{1/2}$$

$$\|u(\cdot)\| = \left|\int_0^{t_1} |u(t)|^2 \mathrm{d}t\right|^{1/2}$$

设已知对应于输入 $u_1(t),\cdots,u_N(t)$，系统(14.4.2)的输出状态分别为 $\boldsymbol{X}_1(t),\cdots,\boldsymbol{X}_N(t)$，而网络的输出分别为 $\bar{\boldsymbol{X}}_1(t),\cdots,\bar{\boldsymbol{X}}_N(t)$。记

$$E = \sum_{i=1}^{N} \| x_i(\cdot) - \bar{x}_i(\cdot) \|$$

显然 E 是网络权值和阈值的函数。利用最优化方法求出使 E 取最小值的权值和阈值，便实现了对网络的训练。在对网络进行训练时，输入函数的选取将直接影响到训练的成效。下面研究利用 $\mathbf{L}^2([0,t_1];\boldsymbol{R}^m)$ 中的标准正交系进行网络训练的效果。

设 $\{e_1,\cdots,e_r\}$ 是 $\mathbf{L}^2([0,t_1];\boldsymbol{R}^m)$ 的一个标准正交系，$\Omega\in \mathrm{span}\{e_1,\cdots,e_r\}$。对任意的 $u(\cdot)\in \mathbf{L}^2([0,t_1];\boldsymbol{R}^m)$，记

$$\boldsymbol{X}(t,u) = \boldsymbol{\Phi}(t,0)[\boldsymbol{X}_0 + \int_0^t \boldsymbol{\Phi}^{-1}(\tau,0)\boldsymbol{B}(\tau)u(\tau)\mathrm{d}\tau]$$

$$\bar{\boldsymbol{X}}(t,u) = \boldsymbol{H}(t)[\boldsymbol{X}_0 + \int_0^t \boldsymbol{\Phi}^{-1}(\tau,0)u(\tau)\mathrm{d}\tau]$$

即 $\boldsymbol{X}(t,u)$ 是式(14.4.2)对应于控制函数 $u(t)$ 的状态，而 $\bar{\boldsymbol{X}}(t,u)$ 是网络对应于 $u(t)$ 的输出。

定理 2 对任意的 $\varepsilon>0$，存在 $\delta>0$，使得当 $\sum_{i=0}^{r}\|\boldsymbol{X}(\cdot,e_i)-\bar{\boldsymbol{X}}(\cdot,e_i)\|<\delta$ 时，对一切 $u(\cdot)\in\Omega$ 都有 $\|\boldsymbol{X}(\cdot,u)-\bar{\boldsymbol{X}}(\cdot,u)\|<\varepsilon$，其中 $e_0=0$。

证明：对任意 $u(\cdot)\in\Omega$，因为 $u(\cdot)\in\mathrm{span}\{e_1,\cdots,e_r\}$，所以 $u(t)=\sum_{i=0}^{r}<u,e_i>e_i$，其中 $<u,e_i>$ 表示 $u(\cdot)$ 与 $e_i(\cdot)$ 的内积。于是有

$$\boldsymbol{X}(t,u)-\bar{\boldsymbol{X}}(t,u) = [\boldsymbol{\Phi}(t,0)-\boldsymbol{H}(t)]\boldsymbol{X}_0 + \int_0^t [\boldsymbol{\Phi}(\tau,0)\boldsymbol{\Phi}^{-1}(\tau,0)\boldsymbol{B}(\tau)-\boldsymbol{H}(\tau)\boldsymbol{Q}(\tau)]\mathrm{d}\tau =$$

$$[\boldsymbol{\Phi}(t,0)-\boldsymbol{H}(t)]\boldsymbol{X}_0 + \sum_{i=1}^{r}<u,e_i>\int_0^t[\boldsymbol{\Phi}(\tau,0)\boldsymbol{\Phi}^{-1}(\tau,0)\boldsymbol{B}(\tau)-\boldsymbol{H}(\tau)\boldsymbol{Q}(\tau)]e_i(\tau)\mathrm{d}\tau =$$

$$\sum_{i=1}^{r}<u,e_i>\int_0^t[\boldsymbol{\Phi}(\tau,0)\boldsymbol{\Phi}^{-1}(\tau,0)\boldsymbol{B}(\tau)-\boldsymbol{H}(\tau)\boldsymbol{Q}(\tau)]e_i(\tau)\mathrm{d}\tau =$$

$$[\boldsymbol{\Phi}(t,0)-\boldsymbol{H}(t)]\boldsymbol{X}_0 + \sum_{i=1}^{r}<u,e_i>\{\boldsymbol{X}(t,e_i)-\bar{\boldsymbol{X}}(t,e_i)-[\boldsymbol{\Phi}(t,0)-\boldsymbol{H}(t)]\boldsymbol{X}_0\}$$

因此

$$\|\boldsymbol{X}(\cdot,u)-\bar{\boldsymbol{X}}(\cdot,u)\| \leqslant \|[\boldsymbol{\Phi}(\cdot,0)-\boldsymbol{H}(\cdot)]\boldsymbol{X}_0\| + \left\|\sum_{i=1}^{r}<u,e_i>[\boldsymbol{X}(\cdot,e_i)-\bar{\boldsymbol{X}}(\cdot,e_i)]\right\| +$$

$$\left\| \sum_{i=1}^{r} < u, e_i > [\boldsymbol{\Phi}(\cdot,0) - \boldsymbol{H}(\cdot)]\boldsymbol{X}_0 \right\| \tag{14.4.4}$$

利用 Holder 不等式,有

$$\left\| \sum_{i=1}^{r} < u, e_i > [\boldsymbol{X}(\cdot, e_i) - \overline{\boldsymbol{X}}(\cdot, e_i)] \right\| =$$

$$\left\{\int_0^{t_1} \left\{ \sum_{i=1}^{r} < u, e_i > [\boldsymbol{X}(t, e_i) - \overline{\boldsymbol{X}}(t, e_i)] \right\}^2 \mathrm{d}t \right\}^{1/2} \leqslant$$

$$\left[\int (\sum | < u, e_i > |^2)(\sum_{i=1}^{r} \| \boldsymbol{X}(t, e_i) - \overline{\boldsymbol{X}}(t, e_i) \|^2) \mathrm{d}t \right]^{1/2} \leqslant$$

$$(\sum_{i=1}^{r} | < u, e_i > |^2)^{1/2} [\sum_{i=1}^{r} \| \boldsymbol{X}(\cdot, e_i) - \overline{\boldsymbol{X}}(\cdot, e_i) \|^2]^{1/2} \leqslant$$

$$(\sum_{i=1}^{r} | < u, e_i > |^2)^{1/2} \sum_{i=1}^{r} \| \boldsymbol{X}(\cdot, e_i) - \overline{\boldsymbol{X}}(\cdot, e_i) \| \tag{14.4.5}$$

因为 $e_0 = 0$,所以 $\boldsymbol{X}(t, e_0) = \boldsymbol{\Phi}(t,0)\boldsymbol{X}_0, \overline{\boldsymbol{X}}(t, e_0) = \boldsymbol{H}(t)\boldsymbol{X}_0$,于是

$$\| [\boldsymbol{\Phi}(\cdot,0) - \boldsymbol{H}(\cdot)]\boldsymbol{X}_0 \| = \| \boldsymbol{X}(\cdot, e_0) - \overline{\boldsymbol{X}}(\cdot, e_0) \| \tag{14.4.6}$$

因此

$$\left\| \sum_{i=1}^{r} < u, e_i > [\boldsymbol{\Phi}(\cdot,0) - \boldsymbol{H}(\cdot)]X_0 \right\| =$$

$$\left\{\int_0^{t_1} \left\{ \sum_{i=1}^{r} < u, e_i > [\boldsymbol{X}(t, e_0) - \overline{\boldsymbol{X}}(t, e_0)] \right\}^2 \mathrm{d}t \right\}^{1/2} \leqslant$$

$$\left[\int_0^{t_1} \sum_{i=1}^{r} | < u, e_i > |^2 \sum_{i=1}^{r} | \boldsymbol{X}(t, e_0) - \overline{\boldsymbol{X}}(t, e_0) |^2 \mathrm{d}t \right]^{1/2} \leqslant$$

$$r^{1/2} (\sum_{i=1}^{r} | < u, e_i > |^2)^{1/2} \| \boldsymbol{X}(\cdot, e_0) - \overline{\boldsymbol{X}}(\cdot, e_0) \| \tag{14.4.7}$$

由 Ω 的有界性及贝塞尔(Bessel)不等式,存在 $M > 0$ 使得对一切 $u(\cdot) \in \Omega$ 都有

$$\sum | < u, e_i > |^2 \leqslant \| u \|^2 \leqslant M^2 \tag{14.4.8}$$

将式(14.4.5)至式(14.4.7)代入式(14.4.4),得到

$$\| \boldsymbol{X}(\cdot, u) - \overline{\boldsymbol{X}}(\cdot, u) \| \leqslant \| \boldsymbol{X}(\cdot, e_0) - \overline{\boldsymbol{X}}(\cdot, e_0) \| + M \sum_{i=1}^{r} \| \boldsymbol{X}(\cdot, e_i) - \overline{\boldsymbol{X}}(\cdot, e_i) \| +$$

$$r^{1/2} M \| \boldsymbol{X}(\cdot, e_0) - \overline{\boldsymbol{X}}(\cdot, e_0) \| < M_0 \sum_{i=0}^{r} \| \boldsymbol{X}(\cdot, e_i) - \overline{\boldsymbol{X}}(\cdot, e_i) \| \tag{14.4.9}$$

式中 $M_0 = 1 + \sqrt{r}M$。

于是,当 $\sum_{i=0}^{r} \| \boldsymbol{X}(\cdot, e_i) - \overline{\boldsymbol{X}}(\cdot, e_i) \| < \delta = \frac{\varepsilon}{M_0}$ 时,对一切 $u(\cdot) \in \Omega$ 都有 $\| \boldsymbol{X}(\cdot, u) - \overline{\boldsymbol{X}}(\cdot, u) \| < \varepsilon$。

14.4.3 仿真结果

考虑一维系统

$$x = x\sin t + u\cos t, t \in [0,1], x(0) = 0 \tag{14.4.10}$$

此时 $m = n = 1$。相应地,在图 14.6 的 3 层网络中隐层只有 1 列,输出层只有 1 个结

点，而式(14.4.3)中

$$Q(t)=\sum_{i=1}^{r_2}\omega_i\sigma(a_it+b_i),H(t)=\sum_{i=1}^{r_2}\nu_i\sigma(\alpha_it+\beta_i)$$

式中：ω_i 和ν_i 分别为网络N_1 和 N_2 中隐层第 i 个神经元与输出层结点的连接权；a_i 和α_i 分别是网络 N_1 和 N_2 中输入结点与隐层第 i 个神经元的阈值。取 $r_1=r_2=10$，sigmoidal 函数为 $\sigma(t)=\dfrac{1}{1+e^{-t}}$。$\mathbf{L}^2([0,1];\boldsymbol{R})$ 的一个标准正交系取为 Legendre 多项式，即

$$e_1(t)=1$$
$$e_2(t)=\sqrt{3}(2t-1)$$
$$e_3(t)=\sqrt{5}(6t^2-6t+1)$$
$$e_4(t)=\sqrt{7}(20t^3-30t^2+12t-1)$$
$$e_5(t)=\sqrt{9}(70t^4-140t^3+90t^2-20t+1)$$

经训练后得到网络 N_1 和 N_2 的权值与阈值如表 14.2 所列。用 $u(t)=t^4-1$ 检验辨识结果如图 14.8 所示。其中 $x(t)$ 为式(14.4.10)所描述系统的状态，$\bar{x}(t)$ 是网络的输出。它们的误差 $|x(\cdot)-\bar{x}(\cdot)|=0.0436$。辨识效果比较理想。为了获得更理想的逼近效果，只需增加网络 N_1 和 N_2 中神经元的个数 r_1 和 r_2。

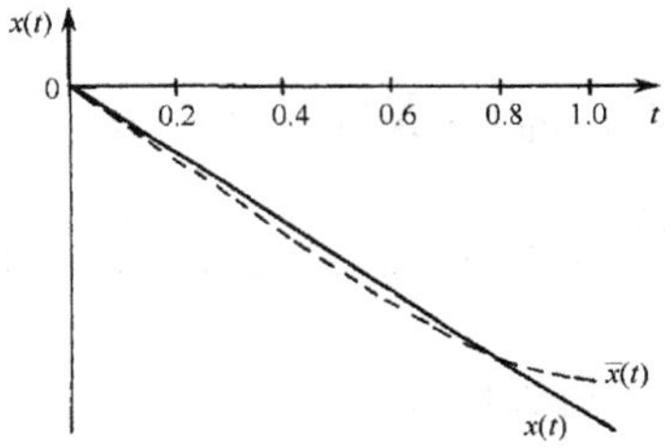

图 14.8 系统的状态与网络的输出曲线

表 14.2 网络 N_1 与 N_2 的权值和阈值

参数 / 序号	ν_i	α_i	β_i	ω_i	a_i	b_i
1	0.1183	0.1153	0.0973	−0.2818	−0.0430	−0.0076
2	−0.3857	−0.3884	0.0976	−0.4288	0.0867	0.0304
3	−0.1229	−0.1221	0.0972	−0.4434	0.0891	0.1204
4	0.0002	0.0325	−0.1003	−0.3410	0.0790	0.0161
5	−0.0874	−0.1683	−0.0173	−0.3309	0.1631	−0.0969
6	−0.3789	−0.3805	0.0105	−0.2080	0.0403	−0.1116
7	0.1257	0.1227	−0.0125	−0.1731	−0.0748	−0.1122
8	−0.1305	−0.1257	−0.0120	−0.4002	−0.0072	0.0302
9	−0.2840	−0.2516	0.0104	−0.3045	−0.0362	0.0067
10	−0.2257	−0.2718	0.0942	−0.4272	0.0864	0.0204

参 考 文 献

1 方崇智,萧德云.过程辨识.北京:清华大学出版社,1988

2 Hsia T C. 系统辨识.吴礼明译.长沙:中南矿冶学院出版社,1983

3 薛定宇,任兴权.线性系统的几种辨识方法.控制与决策,1990,5(6):20 ~ 22

4 周波,涂植英.系统参数估计的一种快速多步最小二乘法.自动化学报,1989,15(2):165 ~ 169

5 哥德温 G C,潘恩 R L. 动态系统辨识.张永光,袁振东译.北京:科学出版社,1983

6 阎晓明,李言俊,陈新海.一种自动调整遗忘因子的时变参数辨识方法.自动化学报,1991,17(3):336 ~ 339

7 陈新海,阎晓明,李言俊.一种适用于飞行器控制系统的快速时变参数辨识方法.航空学报,1990,11(9):474 ~ 479

8 顾幸生,胡仰曾.按段多重切比雪夫多项式系及其在线性时变系统辨识中的应用.自动化学报,1990,16(5):440 ~ 407

9 刘利生.两类递推最小二乘估计的方法.宇航学报,1983,4(1):22 ~ 29

10 曾广达.线性时变系统的递推方法.华中工学院学报,1983,11(6):5 ~ 12

11 邓自立,郭一新.多变量 CARMA 模型的结构辨识.自动化学报,1986,12(1):18 ~ 25

12 张志勇.多变量时滞系统的结构辨识.自动化学报,1989,15(4):352 ~ 357

13 丁锋.辨识 Box – Jenkins 模型参数的递推广义增广最小二乘法.控制与决策,1990,5(6):53 ~ 56

14 江韬.一种线性动态模型参数估计方法.自动化学报,1989,15(1):73 ~ 80

15 王铉,曹大铸.反馈未知闭环系统的 MRIV 法辨识.自动化学报,1990,16(2):114 ~ 122

16 曹长修,任留通.两类非线性系统模型的参数估计.控制与决策,1990,5(6):33 ~ 38

17 顾兴源,朗自强,鲍玉安.一种非线性系统的参数辨识.自动化学报,1990,16(1):85 ~ 89

18 刘若峰,曹大铸.一种非线性连续系统参数估计方法.自动化学报,1990,16(5):460 ~ 464

19 曹长修,周峰.利用切比雪夫级数辨识线性分布参数系统.自动化学报,1990,16(3):178 ~ 181

20 于绍华,张洪华.挠性空间结构变形的自适应辨识.宇航学报,1989,10(3):32 ~ 35

21 Hsu N S, Cheng B. Identification of non – liner distributed system viablock – pulse functions. Int.J.Control, 1982, 36(2):281 ~ 291

22 Stoica P, Soderstrom T. On the parsimony principle. Int.J.Control, 1982, 36(3):409 ~ 418

23 楼顺天,施阳编著.基于 Matlab 的系统分析与设计 —— 神经网络.西安:西安电子科技大学出版社,1998

24 叶海文.贝叶斯 – 高斯神经网络非线性系统辨识.清华大学学报,1997,37(51):23 ~ 27

25 李丽荣,韩璞,董泽.人工神经网络在系统辨识中的研究与应用.华北电力大学学报,2000,27(3):28 ~ 33

26 杨志龙.系统辨识理论与 BP 算法数学原理.兵工自动化,1998,21(4):1 ~ 3

27 毛云英,王萍.线性时变系统辨识的神经网络方法.天津大学学报,2000,33(2):247 ~ 251

28 卫金茂,王淑琴.系统辨识的神经网络实现.东北师大学报自然科学版,1997(4):27 ~ 29

29 苑希民,刘树坤.动态系统的神经网络仿真研究.水利水电技术,1998,29(3):38 ~ 42

30 刘英敏.非线性 BP 算法在系统辨识中的应用.北京理工大学学报,2000,20(6):712 ~ 714

31 牛绍华,肖德云.一种能同时获得模型阶次和参数的递推辨识算法.自动化学报,1989,16(5):423 ~ 426

32 蔡金狮.飞行器系统辨识.北京:国防工业出版社,1995

内 容 简 介

本书主要介绍系统辨识的基本原理和常用基本方法。全书共14章，主要为绪论、系统辨识常用输入信号、线性系统的经典辨识方法、动态系统的典范表达式、最小二乘法辨识、极大似然法辨识、时变参数辨识方法、多输入－多输出系统的辨识、随机时序列模型的建立、系统结构辨识、闭环系统辨识、系统辨识在飞行器参数辨识中的应用、神经网络在系统辨识中的应用。

本书可作为高等学校自动控制类和航空航天类专业研究生教材，也可供本科高年级学生和工程技术人员参考。